科学与工程
计算技术丛书

MATLAB/Simulink
系统仿真

（第2版）

李 献◎编著

清华大学出版社
北京

内 容 简 介

本书以MATLAB R2020a为基础,由浅入深全面讲解MATLAB/Simulink软件的应用知识。本书基于认知逻辑编排内容,自始至终采用示例描述,内容完整且每章相对独立,有较大的参考价值。

本书分为两部分,共17章。第一部分(第1~8章)主要介绍MATLAB基础知识、Simulink仿真基础、公共模块库、仿真命令操作、子系统及其封装、基于S函数建模、系统运行与调试等;第二部分(第9~17章)主要介绍控制系统仿真基础、PID控制系统仿真、模糊逻辑控制仿真、电力系统仿真、机电系统仿真、通信系统仿真、神经网络控制仿真、滑模控制仿真、汽车系统仿真等内容,并提供了仿真示例帮助读者学习。

本书以工程应用为目标,讲解深入浅出、内容翔实,可作为理工科高等院校研究生、本科生的教学用书,也可作为广大科研人员和工程技术人员的参考用书。

图书在版编目(CIP)数据

MATLAB/Simulink系统仿真 / 李献编著. —2版. —北京:清华大学出版社,2023.3
(科学与工程计算技术丛书)
ISBN 978-7-302-61393-0

Ⅰ. ①M… Ⅱ. ①李… Ⅲ. ①系统仿真—Matlab软件 Ⅳ. ①TP391.9

中国版本图书馆CIP数据核字(2022)第124668号

策划编辑:盛东亮
责任编辑:钟志芳
封面设计:李召霞
责任校对:时翠兰
责任印制:朱雨萌

出版发行:清华大学出版社
　　　　　网　　　　　址:http://www.tup.com.cn, http://www.wqbook.com
　　　　　地　　　　　址:北京清华大学学研大厦A座　　　邮　　编:100084
　　　　　社　总　机:010-83470000　　　邮　　购:010-62786544
　　　　　投稿与读者服务:010-62776969, c-service@tup.tsinghua.edu.cn
　　　　　质　量　反　馈:010-62772015, zhiliang@tup.tsinghua.edu.cn
　　　　　课　件　下　载:http://www.tup.com.cn, 010-83470236
印　装　者:三河市天利华印刷装订有限公司
经　　销:全国新华书店
开　　本:203mm×260mm　　印　张:30.75　　字　　数:881千字
版　　次:2017年9月第1版　　2023年5月第2版　　印　次:2023年5月第1次印刷
印　　数:1~2500
定　　价:118.00元

产品编号:097479-01

序言
FOREWORD

致力于加快工程技术和科学研究的步伐——这句话总结了 MathWorks 公司坚持超过三十年的使命。

在这期间，MathWorks 公司有幸见证了工程师和科学家使用 MATLAB 和 Simulink 在多个应用领域中的无数变革和突破：汽车行业的电气化和不断提高的自动化；日益精确的气象建模和预测；航空航天领域持续提高的性能和安全指标；由神经学家破解的大脑和身体奥秘；无线通信技术的普及；电力网络的可靠性；等等。

与此同时，MATLAB 和 Simulink 也帮助了无数大学生在工程技术和科学研究课程里学习关键的技术理念并应用于实际问题中，培养他们成为栋梁之材，更好地投入科研、教学以及工业应用中，指引他们致力于学习、探索先进的技术，融合并应用于创新实践中。

如今，工程技术和科研创新的步伐令人惊叹。创新进程以大量的数据为驱动，结合相应的计算硬件和用于提取信息的机器学习算法。软件和算法几乎无处不在——从孩子的玩具到家用设备，从机器人和制造体系到每种运输方式——让这些系统更具功能性、灵活性、自主性。最重要的是，工程师和科学家推动了这些进程，他们洞悉问题，创造技术，设计革新系统。

为了支持创新的步伐，MATLAB 发展成为一个广泛而统一的计算技术平台，将成熟的技术方法（比如控制设计和信号处理）融入令人激动的新兴领域，例如深度学习、机器人、物联网开发等。对于现在的智能连接系统，Simulink 平台可以让您实现模拟系统，优化设计，并自动生成嵌入式代码。

"科学与工程计算技术丛书"系列主题反映了 MATLAB 和 Simulink 汇集的领域——大规模编程、机器学习、科学计算、机器人等。我们高兴地看到"科学与工程计算技术丛书"支持 MathWorks 一直以来追求的目标：助您加速工程技术和科学研究工作的步伐。

期待着您的创新！

Jim Tung
MathWorks Fellow

To Accelerate the Pace of Engineering and Science.　These eight words have summarized the MathWorks mission for over 30 years.

In that time, it has been an honor and a humbling experience to see engineers and scientists using MATLAB and Simulink to create transformational breakthroughs in an amazingly diverse range of applications: the electrification and increasing autonomy of automobiles; the dramatically more accurate models and forecasts of our weather and climates; the increased performance and safety of aircraft; the insights from neuroscientists about how our brains and bodies work; the pervasiveness of wireless communications; the reliability of power grids; and much more.

At the same time, MATLAB and Simulink have helped countless students in engineering and science courses to learn key technical concepts and apply them to real-world problems, preparing them better for roles in research, teaching, and industry. They are also equipped to become lifelong learners, exploring for new techniques, combining them, and applying them in novel ways.

Today, the pace of innovation in engineering and science is astonishing. That pace is fueled by huge volumes of data, matched with computing hardware and machine-learning algorithms for extracting information from it. It is embodied by software and algorithms in almost every type of system — from children's toys to household appliances to robots and manufacturing systems to almost every form of transportation — making those systems more functional, flexible, and autonomous. Most important, that pace is driven by the engineers and scientists who gain the insights, create the technologies, and design the innovative systems.

To support today's pace of innovation, MATLAB has evolved into a broad and unifying technical computing platform, spanning well-established methods, such as control design and signal processing, with exciting newer areas, such as deep learning, robotics, and IoT development. For today's smart connected systems, Simulink is the platform that enables you to simulate those systems, optimize the design, and automatically generate the embedded code.

The topics in this book series reflect the broad set of areas that MATLAB and Simulink bring together: large-scale programming, machine learning, scientific computing, robotics, and more. We are delighted to collaborate on this series, in support of our ongoing goal: to enable you to accelerate the pace of your engineering and scientific work.

I look forward to the innovations that you will create!

Jim Tung
MathWorks Fellow

前言
PREFACE

Simulink 是 MATLAB 中的一种可视化仿真工具，是一种基于 MATLAB 的框图设计环境，是实现动态系统建模、仿真和分析的一个软件包，广泛应用于线性系统、非线性系统、数字控制及数字信号处理的建模和仿真中。

MATLAB/Simulink 是用于动态系统和嵌入式系统的多领域仿真和基于模型的设计工具。对各种时变系统，包括通信、控制、信号处理、视频处理和图像处理系统，Simulink 提供了交互式图形化环境和可定制模块库对其进行设计、仿真、执行和测试。Simulink 可以用连续采样时间、离散采样时间或二者混合的采样时间进行建模，也支持多速率系统，即系统中的不同部分具有不同的采样速率。

为了创建动态系统模型，Simulink 提供了一个建立模型框图的图形用户接口，整个创建过程只需单击和拖动即可完成，使建模与仿真变得更加快捷，且用户可以立即看到系统的仿真结果。

1. 本书特点

本书有以下 3 个特点。

（1）由浅入深、循序渐进。本书以 MATLAB 爱好者为读者对象，首先从 MATLAB 使用基础讲起，再辅以 MATLAB/Simulink 在工程中的应用案例帮助读者尽快提高利用 MATLAB/Simulink 进行工程应用分析的技能。

（2）步骤详尽、内容新颖。本书根据作者多年 MATLAB/Simulink 使用经验，结合实际工程应用案例，将 MATLAB/Simulink 软件的使用方法与技巧详细地介绍给读者。本书步骤详尽、内容新颖，讲解过程辅以相应的图片，使读者在阅读时一目了然，从而快速掌握书中所讲内容。

（3）实例典型、轻松易学。学习实际工程应用案例的具体操作是掌握 MATLAB/Simulink 最好的方式。本书通过综合应用案例，详尽透彻地讲解了 MATLAB/Simulink 在各方面的应用。

2. 本书内容

本书基于 MATLAB R2020a 讲解了 MATLAB/Simulink 的基础知识和核心内容，主要围绕 MATLAB/Simulink 在工程问题中的应用进行仿真运算。

本书附录部分为 Simulink 常用命令及模块库，包括常用的 Simulink 命令函数、常用的 Simulink 模块库。

3. 读者对象

本书适合 MATLAB/Simulink 初学者和研究算法并解决工程应用能力的读者，包括 MATLAB/Simulink 爱好者、MATLAB/Simulink 科技工作者、大中专院校的师生、相关培训机构的教师和学员等。

4. 读者服务

读者在学习过程中遇到与本书有关的问题，可以通过微信公众号"算法仿真"与编者沟通，编者会尽快给予解答。书中所涉及的素材文件（程序代码）已上传到云盘，读者可通过公众号获取下载链接或者更多学习资源。

5. 本书编者

本书由李献编著，虽然编者在本书的编写过程中力求叙述准确、完善，但由于水平有限，书中疏漏之处在所难免，希望读者能够及时指出，共同促进本书质量的提高。最后再次希望本书能为读者的学习和工作提供帮助！

编　者

2023 年 3 月

知 识 结 构
CONTENT STRUCTURE

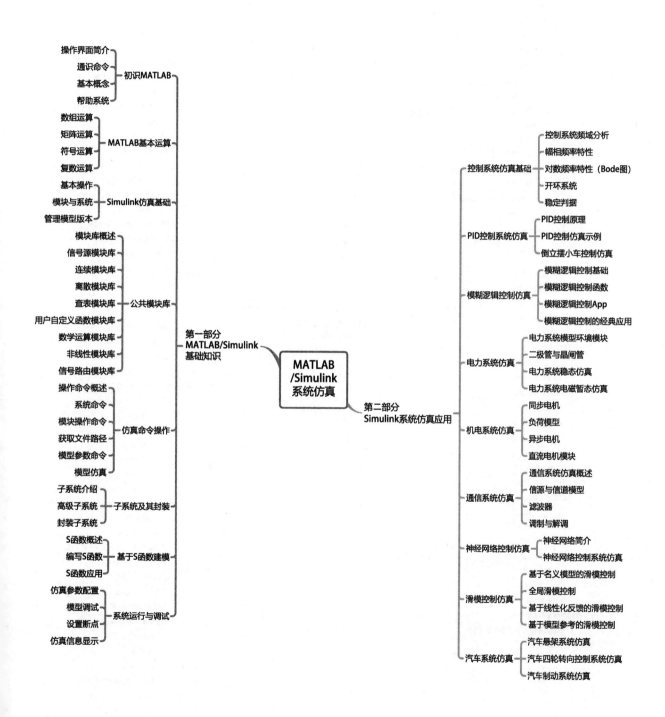

初识MATLAB
- 操作界面简介
- 通识命令
- 基本概念
- 帮助系统

MATLAB基本运算
- 数组运算
- 矩阵运算
- 符号运算
- 复数运算

Simulink仿真基础
- 基本操作
- 模块与系统
- 管理模型版本

公共模块库
- 模块库概述
- 信号源模块库
- 连续模块库
- 离散模块库
- 查表模块库
- 用户自定义函数模块库
- 数学运算模块库
- 非线性模块库
- 信号路由模块库

仿真命令操作
- 操作命令概述
- 系统命令
- 模块操作命令
- 获取文件路径
- 模型参数命令
- 模型仿真

子系统及其封装
- 子系统介绍
- 高级子系统
- 封装子系统

基于S函数建模
- S函数概述
- 编写S函数
- S函数应用

系统运行与调试
- 仿真参数配置
- 模型调试
- 设置断点
- 仿真信息显示

第一部分
MATLAB/Simulink
基础知识

MATLAB/Simulink系统仿真

第二部分
Simulink系统仿真应用

控制系统仿真基础
- 控制系统频域分析
- 幅相频率特性
- 对数频率特性（Bode图）
- 开环系统
- 稳定判据

PID控制系统仿真
- PID控制原理
- PID控制仿真示例
- 倒立摆小车控制仿真

模糊逻辑控制仿真
- 模糊逻辑控制基础
- 模糊逻辑控制函数
- 模糊逻辑控制App
- 模糊逻辑控制的经典应用

电力系统仿真
- 电力系统模型环境模块
- 二极管与晶闸管
- 电力系统稳态仿真
- 电力系统电磁暂态仿真

机电系统仿真
- 同步电机
- 负荷模型
- 异步电机
- 直流电机模块

通信系统仿真
- 通信系统仿真概述
- 信源与信道模型
- 滤波器
- 调制与解调

神经网络控制仿真
- 神经网络简介
- 神经网络控制系统仿真

滑模控制仿真
- 基于名义模型的滑模控制
- 全局滑模控制
- 基于线性化反馈的滑模控制
- 基于模型参考的滑模控制

汽车系统仿真
- 汽车悬架系统仿真
- 汽车四轮转向控制系统仿真
- 汽车制动系统仿真

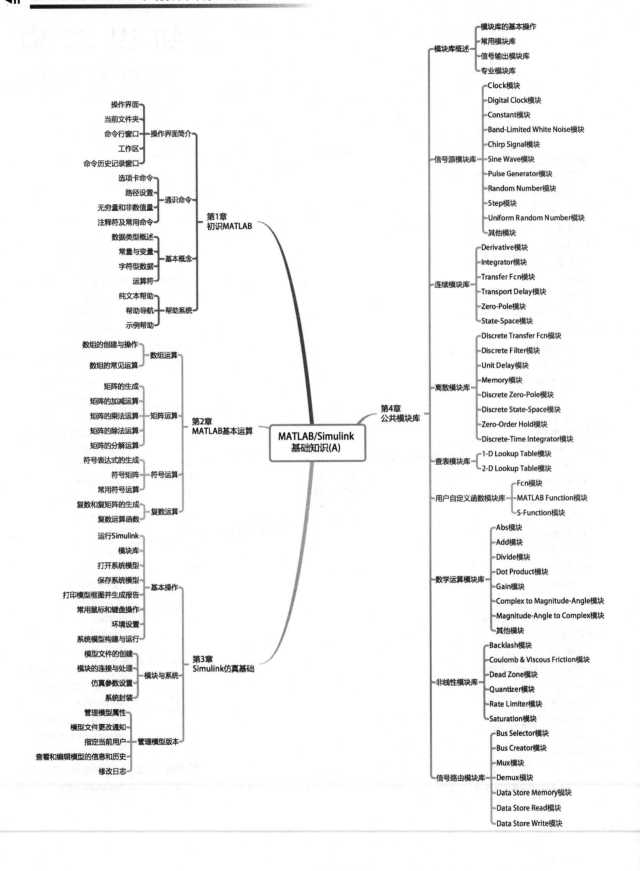

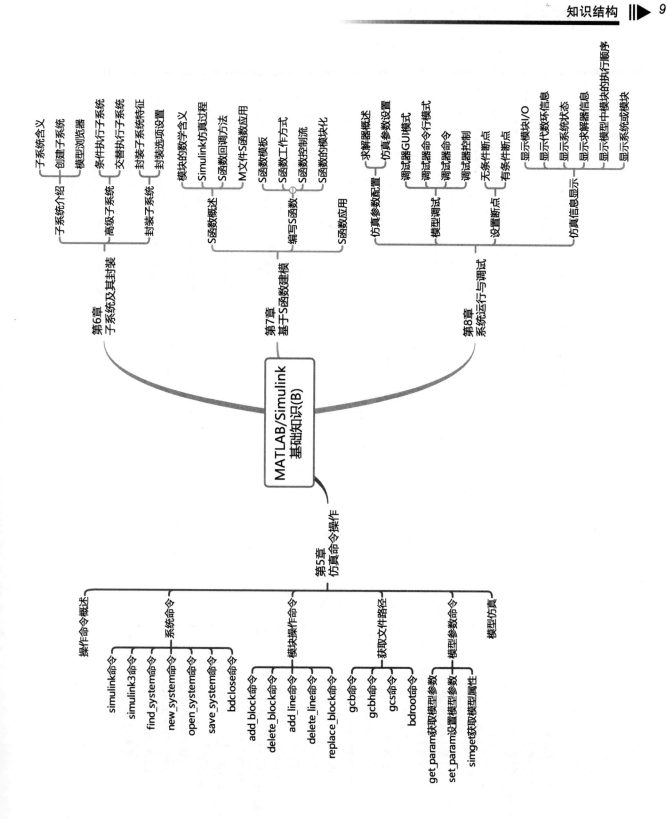

第6章
子系统及其封装

子系统介绍
├ 子系统含义
├ 创建子系统
└ 模型浏览器

高级子系统
├ 条件执行子系统
└ 交替执行子系统

封装子系统
├ 封装子系统特征
└ 封装选项设置

第7章
基于S函数建模

S函数概述
├ 模块的数学含义
├ Simulink仿真过程
├ S函数回调方法
└ M文件S函数应用

编写S函数
├ S函数模板
├ S函数工作方式
├ S函数控制流
└ S函数的模块化

S函数应用

第8章
系统运行与调试

仿真参数配置
├ 求解器概述
└ 求解器参数设置

模型调试
├ 仿真器GUI模式
├ 调试器命令行模式
└ 调试器命令

设置断点
├ 调试器命令控制
├ 无条件断点
└ 有条件断点

仿真信息显示
├ 显示模块I/O
├ 显示代数环信息
├ 显示系统状态
├ 显示求解器信息
├ 显示模型中模块的执行顺序
└ 显示系统或模块

MATLAB/Simulink
基础知识(B)

第5章
仿真命令操作

操作命令概述

系统命令
├ simulink命令
├ simulink3命令
├ find_system命令
├ new_system命令
├ open_system命令
├ save_system命令
└ bdclose命令

模块操作命令
├ add_block命令
├ delete_block命令
├ add_line命令
├ delete_line命令
└ replace_block命令

获取文件路径
├ gcb命令
├ gcbh命令
├ gcs命令
└ bdroot命令

模型参数命令
├ get_param获取模型参数
├ set_param设置模型参数
└ simget获取模型属性

模型仿真

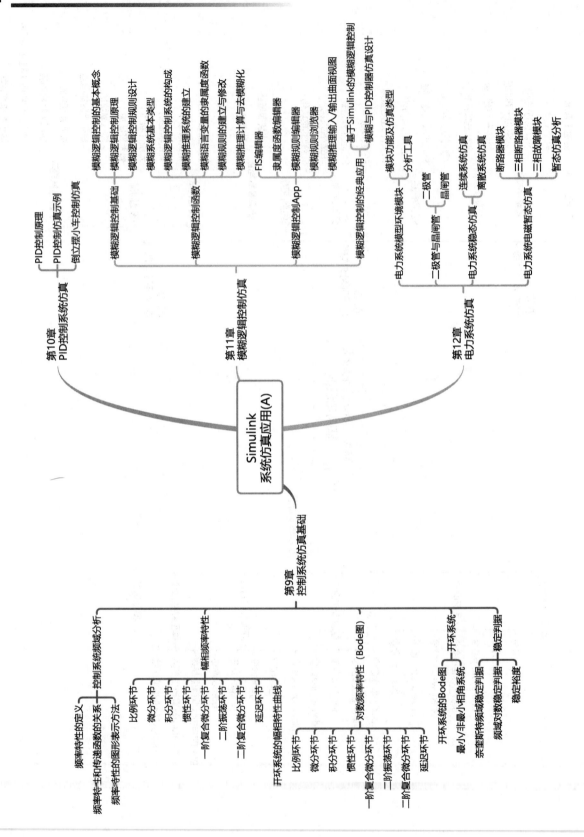

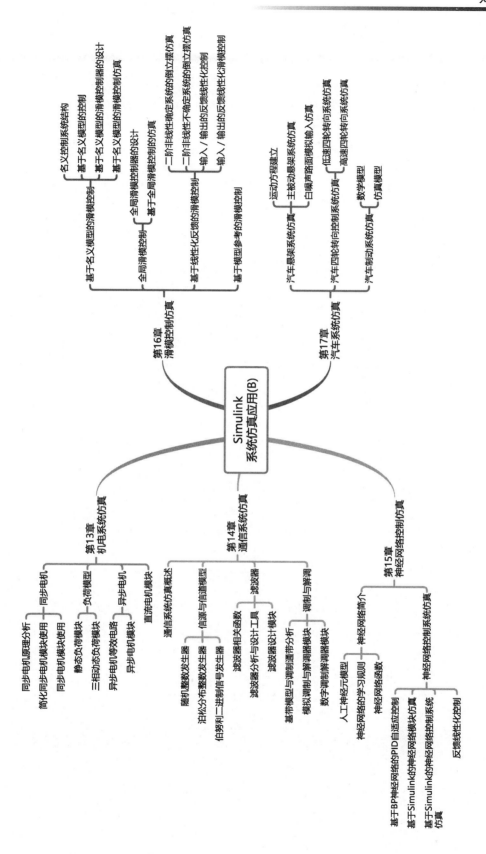

目 录
CONTENTS

第一部分　MATLAB/Simulink 基础知识

第二部分　Simulink 系统仿真应用

第一部分
MATLAB/Simulink 基础知识

第 1 章	初识 MATLAB
CHAPTER 1	

MATLAB 是当前在国际上被广泛接受和使用的科学与工程计算软件。随着不断发展，MATLAB 已经成为一种集数值运算、符号运算、数据可视化、程序设计、仿真等多种功能于一体的集成软件。在介绍 MATLAB 信号处理实现方法之前，本章首先介绍 MATLAB 的工作环境、通识命令、基本概念和帮助系统等，以帮助读者尽快熟悉 MATLAB 软件。

本章学习目标包括：

（1）熟悉 MATLAB 的操作界面；

（2）掌握 MATLAB 的通识命令；

（3）掌握 MATLAB 中的数据类型；

（4）了解 MATLAB 的帮助系统。

1.1　操作界面简介

MATLAB 功能相当强大，几乎可以胜任所有的工程分析问题，而且 MATLAB 计算精度较高，借助于强大的工具箱和矩阵处理能力，被学术界的广大研究人员所认可，因此，MATLAB 是一款高效的科学计算软件。

读者使用 MATLAB 前，建议将安装文件夹（默认路径为 C:\Program Files\Polyspace\R2020a\bin）中的 MATLAB.exe 应用程序添加为桌面快捷方式，双击该快捷方式图标可以直接打开 MATLAB 操作界面。

1.1.1　操作界面

MATLAB 的操作界面如图 1–1 所示。默认情况下，MATLAB 的操作界面包含"选项卡""当前文件夹"、"命令行窗口"和"工作区"4 个区域。在命令行窗口中任意位置单击，按↑键可打开"命令历史记录窗口"。

选项卡在组成方式和内容上与一般应用软件基本相同，这里不再赘述。下面重点介绍当前文件夹、命令行窗口、工作区和命令历史记录窗口等内容。

图 1–1　MATLAB 的操作界面

1.1.2　当前文件夹

MATLAB 利用"当前文件夹"组织、管理和使用所有 MATLAB 文件和非 MATLAB 文件，如新建、复制、删除、重命名文件夹和文件等。还可以利用该窗口打开、编辑和运行 M 程序文件以及载入.mat 数据文件等。对"当前文件夹"也可进行分离、停靠等操作，分离的"当前文件夹"窗口如图 1–2 所示。

MATLAB 的当前文件夹是实施打开、装载、编辑和保存文件等操作时系统默认的文件夹。设置当前文件夹就是将此默认文件夹改成用户希望使用的文件夹，用来保存文件和数据。

1.1.3　命令行窗口

图 1–2　分离的"当前文件夹"窗口

MATLAB 默认主界面的中间部分是"命令行窗口"。"命令行窗口"就是接收命令输入的窗口，可输入的对象除 MATLAB 命令之外，还包括函数、表达式、语句及.m 文件名或.mex 文件名等。为叙述方便，以下将这些可输入的对象统称为语句。

MATLAB 的工作方式之一是：在"命令行窗口"中输入语句，然后由 MATLAB 逐句解释执行并在命令行窗口中输出结果。"命令行窗口"可显示除图形外的所有运算结果。

可以将"命令行窗口"从 MATLAB 主界面中分离出来，以便单独显示和操作。

分离命令行窗口的方法是单击窗口右侧 按钮，在弹出的菜单中选择"取消停靠"命令，也可以直接将命令行窗口拖离主界面。分离的"命令行窗口"如图 1–3 所示。若要将"命令行窗口"停靠在主界面中，可单击窗口右侧的 按钮，在弹出的菜单中选择"停靠"命令。

图 1-3　分离的"命令行窗口"

1.1.4　工作区

默认情况下,"工作区"位于 MATLAB 操作界面的右侧。同"命令行窗口"一样,也可对"工作区"进行停靠、分离等操作,分离的"工作区"窗口如图 1-4 所示。

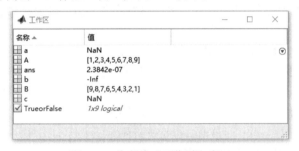

图 1-4　分离的"工作区"窗口

"工作区"窗口拥有许多其他功能,如内存变量的打印、保存、编辑和图形绘制等。这些功能的实现都比较简单,只需要在工作区中右击相应的变量,在弹出的快捷菜单中选择相应的菜单命令即可,如图 1-5 所示。

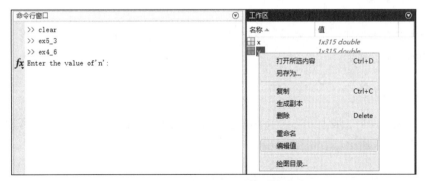

图 1-5　对变量进行操作的快捷菜单

在 MATLAB 中,数组和矩阵都是十分重要的基础变量,因此 MATLAB 专门提供了变量编辑器编辑数据。

双击"工作区"窗口中的某个变量时,会在 MATLAB 主窗口中弹出如图 1-6 所示的变量编辑器。同命令行窗口一样,变量编辑器也可从主窗口中分离。

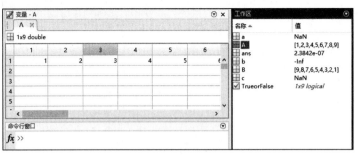

图 1-6　变量编辑器

在变量编辑器中可以对变量及数组进行编辑操作，还可以利用"绘图"选项卡下的功能命令方便地绘制各种图形。

1.1.5　命令历史记录窗口

"命令历史记录"窗口用于保存曾在命令行窗口中使用过的语句，借用计算机的存储器保存信息。其主要目的是方便用户追溯、查找曾经用过的语句，利用这些既有的资源节省编程时间。

在下面两种情况下"命令历史记录"窗口的优势体现得尤为明显：一是需要重复处理长的语句；二是选择多行曾经用过的语句形成 M 文件。

在"命令行窗口"任意位置单击，按↑键即可打开"命令历史记录"窗口。同命令行窗口一样，对该窗口也可进行停靠、分离等操作，分离的"命令历史记录"窗口如图 1-7 所示。

可选中"命令历史记录"窗口中的内容，并将其复制到当前"命令行窗口"中，进一步修改或直接运行。

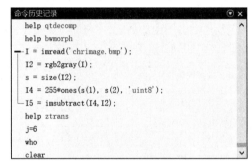

图 1-7　分离的"命令历史记录"窗口

1.2　通识命令

MATLAB 的通识命令包括选项卡指令、路径设置、无穷量和非数值量、注释符及常用命令等，这些命令通常不随版本的改变而改变。

1.2.1　选项卡命令

进入 MATLAB 主界面后，最上方选项卡下的选项组中囊括了 MATLAB 文件操作、程序设计与运行、图形绘制等命令，如图 1-8 所示。

图 1-8　工具栏

其中"主页"选项卡"文件"选项组中的命令主要用于完成文件相关的操作。

（1）"新建脚本"命令：用于建立新的.m 文件，可以通过按 Ctrl+N 组合键实现该操作。

（2）"新建实时脚本"命令：用于建立实时.mlx 脚本文件。

（3）"新建"命令：用于创建新的 MATLAB 文件。单击该命令将弹出如图 1-9 所示的菜单，选择相关的命令即可创建相应类型的 MATLAB 文件。

（4）"打开"命令：用于打开 MATLAB 文件，包括.m 文件、.fig 文件、.mat 文件、.prj 文件等，可以按 Ctrl+O 组合键实现此操作。

（5）"查找文件"命令：用于查找 MATLAB 文件。

（6）"比较"命令：用于对比两个 MATLAB 文件。

图 1-9　单击"新建"命令弹出的菜单

1.2.2　路径设置

MATLAB 启动后的默认目录为…\Polyspace\R2020a\bin，如果不更改工作目录，则在 MATLAB 环境下产生的数据文件就保存在该默认目录下。

MATLAB 中大量的函数和工具箱文件通常存储在不同文件夹中，用户建立的数据文件、命令和函数文件也由用户保存在指定的文件夹中。因此，使用 MATLAB 前需要进行路径设置。

MATLAB 设置搜索路径的方法有两种：一种是用"设置路径"对话框，另一种是用命令。现将两种方法介绍如下。

1. 利用"设置路径"对话框设置搜索路径

在主界面中单击"主页"选项卡"环境"选项组中的"设置路径"命令，或直接在命令行窗口输入 pathtool 命令，将弹出如图 1-10 所示的"设置路径"对话框。

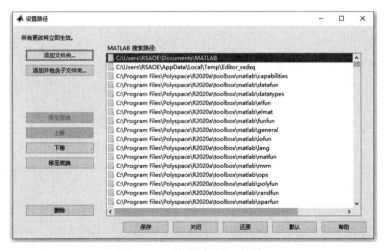

图 1-10　"设置路径"对话框

单击该对话框中的"添加文件夹"或"添加并包含子文件夹"按钮，将弹出一个如图 1-11 所示的"将文件夹添加到路径"对话框，利用该对话框可以从树形目录结构中选择欲指定为搜索路径的文件夹。

图 1-11 "将文件夹添加到路径"对话框

"添加文件夹"和"添加并包含子文件夹"两个按钮的不同之处在于，后者将某个文件夹设置为可搜索的路径后，其子文件夹将自动被加入搜索路径，而前者的子文件夹将不会自动被加入搜索路径。

2. 利用命令设置搜索路径

MATLAB 中将某一路径设置成可搜索路径的命令有 path 及 addpath 两个。其中，path 用于查看或更改搜索路径，相应的路径存储在 pathdef.m 文件中；addpath 将指定的文件夹添加到当前 MATLAB 搜索路径的顶层。

下面以将路径"F:\MATLAB 文件"设置成可搜索路径为例，说明用 path 和 addpath 命令设置搜索路径：

```
>> path(path,'F:\MATLAB 文件');
>> addpath F:\MATLAB 文件 - begin        %begin 意为将路径放在路径表的前面
>> addpath F:\MATLAB 文件 - end          %end 意为将路径放在路径表的最后
```

1.2.3 无穷量和非数值量

MATLAB 中用 Inf 和-Inf 分别代表正无穷和负无穷，用 NaN 表示非数值量。正负无穷的产生一般是由于 0 做了分母或运算溢出，产生了超出双精度浮点数数值范围的结果；非数值量则是 0/0 或者 Inf/Inf 型的非正常运算造成的结果。需要注意的是，两个 NaN 彼此是不相等的。

除了运算造成这些异常结果外，MATLAB 也提供了专门函数可以创建这两种特别的量，可以用 Inf 函数和 NaN 函数创建指定数值类型的无穷量和非数值量，默认是双精度浮点类型。

【例 1-1】 创建无穷量和非数值量。

解：在命令行窗口中依次输入以下语句，同时会显示相关输出结果。

```
>> x=1/0
x=
    Inf
>> y=log(0)
y=
   -Inf
>> z=0.0/0.0
z=
    NaN
```

1.2.4 注释符及常用命令

MATLAB 中常用的注释符为%，在其后编写的文字或字母表示该程序语句的作用，可增加程序的可读性。

MATLAB 中常用的命令有以下几个。

clc：表示清屏操作，用于清除命令行窗口中暂存的运行过的程序代码，方便后续程序的编写。

clear：用于清除工作区中的所有或部分数据，避免这些数据与后续程序的运行变量冲突。编程时应注意清除的是全部变量还是部分变量，避免因误清除造成程序运行错误。

close all：表示关闭所有图形窗口，便于下一程序运行时更加直观地查看图形的显示。在图像和视频处理中，close all 能够较好地实现图形参数化设计，提高执行速度。

1.3 基本概念

数据类型、常量与变量、字符型数据、运算符等是 MATLAB 语言入门时必须引入的一些基本概念。

1.3.1 数据类型概述

数据作为计算机处理的对象，在程序语言中可分为多种类型，MATLAB 作为一种可编程的语言当然也不例外。MATLAB 的主要数据类型如图 1-12 所示。

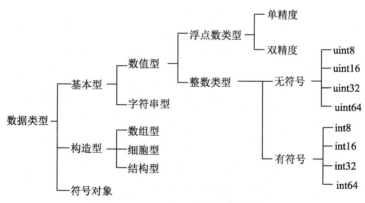

图 1-12　MATLAB 的主要数据类型

MATLAB 数值型数据划分成整数类型和浮点数类型的用意和 C 语言有所不同。MATLAB 的整数类型数据主要为图像处理等特殊的应用问题提供数据类型，以便节省空间或提高运行速度。对于一般的数值运算，绝大多数情况下都采用双精度浮点数类型的数据。

1. 整数类型

MATLAB 中提供了 8 种内置的整数类型，表 1-1 中列出了它们各自的存储占用位数、数值的范围和转换函数。

表1-1 MATLAB中的整数类型

整数类型	数值范围	转换函数	整数类型	数值范围	转换函数
有符号8位整数	$-2^7\sim2^7-1$	int8	有符号32位整数	$-2^{31}\sim2^{31}-1$	int32
无符号8位整数	$0\sim2^8-1$	uint8	无符号32位整数	$0\sim2^{32}-1$	uint32
有符号16位整数	$-2^{15}\sim2^{15}-1$	int16	有符号64位整数	$-2^{63}\sim2^{63}-1$	int64
无符号16位整数	$0\sim2^{16}-1$	uint16	无符号64位整数	$0\sim2^{64}-1$	uint64

不同的整数类型所占用的位数不同，所能表示的数值范围也不同，在实际应用中，应该根据需要的数据范围选择合适的整数类型。有符号的整数类型拿出一位表示正负，因此表示的数据范围和相应的无符号整数类型不同。

由于 MATLAB 中数值的默认存储类型是双精度浮点数类型，因此，必须通过表2-1中列出的转换函数将其转换成指定的整数类型。

在转换中，MATLAB 默认将待转换数值转换为最接近的整数，即四舍五入：若小数部分正好为0.5，那么 MATLAB 转换后的结果是绝对值较大的那个整数。另外，应用这些转换函数也可以将其他类型转换成指定的整数类型。

【例1-2】 通过转换函数创建整数类型。

解：在命令行窗口中依次输入以下语句，同时会显示相关输出结果。

```
>> x=105;y=105.49;z=105.5;
>> xx=int16(x)                   %把double型变量x强制转换成int16型
xx=
  int16
    105
>> yy=int32(y)
yy=
  int32
    105
>> zz=int32(z)
zz=
  int32
    106
```

MATLAB 中还有多种取整函数，如表1-2所示。

表1-2 MATLAB中的取整函数

函　数	说　　明	举　　例
round(a)	向最接近的整数取整 小数部分是0.5时，向绝对值大的方向取整	round(4.3)结果为4 round(4.5)结果为5
fix(a)	向0方向取整	fix(4.3)结果为4 fix(4.5)结果为4
floor(a)	向不大于a的最接近整数取整	floor(4.3)结果为4 floor(4.5)结果为4
ceil(a)	向不小于a的最接近整数取整	ceil(4.3)结果为5 ceil(4.5)结果为5

数据类型参与的数学运算与 MATLAB 中默认的双精度浮点运算不同。当两种相同的整数类型进行运算时，结果仍然是整数类型；当一个整数类型数值与一个双精度浮点数类型数值进行数学运算时，计算结果是整数类型，取整采用默认的四舍五入方式。需要注意的是，两种不同的整数类型之间不能进行数学运算，除非提前进行强制转换。

【例 1-3】　整数类型数值参与的运算。

解：在命令行窗口中依次输入以下语句，同时会显示相关输出结果。

```
>> clear,clc
>> x=uint32(367.2)*uint32(20.3)
x=
  uint32
    7340
>> y=uint32(24.321)*359.63
y=
  uint32
    8631
>> z=uint32(24.321)*uint16(359.63)
错误使用  *
整数只能与同类的整数或双精度标量值组合使用。
>> whos
  Name      Size          Bytes  Class        Attributes
  x         1x1               4  uint32
  y         1x1               4  uint32
```

前面表 2-1 中已经介绍了不同的整数类型能够表示的数值范围不同。数学运算中，运算结果超出相应的整数类型能够表示的范围时，就会出现溢出错误，运算结果被置为该整数类型能够表示的最大值或最小值。

MATLAB 提供了 intwarning 函数，可用于设置是否显示这种转换或计算过程中出现的溢出，有兴趣的读者可以参考 MATLAB 的联机帮助。

2. 浮点数类型

MATLAB 中提供了单精度浮点数类型和双精度浮点数类型，它们在存储位宽、各数据位的用处、数值范围、转换函数等方面都不同，如表 1-3 所示。

表 1-3　MATLAB中单精度浮点数类型和双精度浮点数类型的比较

浮点数类型	存储位宽	各数据位的用处	数值范围	转换函数
双精度	64	0～51位表示小数部分 52～62位表示指数部分 63位表示符号（0为正，1为负）	$-1.79769 \times 10^{308} \sim -2.22507 \times 10^{-308}$ $2.22507 \times 10^{-308} \sim 1.79769 \times 10^{308}$	double
单精度	32	0～22位表示小数部分 23～30位表示指数部分 31位表示符号（0为正，1为负）	$-3.40282 \times 10^{38} \sim -1.17549 \times 10^{-38}$ $1.17549 \times 10^{-38} \sim 3.40282 \times 10^{38}$	single

从表 1-3 可以看出，存储单精度浮点数类型所用的位数少，因此内存占用上开支小，但从各数据位的用途来看，单精度浮点数类型能够表示的数值范围比双精度浮点数类型小。

和创建整数类型数值一样，创建浮点数类型也可以通过转换函数实现。当然，MATLAB 中默认的数值类型是双精度浮点数类型。

【例 1-4】 浮点数转换函数的应用。

解： 在命令行窗口中依次输入以下语句，同时会显示相关输出结果。

```
>> clear,clc
>> x=5.4
x=
    5.4000
>> y=single(x)                    %把 double 型的变量强制转换为 single
y=
  single
    5.4000
>> z=uint32(87563);
>> zz=double(z)
zz=
     87563
>> whos
  Name        Size              Bytes  Class      Attributes
  x           1x1                   8  double
  y           1x1                   4  single
  z           1x1                   4  uint32
  zz          1x1                   8  double
```

双精度浮点数类型参与运算时，返回值的类型依赖于参与运算的其他数据类型。双精度浮点数类型与逻辑型、字符型进行运算时，返回结果为双精度浮点数类型；与整数类型进行运算时返回结果为相应的整数类型；与单精度浮点数类型运算返回单精度浮点数类型；与单精度浮点数类型与逻辑型、字符型和任何浮点数类型进行运算时，返回结果都是单精度浮点数类型。

注意： 单精度浮点数类型不能和整数类型进行算术运算。

【例 1-5】 浮点数类型参与的运算。

解： 在命令行窗口中依次输入以下语句，同时会显示相关输出结果。

```
>> clear,clc
>> x=uint32(240);y=single(32.345);z=12.356;
>> xy=x*y
错误使用  *
整数只能与同类的整数或双精度标量值组合使用。
>> xz=x*z
xz=
  uint32
    2965
>> whos
  Name        Size              Bytes  Class      Attributes
  x           1x1                   4  uint32
  xz          1x1                   4  uint32
  y           1x1                   4  single
  z           1x1                   8  double
```

从表 1-3 可以看出，浮点数类型只占用一定的存储位宽，其中只有有限位分别用来存储指数部分和小数部分。因此，浮点数类型能表示的实际数值是有限且离散的。任何两个最接近的浮点数之间都有一个微小的间隙，而所有处在这个间隙中的值都只能用这两个最接近的浮点数中的一个表示。MATLAB 中提供了 eps 函数，可以获取一个数值和与其最接近的浮点数之间的间隙大小。

1.3.2 常量与变量

1. 常量

常量是程序语句中取不变值的那些量，如表达式 $y=0.618*x$，其中就包含一个 0.618 这样的数值常数，它便是一数值常量。而另一表达式 s='Tomorrow and Tomorrow'中，单引号内的英文字符串 Tomorrow and Tomorrow 则是一字符串常量。

在 MATLAB 中，有一类常量由系统默认给定一个符号表示，如 pi 代表圆周率 π 这个常数，即 3.1415926…，类似于 C 语言中的符号常量，这些常量如表 1-4 所示，有时又称为系统预定义的变量。

表 1-4 MATLAB的常用常量

常量符号	常量含义
i或j	虚数单位，定义为$i^2=j^2=-1$
Inf	正无穷大，由零作除数引入此常量
NaN	不定时，表示非数值量，产生于$0/0, \infty/\infty, 0 \times \infty$等运算
pi	圆周率π的双精度表示
eps	容差变量，当某量的绝对值小于eps时，可以认为此量为零，即为浮点数的最小分辨率，PC上该值为2^{-52}
Realmin	最小浮点数，2^{-1022}
Realmax	最大浮点数，2^{1023}
ans	默认变量名

【例 1-6】 显示常量值示例。

解： 在命令行窗口中依次输入以下语句，同时会显示相关输出结果。

```
>> eps
ans=
   2.2204e-16
>> pi
ans=
   3.1416
```

2. 变量

变量是在程序运行中其值可以改变的量，变量由变量名表示。在 MATLAB 中变量名的命名有自己的规则，可以归纳成如下几条。

（1）变量名必须以字母开头，且只能由字母、数字或下画线 3 类符号组成，不能含有空格和标点符号，如 "()" "," "。" "%" 等。

（2）变量名区分字母的大小写（如 a 和 A 是不同的变量）。

（3）变量名不能超过 63 个字符，第 63 个字符后的字符将被忽略。对于 MATLAB 6.5 版以前的变量名不能超过 31 个字符。

（4）关键字（如 if、while 等）不能作为变量名。

（5）尽量避免用表 1-4 中的特殊常量符号作变量名。以免改变常量的值，给计算带来不便。

常见的错误命名如 f(x)，y'，y''，A2 等。

1.3.3 字符型数据

类似于其他高级语言，MATLAB 的字符和字符串运算也相当强大。在 MATLAB 中，字符串可以用单引号（'）进行赋值，字符串的每个字符（含空格）都是字符数组的一个元素。MATLAB 还包含很多字符串操作函数，具体见表 1-5。

表 1-5 字符串操作函数

函数名	说　明	函数名	说　明
char	生成字符数组	strsplit	在指定的分隔符处拆分字符串
strcat	水平连接字符串	strtok	寻找字符串中的记号
strvcat	垂直连接字符串	upper	转换字符串为大写
strcmp	比较字符串	lower	转换字符串为小写
strncmp	比较字符串的前 n 个字符	blanks	生成空字符串
strfind	在其他字符串中寻找此字符串	deblank	移去字符串内空格
strrep	以其他字符串代替此字符串		

【例 1-7】 字符串应用示例。

解： 在命令行窗口中依次输入以下语句，同时会显示相关输出结果。

```
>> clear, clc
>> syms a b
>> y=2*a+1
y=
    2*a+1
>> y1=a+2;
>> y2=y-y1                    %字符串的相减运算操作
y2=
    a-1
>> y3=y+y1                    %字符串的相加运算操作
y3=
    3*a+3
>> y4=y*y1                    %字符串的相乘运算操作
y4=
    (2*a+1)*(a+2)
>> y5=y/y1                    %字符串的相除运算操作
y5=
    (2*a+1)/(a+2)
```

1.3.4 运算符

MATLAB 运算符可分为三大类，分别为算术运算符、关系运算符和逻辑运算符。

1. 算术运算符

根据处理的对象不同，算术运算符又可分为矩阵和数组算术运算两类。表 1-6 和表 1-7 中分别为矩阵算术运算和数组算术运算的运算符、名称、示例和使用说明。

表 1-6　矩阵算术运算的运算符、名称、示例和使用说明

运　算　符	名　称	示　例	使 用 说 明
+	加	C=A+B	矩阵加法法则，即C(i,j)=A(i,j)+B(i,j)
−	减	C=A−B	矩阵减法法则，即C(i,j)=A(i,j)−B(i,j)
*	乘	C=A*B	矩阵乘法法则
/	右除	C=A/B	定义为线性方程组X*B=A的解，即C=A/B=A*B^{-1}
\	左除	C=A\B	定义为线性方程组A*X=B的解，即C=A\B=A^{-1}*B
^	乘方	C=A^B	A、B中一个为标量时有定义
'	共轭转置	B=A'	B是A的共轭转置矩阵

表 1-7　数组算术运算的运算符、名称、示例和使用说明

运　算　符	名　称	示　例	使 用 说 明
.*	数组乘	C=A.*B	C(i,j)=A(i,j)*B(i,j)
./	数组右除	C=A./B	C(i,j)=A(i,j)/B(i,j)
.\	数组左除	C=A.\B	C(i,j)=B(i,j)/A(i,j)
.^	数组乘方	C=A.^B	C(i,j)=A(i,j)^B(i,j)
.'	转置	A.'	将数组的行摆放成列，复数元素不做共轭

针对表 1-6 和表 1-7 需要说明几点。

（1）矩阵的加、减、乘运算是严格按矩阵运算法则定义的，而矩阵的除法虽和矩阵求逆有关系，但却分了左除、右除，因此不是完全等价的。乘方运算更是将标量幂扩展到矩阵可作为幂指数。总之，MATLAB 接受了线性代数已有的矩阵运算规则，但又不止于此。

（2）表 1-7 中未定义数组的加减法，是因为数组的加减法与矩阵的加减法相同，所以未作重复定义。

（3）无论加减乘除，还是乘方，数组的运算都是元素间的运算，即对应下标元素一对一的运算。

（4）多维数组的运算法则，可按照元素按下标一一对应参与运算的原则将表 1-7 推广。

2. 关系运算符

MATLAB 关系运算符见表 1-8。

表 1-8　MATLAB关系运算符

运算符	名　称	示　例	使 用 说 明
<	小于	A<B	（1）A、B都是标量，结果是为1（真）或为0（假）的标量
<=	小于或等于	A<=B	（2）A、B若一个为标量，另一个为数组，标量将与数组各元素逐一比较，结果是与运算数组行列相同的数组，其中各元素取值为1或0
>	大于	A>B	（3）A、B均为数组时，必须行数、列数分别相同，A与B各对应元素相比较，结果是与A或B行列相同的数组，其中各元素取值为1或0
>=	大于或等于	A>=B	
==	恒等于	A==B	（4）==和～=运算对参与比较的量同时比较实部和虚部，其他运算只比较实部
～=	不等于	A～=B	

　　需要指出的是，MATLAB 的关系运算虽可看成矩阵的关系运算，但严格来讲，把关系运算定义在数组基础之上更为合理。因为从表 1-8 所列法则不难发现，关系运算是元素一对一的运算结果。数组的关系运算向下可兼容一般高级语言中所定义的标量关系运算。

3. 逻辑运算符

　　逻辑运算在 MATLAB 中同样需要，为此 MATLAB 定义了自己的逻辑运算符，并设定了相应的逻辑运算法则，如表 1-9 所示。

表 1-9　逻辑运算符

运算符	名　　称	示　　例	运算法则
&	与	A&B	（1）A、B 都为标量，结果是为 1（真）或为 0（假）的标量
		或	A|B	（2）A、B 若一个为标量，另一个为数组，标量将与数组各元素逐一做逻辑运算，结果为与运算数组行列相同的数组，其中各元素取值为 1 或 0
~	非	~A	（3）A、B 均为数组时，必须行、列数分别相同，A 与 B 各对应元素做逻辑运算，结果为与 A 或 B 行列相同的数组，其中各元素取值为 1 或 0
&&	先决与	A&&B	（4）先决与、先决或是只针对标量的运算
||	先决或	A||B	

　　同样地，MATLAB 的逻辑运算也是定义在数组的基础之上，向下可兼容一般高级语言中所定义的标量逻辑运算。为提高运算速度，MATLAB 还定义了针对标量的先决与运算和先决或运算。

　　先决与运算是当该运算符的左边为 1（真）时，才继续与该符号右边的量做逻辑运算。先决或运算是当运算符的左边为 1（真）时，就不需要继续与该符号右边的量做逻辑运算，而立即得出该逻辑运算结果为 1（真）；否则，就要继续与该符号右边的量进行运算。

4. 运算符的优先级

　　和其他高级语言一样，当用多个运算符和运算量写出一个 MATLAB 表达式时，运算符的优先次序是一个必须明确的问题。表 1-10 列出了运算符的优先次序。

表 1-10　MATLAB 运算符的优先次序

优先次序	运　算　符
最高	'（转置共轭）、^（矩阵乘方）、.'（转置）、.^（数组乘方）
	~（逻辑非）
	、/（右除）、\（左除）、.（数组乘）、./（数组右除）、.\（数组左除）
	+、−、:（冒号运算）
	<、<=、>、>=、==（恒等于）、~=（不等于）
	&（逻辑与）
	|（逻辑或）
	&&（先决与）
最低	||（先决或）

　　MATLAB 运算符的优先次序在表 1-10 中按照从上到下的顺序，依次由高到低。表中同一行的各运算符具有相同的优先级，在同一级别中则遵循有括号先括号运算的原则。

1.4 帮助系统

MATLAB 提供了丰富的帮助系统，可以帮助用户更好地了解和运用 MATLAB。本节将详细介绍 MATLAB 帮助系统的使用。

1.4.1 纯文本帮助

在 MATLAB 中，所有执行命令或函数的.m 源文件都有较为详细的注释。这些注释是用纯文本的形式表示的，一般包括函数的调用格式或输入函数、输出结果的含义。下面使用简单的示例说明如何使用 MATLAB 的纯文本帮助。

【例 1-8】 在 MATLAB 中查阅帮助信息。

解：根据 MATLAB 的帮助系统，用户可以查阅不同范围的帮助信息，具体如下。

（1）在命令行窗口中输入 help help 命令，然后按 Enter 键，可以查阅如何在 MATLAB 中使用 help 命令，如图 1-13 所示。

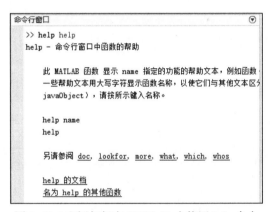

图 1-13　查阅如何在 MATLAB 中使用 help 命令

界面中显示了如何在 MATLAB 中使用 help 命令的帮助信息，用户可以详细阅读此信息，学习如何使用 help 命令。

（2）在命令行窗口中输入 help 命令，按 Enter 键，可以查阅最近所使用命令主题的帮助信息。

（3）在命令行窗口中输入 help topic 命令，按 Enter 键，可以查阅关于该主题的所有帮助信息。

上面简单地演示了如何在 MATLAB 中使用 help 命令获取各种函数、命令的帮助信息。在实际应用中，可以灵活使用这些命令搜索所需的帮助信息。

1.4.2 帮助导航

在 MATLAB 中提供帮助信息的"帮助"窗口主要由帮助导航器和帮助浏览器两部分组成。这个帮助文件和 M 文件中的纯文本帮助无关，而是 MATLAB 专门设置的独立帮助系统。该系统对 MATLAB 的功能叙述比较全面、系统且界面友好，使用方便，是查找帮助信息的重要途径。

可以在操作界面中单击 ❓ 按钮，打开"帮助"窗口，如图 1-14 所示。

图 1-14 "帮助"窗口

1.4.3 示例帮助

在 MATLAB 中，各个工具包都有设计好的示例程序，对于初学者而言，这些示例对提高 MATLAB 应用能力具有重要作用。

在 MATLAB 的命令行窗口中输入 demo 命令，即可进入关于示例程序的帮助窗口，如图 1-15 所示。用户可以打开实时脚本进行学习。

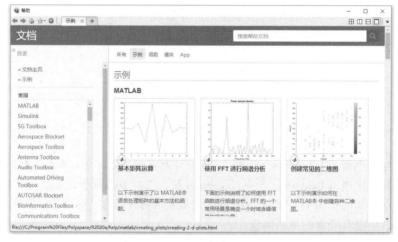

图 1-15 关于示例程序的帮助窗口

1.5 本章小结

MATLAB 是一种功能多样、高度集成并适合科学和工程计算的软件，同时又是一种高级程序设计语言。MATLAB 的主界面集成了命令行窗口、当前文件夹、工作区和选项卡等，它们既可单独使用，又可相互配合使用，为用户提供了灵活方便的操作环境。通过本章的学习，读者应能够对 MATLAB 有一个较为直观的印象，为后面学习 MATLAB/Simulink 的知识打下基础。

第 2 章

MATLAB 基本运算

MATLAB 是目前国际上被广泛接受和使用的科学与工程计算软件，在科学计算、系统仿真等领域中有广泛的应用。本章主要介绍 MATLAB 的基本运算，包括数组、矩阵、符号、复数等运算内容，为后续学习 Simulink 奠定基础。

本章学习目标包括：

（1）掌握 MATLAB 中的数组运算；

（2）掌握 MATLAB 中的矩阵运算；

（3）掌握 MATLAB 中的符号运算；

（4）掌握 MATLAB 中的复数运算。

2.1 数组运算

数组运算是 MATLAB 计算的基础。由于 MATLAB 具有面向对象的特性，数值数组成为 MATLAB 最重要的内置数据类型，而数组运算就是定义这种数据结构的方法。本节将系统地列出具备数组运算能力的函数名称。为兼顾一般性，此处以二维数组的运算为例，读者可推广至多维数组和多维矩阵的运算。

下面将介绍在 MATLAB 中如何建立数组，以及数组的常用操作等，包括数组的算术运算、关系运算和逻辑运算。

2.1.1 数组的创建与操作

在 MATLAB 中一般使用方括号"[ ]"、逗号","、空格和分号";"创建数组，数组中同一行的元素使用逗号或空格进行分隔，不同行之间用分号进行分隔。

【例 2-1】 创建空数组、行向量、列向量示例。

解： 在命令行窗口中依次输入以下语句，同时会显示相关输出结果。

```
>> clear,clc
>> A=[]
A=
    []
>> B=[4 3 2 1]
B=
    4    3    2    1
>> C=[4,3,2,1]
```

```
C=
     4      3      2      1
>> D=[4;3;2;1]
D=
     4
     3
     2
     1
>> E=B'                                              %转置
E=
     4
     3
     2
     1
```

【例 2-2】 访问数组示例。

解： 在命令行窗口中依次输入以下语句，同时会显示相关输出结果。

```
>> clear,clc
>> A=[6 5 4 3 2 1]
A=
     6      5      4      3      2      1
>> a1=A(1)                                %访问数组第 1 个元素
a1=
     6
>> a2=A(1:3)                              %访问数组第 1、第 2、第 3 个元素
a2=
     6      5      4
>> a3=A(3:end)                            %访问数组第 3 个到最后一个元素
a3=
     4      3      2      1
>> a4=A(end:-1:1)                         %数组元素反序输出
a4=
     1      2      3      4      5      6
>> a5=A([1 6])                            %访问数组第 1 个及第 6 个元素
a5=
     6      1
```

【例 2-3】 子数组的赋值示例。

解： 在命令行窗口中依次输入以下语句，同时会显示相关输出结果。

```
>> clear,clc
>> A=[6 5 4 3 2 1]
A=
     6      5      4      3      2      1
>> A(3) = 0
A=
     6      5      0      3      2      1
>> A([1 4])=[1 1]
A=
     1      5      0      1      2      1
```

在 MATLAB 中还可以通过其他方式创建数组，具体如下。

1. 通过冒号创建一维数组

在 MATLAB 中，通过冒号创建一维数组的代码如下：

```
X=A:step:B        %A 是创建一维数组的第 1 个变量，step 是每次递增或递减的数值，直到最后一个元素和 B
                  %的差的绝对值小于或等于 step 的绝对值为止
```

【例 2-4】　通过冒号创建一维数组示例。

解： 在命令行窗口中依次输入以下语句，同时会显示相关输出结果。

```
>> clear,clc
>> A=2:6
A=
    2    3    4    5    6
>> B=2.1:1.5:6
B=
   2.1000   3.6000   5.1000
>> C=2.1:-1.5:-6
C=
   2.1000   0.6000   -0.9000   -2.4000   -3.9000   -5.4000
>> D=2.1:-1.5:6
D=
  空的 1×0 double 行矢量
```

2. 通过 logspace 函数创建一维数组

MATLAB 中常用 logspace 函数创建一维数组，该函数的调用方式如下：

```
y=logspace(a,b)    %创建行向量 y，第 1 个元素为 10ᵃ，最后一个元素为 10ᵇ，总数为 50 个元素的等比数列
y=logspace(a,b,n)  %创建行向量 y，第 1 个元素为 10ᵃ，最后一个元素为 10ᵇ，总数为 n 个元素的等比数列
```

【例 2-5】　通过 logspace 函数创建一维数组示例。

解： 在命令行窗口中依次输入以下语句，同时会显示相关输出结果。

```
>> clear,clc
>> A=logspace(1,2,20)
A=
  1 至 10 列
   10.0000   11.2884   12.7427   14.3845   16.2378   18.3298   20.6914   23.3572
26.3665   29.7635
  11 至 20 列
   33.5982   37.9269   42.8133   48.3293   54.5559   61.5848   69.5193   78.4760
88.5867  100.0000
>> B=logspace(1,2,10)
B=
   10.0000   12.9155   16.6810   21.5443   27.8256   35.9381   46.4159   59.9484
77.4264  100.0000
```

3. 通过 linspace 函数创建一维数组

MATLAB 中常用 linspace 函数创建一维数组，该函数的调用方式如下：

```
y=linspace(a,b)    %创建行向量 y，第 1 个元素为 a，最后一个元素为 b，总数为 100 个元素的等比数列
y=linspace(a,b,n)  %创建行向量 y，第 1 个元素为 a，最后一个元素为 b，总数为 n 个元素的等比数列
```

【例 2-6 】　通过 linspace 函数创建一维数组示例。

解： 在命令行窗口中依次输入以下语句，同时会显示相关输出结果。

```
>> clear,clc
>> A=linspace(1,100)
A=
  列 1 至 15
     1    2    3    4    5    6    7    8    9   10   11   12   13   14   15
  列 16 至 30
    16   17   18   19   20   21   22   23   24   25   26   27   28   29   30
  列 31 至 45
    31   32   33   34   35   36   37   38   39   40   41   42   43   44   45
  列 46 至 60
    46   47   48   49   50   51   52   53   54   55   56   57   58   59   60
  列 61 至 75
    61   62   63   64   65   66   67   68   69   70   71   72   73   74   75
  列 76 至 90
    76   77   78   79   80   81   82   83   84   85   86   87   88   89   90
  列 91 至 100
    91   92   93   94   95   96   97   98   99  100
>> B=linspace(1,36,12)
B=
    1.0000    4.1818    7.3636   10.5455   13.7273   16.9091   20.0909   23.2727   26.4545
   29.6364   32.8182   36.0000
>> C=linspace(1,36,1)
C=
    36
```

2.1.2　数组的常见运算

1. 数组的算术运算

数组的算术运算是从数组的单个元素出发，针对每个元素进行的运算。在 MATLAB 中，一维数组的基本算术运算包括加、减、乘、左除、右除和乘方。

（1）数组的加、减运算：通过格式 $A+B$ 或 $A-B$ 可分别实现数组的加、减运算，但是运算规则要求数组 A 和 B 的维数相同。

提示： 如果两个数组的维数不相同，则将给出错误的信息。

【例 2-7 】　数组的加、减运算示例。

解： 在命令行窗口中依次输入以下语句，同时会显示相关输出结果。

```
>> clear,clc
>> A=[1 5 6 8 9 6]
A=
    1    5    6    8    9    6
>> B=[9 85 6 2 4 0]
B=
    9   85    6    2    4    0
>> C=[1 1 1 1 1]
```

```
C=
    1    1    1    1    1
>> D=A+B                                              %加法
D=
   10   90   12   10   13    6
>> E=A-B                                              %减法
E=
   -8  -80    0    6    5    6
>> F=A*2
F=
    2   10   12   16   18   12
>> G=A+3                                              %数组与常数的加法
G=
    4    8    9   11   12    9
>> H=A-C
错误使用  -
矩阵维度必须一致。
```

（2）数组的乘、除运算：通过格式 ".*" 或 "./" 可分别实现数组的乘、除运算，但是运算规则要求数组 A 和 B 的维数相同。

乘法：数组 A 和 B 的维数相同，运算为数组对应元素相乘，计算结果是与 A 和 B 维数相同的数组。

除法：数组 A 和 B 的维数相同，运算为数组对应元素相除，计算结果是与 A 和 B 维数相同的数组。

数组的右除（./）和左除（.\）的关系为：$A./B=B.\backslash A$，其中 A 是被除数，B 是除数。

提示：如果两个数组的维数不相同，则将给出错误的信息。

【例 2-8】　数组的乘、除运算示例。

解：在命令行窗口中依次输入以下语句，同时会显示相关输出结果。

```
>> clear,clc
>> A=[1 5 6 8 9 6]
>> B=[9 5 6 2 0]
>> C=A.*B                                             %数组的点乘
C=
    9   25   36   16   36    0
>> D=A*3                                              %数组与常数的乘法
D=
    3   15   18   24   27   18
>> E=A.\B                                             %数组的左除
E=
   9.0000   1.0000   1.0000   0.2500   0.4444        0
>> F=A./B                                             %数组的右除
F=
   0.1111   1.0000   1.0000   4.0000   2.2500      Inf
>> G=A./3                                             %数组与常数的除法
G=
   0.3333   1.6667   2.0000   2.6667   3.0000   2.0000
>> H=A/3
H=
   0.3333   1.6667   2.0000   2.6667   3.0000   2.0000
```

通过乘方格式 ".^" 可实现数组的乘方运算。数组的乘方运算包括数组间的乘方运算、数组与某个具体数值的乘方运算，以及常数与数组的乘方运算。

【例 2-9】 数组的乘方示例。

解： 在命令行窗口中依次输入以下语句，同时会显示相关输出结果。

```
>> clear,clc
>> A=[1 5 6 8 9 6];
>> B=[9 5 6 2 4 0];
>> C=A.^B                                    %数组的乘方
C=
          1         3125        46656           64         6561            1
>> D=A.^3                                     %数组与某个具体数值的乘方
D=
     1   125   216   512   729   216
>> E=3.^A                                     %常数与数组的乘方
E=
          3          243          729         6561        19683          729
```

通过 dot 函数可实现数组的点积运算，但是运算规则要求数组 A 和 B 的维数相同，其调用格式如下：

```
C=dot(A,B)
C=dot(A,B,dim)
```

【例 2-10】 数组的点积示例。

解： 在命令行窗口中依次输入以下语句，同时会显示相关输出结果。

```
>> clear,clc
>> A=[1 5 6 8 9 6];
>> B=[9 5 6 2 4 0];
>> C=dot(A,B)                                 %数组的点积
C=
   122
>> D=sum(A.*B)                                %数组元素的乘积之和
D=
   122
```

2. 数组的关系运算

MATLAB 中提供了 6 种数组关系运算符，即 <（小于）、<=（小于或等于）、>（大于）、>=（大于或等于）、==（恒等于）、~=（不等于）。

关系运算的运算法则如下。

（1）当两个比较量是标量时，直接比较两个数的大小。若关系成立，则返回 1，否则返回 0。

（2）当两个比较量是维数相等的数组时，逐一比较两个数组相同位置的元素，并给出比较结果。最终的关系运算结果是一个与参与比较的数组维数相同的数组，其组成元素为 0 或 1。

【例 2-11】 数组的关系运算示例。

解： 在命令行窗口中依次输入以下语句，同时会显示相关输出结果。

```
>> clear,clc
>> A=[1 5 6 8 9 6];
>> B=[9 5 6 2 4 0];
>> C=A<6                                      %数组与常数比较，小于
```

```
C=
  1×6 logical 数组
   1  1  0  0  0  0
>> D=A>=6                                      %数组与常数比较，大于或等于
D=
  1×6 logical 数组
   0  0  1  1  1  1
>> E=A<B                                        %数组与数组比较，小于
E=
  1×6 logical 数组
   1  0  0  0  0  0
>> F=A==B                                       %数组与数组比较，恒等于
F=
  1×6 logical 数组
   0  1  1  0  0  0
```

3. 数组的逻辑运算

在 MATLAB 中提供了 3 种数组逻辑运算符，即&（与）、|（或）和~（非）。逻辑运算的法则如下。

（1）如果是非零元素，则为真，用 1 表示；反之，是零元素，则为假，用 0 表示。

（2）当两个比较量是维数相等的数组时，逐一比较两个数组相同位置的元素，并给出比较结果。最终的关系运算结果是一个与参与比较的数组维数相同的数组，其组成元素为 0 或 1。

（3）与运算（a&b）时，如果 a、b 全为非零，则为真，运算结果为 1。或运算（a|b）时，只要 a、b 有一个为非零，则运算结果为 1。非运算（~a）时，若 a 为 0，运算结果为 1；若 a 为非零，运算结果为 0。

【例 2-12】 数组的逻辑运算示例。

解： 在命令行窗口中依次输入以下语句，同时会显示相关输出结果。

```
>> clear,clc
>> A=[1 5 6 8 9 6];
>> B=[9 5 6 2 4 0];
>> C=A&B                                          %与
C=
  1×6 logical 数组
   1  1  1  1  1  0
>> D=A|B                                          %或
D=
  1×6 logical 数组
   1  1  1  1  1  1
>> E=~B                                           %非
E=
  1×6 logical 数组
   0  0  0  0  0  1
```

2.2 矩阵运算

MATLAB 是 matrix 和 laboratory 两个单词的组合，意为矩阵工厂（矩阵实验室）。对于矩阵的运算，MATLAB 软件有着得天独厚的优势。

生成矩阵的方法有多种，包括直接输入矩阵元素，对已知矩阵进行矩阵组合、矩阵转向、矩阵移位操作，读取数据文件，使用函数直接生成特殊矩阵等。表 2-1 列出了常用的特殊矩阵生成函数。

表 2-1　常用的特殊矩阵生成函数

函　数　名	说　　明	函　数　名	说　　明
zeros	生成全0矩阵	eye	生成单位矩阵
ones	生成全1矩阵	company	生成伴随矩阵
rand	生成均匀分布随机矩阵	hilb	生成Hilbert矩阵
randn	生成正态分布随机矩阵	invhilb	生成Hilbert逆矩阵
magic	生成魔方矩阵	vander	生成Vander矩阵
diag	生成对角矩阵	pascal	生成Pascal矩阵
triu	生成上三角矩阵	hadamard	生成Hadamard矩阵
tril	生成下三角矩阵	hankel	生成Hankel矩阵

2.2.1　矩阵的生成

【例 2-13】　随机矩阵输入、矩阵中数据的读取示例。

解：在命令行窗口中依次输入以下语句，同时会显示相关输出结果。

```
>> A=rand(5)
A=
    0.0512    0.4141    0.0594    0.0557    0.5681
    0.8698    0.1400    0.3752    0.6590    0.0432
    0.0422    0.2867    0.8687    0.9065    0.4148
    0.0897    0.0919    0.5760    0.1293    0.3793
    0.0541    0.1763    0.8402    0.7751    0.7090
>> A(:,1)                                        %A 中第 1 列
ans=
    0.0512
    0.8698
    0.0422
    0.0897
    0.0541
>> A(:,2)                                        %A 中第 2 列
ans=
    0.4141
    0.1400
    0.2867
    0.0919
    0.1763
>> A(:,3:5)                                      %A 中第 3、4、5 列
ans=
    0.0594    0.0557    0.5681
    0.3752    0.6590    0.0432
    0.8687    0.9065    0.4148
    0.5760    0.1293    0.3793
    0.8402    0.7751    0.7090
```

```
>> A(1,:)                                              %A 中第 1 行
ans=
    0.0512      0.4141      0.0594      0.0557      0.5681
>> A(2,:)                                              %A 中第 2 行
ans=
    0.8698      0.1400      0.3752      0.6590      0.0432
>> A(3:5,:)                                            %A 中第 3、4、5 行
ans=
    0.0422      0.2867      0.8687      0.9065      0.4148
    0.0897      0.0919      0.5760      0.1293      0.3793
    0.0541      0.1763      0.8402      0.7751      0.7090
```

【例 2-14】   矩阵的运算示例。

解： 在命令行窗口中依次输入以下语句，同时会显示相关输出结果。

```
>> A^2                                                %矩阵的乘法运算
ans=
    0.4011      0.2015      0.7194      0.7772      0.4955
    0.2436      0.5555      0.8460      0.5994      0.9364
    0.3919      0.4631      1.7354      1.4175      1.0347
    0.1410      0.2939      0.9334      0.8985      0.6118
    0.2995      0.4842      1.8414      1.5305      1.1836
>> A.^2                                               %矩阵的点乘运算
ans=
    0.0026      0.1715      0.0035      0.0031      0.3227
    0.7565      0.0196      0.1408      0.4343      0.0019
    0.0018      0.0822      0.7547      0.8217      0.1721
    0.0080      0.0085      0.3318      0.0167      0.1439
    0.0029      0.0311      0.7059      0.6008      0.5026
>> A^2\A.^2                                           %矩阵的除法运算
ans=
    0.2088      0.5308     -0.4762      0.8505     -0.0382
    1.3631     -0.1769      1.1661      0.8143     -4.2741
   -0.3247     -0.0898      1.5800      2.7892     -1.0326
   -0.5223      0.0537     -0.5715     -2.4802      0.4729
    0.5725      0.0345     -1.4792     -1.1727      3.1778
>> A^2-A.^2                                           %矩阵的减法运算
ans=
    0.3984      0.0300      0.7159      0.7741      0.1728
   -0.5129      0.5359      0.7052      0.1652      0.9345
    0.3901      0.3810      0.9807      0.5958      0.8626
    0.1330      0.2854      0.6016      0.8818      0.4679
    0.2965      0.4531      1.1355      0.9297      0.6809
>> A^2+A.^2                                           %矩阵的加法运算
ans=
    0.4037      0.3730      0.7229      0.7803      0.8182
    1.0001      0.5751      0.9868      1.0337      0.9383
    0.3937      0.5453      2.4901      2.2392      1.2068
    0.1491      0.3023      1.2652      0.9152      0.7558
    0.3024      0.5153      2.5473      2.1314      1.6862
```

【例2-15】 Hankel 矩阵求解。

解：在命令行窗口中依次输入以下语句，同时会显示相关输出结果。

```
>> clear,clc
>> c=[1:3],r=[3:9]
c=
    1    2    3
r=
    3    4    5    6    7    8    9
>> H=hankel(c,r)
H=
    1    2    3    4    5    6    7
    2    3    4    5    6    7    8
    3    4    5    6    7    8    9
```

【例2-16】 Hilbert 矩阵生成。

解：在命令行窗口中依次输入以下语句，同时会显示相关输出结果。

```
>> A=hilb(5)
A=
    1.0000    0.5000    0.3333    0.2500    0.2000
    0.5000    0.3333    0.2500    0.2000    0.1667
    0.3333    0.2500    0.2000    0.1667    0.1429
    0.2500    0.2000    0.1667    0.1429    0.1250
    0.2000    0.1667    0.1429    0.1250    0.1111
>> format rat                        %更改输出格式
>> A
A=
    1        1/2      1/3      1/4      1/5
    1/2      1/3      1/4      1/5      1/6
    1/3      1/4      1/5      1/6      1/7
    1/4      1/5      1/6      1/7      1/8
    1/5      1/6      1/7      1/8      1/9
>> format short                      %还原输出格式
```

【例2-17】 希尔伯特逆矩阵求解。

解：在命令行窗口中依次输入以下语句，同时会显示相关输出结果。

```
>> A=invhilb(5)
A=
      25      -300      1050     -1400       630
    -300      4800    -18900     26880    -12600
    1050    -18900     79380   -117600     56700
   -1400     26880   -117600    179200    -88200
     630    -12600     56700    -88200     44100
```

向量是指单行或单列的矩阵，是组成矩阵的基本元素之一。在求某些函数值或曲线时，常需设定自变量的一系列值，因此除直接使用[]生成向量外，MATLAB 还提供了两种为等间隔向量赋值的简单方法。

1. 使用冒号表达式生成向量

冒号表达的格式如下：

$x=[初值\ x_0:增量:终值\ x_n]$

注意：

（1）生成的向量尾元素并不一定是终值 x_n，当 x_n-x_0 恰好为增量的整数倍时，x_n 才为尾元素。

（2）当 $x_n>x_0$ 时，增量必须为正值；当 $x_n<x_0$ 时，增量必须为负值；当 $x_n=x_0$ 时，向量只有一个元素。

（3）当增量为 1 时，增量值可以略去，直接写成 x=[初值 x_0:终值 x_n]。

（4）方括号"[]"可以删去。

2. 使用 linspace 函数生成向量

linspace 函数的调用格式如下：

```
x=linspace(初值 x₁,终值 xₙ,点数 n)          %点数 n 可不写，此时默认 n=100
```

【例 2-18】　等间隔向量赋值。

解： 在命令行窗口中依次输入以下语句，同时会显示相关输出结果。

```
>> t1=1:3:20
t1=
     1     4     7    10    13    16    19
>> t2=10:-3:-20
t2=
    10     7     4     1    -2    -5    -8   -11   -14   -17   -20
>> t3=1:2:1
T3=
     1
>> t4=1:5
t4=
     1     2     3     4     5
>> t5=linspace(1,10,5)
t5=
    1.0000    3.2500    5.5000    7.7500   10.0000
```

如果要生成对数等比向量，可以使用 logspace 函数，其调用格式为：

```
x=logspace(初值 x₁,终值 xₙ,点数 n)        %表示从 10 的 x₁ 次幂到 xₙ 次幂等比生成 n 个点
```

【例 2-19】　生成对数等比向量示例。

解： 在命令行窗口中依次输入以下语句，同时会显示相关输出结果。

```
>> t=logspace(0,1,15)
t=
  列 1 至 8
    1.0000    1.1788    1.3895    1.6379    1.9307    2.2758    2.6827    3.1623
  列 9 至 15
    3.7276    4.3940    5.1795    6.1054    7.1969    8.4834   10.0000
```

2.2.2　矩阵的加减运算

进行矩阵加减运算的前提是参与运算的两个矩阵或多个矩阵必须具有相同的行数和列数，即 A、B、C 等多个矩阵均为 $m \times n$ 矩阵；或者其中有一个或多个矩阵为标量。

在上述前提下，对于同型的两个矩阵，其加减法定义如下：$C=A \pm B$，矩阵 C 的各元素 $C_{mn}=A_{mn}+B_{mn}$。当其中含有标量 x 时，$C=A \pm x$，矩阵 C 的各元素 $C_{mn}=A_{mn}+x$。

由于矩阵的加法运算归结为其元素的加法运算，容易验证，因此矩阵的加法运算满足下列运算律。

（1）交换律：$A+B=B+A$。

（2）结合律：$A+(B+C)=(A+B)+C$。

（3）存在零元：$A+0=0+A=A$。

（4）存在负元：$A+(-A)=(-A)+A=0$。

【例 2-20】 矩阵加减运算示例。已知矩阵 $A=$ [10 5 79 4 2;1 0 66 8 2;4 6 1 1 1]，矩阵 $B=$ [9 5 3 4 2;1 0 4 -23 2;4 6 -1 1 0]，行向量 $C=$ [2 1]，标量 $x=20$，试求 $A+B$、$A-B$、$A+B+x$、$A-x$、$A-C$。

解： 在命令行窗口中依次输入以下语句，同时会显示相关输出结果。

```
>> clear,clc
>> A=[10 5 79 4 2;1 0 66 8 2;4 6 1 1 1];
>> B=[9 5 3 4 2;1 0 4 -23 2;4 6 -1 1 0];
>> x=20;
>> C=[2 1];
>> ApB=A+B
ApB=
    19    10    82     8     4
     2     0    70   -15     4
     8    12     0     2     1
>> AmB=A-B
AmB=
     1     0    76     0     0
     0     0    62    31     0
     0     0     2     0     1
>> ApBpX=A+B+x
ApBpX=
    39    30   102    28    24
    22    20    90     5    24
    28    32    20    22    21
>> AmX=A-x
AmX=
   -10   -15    59   -16   -18
   -19   -20    46   -12   -18
   -16   -14   -19   -19   -19
>> AmC=A-C
错误使用  -
矩阵维度必须一致。
```

在 $A-C$ 的运算中，MATLAB 返回错误信息，并提示矩阵的维数必须相等。这也证明了矩阵进行加减运算必须满足一定的前提条件。

2.2.3　矩阵的乘法运算

MATLAB 中矩阵的乘法运算包括两种：数与矩阵的乘法、矩阵与矩阵的乘法。

1. 数与矩阵的乘法

由于单个数在 MATLAB 中以标量存储，因此数与矩阵的乘法也可以称为标量与矩阵的乘法。

设 x 为一个数，A 为矩阵，则定义 x 与 A 的乘积 $C=xA$ 仍为一个矩阵，C 的元素由数 x 乘矩阵 A 中对应的元素得到，即 $C_{mn}=xA_{mn}$。数与矩阵的乘法满足下列运算律：

$$1A=A$$
$$x(A+B)=xA+xB$$
$$(x+y)A=xA+yA$$
$$(xy)A=x(yA)=y(xA)$$

【例 2-21】　矩阵的数乘示例。已知矩阵 A= [0 3 3;1 1 0;-1 2 3]，E 是 3 阶单位矩阵，E= [1 0 0;0 1 0;0 0 1]，试求表达式 $2A+3E$。

解： 在命令行窗口中依次输入以下语句，同时会显示相关输出结果。

```
>> A=[0 3 3;1 1 0;-1 2 3];
>> E=eye(3);
>> R=2*A+3*E                        %矩阵的数乘
R=
    3     6     6
    2     5     0
   -2     4     9
```

2. 矩阵与矩阵的乘法

两个矩阵的乘法必须满足被乘矩阵的列数与乘矩阵的行数相等。设矩阵 A 为 $m×h$ 矩阵，B 为 $h×n$ 矩阵，则两矩阵的乘积 $C=A×B$ 为一个矩阵，且 $C_{mn}=\sum_{i=1}^{h}A_{mi}×B_{in}$。

矩阵之间的乘法不遵循交换律，即 $A×B≠B×A$。但矩阵乘法遵循下列运算律。

（1）结合律：$(A×B)×C=A×(B×C)$。

（2）左分配律：$A×(B+C)=A×B+A×C$。

（3）右分配律：$(B+C)×A=B×A+C×A$。

（4）单位矩阵的存在性：$E×A=A$，$A×E=A$。

【例 2-22】　矩阵乘法示例。已知矩阵 A=[2 1 4 0;1 -1 3 4]，矩阵 B= [1 3 1;0 -1 2;1 -3 1;4 0 -2]，试求矩阵乘积 AB 及 BA。

解： 在命令行窗口中依次输入以下语句，同时会显示相关输出结果。

```
>> A=[2 1 4 0;1 -1 3 4];
>> B=[1 3 1;0 -1 2;1 -3 1;4 0 -2];
>> R1=A*B
R1=
    6    -7     8
   20    -5    -6
>> R2=B*A                      %由于不满足矩阵的乘法条件，故 BA 无法计算
错误使用  *
用于矩阵乘法的维度不正确。检查并确保第一个矩阵中的列数与第二个矩阵中的行数匹配。要执行按元素相乘，
则使用 '.*'。
```

2.2.4　矩阵的除法运算

矩阵的除法是乘法的逆运算，分为矩阵左除和右除两种，分别用运算符号"\"和"/"表示。如果矩阵 A 和矩阵 B 是标量，则 A/B 和 $A\backslash B$ 等价。对于一般的二维矩阵 A 和 B，当进行 $A\backslash B$ 运算时，要求 A 的行数与

B 的行数相等；当进行 ***A/B*** 运算时，要求 ***A*** 的列数与 ***B*** 的列数相等。

【**例 2-23**】 矩阵除法示例。设矩阵 ***A***= [1 2;1 3]，矩阵 ***B***= [1 0;1 2]，试求 ***A\B*** 和 ***A/B***。

解：在命令行窗口中依次输入以下语句，同时会显示相关输出结果。

```
>> A=[1 2;1 3];
>> B=[1 0;1 2];
>> R1=A\B
R1=
    1    -4
    0     2
>> R2=A/B
R2=
        0    1.0000
  -0.5000    1.5000
```

2.2.5 矩阵的分解运算

矩阵的分解常用于求解线性方程组，常用的 MATLAB 矩阵分解函数如表 2-2 所示。

表 2-2 常用的MATLAB矩阵分解函数

函 数 名	说 明	函 数 名	说 明
eig	特征值分解	chol	Cholesky分解
svd	奇异值分解	qr	QR分解
lu	LU分解	schur	Schur分解

【**例 2-24**】 矩阵分解运算。

解：在命令行窗口中依次输入以下语句，同时会显示相关输出结果。

```
>> A=[8,1,6;3,5,7;4,9,2];
>> [U,S,V]=svd(A)          %矩阵的奇异值分解，A=U*S*V'
U=
  -0.5774    0.7071    0.4082
  -0.5774    0.0000   -0.8165
  -0.5774   -0.7071    0.4082
S=
  15.0000         0         0
        0    6.9282         0
        0         0    3.4641
V=
  -0.5774    0.4082    0.7071
  -0.5774   -0.8165   -0.0000
  -0.5774    0.4082   -0.7071
```

2.3 符号运算

MATLAB 不仅在数值计算功能方面相当出色，在符号运算方面也提供了专门的符号数学工具箱（Symbolic Math Toolbox）——MuPAD Notebook。

符号数学工具箱是操作和解决符号表达式的符号函数的集合，其功能主要包括符号表达式与符号矩阵的基本操作、符号微积分运算及求解代数方程和微分方程。

符号运算与数值运算的主要区别在于：数值运算必须先对变量赋值，才能进行运算；而符号运算无须事先对变量进行赋值，运算结果直接以符号形式输出。

2.3.1　符号表达式的生成

在符号运算中，数字、函数、算子和变量都以字符的形式保存并进行运算。符号表达式包括符号函数和符号方程，二者的区别在于前者不包括等号，后者必须带等号，但二者的创建方式相同。

MATLAB 中创建符号表达式的方法有两种：一种是直接使用字符串变量的生成方法对其进行赋值；另一种是根据 MATLAB 提供的符号变量定义函数 sym 和 syms。

sym 函数用来创建单个符号变量，其调用格式如下：

```
符号变量名=sym('符号变量')
符号变量名=sym(num)
```

syms 函数用来建立多个符号变量，调用格式如下：

```
syms 符号变量名 1　符号变量名 2　…　符号变量名 n      %符号变量名不需加字符串分界符(''),
                                                  %符号变量名间用空格分隔
```

【例 2-25】　符号表达式的生成。

解： 在命令行窗口中依次输入以下语句，同时会显示相关输出结果。

```
>> clear,clc
>> y1='exp(x)'                          %直接创建符号函数
y1=
    'exp(x)'
>> equ='a*x^2+b*x+c=0'                  %直接创建符号方程
equ=
    'a*x^2+b*x+c=0'
>> syms x y                             %建立符号变量 x、y
>> y2=x^2+y^2                           %生成符号表达式
y2=
    x^2+y^2
```

2.3.2　符号矩阵

符号矩阵也是一种特殊的符号表达式。MATLAB 中的符号矩阵也可以通过 sym 函数建立，矩阵的元素可以是任何不带等号的符号表达式，其调用格式如下：

```
符号矩阵名=sym(符号字符串矩阵)          %符号字符串矩阵的各元素之间可用空格或逗号隔开
```

与数值矩阵输出形式不同，符号矩阵的每行两端都有方括号。在 MATLAB 中，数值矩阵不能直接参与符号运算，必须先转换为符号矩阵，同样也是通过 sym 函数转换。

符号矩阵也是一种矩阵，因此之前介绍的矩阵的相关运算也适用于符号矩阵。很多应用于数值矩阵运算的函数，如 det、inv、rank、eig、diag、triu、tril 等，也能应用于符号矩阵。

【例 2-26】　符号矩阵的生成。

解： 在命令行窗口中依次输入以下语句，同时会显示相关输出结果。

```
>> syms aa bb a b
>> A=sym('[aa,bb;1,a+2*b]')
A=
    [ aa,     bb]
    [ 1, a+2*b]
>> B=sym([a,b,0,0;1,a+2*b,1,2;4,5,0,0])
B=
    [ a,      b, 0, 0]
    [ 1, a+2*b, 1, 2]
    [ 4,      5, 0, 0]
>> inv(A)                                          %符号矩阵的逆
ans=
[ (a+2*b)/(a*aa-bb+2*aa*b), -bb/(a*aa-bb+2*aa*b)]
[       -1/(a*aa-bb+2*aa*b),  aa/(a*aa-bb+2*aa*b)]
>> rank(A)                                         %符号矩阵的秩
ans=
    2
>> triu(A)                                         %符号矩阵的上三角
ans=
    [ aa,     bb]
    [ 0, a+2*b]
>> tril(A)                                         %符号矩阵的下三角
ans=
    [ aa,      0]
    [ 1, a+2*b]
```

2.3.3 常用符号运算

符号数学工具箱中提供了符号矩阵因式分解、展开、合并、简化和通分等符号运算函数，如表 2-3 所示。

表 2-3　常用符号运算函数

函 数 名	说　　明	函 数 名	说　　明
factor	符号矩阵因式分解	expand	符号矩阵展开
collect	符号矩阵合并同类项	simplify	应用函数规则对符号矩阵进行化简
compose	复合函数运算	numden	分式通分
limit	计算符号表达式极限	finverse	反函数运算
diff	微分和差分函数	int	符号积分(定积分或不定积分)
jacobian	计算多元函数的Jacobi矩阵	gradient	近似梯度函数

由于微积分是大学教学、科研及工程应用中最重要的基础内容之一，这里只对符号微积分运算进行举例说明，其余的符号函数运算，读者可以通过查阅 MATLAB 的帮助文档进行学习。

【例 2-27】　符号微积分运算。

解：在命令行窗口中依次输入以下语句，同时会显示相关输出结果。

```
>> syms t x y                                %定义符号变量
>> f1=sin(2*x);
>> df1=diff(f1)                              %对函数 f1 中的变量 x 求导
df1=
```

```
    2*cos(2*x)
>> f2=x^2+y^2;
>> df2=diff(f2,x)                        %对函数 f2 中的变量 x 求偏导
df2=
    2*x
>> f3=x*sin(x*t);
>> int1=int(f3,x)                        %求函数 f3 的不定积分
int1=
    (sin(t*x)-t*x*cos(t*x))/t^2
>> int2=int(f3,x,0,pi/2)                 %求 f3 在[0,pi/2]区间上的定积分
int2=
    (sin((pi*t)/2)-(pi*t*cos((pi*t)/2))/2)/t^2
```

2.4　复数运算

复数运算的本质是对实数运算的拓展，在自动控制、电路等自然科学与工程技术中复数的应用非常广泛。

2.4.1　复数和复矩阵的生成

复数有两种表示方式：一般形式和复指数形式。一般形式为 $x = a + b\mathrm{i}$，其中 a 为实部，b 为虚部，i 为虚数单位。在 MATLAB 中，使用赋值语句如下：

```
>> syms a b
>> x=a+b*i
x=
    a+b*i
```

其中，a、b 为任意实数，x 为生成的复数。

复指数形式为 $x = r \cdot \mathrm{e}^{\mathrm{i}\theta}$，其中 r 为复数的模，θ 为复数的辐角，i 为虚数单位。在 MATLAB 中，使用赋值语句如下：

```
>> syms r theta
>> x=r*exp(theta*i)
x=
    r*exp(theta*i)
```

其中，r、theta 为任意实数，即可生成复数 x。

选取合适的表示方式能够便于复数运算，一般形式适合处理复数的代数运算，复指数形式适合处理复数旋转等涉及辐角改变的问题。

复数的生成有两种方法：一种是直接赋值，如上所述；另一种是通过 syms 函数构造，将复数的实部和虚部看作自变量，用 subs 函数对实部和虚部进行赋值。

【例 2-28】　复数的生成。

解：在命令行窗口中依次输入以下语句，同时会显示相关输出结果。

```
>> clear,clc
>> x1=-1+2i                               %直接赋值
x1=
```

```
   -1.0000+2.0000i
>> x2=sqrt(2)*exp(i*pi/4)
x2=
   1.0000+1.0000i
>> syms a b real
>> x3=a+b*i                              %构造符号函数
x3=
   a+b*i
>> subs(x3,{a,b},{-1,2})                 %使用 subs 函数对实部和虚部赋值
ans=
   -1+2*i
>> syms r theta real
>> x4=r*exp(theta*i);
>> subs(x4,{r,theta},{sqrt(20),pi/8})
ans=
   2*5^(1/2)*((2^(1/2)+2)^(1/2)/2+((2-2^(1/2))^(1/2)*i)/2)
```

复数矩阵的生成也有两种方法：一种直接输入复数元素生成；另一种将实部矩阵和虚部矩阵分开建立，再写成和的形式，此时实部矩阵和虚部矩阵的维度必须相同。

【例 2-29】 复数矩阵的生成。

解：在命令行窗口中依次输入以下语句，同时会显示相关输出结果。

```
>> clear,clc
>> A=[-1+20i,-3+40i;1-20i,30-4i]        %复数元素
A=
  -1.0000 +20.0000i  -3.0000 +40.0000i
   1.0000 -20.0000i  30.0000 - 4.0000i
>> real(A)                               %矩阵 A 的实部矩阵
ans=
   -1    -3
    1    30
>> imag(A)                               %矩阵 A 的虚部矩阵
ans=
    20    40
   -20    -4
>> B=real(A);
>> C=imag(A);
>> D=B+C*i                                %由矩阵 A 的实部矩阵和虚部构造复向量矩阵
D=
  -1.0000 +20.0000i  -3.0000 +40.0000i
   1.0000 -20.0000i  30.0000 - 4.0000i
```

MATLAB 中还提供了 complex 函数用于创建复数数组，该函数通过两个实数输入创建一个复数输出。

【例 2-30】 复数的创建和运算。

解：在命令行窗口中依次输入以下语句，同时会显示相关输出结果。

```
>> clear, clc
>> x=rand(3)*5;
>> y=rand(3)*-8;
>> z=complex(x,y)                        %用 complex 函数创建以 x 为实部、y 为虚部的复数
z=
```

```
   4.0736 - 7.7191i    4.5669 - 7.6573i    1.3925 - 1.1351i
   4.5290 - 1.2609i    3.1618 - 3.8830i    2.7344 - 3.3741i
   0.6349 - 7.7647i    0.4877 - 6.4022i    4.7875 - 7.3259i
>> whos
   Name      Size            Bytes  Class      Attributes
   x         3x3                72  double
   y         3x3                72  double
   z         3x3               144  double     complex
```

2.4.2　复数运算函数

复数的基本运算与实数相同，都是使用相同的运算符或函数。此外，MATLAB 还提供了一些专门用于复数运算的函数，如表 2-4 所示。

表 2-4　专门用于复数运算的函数

函 数 名	说　　明	函 数 名	说　　明
abs	求复数或复数矩阵的模	angle	求复数或复数矩阵的辐角，单位为弧度
real	求复数或复数矩阵的实部	imag	求复数或复数矩阵的虚部
conj	求复数或复数矩阵的共轭	isreal	判断是否为实数
unwrap	去掉辐角突变	cplxpair	按复数共轭对排序元素群

2.5　本章小结

MATLAB 的功能非常强大，涉及面极广，是一款强大的数据处理软件，能够适应各种系统，并能够通过矩阵运算，快速实现问题的求解。本章主要围绕数组、矩阵、符号、复数等内容进行介绍，通过本章基础知识的学习，可以掌握 MATLAB 的基本操作。

第 **3** 章

CHAPTER 3

Simulink 仿真基础

Simulink 是 MATLAB 最重要的组成部分，它提供了一个动态系统建模、仿真和综合分析的集成环境。在该环境中无须大量书写程序，只需要通过简单直观的鼠标操作即可构造出复杂的系统。Simulink 具有适应面广、结构和流程清晰及仿真精细、贴近实际、效率高、灵活等优点，已广泛应用于控制理论和数字信号处理的复杂仿真和设计。

本章学习目标包括：

（1）掌握 Simulink 基本操作；

（2）掌握 Simulink 创建模型的方法；

（3）掌握 Simulink 运行仿真参数设置；

（4）掌握 Simulink 简单的仿真分析。

3.1 基本操作

Simulink 是用于动态系统和嵌入式系统的多领域仿真工具和基于模型的设计工具。Simulink 提供了交互式图形化环境和可定制模块库，可对通信、控制、信号处理、视频处理和图像处理系统等时变系统进行设计、仿真、执行和测试。

3.1.1 运行 Simulink

通过 MATLAB 进入 Simulink 的操作步骤如下。

（1）启动 MATLAB，在 MATLAB 主界面中单击"主页"选项卡 SIMULINK 选项组中的 （Simulink）命令，或在命令窗口中输入 simulink 命令，将弹出如图 3-1 所示的 Simulink Start Page 窗口。

（2）单击 Simulink Start Page 窗口右侧 Simulink 选项组下的 Blank Model，即可打开如图 3-2 所示的 Simulink 仿真界面，即 untitled-Simulink 窗口。其中 Simulink 仿真界面选项卡及各部分功能如图 3-3 所示。

图 3-1　Simulink Start Page 窗口

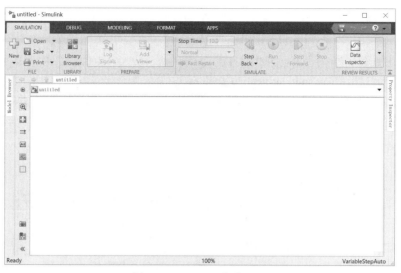

图 3-2　Simulink 仿真界面

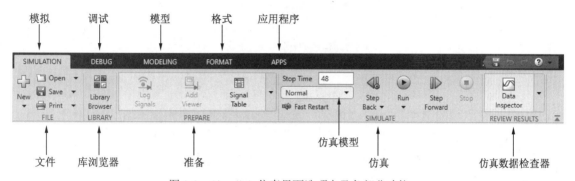

图 3-3　Simulink 仿真界面选项卡及各部分功能

3.1.2　模块库

Simulink 模块库包括很多工具箱，用户可利用这些工具箱针对不同行业的数学模型进行快速设计。单击 Simulink 仿真界面 SIMULATIOIN 选项卡 LIBRARY 选项组中的 ▦▦（Library Browser）命令，即可打开如图 3-4 所示的 Simulink Library Browser 窗口，该窗口中显示了 MATLAB 为各领域开发的仿真模块库。

Simulink Library Browser 窗口的左半部分是 Simulink 所有模块库的名称，第一个是 Simulink，为 Simulink 的公共模块库，包含 Simulink 仿真所需的基本模块子库，包括 Continuous（连续）模块库、Discrete（离散）模块库、Math Operations（数学运算）模块库、Sinks（信号输出）模块库、Sources（信号源）模块库等。

Simulink 同时还集成了许多面向各专业领域的系统模块库，主要包括：

（1）控制系统工具箱（Control System Toolbox）；

（2）通信工具箱（Communications Toolbox）；

（3）数字信号处理系统工具箱（DSP System Toolbox）；

（4）计算机视觉工具箱（Computer Vision Toolbox）；

（5）定点设计工具箱（Fixed-Point Designer Toolbox）；

（6）自动驾驶工具箱（Automated Driving Toolbox）；

（7）状态流（StateFlow）；

（8）深度学习工具箱（Deep Learning Toolbox）；

（9）模糊逻辑工具箱（Fuzzy Logic Toolbox）；

（10）系统辨识工具箱（System Identification Toolbox）。

不同领域的系统设计者可以使用这些系统模块快速构建自己的系统模型，并在此基础上进行系统的仿真与分析，从而完成系统设计的任务。

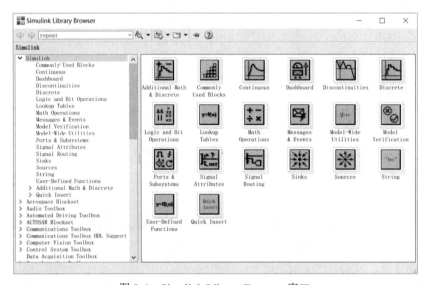

图 3-4　Simulink Library Browser 窗口

3.1.3　打开系统模型

Simulink 的系统模型文件具有专门格式，以.slx 或.mdl 作为其扩展名。通过以下两种方式均可打开 Simulink 系统模型。

（1）单击 Simulink 模型窗口中 SIMULATION 选项卡 FILE 选项组中的 🗁（Open）命令，在弹出的对话框中选择或输入需要打开的系统模型的文件名。

（2）在 MATLAB 的命令窗内输入欲打开的系统模型的文件名（注意要略去文件的扩展名.mdl）。该系统模型文件必须在 MATLAB 的当前目录或 MATLAB 的搜索路径的某个目录下。

3.1.4　保存系统模型

单击 Simulink 仿真界面中 SIMULATION 选项卡 FILE 选项组中的 🖫（Save）命令，可以保存所创建的模型。Simulink 通过生成特定格式的文件（即模型文件）保存模型，文件的扩展名可以为.slx，也可以为.mdl。模型文件中包含模型的框图和模型属性。

如果是第 1 次保存模型，使用 Save 命令可以为模型文件命名并指定文件的保存位置。模型文件的名称必须以字母开头，最多不能超过 63 个字符。

注意：模型文件名不能与 MATLAB 命令同名。

如果要保存一个已保存过的模型文件，则可以用 Save 命令替换原文件，或使用 Save As 命令为模型文件重新指定文件名和保存位置。

如果在保存过程中出现错误，则 Simulink 会将临时文件重新命名为原模型文件的名称，并将当前的模型版本写入 .err 文件，同时发出错误消息。

3.1.5 打印模型框图并生成报告

单击 Simulink 仿真界面中 SIMULATION 选项卡 FILE 选项组中的 🖶（Print）命令，可以打印模型框图。该命令会打印当前窗口中的模型图。也可以在 MATLAB 命令窗口中使用 Print 命令（在所有的系统平台上）打印模型图。

1. 打印模型

单击 Simulink 仿真界面中 SIMULATION 选项卡 FILE 选项组中的 Print 命令时，Simulink 会打开如图 3-5 所示的 Print Model 对话框，供用户有选择地打印模型内的系统。

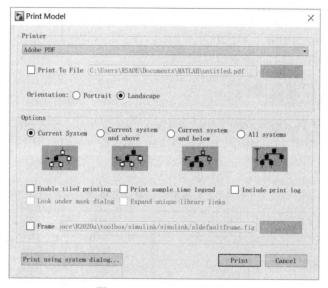

图 3-5　Print Model 对话框

在打印时，每个系统框图都会带有轮廓图。当选中 Current system and below 或 All systems 单选按钮时，会激活 Options 选项组中的 Look under mask dialog 和 Expand unique library links 复选框。

2. 生成模型报告

Simulink 模型报告是描述模型结构和内容的 HTML 文档，报告包括模型框图和子系统，以及模块参数的设置。

要生成当前模型的报告，可单击 Simulink 仿真界面 SIMULATION 选项卡 FILE 选项组中的 Print 命令，在下拉菜单中选择 Print details 命令，打开 Print Details 对话框，如图 3-6 所示。

在 File location/naming options 选项组内，可以利用路径参数指定报告文件的保存位置和名称，Simulink 会在指定路径下保存生成的 HTML 报告。

完成报告选项的设置后，单击 Print 按钮，Simulink 会在系统默认的 HTML 浏览器内生成 HTML 报告并在消息面板内显示状态消息。

使用默认设置生成该系统的模型报告，单击 Print 按钮后，模型的消息面板将替换 Print Details 对话框，可以单击消息面板右上角的 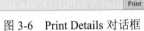（向下）按钮，从列表中选择消息详细级别，如图 3-7 所示。

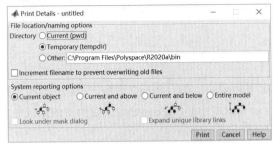

图 3-6　Print Details 对话框

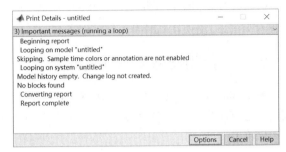

图 3-7　模型的消息面板

在报告生成过程开始时，模型的消息面板内的 Print 按钮将变为 Stop 按钮，单击 Stop 按钮可终止报告的生成。

当报告生成过程结束时，Stop 按钮将变为 Options 按钮，单击 Options 按钮将显示报告生成选项，并允许用户在不必重新打开 Print Details 对话框的情况下生成另一个报告。报告中详细列出了模型层级、仿真参数值、组成系统模型的模块名称和各模块的设置参数值等。

3.1.6　常用鼠标和键盘操作

模块、线条及信号标识有关的常用鼠标及键盘操作如表 3-1 所示。这些操作适用于 Windows 操作系统。其中，LMB 意为按下鼠标左键（Left Mouse Button），RMB 意为按下鼠标右键（Right Mouse Button），"+" 意为同时操作。

表 3-1　常用鼠标及键盘操作

任　务		操　作	任　务		操　作
模块操作	选取模块	LMB	线条操作	移动线段	LMB+拖行
	选取多个模块	Shift+LMB		移动线段拐角	LMB+拖行
	从另一个窗口复制模块	LMB并拖入复制处		改变连线走向	Shift+LMB+拖行
	搬移模块	LMB+拖至目的地	信号标记操作	产生信号标记	双击信号线，输入标记符
	在同一个窗口内复制模块	RMB+拖至目的地		复制信号标记	Ctrl+LMB+拖动标记符
	连接模块	LMB		移动信号标记	LMB+拖动标记符
	断开模块	Shift+LMB+拖开模块		编写信号标记	单击标记符，进行编写并修改
	打开所选子系统	Enter		消除信号标记	Shift+单击标记+PressDelete
	回到子系统的母系统	Esc	注文操作	加入注文	双击框图空白的区域，输入注文
线条操作	选取连线	LMB		复印注文	Ctrl+LMB+拖行注文
	选取多条连线	Shift+LMB		移动注文	LMB+拖行注文
	画分支连线	Ctrl+LMB+拉连线		编辑注文	单击注文，进行编辑
	画绕过模块的连线	Shift+LMB+拖行		消除注文	Shift+单击注文+Delete

3.1.7　环境设置

在 MATLAB 环境设置对话框中可集中设置 MATLAB 及其工具软件包的使用环境，包括 Simulink 环境。在 Simulink 仿真界面 MODELING 选项卡的 EVALUATE &MANAGE 选项组中选择 ⚙▼（Environment）→ Simulink Preferences 命令，将弹出如图 3-8 所示的 Simulink Preferences 对话框。对话框中各参数的含义如下。

（1）General：用来设置 Simulink 的通用参数。Folders for Generated Files 设置文件保存位置，Background Color 用于修改背景颜色。

（2）Editor：定义 Simulink 在建模时交叉线的显示方式。

（3）Model File：定义 Simulink 的模型文件等。

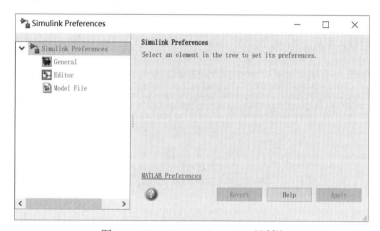

图 3-8　Simulink Preferences 对话框

3.1.8　系统模型构建与运行

Simulink 实际上是面向结构的系统仿真软件。启动 Simulink 后，利用 Simulink 进行系统仿真的基本步骤如下：

（1）在 Simulink Library Browser 窗口内，借助 Simulink 模块库，创建系统框图模型并调整模块参数；

（2）设置仿真参数，启动仿真；

（3）输出仿真结果。

下面通过一个简单的示例介绍如何建立动态系统模型。

【例 3-1】　系统的输入为一个正弦波信号，输出为此正弦波信号与一个常数的乘积。要求建立系统模型，并以图形方式输出系统运算结果。已知系统的数学描述为：

系统输入：$u(t)=\sin(t),t\geqslant 0$；

系统输出：$y(t)=au(t),a\neq 0$。

解：（1）启动 Simulink 并新建一个系统模型文件。该系统的模型包括如下模块（均在 Simulink 公共模块库中）。

① 系统输入模块库——Sources 模块库中的 Sine Wave 模块：产生一个正弦波信号。

② Math Operations 模块库中的 Gain 模块：将信号乘以上一个常数（即信号增益）。

③ 系统输出模块库——Sinks 模块库中的 Scope 模块：图形方式显示结果。

选择相应的系统模块并将其拖动到新建的系统模型中，如图 3-9 所示。

（2）选择构建系统模型所需的所有模块后，需要按照系统的信号流程将各系统模块正确连接起来。连接系统模块的方法如下。

① 将鼠标指针指向起始模块的输出端，此时鼠标指针变成"＋"。按住鼠标左键并拖动到目标模块的输入端，在接近到一定程度时红色的信号线变成黑色实线，此时松开鼠标左键，连接完成。

② 单击起始模块的输出端，随后单击输入模块的输入端，连接完成。

完成后在输入端连接点处出现一个箭头，表示系统中信号的流向，如图 3-10 所示。按照信号的输入/输出关系连接各系统模块，即可完成系统模型的创建工作。

图 3-9　选择系统所需要的模块　　　　　　　图 3-10　模块连接

（3）设置模块的参数。为了对动态系统进行正确的仿真与分析，必须设置正确的系统模块参数与系统仿真参数。双击系统模块，打开系统模块的参数设置对话框，在参数设置对话框中设置合适的模块参数。本例设置 Gain 为 5，其余保持默认设置，如图 3-11 所示。

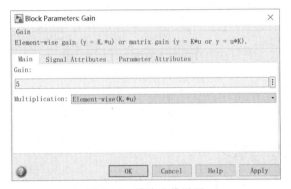

图 3-11　模块参数设置

（4）设置系统仿真参数。单击 Simulink 仿真界面 MODELING 选项卡 SETUP 选项组中的 Model Setting 命令，弹出如图 3-12 所示的对话框，可以进行动态系统的仿真参数设置。本例参数采用 Simulink 的默认设置。

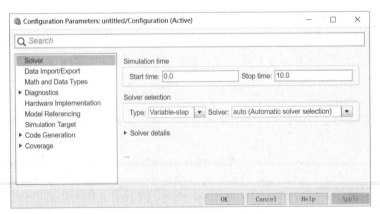

图 3-12　系统仿真参数设置

（5）运行系统并查看结果。单击 SIMULATION 选项卡 SIMULATE 选项组中的 （Run）命令，运行仿真系统。运行完成后单击 Scope 模块，查看仿真结果，如图 3–13 所示。

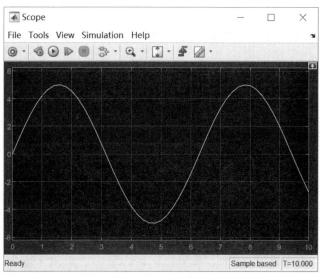

图 3-13　查看仿真结果

3.2　模块与系统

Simulink 模型建立后，运行时，常出现仿真故障诊断问题，如仿真步长设置、仿真参数设置等问题，下面讨论 Simulink 模型文件的创建、仿真参数设置等。

3.2.1　模型文件的创建

Simulink 的模型文件的创建过程就是将模块库中的模块复制到模型窗口中的过程。Simulink 的模型能根据常见的分辨率自动调整大小，可以拖动边界重新定义模型的大小。

1. 模块复制

在 Simulink 模型搭建过程中，模块的复制能够为用户提供快捷的操作方式，复制操作步骤如下。

1）不同模块窗口（包括模块库窗口）之间的模块复制

（1）选定模块，按住鼠标左键（或右键）将其拖动到另一模块窗口中。

（2）右击模块，在弹出的快捷菜单中选择 Copy、Paste 命令。

2）在同一模块窗口内的模块复制

（1）选中模块，按下鼠标右键，拖动模块到合适的位置。

（2）选中模块，按住 Ctrl 键的同时，将模块拖动到合适的位置。

（3）右击模块，在弹出的快捷菜单中选择 Copy、Paste 命令。

复制的模块如图 3–14 所示。

2. 模块移动

首先选中需要移动的模块，将其拖动到合适的位置。当模块移动时，与之相连的连线也随之移动。

Sine Wave

Sine Wave1

Sine Wave2

Sine Wave3

图 3-14　复制的模块

3. 模块删除

首先选中待删除模块，直接按 Delete 键，也可以右击模块，在弹出的快捷菜单中选择 Cut 命令。

4. 改变模块大小

选中需要改变大小的模块，出现小黑块编辑框后，拖动编辑框，可以实现模块的放大或缩小，如图 3-15 所示。

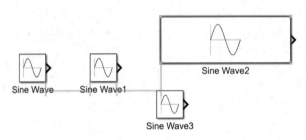

图 3-15　改变模块大小

5. 模块旋转

（1）模块旋转 180 度。右击模块，在弹出的快捷菜单中选择 Rotate & Flip→Flip Block 命令，可以将模块旋转 180 度。

（2）模块旋转 90 度。右击模块，在弹出的快捷菜单中选择 Rotate & Flip→Clockwise 命令可以将模块旋转 90 度，如果一次旋转不能达到要求，可以多次旋转。也可以按 Ctrl + R 组合键实现模块的 90 度旋转。模块旋转效果如图 3-16 所示。

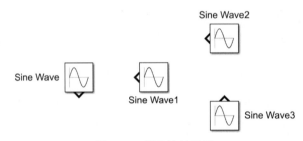

图 3-16　模块旋转效果

6. 模块名编辑

（1）修改模块名：单击模块下方或旁边的模块名，即可对模块名进行修改。

（2）模块名字体设置：右击模块，在弹出的快捷菜单中选择 Format→Font Style for Selection 命令，打开 Select Font 对话框设置字体。

（3）模块名的显示和隐藏：选中模块，选择 BLOCK 选项卡，在 FORMAT 选项组中单击 Auto Name 命令，在弹出的下拉菜单中选择 Name On→Name Off 命令，可以显示或隐藏模块名。

（4）模块名的翻转：右击模块，在弹出的快捷菜单中选择 Rotate & Flip→Flip Block Name 命令，可以翻转模块名。

3.2.2　模块的连接与处理

1. 模块间连线

（1）将鼠标指针指向一个模块的输出端，待鼠标指针变为"＋"后，按下鼠标左键并拖动至另一模块的输入端。

（2）按住 Ctrl 键，依次选中两个模块，两模块之间会自动添加连线。在模块很密集的情况下，可以解决连线不方便的问题。

Simulink 模块之间的连线效果如图 3-17 所示。

2．信号线的分支和折曲

（1）分支的产生。

将鼠标指针指向信号线的分支点上，按下鼠标右键，待鼠标指针变"+"后，拖动到分支线的终点；或按住 Ctrl 键，同时按下鼠标左键并拖动到分支线的终点。信号线的分支如图 3-18 所示。

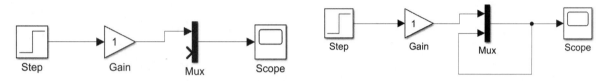

图 3-17　Simulink 模块之间的连线效果　　　　　图 3-18　信号线的分支

（2）信号线的折线。

选中已存在的信号线，将光标指向折点处，按住 Shift 键，同时按下鼠标左键，当光标变成小圆圈时，拖动小圆圈将折点拉至合适处，释放鼠标左键，如图 3-19 所示。

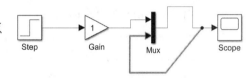

3．文本注释

（1）添加文本注释：在空白处双击，在出现的输入框中输　　图 3-19　信号线的折线操作
入文本，可以添加文本注释。在信号线上双击，在出现的输入框中输入文本，可以添加信号线注释。

（2）修改文本注释：单击需要修改的文本注释，出现虚线编辑框时即可修改文本。

（3）移动文本注释：在文本注释上按住鼠标左键拖动，即可移动编辑框。

（4）复制文本注释：按住 Ctrl 的同时，在文本注释上按住鼠标左键拖动，即可复制文本注释。

文本注释如图 3-20 所示。

4．在信号线中插入模块

如果模块只有一个输入端和一个输出端，则该模块可以直接插入一条信号线中。当信号线中插入模块时，信号线自动连接，如图 3-21 所示。

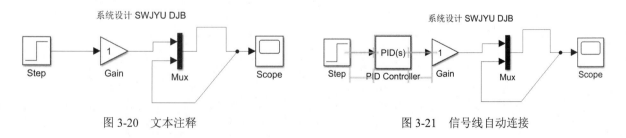

图 3-20　文本注释　　　　　　　　　　　图 3-21　信号线自动连接

3.2.3　仿真参数设置

在 Simulink 仿真界面中单击 MODELING 选项卡 SETUP 选项组中的 Model Settings 命令，即可打开如

图 3-22 所示的参数设置对话框。

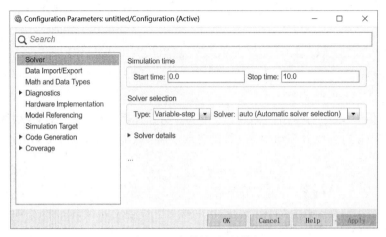

图 3-22　参数设置对话框

1.　Solver参数设置

（1）Simulation time 用于仿真起始和结束时间的设置，其中 Start time 用于设置仿真的起始时间，Stop time 用于设置仿真的结束时间。

（2）Solver selection 用于求解微分方程组的设置，其中 Type 用于步长设置，Solver 用于求解器设置。

（3）Solver details 用于求解器的详细参数设置。

2.　Data Import/Export参数设置

在 Configuration Parameters 对话框左侧列表中选择 Data Import/Export，如图 3-23 所示。此时可以设置 Simulink 从工作区输入数据、初始化状态模块等参数，也可以把仿真的结果、状态模块数据保存到当前工作区。

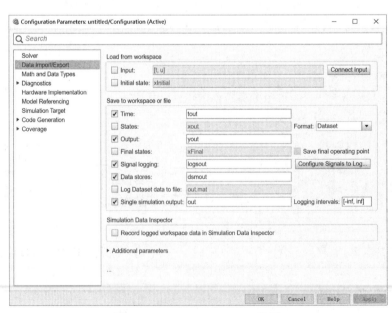

图 3-23　Data Import/Export 设置

（1）Load from workspace 选项组用于设置从工作区装载数据参数。

（2）Save to workspace or file 选项组用于设置保存数据到工作区或文件参数。

① 选中 Time 复选框，模型将把（时间）变量以在右侧输入框填写的变量名（默认为 tout）保存于工作区。

② 选中 States 复选框，模型将把其状态变量以在右侧输入框填写的变量名（默认为 xout）保存于工作区。

③ 选中 Output 复选框，模型将把其输出数据变量以在右侧输入框填写的变量名（默认为 yout）保存于工作区。如果模型窗口中使用输出模块 Out，那么就必须勾选 Output。

④ 选中 Final states 复选框，模型将把最终状态值以在右侧输入框填写的变量名（默认为 xFinal）保存于工作区。

【例 3-2】　建立一个如图 3-24 所示的 Simulink 模块仿真图，并对其进行仿真计算。

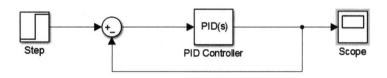

图 3-24　Simulink 模块仿真图

解： 搭建模块仿真图的主要操作步骤如下。

（1）启动 MATLAB，在 MATLAB 主界面中单击"主页"选项卡 SIMULINK 选项组中的 ▓（Simulink）命令，或在命令窗口中输入 simulink 命令并执行，打开 Simulink Start Page 窗口。

（2）单击 Simulink Start Page 窗口右侧 Simulink 选项组下的 Blank Model 进入 Simulink 仿真界面。

（3）单击 Simulink 仿真界面 SIMULATIOIN 选项卡 LIBRARY 选项组中的 ▓（Library Browser）命令，将弹出 Simulink Library Browser 窗口（模块库窗口）。

（4）将模块库窗口中的相应模块拖动到 untitled–Simulink 窗口中。该系统的模型包括如下模块（均在 Simulink 公共模块库中）：①系统输入模块库——Sources 模块库中的 Ste 模块，产生一个阶跃信号。②Math Operations 模块库中的 Sum 模块，实现信号衰减/增强运算，本例用于实现衰减运算。③连续（Continuous）模块库中的 PID Controller 模块，实现连续和离散时间 PID 控制算法。④系统模块输出库——Sinks 模块库中的 Scope 模块，图形方式显示结果。

选择相应的系统模块并将其拖动到新建的系统模型中，如图 3-25 所示。

图 3-25　选择相应的系统模块

说明： 当不确定模块所在模块库时，可以在 Simulink Library Browser 窗口左上角输入关键词查找。

（5）依次搭建每一个模块，通过连线构成一个系统，得到相应的仿真系统框图如图 3-26 所示（此处已隐藏 Sum 模块的名称）。

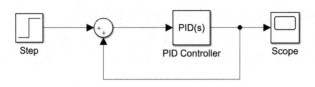

图 3-26　仿真系统框图 1

（6）双击 Step 模块，在弹出的 Block parameters: Step 对话框中设置 Step time 参数为 0，如图 3-27 所示，单击 OK 按钮完成设置。

（7）双击 Sum 模块，在弹出的 Block parameters：Sum 对话框中设置 List of signs 参数为"|+-"，如图 3-28 所示，单击 OK 按钮完成设置。此时的仿真系统框图中 Sum 模块下方的"+"变为"−"，如图 3-29 所示。

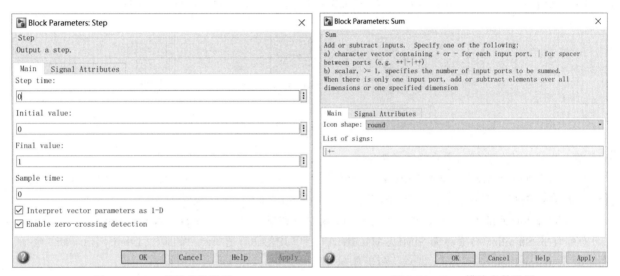

图 3-27　Step 模块参数设置　　　　　　　　　　图 3-28　Sum 模块参数设置

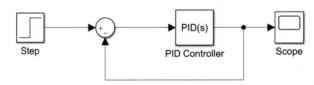

图 3-29　仿真系统框图 2

（8）双击 PID Controller 模块，在弹出的 Block parameters：PID Controller 对话框中设置 Proportional(P) 为 0.4267，Integral(I) 为 7.7329，Derivative(D) 为 1.607，其余参数不变，如图 3-30 所示，单击 OK 按钮完成设置。

（9）单击 Simulink 仿真界面 SIMULATIOIN 选项卡 SIMULATE 选项组中的 ▶（Run）命令，进行模型仿真。

（10）待仿真结束，双击 Scope 示波器，弹出示波器图形窗口，显示的仿真后的结果如图 3-31 所示。至此，一个简单的 Simulink 模型由搭建到仿真再到生成图形，全部结束。

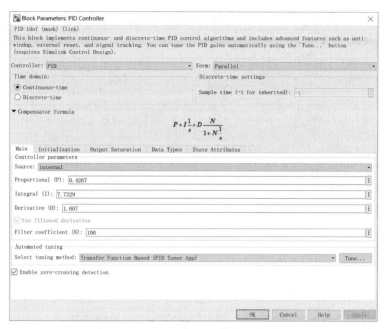

图 3-30　PID Controller 模块参数设置

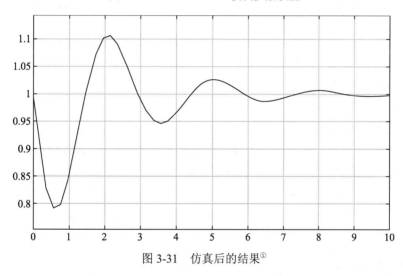

图 3-31　仿真后的结果①

（11）单击 Simulink 仿真界面 SIMULATIOIN 选项卡 FILE 选项组中的 🖫（Save As）命令，在弹出的 Save As 对话框中进行 Simulink 文件的保存操作。本程序命名为 ex3_2，即生成 Simulink 文件。

综上，Simulink 模型搭建较简单，关键在于 Simulink 模型所代表的数学模型。通常情况下，数学模型限制了 Simulink 资源的使用。

3.2.4　系统封装

单击 Simulink 仿真界面 MODELING 选项卡 COMPONENT 选项组中的下三角按钮，在弹出的下拉列表中单击 Create Model Mask 按钮（如图 3-32 所示），将弹出 Mask Editor（封装编辑器）窗口。

---

① 本书中仿真后的结果，默认输出无坐标轴标目（默认横坐标为时间，纵坐标为输出值）。

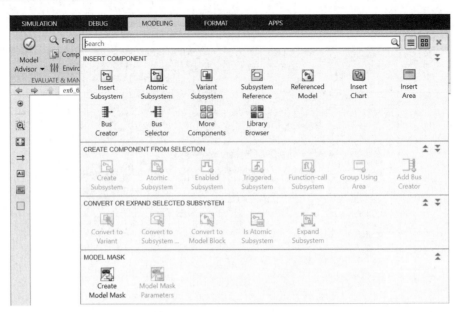

图 3-32　下拉列表框中的 Create Model Mask 按钮

在 Mask Editor 窗口中有 Icon & Ports、Parameters & Dialog、Documentation 选项卡。在该窗口中可以对整个仿真系统进行封装操作。

限于篇幅，关于系统封装的知识，本书不做介绍，读者可参考后面子系统封装部分的内容。

3.3　管理模型版本

Simulink 可以帮助用户管理多个版本的模型信息。

（1）使用 Simulink 的项目管理用户的项目文件，连接到源代码控制，审查修改过的文件并比较版本。模型文件更改通知可以帮助用户管理源代码控制操作，管理多个用户。

（2）编辑一个模型时，Simulink 软件生成的信息包括一个版本号、创建和最后更新模型、一个可选的版本信息。Simulink 软件会自动保存这些版本属性相关的信息。

（3）使用模型属性对话框查看和编辑的版本信息均存储在模型中，并指定历史记录。

3.3.1　管理模型属性

使用模型属性对话框可以查看和编辑模型信息（包括某些版本参数）、回调函数、历史和模型的描述。

打开对话框的方式为：单击 Simulink 仿真界面 MODELING 选项卡 SETUP 选项组中的 Model Settings 命令，并在弹出的下拉菜单中选择 Model Properties 命令，将弹出如图 3-33 所示的模型属性对话框。

模型属性对话框包含 Main（模型信息）、Callbacks（回调）、History（历史）和 Description（说明）等选项卡。

Main 选项卡中总结了模型当前版本的信息，如模型是否被修改、标准版和上次保存日期等。用户可以在 History 选项卡中编辑这些信息。

在 Callbacks 选项卡中可以指定要调用特定点在仿真模型上的函数，如图 3-34 所示。

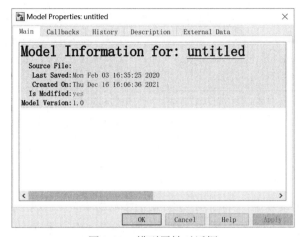
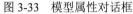

图 3-33　模型属性对话框

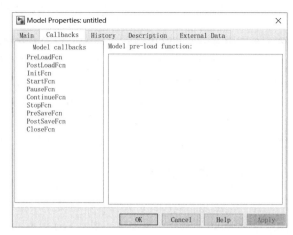

图 3-34　Callbacks 选项卡

3.3.2　模型文件更改通知

用户可以在 Simulink Preferences 对话框中指定当模型文件更改时是否需要通知。模型的更改包括磁盘上的更新、模拟、编辑或保存操作等。

单击 Simulink 仿真界面 MODELING 选项卡 EVALUTE & MANAGE 中的 Environment 命令，在弹出的下拉菜单中选择 Simulink Preferences 命令，会弹出 Simulink Preferences 对话框。在对话框左侧选择 Model File，如图 3-35 所示，模型文件更改通知选项将显示在右边的窗格中。

（1）选中 Updating or simulating the model 复选框，可通过 Action 列表设置所需的通知形式。

① Warning：警告出现在 MATLAB 命令行窗口。

② Error：错误信息出现在 MATLAB 命令行窗口，如果模拟一个菜单项，则出现在 Simulation Diagnostics 窗口。

③ Reload model(if unmodified)：如果模型被修改，会出现提示对话框。如未被修改，该模型将被重新加载。

④ Show prompt dialog：在对话框中可以选择关闭并重新启动，或忽略变化。

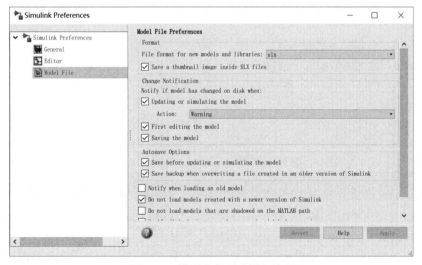

图 3-35　模型文件更改通知选项

（2）选中 First editing the model 复选框，该文件将在磁盘上更改。任何命令行操作所引起的对框图的修改（如调用 set_param）将导致一个如下所示的警告：

Warning:Block diagram 'mymodel' is being edited but file has changed on disk since it was loaded. You should close and reload the block diagram.

任何图形化的操作所引起的对框图的修改（如增加一个模块）将导致出现一个警告对话框。

（3）选中 Saving the model 复选框，该文件将在磁盘上更改。使用 SIMULATION→Save 命令保存模型时，会弹出一个对话框，在该对话框中可以选择覆盖，用一个新名称保存文件或取消保存。

3.3.3　指定当前用户

当创建或更新模型时，模型作者将被记录在模型的版本中。Simulink 软件假设模型作者至少由以下的环境变量中的一个指定：USER（用户）、USERNAME（用户名）、LOGIN（登录）或 LOGNAME（登录名）。如果系统没有定义这些变量，Simulink 软件在模型中将不更新用户名。

UNIX 系统定义 USER 的环境变量，并将其值设置到用户的系统名称。因此，如果使用 UNIX 系统，则不必做任何操作使 Simulink 软件识别当前用户。

在 Windows 系统中，Simulink 软件可能会定义或不定义 USERNAME 环境变量，这取决于安装的操作系统是否为联网的 Windows 版本。使用命令 getenv 可以查看环境变量。如在 MATLAB 命令行中输入 getenv('user') 可以查看 USER 是否存在于 Windows 系统环境变量中，如果没有，则必须自行设置。

3.3.4　查看和编辑模型的信息和历史

利用 Simulink Preferences 对话框中的 History 选项卡（如图 3-36 所示）可以查看和编辑模型相关信息，并启用、查看和编辑模型的历史更改记录。各选项的含义如下。

① Created by：模型创建者。当用户创建模型时，Simulink 软件的 USER 环境变量将设置该属性值。

② Created on：模型创建的日期和时间。

③ Last saved by：最后保存该模型的用户名称。当用户保存一个模型，Simulink 软件的 USER 环境变量将设置该参数的值。

④ Last saved on：该模型最后一次保存的日期。每当用户保存模型时，Simulink 软件的系统日期和时间将设置该参数的值。

⑤ Model version：当前模型的版本号。

⑥ Model history：添加模型的历史信息。

⑦ Read Only：选中时，用户可以查看但不能编辑灰色的字段。取消选中时，可以编辑对话框中显示的格式字符串或字段的值。

3.3.5　修改日志

修改模型历史的步骤如下。

（1）单击 Simulink 仿真界面 MODELING 选项卡中的 Model Settings 命令，在弹出的下拉菜单中选择 Model Properties 命令，在弹出的 Model Properties 对话框中选择 History 选项卡。从 Prompt to update model history 后的下拉列表框中选择 When saving model，如图 3-36 所示。

（2）保存模型，此时 Simulink 会提示用户输入注释，如图 3-37 所示。如果不希望在此会话中输入注释，可以选中 Always prompt to update model history when saving this model 选项。

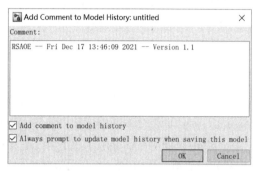

图 3-36　History 选项卡　　　　　　　　　　图 3-37　提示用户输入注释

3.4　本章小结

　　本章主要讲述了 MATLAB/Simulink 工具的基本使用方法，包括 Simulink 的基本操作、系统模型构建、模块的创建、模块的连接与处理、仿真参数设置、模型版本的管理等内容，整体结构框架清晰明了，可帮助读者快速入门。

第 4 章

公共模块库

Simulink 是 MATLAB 的仿真工具箱，它是面向框图的仿真工具，能用绘制方框图的方式代替编写程序，结构和流程清晰。利用 Simulink 可以智能化地建立和运行仿真。Simulink 适应面非常广，包括线性、非线性系统，连续、离散及混合系统，单任务、多任务离散事件系统等。Simulink 模型的建立离不开模块库的操作，利用模块库的模块可以方便地构建仿真系统。

本章学习目标包括：

（1）了解 Simulink 基本模块库；

（2）掌握 Simulink 各模块的使用；

（3）掌握 Simulink 各模块的参数配置。

4.1 模块库概述

为了方便用户快速构建所需的动态系统，Simulink 提供了大量图形形式的内置系统模块。使用这些内置模块可以快速方便地设计出特定的动态系统。模块库中包含的系统模块显示在 Simulink Library Browser 窗口的右侧。

4.1.1 模块库的基本操作

使用 Simulink 进行仿真，就离不开模块库的操作，其基本操作有以下几个。

（1）单击系统模块库载入；如果模块库为多层结构，则单击"+"载入。

（2）右击系统模块库，在单独的窗口打开库。

（3）单击系统模块，在模块描述栏中将显示此模块的描述。

（4）右击系统模块，在弹出的快捷菜单中可以得到系统模块的帮助信息，将系统模块插入系统模型，查看系统模块的参数设置，以及回到系统模块的上一层库。

（5）选中并拖动系统模块，并将其复制到系统模型中。

（6）在模块搜索栏中搜索所需的系统模块。

下面对 Simulink 中的常用模块库、信号输出模块库和专业模块库进行简单介绍，其他公共模块库将在后续小节中选取部分进行介绍。

4.1.2 常用模块库

常用模块库（Commonly Used Blocks）如图 4-1 所示。常用模块库中包含了用户常用的模块集，通常为一般 Simulink 模型的基本构建模块，如输入、输出、示波器、常数输出、加减运算、乘除运算等。该模块库中的模块也存在于相应的模块库中，这里不做赘述。

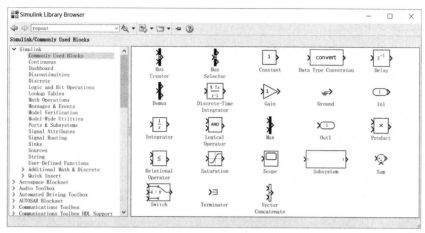

图 4-1　常用模块库

4.1.3 信号输出模块库

信号输出（Sinks）模块库可以方便用户在搭建模型后，观察模型输出参数值的变化。包括的主要模块如图 4-2 所示。

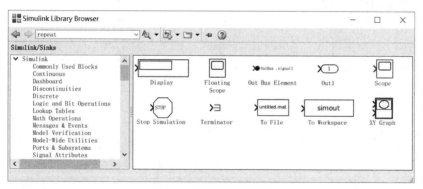

图 4-2　信号输出模块库

部分信号输出模块的功能如下。

（1）示波器（Scope）模块：显示在仿真过程中产生的输出信号，用于在示波器中显示输入信号与仿真时间的关系曲线，x 轴为仿真时间。

（2）二维信号图（XY Graph）显示模块：在 MATLAB 的图形窗口中显示一个二维信号图，并将两路信号分别作为示波器坐标的 x 轴与 y 轴，同时显示两路信号之间的关系图形。

（3）显示（Display）模块：按照一定的格式显示输入信号的值。可供选择的输出格式包括 short、long、short_e、long_e、bank 等。

（4）输出到文件（To File）模块：按照矩阵的形式把输入信号保存到一个指定的.mat 文件。第 1 行为仿真时间，余下的行则是输入数据。一个数据点是输入矢量的一个分量。

（5）输出到工作区（To Workspace）模块：把信号保存到 MATLAB 的当前工作区，是另一种输出方式。

（6）终止信号（Terminator）模块：中断一个未连接的信号输出端口。

（7）结束仿真（Stop Simulation）模块：停止仿真过程。当输入为非零时，停止系统仿真。

4.1.4 专业模块库

Simulink 集成了许多面向各专业领域的系统模块库，不同领域的系统设计者可以使用这些系统模块快速构建自己的系统模型，在此基础上进行系统的仿真与分析，从而完成系统设计的任务。这里仅简单介绍部分专业模块库的主要功能。

（1）Control System Toolbox 模块库：面向控制系统的设计与分析，主要提供线性时不变系统的模块。

（2）DSP System Toolbox 模块库：面向数字信号处理系统的设计与分析，主要提供 DSP 输入模块、DSP 输出模块、信号预测与估计模块、滤波器模块、DSP 数学函数库、量化器模块、信号管理模块、信号操作模块、统计模块以及信号变换模块等。

（3）Simulink Extras 模块库：主要补充 Simulink 公共模块库，提供附加连续模块库、附加线性系统模块库、附加输出模块库、触发器模块库、线性化模块库、系统转换模块库及航空航天系统模块库等。

（4）Stateflow 模块库：对使用状态图所表达的有限状态机模型进行建模仿真和代码生成。有限状态机用于描述基于事件的控制逻辑，也可用于描述响应型系统。

（5）Communication Toolbox 模块库：专用于通信系统仿真的一组模块。

专业模块库本章将不做详细介绍，在后续章节中涉及相关内容时再重点介绍。

4.2 信号源模块库

信号源（Sources）模块库提供了丰富的信号源模块，如图 4-3 所示，读者可以根据需要选择不同的信号发生器，进行系统响应仿真。

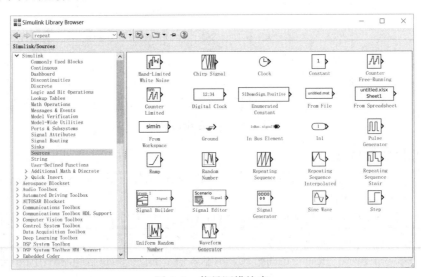

图 4-3 信号源模块库

4.2.1 Clock 模块

Clock（时钟）模块主要用于计时。Clock 模块及参数对话框如图 4-4 所示，其参数含义如下。

（a）Clock 模块　　　　　　　　　　　（b）参数对话框

图 4-4　Clock 模块及参数对话框

（1）Display time：选中该复选框，表示该时钟模块在仿真过程中，界面将实时显示时间，不显示时可将其输入工作区中。

（2）Decimation：默认为 10。Decimation 数值可以为任意整数，在仿真过程中随时间不断增加，如对于 10s 的仿真，系统默认 Decimation 为 10，表示系统将以 1s、2s、3s、…、10s 依次递增。

【例 4-1】　搭建如图 4-5 所示的包含 Clock 模块的输出系统并运行，输出结果如图 4-6 所示。

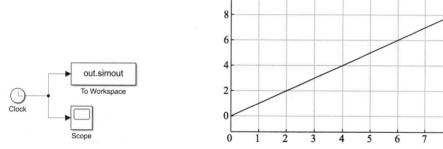

图 4-5　包含 Clock 模块的输出系统

图 4-6　输出结果 1

4.2.2 Digital Clock 模块

Digital Clock（数字时钟）模块主要用于离散系统计时，该模块能够输出保持前一次的值不变。Digital Clock 模块及参数对话框如图 4-7 所示。其参数 Sample time 含义为采样时间，默认值为 1s。

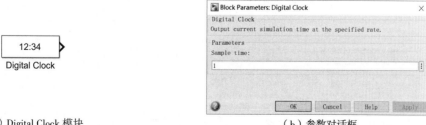

（a）Digital Clock 模块　　　　　　　　　　　（b）参数对话框

图 4-7　Digital Clock 模块及参数对话框

【例4-2】 搭建如图4-8所示的包含 Digital Clock 模块的输出系统并运行，输出结果如图4-9所示。

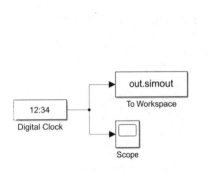

图4-8 包含 Digital Clock 模块的输出系统

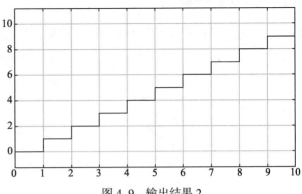

图4-9 输出结果2

4.2.3 Constant 模块

Constant（常数）模块可以产生一个常数，该常数可以是实数，也可以是复数，主要用于输入的量为定值的情况。Constant 模块及参数对话框如图4-10所示。其参数含义如下。

（1）Constant value：表示常数值，由用户指定。

（2）Sample time：采样时间，默认值为 inf，也可以设置为与系统的采样时间相一致。

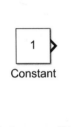

（a）Constant 模块

（b）参数对话框

图4-10 Constant 模块及参数对话框

【例4-3】 搭建如图4-11所示包含 Constant 模块的输出系统并运行，输出结果如图4-12所示。

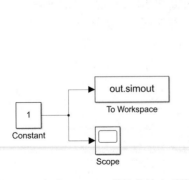

图4-11 包含 Constant 模块的输出系统

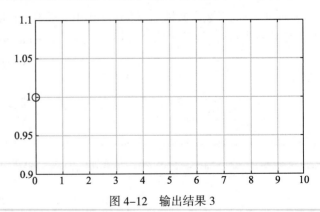

图4-12 输出结果3

4.2.4　Band-Limited White Noise 模块

Band-Limited White Noise（带宽限制白噪声）模块，实现系统服从正态分布的随机白噪声输入，用于混合系统或连续系统。采用该模块可以产生比系统最小时间常数更小的相关时间的随机序列模拟白噪声的效果。通常噪声的相关时间 t 计算公式为：

$$t = \frac{2\pi}{100 f_{max}}$$

其中，f_{max}（rad/s）为系统的带宽。

采用时间 t 作为换算因子，保证了一个连续系统对需要近似模拟的白噪声应具有的系统方差（系统噪声）。Band-Limited White Noise 模块及参数对话框如图 4-13 所示，其参数含义如下。

（1）Noise power：白噪声 PSD 的幅度，默认值为 0.1。

（2）Sample time：采样时间，默认值为 0.1。

（3）Seed：随机数信号发生器的初始种子，默认值为 23341。

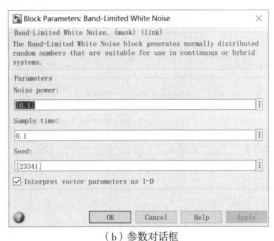

（a）Band-Limited White Noise 模块　　　　（b）参数对话框

图 4-13　Band-Limited White Noise 模块及参数对话框

【例 4-4】　搭建如图 4-14 所示的包含 Band-Limited White Noise 模块的输出系统并运行，输出结果如图 4-15 所示。

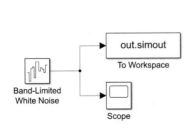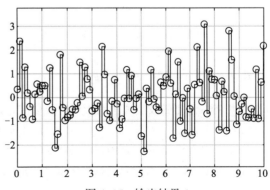

图 4-14　包含 Band-Limited White Noise 模块的输出系统　　　　图 4-15　输出结果 4

4.2.5　Chirp Signal 模块

Chirp Signal（调频信号）模块用于产生频率随时间线性增加的正弦信号，可用于非线性系统的谱分析，以矢量或标量输出。Chirp Signal 模块及参数对话框如图 4-16 所示，其参数含义如下。

（1）Initial frequency：信号的初始化频率，指定为标量或矢量，默认值为 0.1。

（2）Target time：频率变化的最大时间，默认值为 100。

（3）Frequency at target time：对应目标时间的信号频率，输入为矢量或标量，默认值为 1。

（a）Chirp Signal 模块

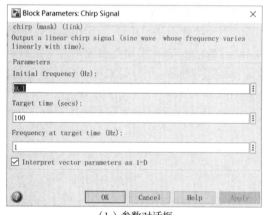

（b）参数对话框

图 4-16　Chirp Signal 模块及参数对话框

【例 4-5】　搭建如图 4-17 所示的包含 Chirp Signal 模块的输出系统并运行，输出结果如图 4-18 所示。

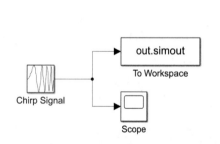

图 4-17　包含 Chirp Signal 模块的输出系统

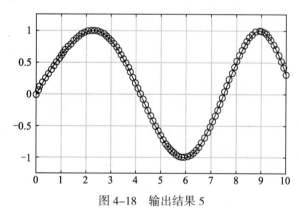

图 4-18　输出结果 5

4.2.6　Sine Wave 模块

Sine Wave（正弦波）模块用于产生正弦波，正弦波的表示形式为：

$$f(t) = A\sin(Ft + P) + B$$

其中，A 为正弦波振幅；F 为正弦波的频率；P 为初始相位；B 为正弦波上下移动的常量。

Sine Wave 模块及参数对话框如图 4-19 所示，其参数含义如下。

（a）Sine Wave 模块　　　　　　　　　　　　（b）参数对话框

图 4-19　Sine Wave 模块及参数对话框

（1）Amplitude：正弦信号的振幅，指定为标量或矢量，默认值为 1。

（2）Bias：正弦信号离 0 均值线的偏移量，默认值为 0。

（3）Frequency：对应目标信号频率，输入为矢量或标量，默认值为 1。

（4）Phase：信号的初始相位，默认值为 0。

（5）Sample time：系统采样时间。

（6）Interpret vector parameters as 1-D：选中该复选框表示信号输出按照一行的数据矢量进行输出，不选中则表示信号以列向量存储。

【例 4-6】　搭建如图 4-20 所示的包含 Sine Wave 模块的输出系统并运行，输出结果如图 4-21 所示。

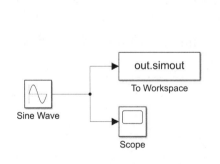

图 4-20　包含 Sine Wave 模块的输出系统

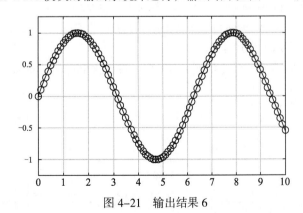

图 4-21　输出结果 6

4.2.7　Pulse Generator 模块

Pulse Generator（脉冲发生器）模块用于产生等间隔的脉冲波形，脉冲宽度就是脉冲持续高电平期间的数字采样周期数，脉冲周期等于脉冲持续高电平、低电平的数字采样周期之和，相位延迟则是起始脉冲所对应的数字采样周期数。Pulse Generator 模块及参数对话框如图 4-22 所示，其参数含义如下。

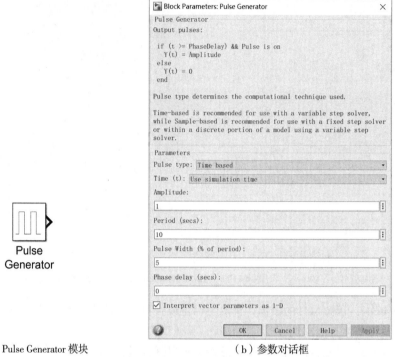

（a）Pulse Generator 模块　　　　　　（b）参数对话框

图 4-22　Pulse Generator 模块及参数对话框

（1）Amplitude：脉冲信号的振幅，指定为标量或矢量，默认值为 1。

（2）Period：脉冲数字采样周期，默认值为 10。

（3）Pulse Width：脉冲宽度，输入为矢量或标量，默认值为 5。

（4）Phase delay：信号的相位延迟，默认值为 0。

（5）Interpret vector parameters as 1-D：选中该复选框表示信号输出按照一行的数据矢量进行输出，不选中信号则以列向量存储。

【例 4-7】　搭建如图 4-23 所示的包含 Pulse Generator 模块的输出系统并运行，输出结果如图 4-24 所示。

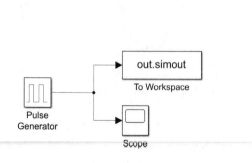

图 4-23　包含 Pulse Generator 模块的输出系统

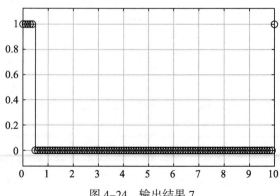

图 4-24　输出结果 7

4.2.8 Random Number 模块

Random Number（随机数）模块用于产生服从正态分布的随机信号，在每次仿真开始时，种子都设置为指定的值，默认情况下产生方差为 1、均值（期望）为 0 的标准正态分布随机信号。

如果希望获取均匀分布的随机信号，则可以使用 Uniform Random Number（均匀随机数）模块；如果仿真器对于比较平滑的信号能够积分，对于随机波动的信号进行积分运算，则需要采用 Band-Limited White Noise 信号。

Random Number 模块及参数对话框如图 4-25 所示，其参数含义如下。

（1）Mean：随机信号的均值，指定为标量或矢量，默认值为 0。

（2）Variance：随机信号的方差，默认值为 1。

（3）Seed：随机种子，输入为矢量或标量，默认值为 0。

（4）Sample time：信号的采样时间，默认值为 0.1。

（a）Random Number 模块 　　　　　　　（b）参数对话框

图 4-25　Random Number 模块及参数对话框

【例 4-8】　搭建如图 4-26 所示的包含 Random Number 模块的输出系统并运行，输出结果如图 4-27 所示。

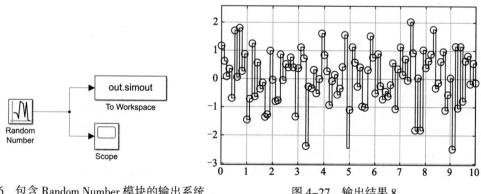

图 4-26　包含 Random Number 模块的输出系统　　　　　图 4-27　输出结果 8

4.2.9 Step 模块

Step（阶跃）模块在指定时间产生一个可定义上、下电平的阶跃信号（矢量或标量），常用于控制系统仿真中测试系统的稳定性和敛散性。Step 模块及参数对话框如图 4-28 所示，其参数含义如下。

（a）Step 模块 　　　　　　　　　　　　（b）参数对话框

图 4-28　Step 模块及参数对话框

（1）Step time：初始阶跃的时间，指定为标量或矢量，默认值为1。

（2）Initial value：仿真的初始时间，默认值为0。

（3）Final value：仿真结束时间，输入为矢量或标量，默认值为1。

（4）Sample time：信号的采样时间，默认值为0。

【例 4-9】　搭建如图 4-29 所示的包含 Step 模块的输出系统并运行，输出结果如图 4-30 所示。

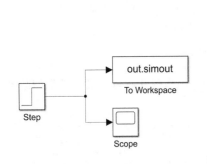

图 4-29　包含 Step 模块的输出系统

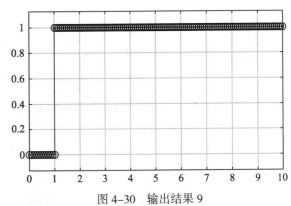

图 4-30　输出结果 9

4.2.10 Uniform Random Number 模块

Uniform Random Number（均匀随机数）模块可以产生在整个指定时间周期内均匀分布的随机信号，信号的起始种子可由用户指定。将种子 Seed 指定为矢量，可以产生矢量随机数序列。

Uniform Random Number 模块及参数对话框如图 4-31 所示，其参数含义如下。

（1）Minimum：时间间隔的最小值，指定为标量或矢量，默认值为-1。

（2）Maximum：时间间隔的最大值，指定为标量或矢量，默认值为 1。

（3）Seed：随机序列发生器的初始种子，输入为矢量或标量，默认值为 0。

（4）Sample time：信号的采样时间，默认值为 0.1。

（a）Uniform Random Number 模块

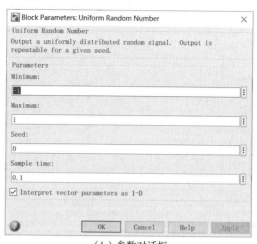

（b）参数对话框

图 4-31　Uniform Random Number 模块及参数对话框

【例 4-10】　搭建如图 4-32 所示的包含 Uniform Random Number 模块的输出系统并运行，输出结果如图 4-33 所示。

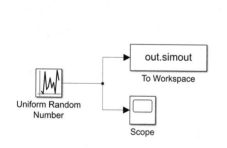

图 4-32　包含 Uniform Random Number 模块的输出系统

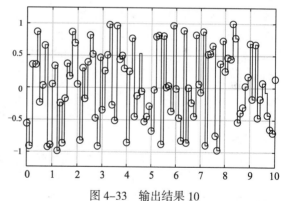

图 4-33　输出结果 10

4.2.11　其他模块

除上面介绍的模块外，信号源模块库还提供了以下几种信号读取或产生的模块。

（1）Signal Generator（信号发生器）模块：用于产生不同的信号，包括正弦波、方波、锯齿波等信号。

（2）From File（从文件读取信号）模块：用于从一个 .mat 文件中读取信号，读取的信号为一个矩阵，其矩阵的格式与 To File 模块中介绍的矩阵格式相同。如果矩阵在同一采样时间有两个或者更多的列，则数据点的输出应该是首次出现的列。

（3）From Workspace（从工作区读取信号）模块：用于从 MATLAB 工作区读取信号作为当前的输入信号。

4.3　连续模块库

连续（Continuous）模块库包括常见的连续模块，主要用于控制系统的拉普拉斯变换（主要包括积分环节、传递函数、抗饱和积分、延迟环节等），如图 4-34 所示。

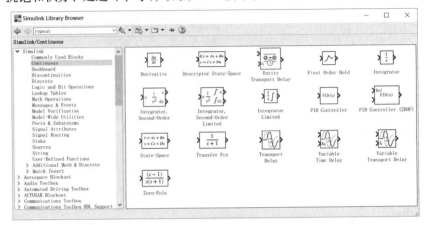

图 4-34　连续模块库

4.3.1　Derivative 模块

Derivative（微分）模块用于微分环节，通过计算差分 $\Delta u/\Delta t$ 近似计算输入变量的微分。其中 Δu 为输入的变化量，Δt 为前两次仿真时间点之差。

Derivative 模块的仿真精度取决于时间步长 Δt，步长越小，结果越平滑，相应的结果越精确。如果输入为离散信号，当输入发生变化时，输入的连续导数将是脉冲信号；否则为 0。为得到离散系统的离散导数，可采用

$$y(k)=\frac{1}{\Delta t}\left[u(k)-(k-1)\right]$$

相应地，z 变换为

$$\frac{Y(z)}{u(z)}=\frac{1-z^{-1}}{\Delta t}=\frac{z-1}{\Delta t\cdot z}$$

Derivative 模块及参数对话框如图 4-35 所示，其参数 Coefficient c in the transfer function approximation s/(c*s+1) used for linearization 表示步长的设置，指定为标量或矢量，默认值为 inf（无穷大）。

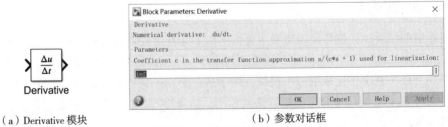

（a）Derivative 模块　　　　（b）参数对话框

图 4-35　Derivative 模块及参数对话框

【例 4-11】　搭建如图 4-36 所示的包含 Derivative 模块的输出系统并运行，输出结果如图 4-37 所示。

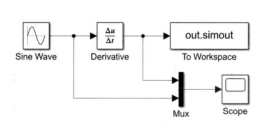

图 4-36　包含 Derivative 模块的输出系统

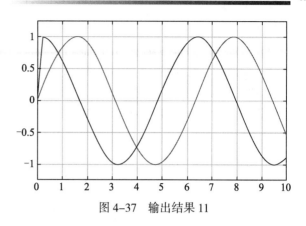

图 4-37　输出结果 11

4.3.2　Integrator 模块

Integrator（积分）模块用于积分环节，表示对输入变量进行积分 $\int u\mathrm{d}t$，其中 u 为输入的变化量，$\mathrm{d}t$ 为前两次仿真时间点之差。模块的输入可以是标量，也可以是矢量；输入信号的维数必须与输入信号保持一致。

Integrator 模块及参数对话框如图 4-38 所示，其参数含义如下。

（a）Integrator 模块　　　　　　　　　　（b）参数对话框

图 4-38　Integrator 模块及参数对话框

（1）External reset：设置信号的触发事件（rising、falling、either、level、level hold、none），默认设置为 none，保持系统原态。

（2）Initial condition source：参数输入的状态，分为外部（external）输入和内部（internal）输入，通常默认设置为 internal。

（3）Initial condition：状态的初始条件，设置 Initial condition source 的参数。

（4）Limit output：若选中，则可以设置积分的上限（Upper limit，默认值为 inf）和下限（Lower limit，默认值为 inf）。

（5）Show saturation port：若选中，则表示模块增加一个饱和输出端口。

（6）Show state port：若选中，则表示模块增加一个输出端口。

（7）Absolute tolerance：模块状态的绝对容限，默认值为 auto。

（8）Ignore limit and reset when linearizing：若选中此选项，则表示当系统为线性化系统时，前面的积分上、下界限制和触发事件无效，默认值为不选中。

（9）Enable zero-crossing detection：使系统通过零点检验，默认为选中。

【例 4-12】 搭建如图 4-39 所示的包含 Integrator 模块的输出系统并运行，输出结果如图 4-40 所示。

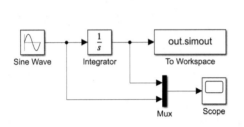

图 4-39 包含 Integrator 模块的输出系统

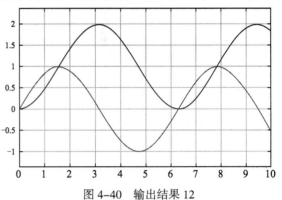

图 4-40 输出结果 12

4.3.3 Transfer Fcn 模块

Transfer Fcn（传递函数）模块，用于执行一个线性传递函数，传递函数的表达式为：

$$H(s)=\frac{y(s)}{u(s)}=\frac{a_n s^n + a_{n-1}s^{n-1}+\cdots+a_1 s+a_0}{b_m s^m + b_{m-1}s^{m-1}+\cdots+b_1 s+b_0}$$

其中，$y(s)$ 为系统输出；$u(s)$ 为系统输入。

传递函数由用户系统模型而来，对于一个收敛性系统而言，分母中 s 的最高次幂大于分子最高次幂。

Transfer Fcn 模块及参数对话框如图 4-41 所示，其参数含义如下。

（a）Transfer Fcn 模块

（b）参数对话框

图 4-41 Transfer Fcn 模块及参数对话框

（1）Numerator coefficients：传递函数分子系数，默认值为[1]。

（2）Denominator coefficients：传递函数分母系数，默认值为[1,1]。

（3）Absolute tolerance：模块状态的绝对容限，默认值为 auto。

（4）State Name（e.g., 'position'）：状态空间的名字，可不加以定义。

【例 4-13】　搭建如图 4-42 所示的包含 Transfer Fcn 模块的输出系统并运行，输出结果如图 4-43 所示。

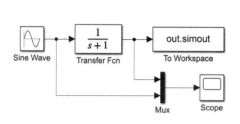

图 4-42　包含 Transfer Fcn 模块的输出系统

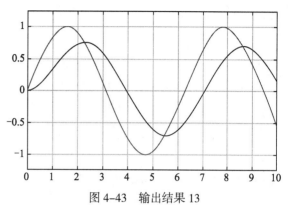

图 4-43　输出结果 13

4.3.4　Transport Delay 模块

Transport Delay（传递延时）模块用于延时系统的输入，将输入端的信号延迟指定的时间后再传输给输出信号。延时的时间可以由用户指定。在仿真过程中，模块将输入点和仿真时间存储在一个缓冲器内，该缓冲器的容量由 Initial buffer size 参数指定。若输入点数超出缓冲器的容量，模块将配置额外的存储区。

Transport Delay 模块不能对离散信号进行插值计算，模块返回区间 $t \sim t_{delay}$（当前时间与时间延迟的差）对应的离散值。

另外，Variable Transport Delay（可变传输延迟）模块功能与 Transport Delay 模块类似，用于将输入端的信号进行可变时间的延迟。

Transport Delay 模块及参数对话框如图 4-44 所示，其参数含义如下。

（1）Time delay：系统延时量，默认值为 1。

（2）Initial output：系统在开始仿真和 Time delay 之间产生的输出，默认值为 0。

（3）Initial buffer size：存储点数的初始存储区配置，默认值为 auto。

（4）Use fixed buffer size：存储点数的初始存储区配置为固定值，可不加以定义。

（a）Transport Delay 模块

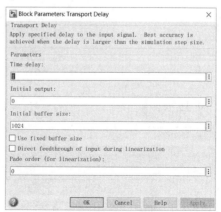

（b）参数对话框

图 4-44　Transport Delay 模块及参数对话框

【例 4-14】 搭建如图 4-45 所示的包含 Transport Delay 模块的输出系统并运行，输出结果如图 4-46 所示。

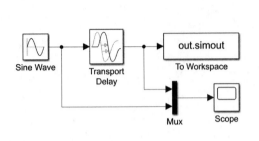

图 4-45 包含 Transport Delay 模块的输出系统

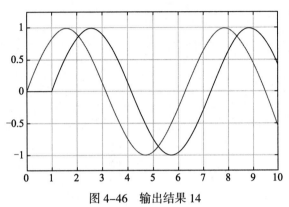

图 4-46 输出结果 14

4.3.5 Zero-Pole 模块

Zero-Pole（零极点传递函数）模块，用于表征一个以 Laplace 算子 s 为变量的零点、极点和增益的系统，传递函数可表示为：

$$H(s) = \frac{y(s)}{u(s)} = \frac{a_n s^n + a_{n-1} s^{n-1} + \cdots + a_1 s + a_0}{b_m s^m + b_{m-1} s^{m-1} + \cdots + b_1 s + b_0}$$

将其变形为以 s 为变量的零点、极点和增益的系统，即

$$H(s) = K \frac{\boldsymbol{Z}(s)}{\boldsymbol{P}(s)} = K \frac{(s - Z_1)(s - Z_2) \cdots (s - Z_n)}{(s - P_1)(s - P_2) \cdots (s - P_m)}$$

其中：$\boldsymbol{Z}$ 代表零点向量；$\boldsymbol{P}$ 为极点向量；K 为增益。模块的输入和输出宽度等于零点向量的行数。

Zero-Pole 模块及参数对话框如图 4-47 所示，其参数含义如下。

（a）Zero-Pole 模块　　　　　　　　　　（b）参数对话框

图 4-47　Zero-Pole 模块及参数对话框

（1）Zeros：系统传递函数零点向量，默认值为[1]。

（2）Poles：系统传递函数极点向量，默认值为[0,-1]。

（3）Gain：系统传递函数增益向量，默认值为[1]。

（4）Absolute tolerance：模块状态的绝对容限，默认值为 auto。

（5）State Name：（e.g., 'position'）：状态空间的名字，可不加以定义。

【例 4-15】　搭建如图 4-48 所示的包含 Zero-Pole 模块的输出系统并运行，输出结果如图 4-49 所示。

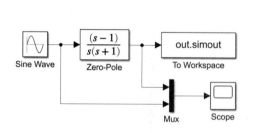

图 4-48　包含 Zero-Pole 模块的输出系统

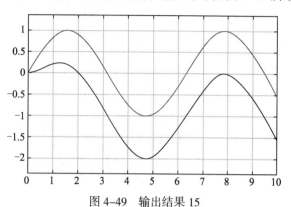

图 4-49　输出结果 15

4.3.6　State-Space 模块

State-Space（状态空间）模块用于表征一个控制系统的状态空间，状态空间的表达式为：

$$x' = Ax + Bu$$
$$y = Cx + Du$$

其中，x 为状态矢量，u 为输入矢量，y 为输出矢量。

State-Space 模块及参数对话框如图 4-50 所示，其参数含义如下。

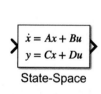

（a）State-Space 模块

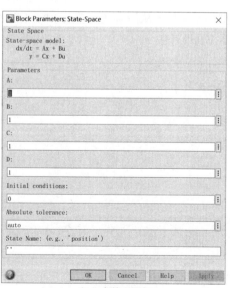

（b）参数对话框

图 4-50　State-Space 模块及参数对话框

（1）A：系统状态空间矩阵系数，必须是一个 $n×n$ 矩阵，n 为状态数，默认值为[1]。

（2）B：系统状态空间矩阵系数，必须是一个 $n×m$ 矩阵，m 为状态数，默认值为[1]。

（3）C：系统状态空间矩阵系数，必须是一个 $r×n$ 矩阵，r 为状态数，默认值为[1]。

（4）D：系统状态空间矩阵系数，必须是一个 $r×m$ 矩阵，默认值为[1]。

（5）Initial condition：初始状态矢量，默认值为[0]。

（6）Absolute tolerance：模块状态的绝对容限，默认值为 auto。

（7）State Name（e.g., 'position'）：状态空间的名称，可不加以定义。

【例 4-16】 搭建如图 4-51 所示的包含 State-Space 模块的输出系统并运行，输出结果如图 4-52 所示。

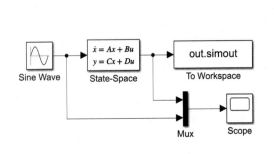

图 4-51　包含 State-Space 模块的输出系统

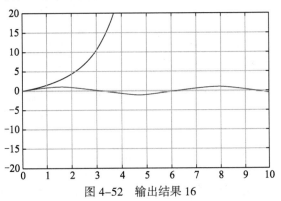

图 4-52　输出结果 16

4.4　离散模块库

现实中很多系统都是离散系统，系统根据采样时间点进行数据采集分析。Simulink 中离散系统的表征主要根据 z 变换进行系统仿真建模。

离散（Discrete）模块库如图 4-53 所示，主要用于建立离散采样的系统模型，将拉普拉斯变换后的传递函数经 z 变换离散化，从而实现传递函数的离散化建模。离散化系统容易进行程序移植，因此广泛应用在各种控制器仿真设计中。

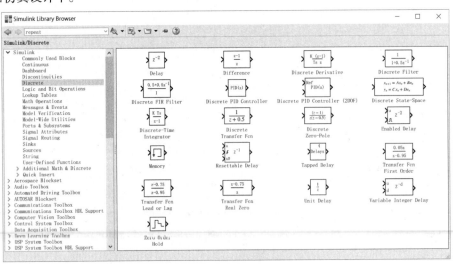

图 4-53　离散模块库

4.4.1　Discrete Transfer Fcn 模块

Discrete Transfer Fcn（离散传递函数）模块用于执行一个离散传递函数，由通常的拉普拉斯变换后得到相应的传递函数，再经过 z 变换得到离散系统传递函数，具体如下：

$$H(z) = \frac{\text{mum}(z)}{\text{den}(z)} = \frac{a_n z^n + a_{n-1} z^{n-1} + \cdots + a_1 z + a_0}{b_m z^m + b_{m-1} z^{m-1} + \cdots + b_1 z + b_0}$$

其中，mum(z) 为离散系统传递函数的分子系数；den(z) 为离散系统传递函数的分母系数。

Discrete Transfer Fcn 模块及参数对话框如图 4-54 所示，其参数含义如下。

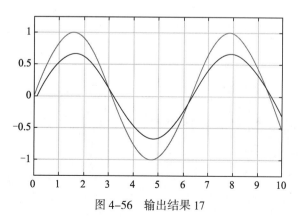

（a）Discrete Transfer Fcn 模块 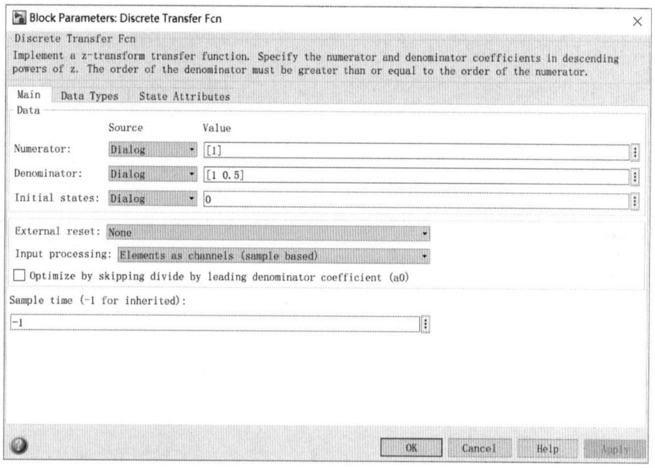　　　　　　　　　（b）参数对话框

图 4-54　Discrete Transfer Fcn 模块及参数对话框

（1）Numerator：系统分子系数矢量，默认值为[1]。

（2）Denominator：系统分母系数矢量，默认值为[1,2]。

（3）Initial states：系统初始状态矩阵，默认值为[0]。

（4）Sample time：系统采样时间，默认值为[-1]。

【例 4-17】　搭建如图 4-55 所示的包含 Discrete Transfer Fcn 模块的输出系统并设置采样时间为 0.1s，运行后，输出结果如图 4-56 所示。

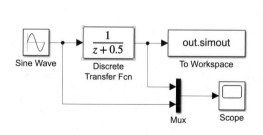

图 4-55　包含 Discrete Transfer Fcn 模块的输出系统

图 4-56　输出结果 17

4.4.2 Discrete Filter 模块

Discrete Filter（离散滤波器）模块用于实现无限冲击响应（IIR）和有限冲击响应（FIR）滤波器，可用 Numerator 和 Denominator 参数指定以 z^{-1} 的升幂为矢量的分子和分母多项式的系数。分母的阶数大于或等于分子的阶数。

Discrete Filter 模块提供在自动控制中用 z 描述离散系统、在信号处理中用 z^{-1}（延迟算子）多项式描述数字滤波器的方法。Discrete Filter 模块及参数对话框如图 4-57 所示，其参数含义如下。

（1）Numerator：系统分子系数矢量，默认值为[1]。

（2）Denominator：系统分母系数矢量，默认值为[1,2]。

（3）Initial states：系统初始状态矩阵，默认值为[0]。

（4）Sample time：系统采样时间，默认值为[-1]。

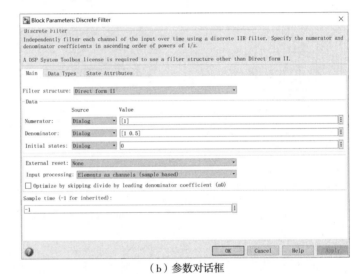

（a）Discrete Filter 模块　　　　　　　　　　（b）参数对话框

图 4-57　Discrete Filter 模块及参数对话框

【例 4-18】　搭建如图 4-58 所示的包含 Discrete Filter 模块的输出系统并设置采样时间为 0.1s，运行后，输出结果如图 4-59 所示。

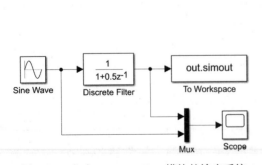

图 4-58　包含 Discrete Filter 模块的输出系统

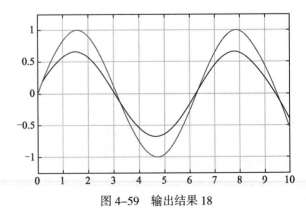

图 4-59　输出结果 18

4.4.3　Unit Delay 模块

Unit Delay（单位延迟）模块将输入信号做单位延迟，并保持在同一个采样周期内。若模块的输入为矢量，则系统所有输出量均被延迟一个采样周期，相当于一个 z^{-1} 的时间离散算子。

Unit Delay 模块及参数对话框如图 4-60 所示，其参数含义如下。

（1）Initial condition：在模块未被定义时，模块的第 1 个仿真周期按照正常非延迟状态输出，默认值为 0。

（2）Input processing：表示基于采样的元素通道。

（3）Sample time：系统采样时间，默认值为-1。

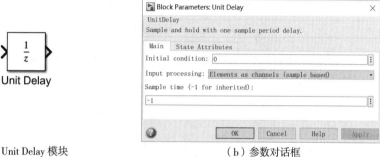

（a）Unit Delay 模块　　　　　　　　　（b）参数对话框

图 4-60　Unit Delay 模块及参数对话框

【例 4-19】　搭建如图 4-61 所示的包含 Unit Delay 模块的输出系统并设置采样时间为 0.1s，运行后，输出结果如图 4-62 所示。

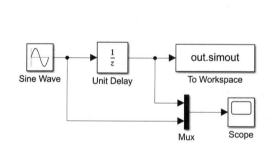

图 4-61　包含 Unit Delay 模块的输出系统

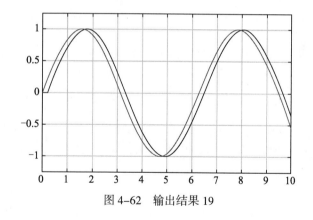

图 4-62　输出结果 19

4.4.4　Memory 模块

Memory（记忆）模块用于将前一个集成步的输入作为输出，相当于对前一个集成步内的输入进行采样-保持。

Memory 模块及参数对话框如图 4-63 所示，其参数含义如下。

（1）Initial condition：系统初始集成步的输出，默认值为 0。

（2）Inherit sample time：默认不选中，若选中该复选框，表示系统采样时间从驱动模块继承。

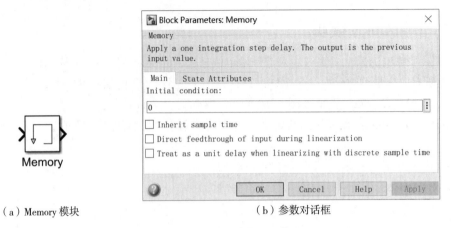

（a）Memory 模块 （b）参数对话框

图 4-63　Memory 模块及参数对话框

【例 4-20】　搭建如图 4-64 所示的包含 Memory 模块的输出系统并设置采样时间为 0.1s，运行后，输出结果如图 4-65 所示。

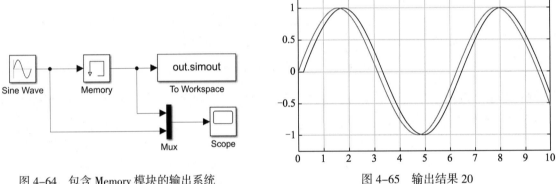

图 4-64　包含 Memory 模块的输出系统

图 4-65　输出结果 20

4.4.5　Discrete Zero-Pole 模块

Discrete Zero-Pole（离散零极点传递函数）模块用于建立一个预先指定零点和极点，并用延迟算子 z^{-1} 表示的离散系统。由通常的拉普拉斯变换后，得到相应的传递函数，再经过 z 变换，得到离散系统传递函数，即

$$H(z)=\frac{mum(z)}{den(z)}=\frac{a_nz^n+a_{n-1}z^{n-1}+\cdots+a_1z+a_0}{b_mz^m+b_{m-1}z^{m-1}+\cdots+b_1z+b_0}$$

转换的离散零极点传递函数为：

$$H(z)=K\frac{Z(z)}{P(z)}=K\frac{(z-Z_1)(z-Z_2)\cdots(z-Z_n)}{(z-P_1)(z-P_2)\cdots(z-P_m)}$$

其中，Z 为零点矢量；P 为极点矢量；K 为系统增益。系统要求 $m\geqslant n$，若极点和零点是复数，它们必须是复共轭对。

Discrete Zero-Pole 模块及参数对话框如图 4-66 所示，其参数含义如下。

（1）Zeros：系统零点矢量，默认值为[1]。

（2）Poles：系统极点矢量，默认值为[0,0.5]。

（3）Gain：系统增益，默认为[1]。

（4）Sample time：系统采样时间，默认为[1]。

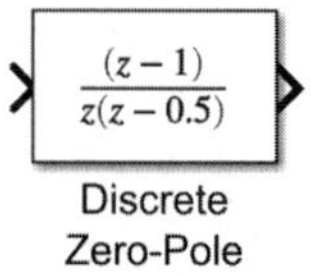

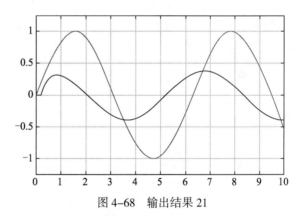

（a）Discrete Zero–Pole 模块 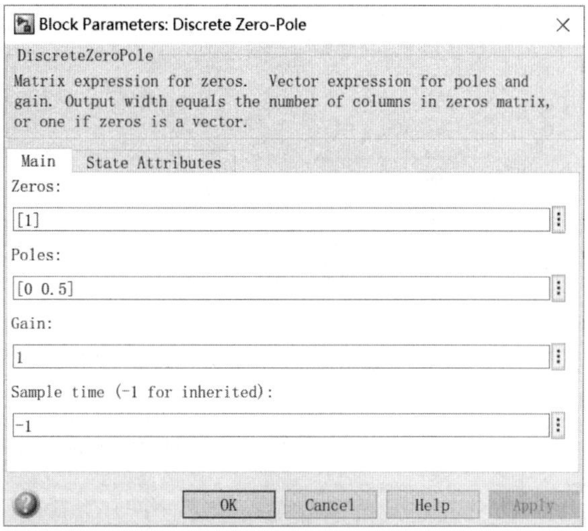　　　　　　　　　　（b）参数对话框

图 4–66　Discrete Zero–Pole 模块及参数对话框

【例 4-21】　搭建如图 4–67 所示的包含 Discrete Zero–Pole 模块的输出系统并设置采样时间为 0.1s，运行后，输出结果如图 4–68 所示。

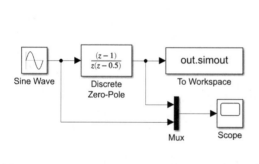

图 4–67　包含 Discrete Zero–Pole 模块的输出系统

图 4–68　输出结果 21

4.4.6　Discrete State–Space 模块

Discrete State–Space（离散状态空间）模块用于实现一个离散系统，其数学方程描述为：

$$x[(n+1)T] = Ax(nT) + Bu(nT)$$
$$y(nT) = Cx(nT) + Du(nT)$$

其中，u 为输入；x 为状态；y 为输出。

Discrete State–Space 模块及参数对话框如图 4–69 所示，其参数含义如下。

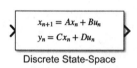

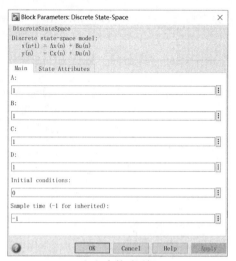

（a）Discrete State–Space 模块　　　　　　　　　　（b）参数对话框

图 4–69　Discrete State–Space 模块及参数对话框

（1）A：系统状态空间矩阵系数，必须是一个 $n×n$ 矩阵，n 为状态数，默认值为[1]。

（2）B：系统状态空间矩阵系数，必须是一个 $n×m$ 矩阵，m 为状态数，默认值为[1]。

（3）C：系统状态空间矩阵系数，必须是一个 $r×n$ 矩阵，r 为状态数，默认值为[1]。

（4）D：系统状态空间矩阵系数，必须是一个 $r×m$ 矩阵，默认值为[1]。

（5）Initial condition：初始状态矢量，默认值为[0]。

（6）Sample time：系统采样时间，默认值为[1]。

【例 4-22】　搭建如图 4–70 所示的包含 Discrete State-Space 模块的输出系统并设置采样时间为 0.1s，运行后，输出结果如图 4–71 所示。

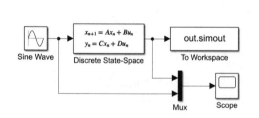

图 4–70　包含 Discrete State–Space 模块的输出系统

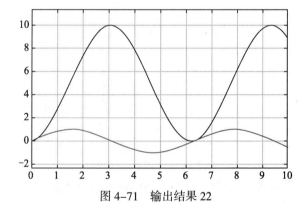

图 4–71　输出结果 22

4.4.7　Zero–Order Hold 模块

Zero–Order Hold（零阶保持器）模块用于在一个步长内将输出的值保持在同一个值上，即实现一个以指定采样率的采样与保持操作。模块接收一个输入，并产生一个输出，可以是标量或矢量。Zero–Order Hold 模块及参数对话框如图 4–72 所示，其参数 Sample time 表示系统采样时间，默认值为[1]。

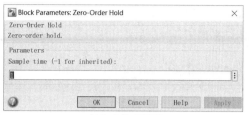

（a）Zero-Order Hold 模块　　　　　　（b）参数对话框

图 4-72　Zero-Order Hold 模块及参数对话框

【例 4-23】　搭建如图 4-73 所示的包含 Zero-Order Hold 模块的输出系统并设置采样时间为 0.1s，运行后，输出结果如图 4-74 所示。

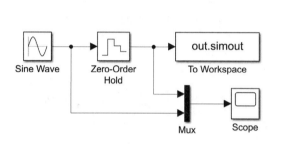

图 4-73　包含 Zero-Order Hold 模块的输出系统

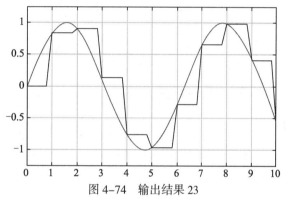

图 4-74　输出结果 23

4.4.8　Discrete-Time Integrator 模块

Discrete-Time Integrator（离散时间积分）模块用于在构造完全离散的系统时，代替连续积分的功能。使用的积分方法有向前欧拉法、向后欧拉法和梯形法。Discrete-Time Integrator 模块及参数对话框如图 4-75 所示。

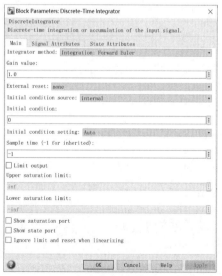

（a）Discrete-Time Integrator 模块　　　　　（b）参数对话框

图 4-75　Discrete-Time Integrator 模块及参数对话框

【例 4-24】 搭建如图 4-76 所示的包含 Discrete-Time Integrator 模块的输出系统并设置采样时间为 0.1s，运行后，输出结果如图 4-77 所示。

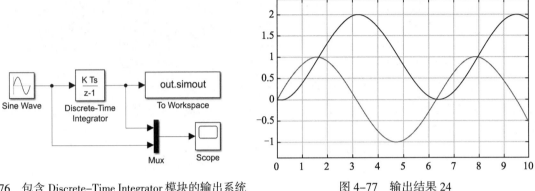

图 4-76　包含 Discrete-Time Integrator 模块的输出系统　　　图 4-77　输出结果 24

4.5　查表模块库

查表（Lookup Tables）模块库如图 4-78 所示，主要用于各种一维、二维或者更高维函数的查表，实现信号的插值功能。用户还可以根据自己需要创建更复杂的函数。

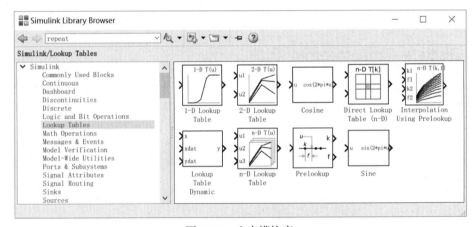

图 4-78　查表模块库

4.5.1　1-D Lookup Table 模块

1-D Lookup Table（一维查表）模块用于实现对单路输入信号的查表和线性插值。1-D Lookup Table 模块及参数对话框如图 4-79 所示，其参数含义如下。

（1）Number of table dimensions：一维查找表模块默认为 1，表示是一维的查表数据。

（2）Table data：系统默认为 tanh([-5:5])，双曲正切函数，取值范围为 -5 ~ 5。

【例 4-25】 搭建如图 4-80 所示的包含 1-D Lookup Table 模块的输出系统并设置采样时间为 0.1s，运行后，输出结果如图 4-81 所示。

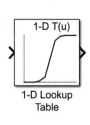 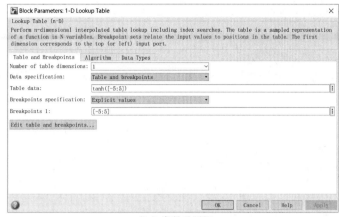

（a）1-D Lookup Table 模块　　　　　　　　　　　　　　　（b）参数对话框

图 4-79　1-D Lookup Table 模块及参数对话框

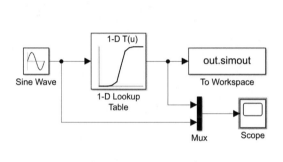 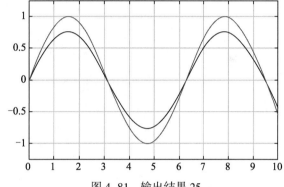

图 4-80　包含 1-D Lookup Table 模块的输出系统　　　　　　图 4-81　输出结果 25

4.5.2　2-D Lookup Table 模块

2-D Lookup Table（二维查表）模块根据给定的二维平面网格上的高度值，对输入的两个变量经过查表、插值，计算出模块的输出值并返回。2-D Lookup Table 模块及参数对话框如图 4-82 所示，其参数含义如下。

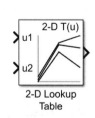

（a）2-D Lookup Table 模块　　　　　　　　　　　　　　　（b）参数对话框

图 4-82　2-D Lookup Table 模块及参数对话框

（1）Number of table dimensions：二维查找表模块，默认为 2，表示是二维的查表数据。

（2）Table data：表数据，默认为[4 5 6；16 19 20；10 18 23]，矩阵大小必须与表维数参数定义的维度匹配。

【例 4-26】　搭建如图 4-83 所示的包含 2-D Lookup Table 模块的输出系统并设置采样时间为 0.1s，运行后，输出结果如图 4-84 所示。

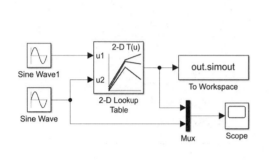

图 4-83　包含 2-D Lookup Table 模块的输出系统　　　　图 4-84　输出结果 26

4.6　用户自定义函数模块库

用户自定义函数（User-Defined Functions）模块库如图 4-85 所示，主要用于用户自行编写相应的程序进行系统仿真，从而实现快速的建模仿真。通过用户自行设计仿真模型，可提高模型的移植性。

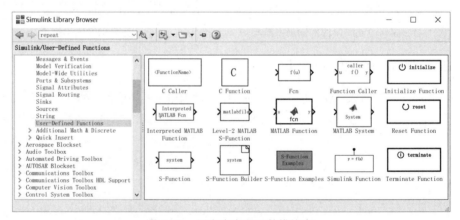

图 4-85　用户自定义函数模块库

4.6.1　Fcn 模块

Fcn（自定义函数）模块，用于对输入信号进行指定的函数运算，最后计算出模块的输出值。输入的数学表达式应符合 C 语言编程规范。该模块与 MATLAB 中的表达式有所不同，不能完成矩阵运算。

系统的数学表达式通常用 $u(i)$ 表示矢量的第 i 个元素，并结合 MATLAB 中常用的数学函数（abs、acos、asin、cos、log、tanh 等）进行计算。模块的输入可以是一个标量或矢量，输出总为标量。

Fcn 模块及参数对话框如图 4-86 所示，其参数含义如下。

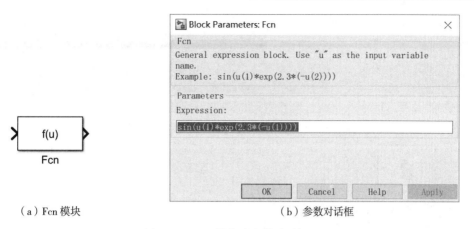

（a）Fcn 模块　　　　　　（b）参数对话框

图 4-86　Fcn 模块及参数对话框

Expression：系统默认表达式为 $\sin(u(1) \times \exp(2.3 \times (-u(2))))$，用于函数定义。

【例 4-27】　搭建如图 4-87 所示的包含 Fcn 模块的输出系统并设置采样时间为 0.1s，运行后，输出结果如图 4-88 所示。

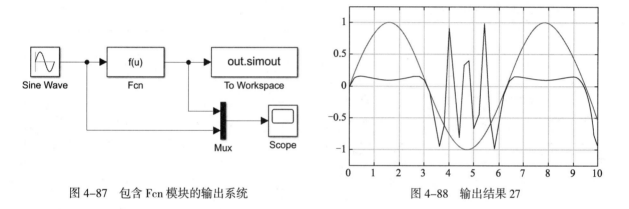

图 4-87　包含 Fcn 模块的输出系统　　　　　　图 4-88　输出结果 27

4.6.2　MATLAB Function 模块

MATLAB Function（MATLAB 函数）模块用于对输入信号进行 MATLAB 函数及表达式的处理。模块为单输入模块，能够完成矩阵运算。

从运算速度角度，MATLAB Function 模块要比 Fcn 模块慢。需要提高速度时，可以考虑采用 Fcn 或 S-Function 模块。

利用 MATLAB Function 模块可以快速自行定义函数。该模块具有较强的程序移植功能，用户可以进行相应的算法开发，这类似于嵌入式编程。

在 Simulink Library Browser 窗口创建 MATLAB Function 模块，如图 4-89（a）所示。双击该模块，将弹出如图 4-89（b）所示的 MATLAB Function 模块编辑器窗口。在该窗口中输入代码，进行编程。如输入：

```
function y=fcn(u)
%生成代码
y=sin(u)*cos(u).^.2+exp(sin(u));
```

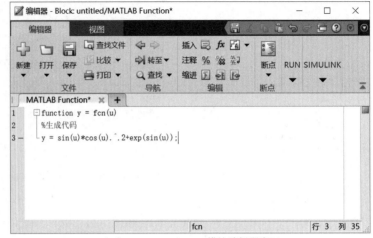

（a）MATLAB Function 模块　　　　　　　（b）MATLAB Function 模块编辑器窗口

图 4-89　MATLAB Function 模块及编辑器窗口

【例 4-28】　搭建如图 4-90 所示的包含 MATLAB Function 模块的输出系统并设置采样时间为 0.1s，运行后，输出结果如图 4-91 所示。

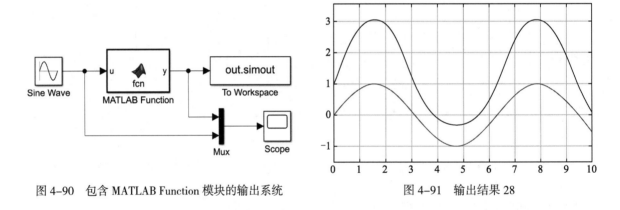

图 4-90　包含 MATLAB Function 模块的输出系统　　　　　　　图 4-91　输出结果 28

4.6.3　S-Function 模块

S-Function（S 函数）模块可以调用以 MATLAB 语句、C 语言等编写的函数（需符合 Simulink 标准），并在 Simulink 模块中运行，最后计算模块的输出值。通常简称 S-函数。该模块允许将附加参数直接赋给 S-Function。

S-Function 模块包含输入、输出两个端口，并以行向量的形式进行输入和输出，输入端口的维数可以由函数指定。

S-Function 模块及参数对话框如图 4-92 所示，其参数含义如下。

（1）S-function name：表示 S-Function 的函数文件名称，单击 Edit 即可打开该函数文件。

（2）S-function parameters：表示 S-Function 模块的参数，一般默认为空。

（3）S-function modules：表示 S-Function 模块，默认为空，一般无须编辑，采用默认设置。

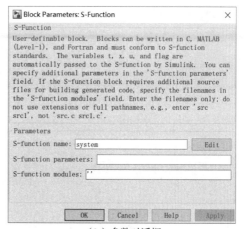

（a）S-Function 模块　　　　　　　　　　　　（b）参数对话框

图 4-92　S-Function 模块及参数对话框

【例 4-29】　搭建如图 4-93 所示的包含 S-Function 模块的输出系统并设置采样时间为 0.1s，运行后，输出结果如图 4-94 所示。

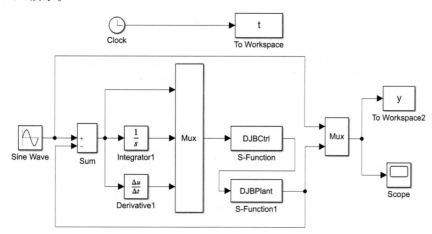

图 4-93　包含 S-Function 模块的输出系统

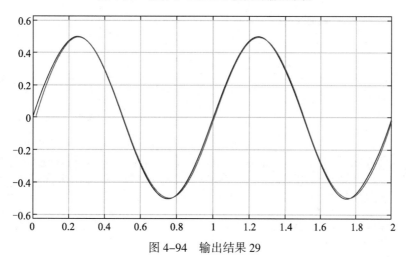

图 4-94　输出结果 29

其中，采用 PID 控制器对正弦函数进行控制，其 S-Function 程序如下：

```
function [sys,x0,str,ts] = DJBCtrl(t,x,u,flag)
switch flag
case 0
    [sys,x0,str,ts]=mdlInitializeSizes;
case 1
    sys=mdlDerivatives(t,x,u);
case 3
    sys=mdlOutputs(t,x,u);
case {2,4,9}
    sys=[];
otherwise
    error(['Unhandled flag = ',num2str(flag)]);
end
function [sys,x0,str,ts]=mdlInitializeSizes
sizes=simsizes;
sizes.NumContStates  = 0;
sizes.NumDiscStates  = 0;
sizes.NumOutputs     = 1;
sizes.NumInputs      = 3;
sizes.DirFeedthrough = 1;
sizes.NumSampleTimes = 1; %At least one sample time is needed
sys=simsizes(sizes);
x0=[];
str=[];
ts=[0 0];
function sys=mdlOutputs(t,x,u)
kp=10;
ki=2;
kd=1;
ut=kp*u(1)+ki*u(2)+kd*u(3);
sys(1)=ut;
```

控制对象的 S-Function 程序如下：

```
function [sys,x0,str,ts] = DJBPlant(t,x,u,flag)
switch flag
case 0
    [sys,x0,str,ts]=mdlInitializeSizes;
case 1
    sys=mdlDerivatives(t,x,u);
case 3
    sys=mdlOutputs(t,x,u);
case {2,4,9}
    sys=[];
otherwise
    error(['Unhandled flag = ',num2str(flag)]);
end
function [sys,x0,str,ts]=mdlInitializeSizes
sizes=simsizes;
```

```
sizes.NumContStates    = 2;
sizes.NumDiscStates    = 0;
sizes.NumOutputs       = 1;
sizes.NumInputs        = 1;
sizes.DirFeedthrough   = 0;
sizes.NumSampleTimes   = 1; %At least one sample time is needed
sys=simsizes(sizes);
x0=[0;0];
str=[];
ts=[0 0];
function sys=mdlDerivatives(t,x,u)    %Time-varying model
ut=u(1);
J=20+10*sin(6*pi*t);
K=400+300*sin(2*pi*t);
sys(1)=x(2);
sys(2)=-J*x(2)+K*ut;
function sys=mdlOutputs(t,x,u)
sys(1)=x(1);
```

4.7 数学运算模块库

数学运算（Math Operations）模块库如图 4-95 所示，用于通过不同模块的配合使用，构建相应的模型表达式，实现模型求解计算的需求。该模块库基本涵盖了数学方面的基本运算功能。

数学运算模块主要针对基本运算符号进行模块化设计，可以很方便地进行输入信号的加、减、乘、除等基本运算，从而加速模型设计。

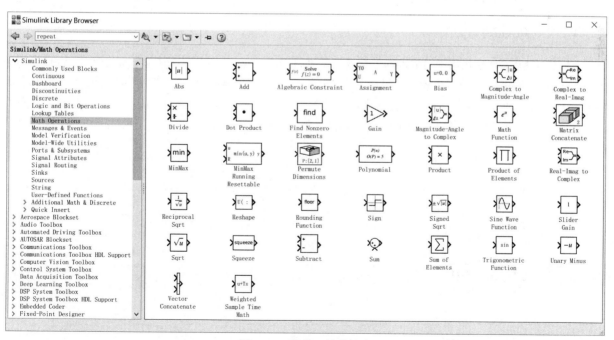

图 4-95　数学运算模块库

4.7.1　Abs 模块

Abs（绝对值）模块用于对输入的矢量或标量进行取绝对值运算。模块及参数对话框如图 4-96 所示。

（a）Abs 模块　　　　　　　　　　　　　　　（b）参数对话框

图 4-96　Abs 模块及参数对话框

【例 4-30】　搭建如图 4-97 所示的包含 Abs 模块的输出系统并运行，输出结果如图 4-98 所示。

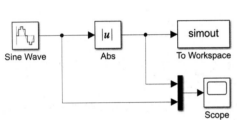

图 4-97　包含 Abs 模块的输出系统

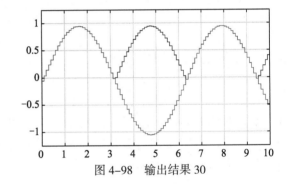

图 4-98　输出结果 30

4.7.2　Add 模块

Add（加减运算）模块用于对输入的矢量或标量进行加减运算。Add 模块及参数对话框如图 4-99 所示，其参数 List of signs 表示符号设置，可以设置为"+–"，表示第 1 个输入为正，第 2 个输入为负；也可以为"–+"，表示第 1 个输入为负，第 2 个输入为正；设置为"++"，表示第 1 个输入为正，第 2 个输入也为正；设置为"––"，表示第 1 个输入也为负，第 2 个输入为负；系统默认为"++"。

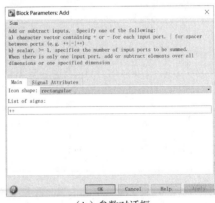

（a）Add 模块　　　　　　　　　　　　　　　（b）参数对话框

图 4-99　Add 模块及参数对话框

【例 4-31】　搭建如图 4-100 所示的包含 Add 模块的输出系统并运行，输出结果如图 4-101 所示。

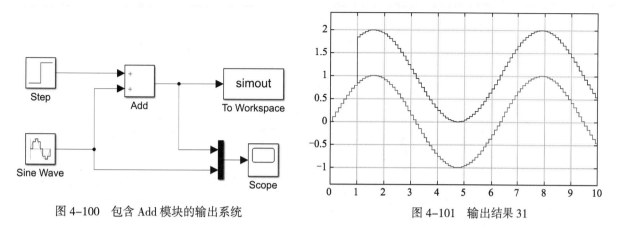

图 4-100　包含 Add 模块的输出系统

图 4-101　输出结果 31

4.7.3　Divide 模块

Divide（乘除运算）模块用于对输入的矢量或标量进行乘除运算。Divide 模块及模块参数对话框如图 4-102 所示，其参数含义如下。

（a）Divide 模块　　　　　　　　　　（b）参数对话框

图 4-102　Divide 模块及参数对话框

（1）Number of inputs：符号设置，可以设置为 "*/"，表示第 1 个输入为分子，第 2 个输入为分母；也可以为 "/*"，表示第 1 个输入为分母，第 2 个输入为分子；设置为 "**"，表示第 1 个输入为分子，第 2 个输入为分子，二者直接相乘；设置为 "//"，表示第 1 个输入为分母，第 2 个输入为分母，二者直接相乘；系统默认为 "*/"。

（2）Multiplication：包括 Element-wise(.*)和 Matrix(*)两个选项。其中 Element-wise(.*)表示元素点乘，Matrix(*)表示矩阵相乘。

【例4-32】 搭建如图 4-103 所示的包含 Divide 模块的输出系统并运行，输出结果如图 4-104 所示。

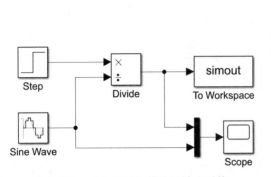

图 4-103　包含 Divide 模块的输出系统

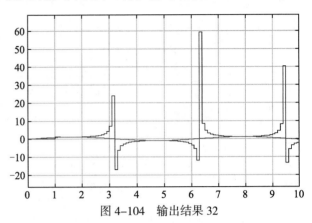

图 4-104　输出结果 32

4.7.4　Dot Product 模块

Dot Product（点乘运算）模块用于对输入的矢量或标量信号进行点乘运算。Dot Product 模块及参数对话框如图 4-105 所示。

（a）Dot Product 模块

（b）参数对话框

图 4-105　Dot Product 模块及参数对话框

【例4-33】 搭建如图 4-106 所示的包含 Dot Product 模块的输出系统并运行，输出结果如图 4-107 所示。

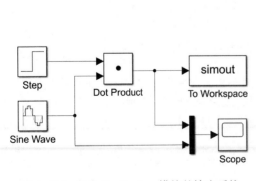

图 4-106　包含 Dot Product 模块的输出系统

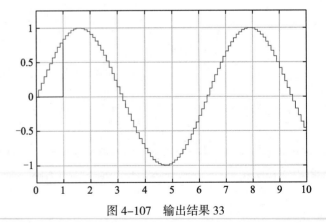

图 4-107　输出结果 33

4.7.5　Gain 模块

Gain（增益）模块可以将输入的矢量或标量乘以放大增益倍数，即把输入信号乘以一个指定的增益因子，使输入产生增益。该模块输入的可以为矩阵也可以为向量。

Gain 模块及参数对话框如图 4-108 所示，其参数含义如下。

（a）Gain 模块　　　　　　　　　　（b）参数对话框

图 4-108　Gain 模块及参数对话框

（1）Gain：输入的增益数值，可以为矩阵，也可以为数值。对输入的矢量或标量进行点乘运算，实现放大或者缩小输入量的功能。

（2）Multiplication：包括 Element-wise(.*)和 Matrix(*)两个选项。其中 Element-wise(.*)表示元素点乘，Matrix(*)表示矩阵相乘。

【例 4-34】　搭建如图 4-109 所示的包含 Gain 模块的输出系统并运行，输出结果如图 4-110 所示。

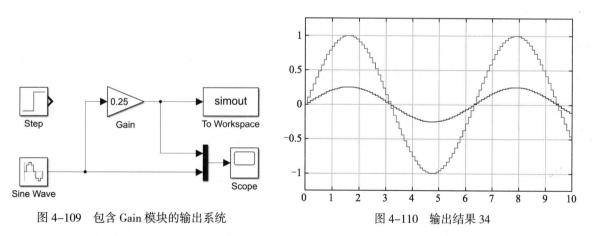

图 4-109　包含 Gain 模块的输出系统　　　　　图 4-110　输出结果 34

4.7.6　Complex to Magnitude-Angle 模块

Complex to Magnitude-Angle（复信号转幅值相位角）模块用于计算复信号的幅值和/或相位角，接收双精度复信号。该模块输出输入信号的赋值和相角，输入信号可以为矢量或标量。

Complex to Magnitude-Angle 模块及参数对话框如图 4-111 所示，其参数 Output 表示输出，分为 Magnitude、angle、Magnitude and angle，分别输出：输入信号的振幅、相角、振幅和相角。

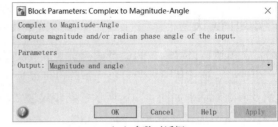

（a）Complex to Magnitude-Angle 模块　　　　　　（b）参数对话框

图 4-111　Complex to Magnitude-Angle 模块及参数对话框

【例 4-35】　搭建如图 4-112 所示的包含 Complex to Magnitude-Angle 模块的输出系统并运行，输出结果如图 4-113 所示。

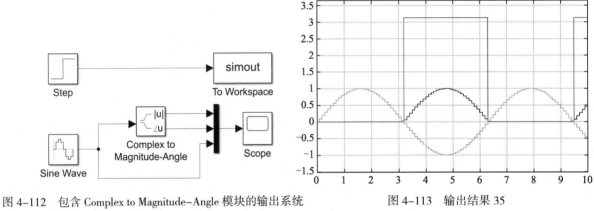

图 4-112　包含 Complex to Magnitude-Angle 模块的输出系统　　　　图 4-113　输出结果 35

4.7.7　Magnitude-Angle to Complex 模块

Magnitude-Angle to Complex（幅值相位角转复信号）模块用于将幅值和/或相位角信号转换为复信号，输出信号为双精度复信号。该模块能将一个幅度和一个相角信号变换为复信号输出，输入信号可以为矢量或标量。如果输入是一个标量，则其映射到所有复输出信号的对应成分（幅度或相角）上。

Magnitude-Angle to Complex 模块及参数对话框如图 4-114 所示，其参数 Input 表示输入，分为 Magnitude、angle、Magnitude and angle，分别为输入信号的振幅、相角、振幅和相角。

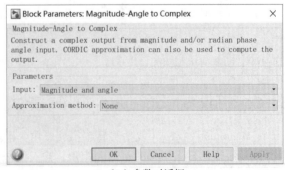

（a）Magnitude-Angle to Complex 模块　　　　　　（b）参数对话框

图 4-114　Magnitude-Angle to Complex 模块及参数对话框

【例 4-36】 搭建如图 4-115 所示的包含 Magnitude-Angle to Complex 模块的输出系统并运行，输出结果如图 4-116 所示。

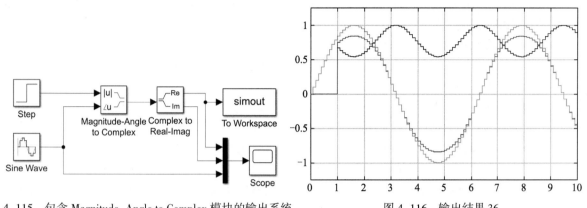

图 4-115 包含 Magnitude-Angle to Complex 模块的输出系统 图 4-116 输出结果 36

4.7.8 其他模块

数学运算模块库中还包含了很多其他数学运算模块，下面简单介绍。

（1）Product（乘法）模块：用于实现对多路输入的乘积、商、矩阵乘法或模块的转置等。

（2）Math Function（数学函数）模块：用于执行多个通用数学函数，其中包含 exp、log、log10、square、sqrt、pow、reciprocal、hypot、rem、mod 等。

（3）Trigonometric Function（三角函数）模块：用于对输入信号进行三角函数运算，共有 15 种三角函数供选择。

（4）特殊数学模块：包括 MinMax（求最大最小值）模块、Sign（符号函数）模块、Rounding Function（取整数函数）模块等。

4.8 非线性模块库

非线性系统在实际中应用较多。理想的线性系统对于仿真控制存在很大的缺陷，Simulink 提供了可供用户使用的非线性（Discontinuities）模块库，如图 4-117 所示。

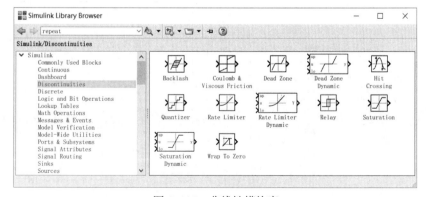

图 4-117 非线性模块库

4.8.1　Backlash 模块

Backlash（间隙系统行为）模块主要功能是实现输入和输出变化同步。当输入量改变方向时，输入的初始变化对输出没有影响。

Backlash 模块可以实现这样一个系统：系统中输入信号的改变可使输出信号产生相同的改变量（输入改变方向时除外——当输入信号方向改变时，输入信号的初始变化不会影响输出）。系统的侧隙称为死区。死区位于输出信号的中心。

存在死区的系统有以下 3 种可能。

（1）分离模式：输入信号不控制输出，输出保持为常数。

（2）正向工作模式：输入以正斜率上升，而输出等于输入减去死区宽度的一半。

（3）负向工作模式：输入以负斜率上升，而输出等于输入加上死区宽度的一半。

如果初始输入落在死区以外，Initial output 参数值将决定模块是正向工作还是负向工作，并决定在仿真开始时的输出是输入加上死区宽度的一半还是减去死区宽度的一半。

Backlash 模块及参数对话框如图 4-118 所示，其参数含义如下。

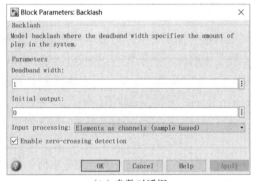

（a）Backlash 模块　　　　　　　　　　　（b）参数对话框

图 4-118　Backlash 模块及参数对话框

（1）Deadband width：死区宽度，默认为 1。

（2）Initial output：初始输出值，默认值为 0。

（3）Input processing：设置为 Elements as channels (sample based)，表示以数值元素进行输入输出。

【例 4-37】　搭建如图 4-119 所示的包含 Backlash 模块的输出系统并运行，输出结果如图 4-120 所示。

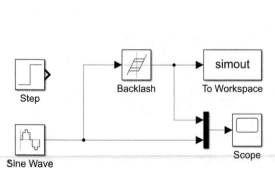

图 4-119　包含 Backlash 模块的输出系统

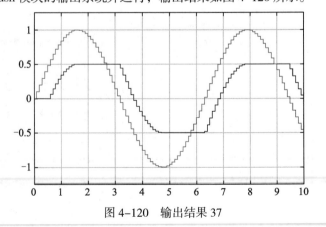

图 4-120　输出结果 37

4.8.2　Coulomb & Viscous Friction 模块

Coulomb & Viscous Friction 模块用于建立库伦力和黏滞力模型。该模块建立的是在零点不连续而其余点线性的增益模型。偏置对应库仑力，增益对应黏滞力。该模块的函数表达式为：

$$y = \text{sign}(n) \cdot (\text{Gain} \cdot |u| \cdot \text{offset})$$

其中，y 为输出；u 为输入；Gain 和 offset 为模块参数。

Coulomb & Viscous Friction 模块及参数对话框如图 4-121 所示，其参数含义如下。

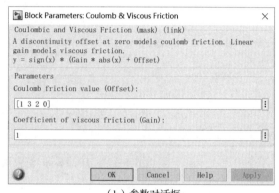

（a）Coulomb & Viscous Friction 模块　　　　　（b）参数对话框

图 4-121　Coulomb & Viscous Friction 模块及参数对话框

（1）Coulomb friction value(Offset)：偏置，适应所有的输入，默认值为[1,3,2,0]。

（2）Coefficient of viscous friction(Gain)：在非零输入点的信号增益，默认值为 1。

【例 4-38】　搭建如图 4-122 所示的包含 Coulomb & Viscous Friction 模块的输出系统并运行，输出结果如图 4-123 所示。

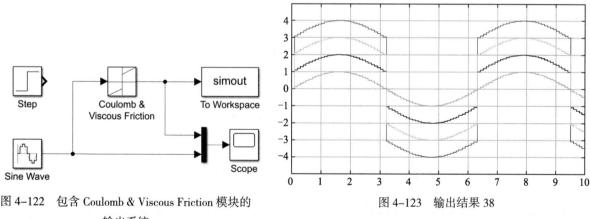

图 4-122　包含 Coulomb & Viscous Friction 模块的
　　　　　输出系统

图 4-123　输出结果 38

4.8.3　Dead Zone 模块

Dead Zone（死区）模块用于产生指定范围（截止区）内的零输出，即在规定的区内没有输出值。

（1）如果输入落在截止区内，则输出为 0。

（2）如果输入大于或等于上限值，则输出为上限值。

（3）如果输入小于或等于下限值，则输出为下限值。

Dead Zone 模块及参数对话框如图 4-124 所示，其参数含义如下。

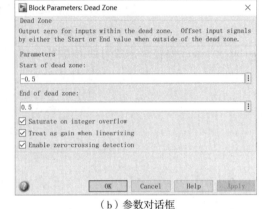

（a）Dead Zone 模块　　　　　　　　　　（b）参数对话框

图 4-124　Dead Zone 模块及参数对话框

（1）Start of dead zone：下限值，默认为-0.5。

（2）End of dead zone：上限值，默认为 0.5。

【例 4-39】　搭建如图 4-125 所示的包含 Dead Zone 模块的输出系统并运行，输出结果如图 4-126 所示。

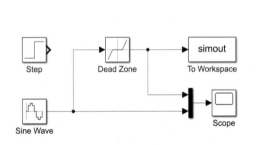

图 4-125　包含 Dead Zone 模块的输出系统

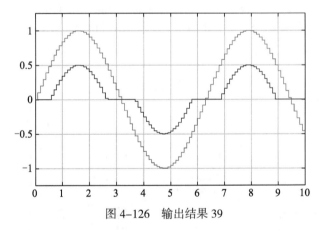

图 4-126　输出结果 39

4.8.4　Quantizer 模块

Quantizer（量化）模块用于将平滑的输入信号变为阶梯状输出，为量化输入模块。模块接收和输出双精度信号，输出计算采用四舍五入法，产生与零点对称的输出，具体如下：

$$y = q \cdot \text{round}(u / q)$$

其中，u 为一个整数；q 为 Quantization interval 参数，默认值为 0.5。

Quantizer 模块及参数对话框如图 4-127 所示，其参数 Quantization interval 表示量化输出的时间间隔。

Quantizer 模块的输出允许值为 $n \times q$，其中 n 为一个整数，q 为 Quantization interval 参数，默认值为 0.5。

（a）Quantizer 模块

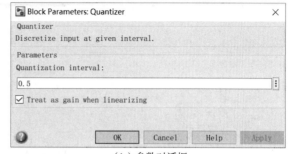

（b）参数对话框

图 4-127　Quantizer 模块及参数对话框

【例 4-40】　搭建如图 4-128 所示的包含 Quantizer 模块的输出系统并运行，输出结果如图 4-129 所示。

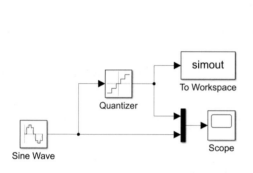

图 4-128　包含 Quantizer 模块的输出系统

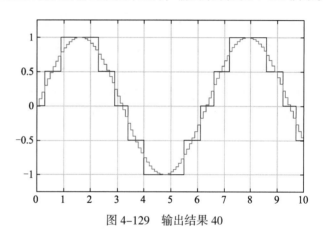

图 4-129　输出结果 40

4.8.5　Rate Limiter 模块

Rate Limiter（比率限幅）模块用于限定输入信号的一阶导数，以使输出端信号的变化率不超过规定的限制值。导数根据以下方程计算得到：

$$rate = \frac{u(i) - y(i-1)}{t(i) - t(t-1)}$$

其中，$u(i)$ 和 $t(i)$ 分别为当前模块的输入和时间；$y(i-1)$ 和 $t(i-1)$ 分别为前一时间步的输出和时间，输出通过将 rate 与 Rising slew rate 和 Falling slew rate 参数比较得出：

（1）如果 rate 大于 Rising slew rate 参数（R），输出计算为：

$$y(i) = \Delta t \cdot R + y(i-1)$$

（2）如果 rate 小于 Falling slew rate 参数（F），输出计算为：

$$y(i) = \Delta t \cdot F + y(i-1)$$

（3）如果 rate 大于 Falling slew rate 参数（F），且小于 Rising slew rate 参数（R），输出计算为：

$$y(i) = u(i)$$

Rate Limiter 模块及参数对话框如图 4-130 所示，其参数含义如下。

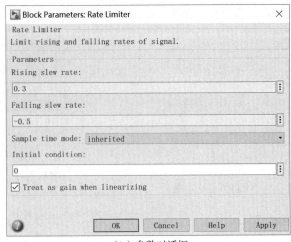

（a）Rate Limiter 模块　　　　　　　　　　　（b）参数对话框

图 4-130　Rate Limiter 模块及参数对话框

（1）Rising slew rate：一个递增输入信号的导数极限，默认为 1。

（2）Falling slew rate：一个递减输入信号的导数极限，默认为-1。

（3）Initial condition：系统初始化状态值，默认为 0。

【例 4-41】　搭建如图 4-131 所示的包含 Rate Limiter 模块的输出系统并运行，输出结果如图 4-132 所示。

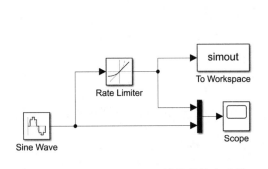

图 4-131　包含 Rate Limiter 模块的输出系统

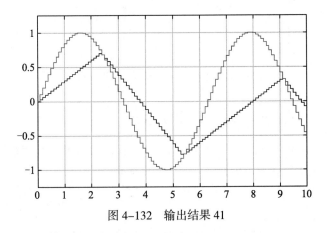

图 4-132　输出结果 41

4.8.6　Saturation 模块

Saturation（饱和度）模块用于设置输入信号的上下饱和度，即上下限的值，来约束输出值。如输入值≥上限，则取上限值；如输入值≤下限，则取下限值。

Saturation 模块及参数对话框如图 4-133 所示，其参数含义如下。

（1）Upper limit：限定输入信号的上限，如输入值≥上限，则取上限，默认为 0.5。

（2）Lower limit：限定输入信号的下限，如输入值≤下限，则取下限，默认为-0.5。

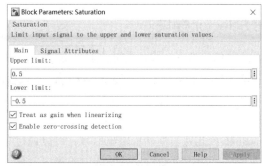

（a）Saturation 模块　　　　　　　　（b）参数对话框

图 4-133　Saturation 模块及参数对话框

【例 4-42】　搭建如图 4-134 所示的包含 Saturation 模块的输出系统并运行，输出结果如图 4-135 所示。

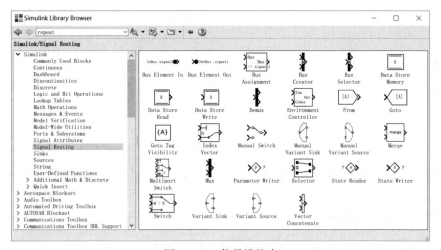

图 4-134　包含 Saturation 模块的输出系统

图 4-135　输出结果 42

4.9　信号路由模块库

信号路由（Signal Routing）模块库包括的主要模块如图 4-136 所示。主要用于对信号进行仿真运算，在信号系统中应用广泛，如总线设置、数据存储、数据写、数据读操作等，适应多学科的交叉运算。

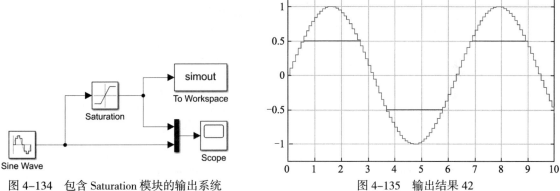

图 4-136　信号模块库

4.9.1　Bus Selector 模块

Bus Selector（总线信号选择）模块接收来自 mux 模块或其他模块引入的总线信号。Bus Selector 模块只有一个输入端口，输出端口的数量取决于 Muxed output 复选框的状态。

Bus Selector 模块及参数对话框如图 4–137 所示，其参数含义如下。

（1）Signals in the bus：此列表框显示在输入母线上的信号。

（2）Selected signals：此列表框显示输出信号，可以通过单击 Up、Down、Remove 按钮对信号进行上下移动和删除操作。如果在 Selected signals 列表选中的输出信号不是 Bus Selector 模块的输入，则信号将以"???"显示。

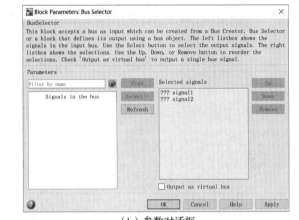

（a）Bus Selector 模块　　　　　　　　（b）参数对话框

图 4–137　Bus Selector 模块及参数对话框

【例 4-43】　搭建如图 4–138 所示的包含 Bus Selector 模块的输出系统并运行，输出结果如图 4–139 所示。

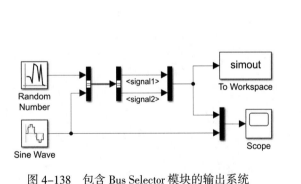

图 4–138　包含 Bus Selector 模块的输出系统

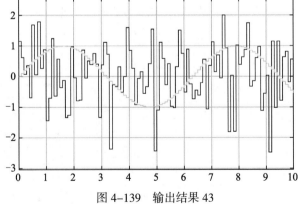

图 4–139　输出结果 43

4.9.2　Bus Creator 模块

Bus Creator（总线创建）模块输入信号可以为矢量或标量信号。创建总线输出信号，可供其他总线模块调用。Bus Creator 模块及参数对话框如图 4-140 所示,其参数 Number of inputs 表示输入信号的个数。

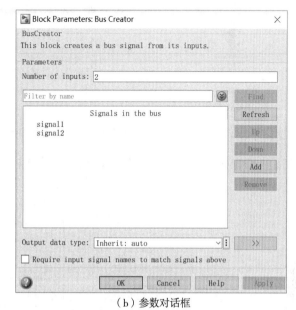

（a）Bus Creator 模块　　　　　　　　　　　　（b）参数对话框

图 4-140　Bus Creator 模块及参数对话框

【例 4-44】　搭建如图 4-141 所示的包含 Bus Creator 模块的输出系统并运行,输出结果如图 4-142 所示。

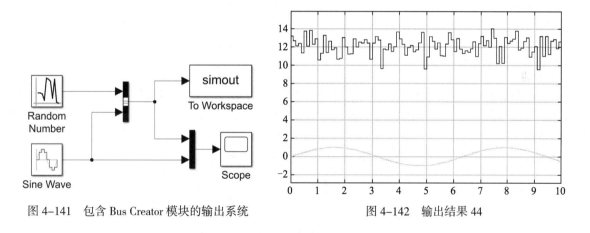

图 4-141　包含 Bus Creator 模块的输出系统　　　　图 4-142　输出结果 44

4.9.3　Mux 模块

Mux（混路器）模块,将多路信号组成一个矢量信号或总线信号输出。每一个输入行可携带一个标量或矢量信号。模块输出为一个矢量。

Mux 模块及参数对话框如图 4-143 所示,其参数含义如下。

（1）Number of inputs:输入信号的个数或者宽度。行输出的宽度等于行输入宽度之和。

（2）Display option:主要有 None、Names、bar 3 个选项,其中 None 表示 Mux 显示在模块图标的外观,Names 表示在每一个端口显示信号名,bar 表示以实心前景色显示模块图标。

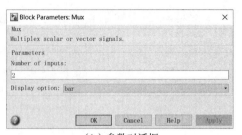

（a）Mux 模块　　　　　　　　　　　　　（b）参数对话框

图 4-143　Mux 模块及参数对话框

【例 4-45】　搭建如图 4-144 所示的包含 Mux 模块（图中黑色矩形）的输出系统并运行，输出结果如图 4-145 所示。

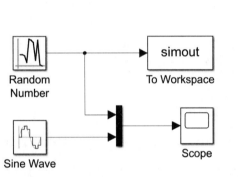

图 4-144　包含 Mux 模块的输出系统

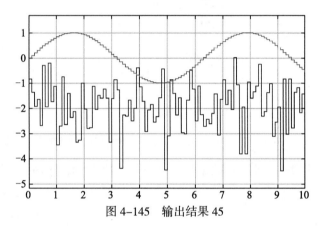

图 4-145　输出结果 45

4.9.4　Demux 模块

Demux（分路器）模块，把混路器组成的信号按照原来的构成方法分解成多路信号，即将一个输入信号分成多行进行输出，每一行可包含一个标量或矢量信号，Simulink 通过 Number of outputs 参数决定输出信号的行数或宽度。

Demux 模块及参数对话框如图 4-146 所示，其参数含义如下。

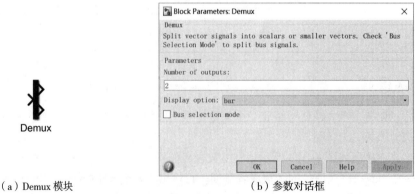

（a）Demux 模块　　　　　　　　　　　（b）参数对话框

图 4-146　Demux 模块及参数对话框

（1）Number of outputs：输出信号的行数或宽度。行输出的总宽度之和等于行输入宽度。

（2）Display option：主要有 None、Names、bar 3 个选项，None 表示 Demux 显示在模块图标的外观，Names 表示在每个端口显示信号名，bar 表示以实心前景色显示模块图标。

【例 4-46】 搭建如图 4-147 所示的包含 Demux 模块（图中右侧黑色矩形）的输出系统并运行，输出结果如图 4-148 所示。

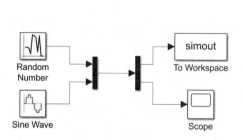

图 4-147　包含 Demux 模块的输出系统

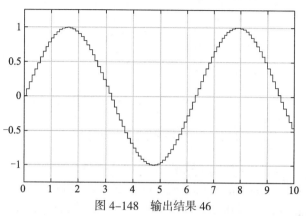

图 4-148　输出结果 46

4.9.5　Data Store Memory 模块

Data Store Memory（数据存储记忆）模块，定义一个共享数据存储区，该存储区是与 Data Store Read 模块和 Data Store Write 模块共享的存储空间。

（1）若 Data Store Memory 模块处于最高一级的系统中，则处于模型中任意位置的 Data Store Read 模块和 Data Store Write 模块都可以访问该数据存储区。

（2）若 Data Store Memory 模块处于子系统中，且 Data Store Read 和 Data Store Write 模块也位于该子系统或子系统的模型分层结构的下级子系统中，则这些 Data Store Read 和 Data Store Write 模块也能访问该数据存储区。

Data Store Memory 模块及参数对话框如图 4-149 所示，其中参数 Data store name 表示正在定义的数据存储区的名字，默认值为字母 A。

（a）Data Store Memory 模块

（b）参数对话框

图 4-149　Data Store Memory 模块及参数对话框

【例 4-47】 搭建如图 4-150 所示的包含 Data Store Memory 模块的输出系统并运行，输出结果如图 4-151 所示。

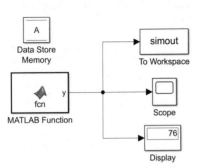

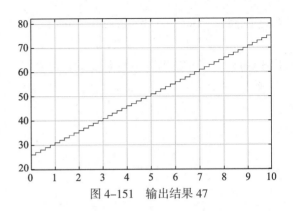

图 4-150　包含 Data Store Memory 模块的输出系统　　　　　图 4-151　输出结果 47

4.9.6　Data Store Read 模块

Data Store Read（数据存储读取）模块，从已经定义的一个共享数据存储区 Data Store Memory 模块中读取数值。Data Store Read 模块和 Data Store Write 模块、Data Store Memory 模块共享数据存储空间。

Data Store Read 模块及参数对话框如图 4-152 所示，其参数 Data store name 表示正在定义的数据存储区的名字，默认值为字母 A。

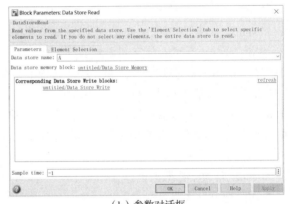

（a）Data Store Read 模块　　　　　　　　　　　　　　　（b）参数对话框

图 4-152　Data Store Read 模块及参数对话框

【例 4-48】　搭建如图 4-153 所示的包含 Data Store Read 模块的输出系统并运行，输出结果如图 4-154 所示。

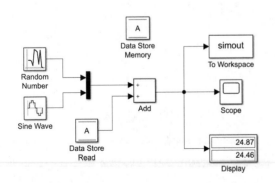

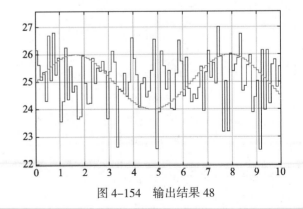

图 4-153　包含 Data Store Read 模块的输出系统　　　　　图 4-154　输出结果 48

4.9.7　Data Store Write 模块

Data Store Write（数据存储写入）模块，定义一个共享数据存储区 Data Store Memory 模块，将输入的数据源写入数值，并将该数值用 Data Store Read 读出和显示。Data Store Write 模块和 Data Store Read 模块与 Data Store Memory 模块共享数据存储空间。

Data Store Write 模块及参数对话框如图 4–155 所示，其参数 Data store name 表示正在定义的数据存储区的名字，默认值为字母 A。

（a）Data Store Write 模块　　　　　　　　　　　　（b）参数对话框

图 4–155　Data Store Write 模块及参数对话框

【例 4-49】　搭建如图 4–156 所示的包含 Data Store Write 模块的输出系统并运行，输出结果如图 4–157 所示。

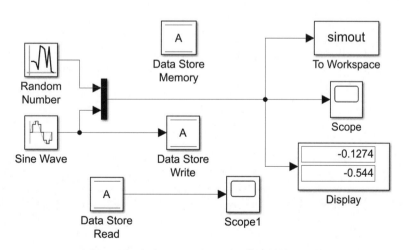

图 4–156　包含 Data Store Write 模块的输出系统

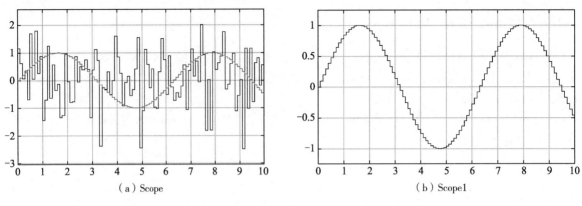

（a）Scope　　　　　　　　　　　（b）Scope1

图 4-157　输出结果 49

4.10　本章小结

　　本章主要介绍了 Simulink 各模块库的组件，包括信号源模块库、连续模块库、离散模块库、查表模块库、用户自定义函数模块库、数学运算模块库、信号与系统模块库，对每一个模块库内部部件进行了 Simulink 模型构建并进行仿真，以帮助读者掌握该模块的使用。

第 5 章

仿真命令操作

应用 Simulink 中的命令操作有利于更好地掌握每一个模块的属性和参数的含义。Simulink 中的命令代码属于底层代码，虽没有直接在 Simulink 模块库中搭建模型直观，但 Simulink 中的命令代码可以内嵌到可视化界面中，从而简化显示界面，特别是在图形用户界面下调用 Simulink 命令有一定的优势。

本章学习目标包括：

（1）掌握 Simulink 中的命令表示方法；

（2）运用 Simulink 中的命令代码建模。

5.1 操作命令概述

当 MATLAB 程序和 Simulink 模型结合时，对 Simulink 的操作显得更加便捷，读者可以将模型内嵌到程序设计中，或者利用程序进行参数的循环运算，从而获得最佳模拟状态。

与 MATLAB 脚本文件中编写代码一样，Simulink 中的命令代码也是由函数构成的，能够实现不同的函数功能，从而实现模块的构建程序化。常用的 Simulink 命令及功能如表 5-1 所示。

表 5-1　Simulink命令及功能描述

命　　令	功能描述	命　　令	功能描述
new_system	新建一个Simulink系统模型	add_line	给一个系统添加一条线
open_system	打开一个存在的系统模型	delete_line	从一个系统中删除线
close_system	关闭Simulink系统窗口或模块对话框	get_param	获取一个参数值
bdclose	关闭Simulink模型	set_param	设置参数值
save_system	保存一个系统	gcb	获取当前模块的路径名
add_block	给一个系统添加一个模块	gcs	获取当前系统的路径名
find_system	寻找一个系统、模块、连线或注释	gcbh	获取当前模块的句柄
delete_block	从一个系统中删除一个模块	bdroot	获取根级系统名
replace_block	替换一个系统中的一个模块	simulink	打开Simulink模块库

对于一个系统而言，在进行命令操作时，经常需要指定相关的路径，路径的指定有以下 3 种方式。

（1）确认一个系统，不指定系统名称，直接指定系统，命令如下：

```
system
```

（2）确认一个子系统，则需要按照层次进行指定，包括子系统到目标子系统的路径及系统名称，用"/"分隔。命令如下：

```
system/subsystem1/…/subsystem
```

（3）确认一个系统中的模块，指定包含该模块的系统的路径和目标模块名，命令如下：

```
system/subsystem1/…/subsystem/block
```

5.2 系统命令

Simulink 系统命令主要包括系统查找、新建、打开、关闭、保存等。

5.2.1 simulink 命令

前面已经介绍过，simulink 命令用于打开 Simulink Start Page，其调用格式如下：

```
simulink
```

直接在命令行窗口输入 simulink 即可打开 Simulink Start Page 窗口，可根据需要进行模型搭建，包括 Blank Model、Blank Subsystem、Blank Library、Blank Project、Code Generation 等。

5.2.2 simulink3 命令

simulink3 命令用于打开 Simulink 模块库，其调用格式如下：

```
simulink3
```

该命令直接在命令行窗口输入，如果已经打开 Simulink，则输入该命令将激活 Simulink 模块及模型执行初始化等。

在命令行窗口输入 simulink3，将弹出如图 5-1 所示的 simulink3 模块库。

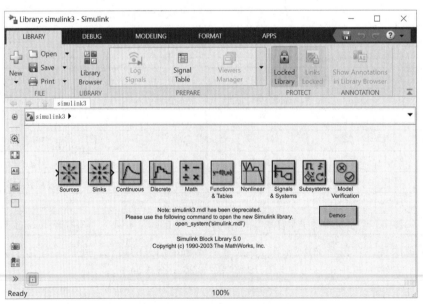

图 5-1　simulink3 模块库

5.2.3　find_system 命令

find_system 命令用于查找系统、模块、信号线、端口及注释等。其调用格式如下：

```
Objects=find_system                      %返回已加载的系统及其模块，包括子系统
Objects=find_system(System)              %返回指定的系统及其模块
Objects=find_system(Name,Value)          %返回已加载的系统及这些系统中满足一个或多个"Name,Value"
                                         %对组参数指定的条件的对象
Objects=find_system(System,Name,Value)   %返回指定系统中满足指定条件的对象
```

其中，System 为指定的系统或子系统所在的路径名。

"Name,Value" 指定可选的、以逗号分隔的 "Name,Value" 对组参数，其中 Name 为参数名称，Value 为对应的值。Name 必须显示在引号内。可采用任意顺序指定多个 "Name,Value" 对组参数。

使用 find_system 函数时，"Name,Value" 对组参数中可以包括搜索约束条件以及形参 "名-值" 对组。可以按任意顺序指定搜索约束条件，但搜索约束条件必须在参数 "名-值" 对组之前。可供用户指定的搜索约束条件如表 5-2 所示。

表 5-2　可供用户指定的搜索约束条件

名　　称	数据类型	描　　述
BlockDialogParams	字符串标量	在模块对话框参数中搜索指定值，该对组必须跟在其他搜索约束对组之后
CaseSensitive	'on'或'off'	在匹配时考虑大小写 'on'表示搜索区分大小写，'off'不区分
FindAll	'on'或'off'	指示是否在搜索中包括系统中的信号线、端口和注释的选项 'on'表示扩展到系统内连线和注释，默认为'off'
SearchDepth	标量	限制搜索深度，按指定级别进行搜索 '0'表示搜索加载的系统 '1'表示搜索最高级系统的模块或子系统 '2'表示搜索最高级系统及其子系统 系统默认为所有级
LookUnderMasks	字符串标量	指示如何搜索封装子系统 'graphical'表示搜索包括没有工作区和对话框的封装子系统 'none'表示搜索将跳过封装子系统 'functional'表示搜索包括没有对话框的封装子系统 'all'表示搜索包括所有封装子系统 'on'表示搜索包括所有封装子系统，同'all' 'off'表示搜索将跳过封装子系统
FollowLinks	'on'或'off'	跟随链接进入模块库 'on'表示跟随链接进入模块库搜索，默认为'off'

对于 find_system 命令，如果 System 是一个句柄或句柄矢量，该命令会在所搜寻的目标上返回一个句柄矢量；如果省略 System，find_system 命令将搜索到所有打开的系统。

【例 5-1】　find_system 应用示例。

解： 在 MATLAB 命令行窗口输入以下代码。

```
>> load_system('vdp')
```

```
>> find_system                                    %返回所有已加载的系统及其模块的名称
ans=
  489×1 cell 数组
    {'eml_lib'                    }
    {'eml_lib/MATLAB Function'    }
    {'vdp'                        }
    {'vdp/Fcn'                    }
    {'vdp/Mu'                     }
    {'vdp/Mux'                    }
    {'vdp/Product'                }
    {'vdp/Scope'                  }
    {'vdp/Sum'                    }
    {'vdp/x1'                     }
     ...
>> open_bd_Djb = find_system('type','block_diagram')    %返回已加载的模块的名称
open_bd_Djb =
  3×1 cell 数组
    {'eml_lib' }
    {'vdp'     }
    {'simulink'}
>> find_system('vdp','BlockType','Gain','Gain','1')      %在 vdp 系统中搜索，并返回 Gain
                                                        %值设置为 1 的所有 Gain 模块的名称
ans=
  1×1 cell 数组
    {'vdp/Mu'}
```

【例 5-2】 针对如图 5-2 所示的一个封装子系统 SubsysEx，进行 find_system 操作。

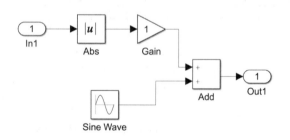

图 5-2　封装子系统

解： 创建 SubsysEx 文件，在 MATLAB 命令行窗口输入以下代码。

```
>> open_bd_djb=find_system('SubsysEx/Subsystem','SearchDepth',1,'blockType','Abs')
%获取其子系统中模块名称
open_bd_djb=
  1×1 cell 数组
    {'SubsysEx/Subsystem/Abs'}
>> open_bd_djb=find_system('SubsysEx/Subsystem','FindAll','on','type','line')
%获取系统的连线和注释
open_bd_djb=
  1.0e+03 *
  4.3710
  4.3760
```

```
                    4.3690
                    4.3700
                    4.3770
```

5.2.4　new_system 命令

new_system 命令用于在内存中创建一个新（空）的 Simulink 系统（模型或库），new_system 命令不打开系统窗口。其调用格式如下：

```
h=new_system                                  %根据默认模板创建名为 untitled 的模型，并返回新模型的数值句柄
h=new_system(name)                            %根据默认模板创建名为 name 的模型
h=new_system(name,'FromTemplate',template)            %根据指定的模板创建模型
h=new_system(name,'Model')                    %根据 Simulink 默认模型创建空模型并返回新模型的数值句柄
h=new_system(name,'Model',subsys)             %根据当前加载的模型中的子系统 subsys 创建模型
h=new_system(name,'Subsystem')                %创建具有指定名称的空子系统文件
h=new_system(name,'Library')                  %创建具有指定名称的空库，并返回一个数值句柄
```

其中，若 name 指定了一个路径，则新系统将在该路径下创建一个子系统。

【例 5-3】 创建模型示例。

解： 在 MATLAB 命令行窗口输入以下代码。

```
>> h=new_system;
>> get_param(h,'Name')                        %使用 get_param 获取名称
>> open_system(h)
>> open_system('untitled')
>> open_system(get_param(h,'Name'))
ans=
    'untitled1'
```

5.2.5　open_system 命令

open_system 命令用于打开模型、库、子系统或模块对话框。其使用格式如下：

```
open_system(obj)                      %打开指定的模型、库、子系统或模块
open_system(sys,'loadonly')           %直接加载指定的模型或库而无须打开 Simulink Editor，相当于
                                      %使用 load_system
open_system(sbsys,'window')           %在新的 Simulink Editor 窗口中打开子系统 sbsys
open_system(blk,'mask')               %打开由 blk 指定的模块或子系统的封装对话框
open_system(blk,'force')              %在封装的模块或子系统的封装下进行查找
open_system(blk,'parameter')          %打开模块参数对话框
open_system(blk,'OpenFcn')            %行模块回调 OpenFcn
```

其中，obj 指定了一个路径，新系统将在该路径下创建一个子系统。blk 为详尽的模块路径名，该命令打开指定模块的相关对话框。如果模块的 OpenFcn 回调参数已经定义，则对程序赋值。

【例 5-4】 打开模型示例。

解： 在 MATLAB 命令行窗口输入以下代码。

```
>> bdclose all                        %关闭 Simulink 系统窗口
>> open_system('ExerciseEx')          %打开 simulink 库窗口
```

运行程序，输出结果如图 5-3 所示，open_system 自动打开当前路径下的仿真模型。

在 MATLAB 命令行窗口继续输入以下代码：

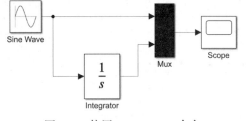

```
>> load_system('f14')
>> open_system('f14/Controller/Gain')
```

运行程序，将打开当前路径下的仿真模型及 Gain 参数设置对话框，如图 5-4 所示。

图 5-3　使用 open_system 命令

在 MATLAB 命令行窗口继续输入以下代码：

```
>> set_param('f14/Pilot','OpenFcn','disp(''Hello Ding!'')')    %为模块定义 OpenFcn 回调
>> open_system('f14/Pilot','OpenFcn')                          %执行模块回调
Hello Ding!
```

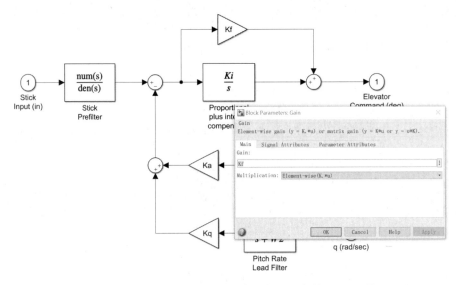

图 5-4　打开当前路径下的仿真模型及 Gain 参数设置对话框

5.2.6　save_system 命令

save_system 命令保存一个 Simulink 系统，其调用格式如下：

```
filename=save_system                      %保存当前顶层模型
filename=save_system(sys)                 %保存已打开或加载的模型 sys
filename=save_system(sys,newsys)          %将模型保存到新文件 newsys
filename=save_system(sys,newsys,Name,Value)  %通过指定一个或多个"Name,Value"对组参
                                          %数进行保存系统
```

【例 5-5】　打开模型示例。

解： 在 MATLAB 命令行窗口输入以下代码。

```
>> bdclose all                %关闭 Simulink 系统窗口
>> new_system('newmodel')     %创建一个模型
>> save_system('newmodel')    %保存模型
>> open_system('vdp')         %打开模型 vdp
```

```
>> save_system('vdp','myvdp')                    %将模型以 myvdp 为名称保存在当前文件夹中
>> save_system('vdp','max','ErrorIfShadowed',true)       %如名称存在时，则返回错误信息
错误使用 save_system (line 43)
Invalid Simulink object name: vdp
Caused by:
    错误使用 save_system (line 43)
    The block diagram 'vdp' is not loaded.
```

5.2.7 bdclose 命令

bdclose 命令能够实现无条件关闭某一个或所有的 Simulink 系统窗口，其调用格式如下：

```
bdclose                %无条件地关闭当前系统窗口且无须确认
bdclose(sys)           %关闭指定的系统窗口，并放弃所有更改
bdclose('all')         %关闭所有打开的系统窗口，并放弃所有更改，类似于直接使用 bdclose
```

【例 5-6】 打开模型示例。

解：在 MATLAB 命令行窗口输入以下代码。

```
>> open_system('vdp')      %打开 vdp 系统
>> bdclose('vdp')          %直接关闭 vdp 系统，且不保存任何更改
```

5.3 模块操作命令

Simulink 模块操作命令是 Simulink 命令中难度较大的一部分。模块操作需要定位模块的各个参数及模块之间的连接关系，因此掌握 Simulink 模块操作命令至关重要。

5.3.1 add_block 命令

add_block 命令表示向一个模型文件中添加模块，其调用格式如下：

```
h=add_block(source,dest)                         %从库或模型中将 source 模块
                                                 %库添加到指定的目标模型中
h=add_block(source,dest,'MakeNameUnique','on')   %用于确保目标模块名称在模型
                                                 %中是唯一的
h=add_block(___,'CopyOption','nolink')           %从库中复制模块或子系统 source,
                                                 %而不创建到库模块的链接
h=add_block(sourceIn,destIn,'CopyOption','duplicate')  %复制子系统中的输入端口模块,
                                                 %从而为目标模块分配与源模块
                                                 %相同的端口号
h=(___,Name,Value)                               %使用可选"Name,Value"参数对
                                                 %组控制添加模块
```

【例 5-7】 向一个模型文件中添加模块示例。

解：在 MATLAB 命令行窗口输入以下代码。

```
>> bdclose
>> open_system('ExerciseEx.slx');
>> add_block('simulink/Sources/Sine Wave','ExerciseEx/Sine Wave1');
```

运行程序，输出结果如图 5-5 所示，在模型窗口中增加了 Sine Wave1 模块。

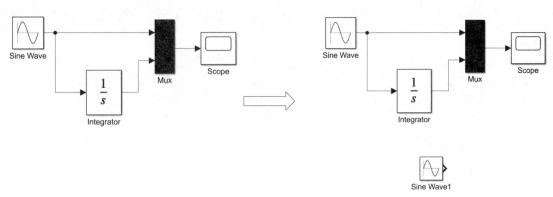

图 5-5　增加 Sine Wave1 模块

5.3.2　delete_block 命令

delete _block 命令表示将一个模型文件中的模块删除，其调用格式为：

```
delete_block(blockArg)                %从已打开的系统中删除指定的模块
```

其中，blockArg 为模块的路径名和模块名称的字符串。

【例 5-8】　将一个模型文件中的模块删除示例。

解：在 MATLAB 命令行窗口输入以下代码。

```
>> bdclose
>> open_system('ExerciseEx.slx');
>> delete_block('ExerciseEx/Sine Wave')
```

运行程序，输出结果如图 5-6 所示。

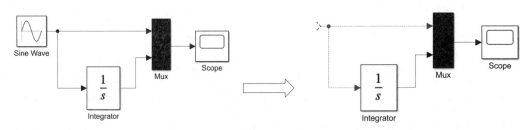

图 5-6　删除 Sine Wave 模块

5.3.3　add_line 命令

add_line 命令用于给指定的 Simulink 系统添加一条连线，并返回一个新连线的句柄。按直接连线和分支连线有两种实现方法：

（1）利用连线连接的模块端口命令；

（2）指定定义线段点的位置。

其调用格式为：

```
h=add_line(sys,out,in)          %在模型或子系统 sys 中添加一条信号线，将一个模块的输出端口 out 连
                                %接到另一个模块的输入端口 in
h=add_line(sys,out,in,'autorouting',autoOption)    %连接模块，指定是否绕过其他模块布线
```

该语法创建从端口到端口的最直接传送路径，如斜线或穿过其他模块的信号线。连接端口时要求输入端口尚未连接，同时模块可连接。

autoOption 为自动布线的类型，设置为 off 表示无自动布线，on 表示自动布线，smart 表示最大限度地利用画布上的闲置空间，避免与其他信号线和标签重叠的自动布线方式。

```
h=add_line(sys,points)                    %给一个系统添加一条分支连线
```

该语法用于添加一条按照 points 指定的坐标(x,y)绘制的信号线，坐标的原点为调整画布大小前 Simulink Editor 画布的左上角位置。points 为要绘制信号线的端点，指定为至少 2×2 的矩阵。每绘制一个线段，就新增一行。

如果信号线的任一端距离某相应端口不超过 5 像素，则该函数将该信号线连接到该端口。信号线可以包含多个线段。

信号从第 1 行定义的点流向最后一行定义的点。若新连线的起点靠近某个已有的模块或连线，二者将自动连接起来。同样，若连线的末端靠近一个已有的输入端口，二者也将自动连接。

【例 5-9】 　在系统中添加连线示例。

解： 在窗口中创建两个模块，并保存为 ExerciseBEx，然后在 MATLAB 命令行窗口输入以下代码。

```
>> bdclose
>> open_system('ExerciseBEx.slx');
>> add_line('ExerciseBEx','Sine Wave/1','Scope/1')
```

运行程序，输出结果如图 5-7 所示。

图 5-7　add_line 命令的使用

【例 5-10】 　用 MATLAB 命令添加 4 个模块并连接成一个二阶系统模型。

解： 在 MATLAB 编辑器窗口输入以下代码。

```
clc,clear,close all
bdclose
new_system('SecOrdSys');
open_system('SecOrdSys');
%添加阶跃信号模块
add_block('simulink/Sources/Step','SecOrdSys/Step','position',[10,100,40,120])
%添加 Sum 模块
add_block('simulink/Math Operations/Sum','SecOrdSys/Sum','position',[60,100,80,120])
%添加传递函数模块
add_block('simulink/Continuous/Transfer Fcn','SecOrdSys/Fcn','position',[120,90,200,130])
%'position'为位置属性
%添加示波器模块
add_block('simulink/Sinks/Scope','SecOrdSys/Scope','position',[240,100,260,120])
%添加连线
add_line('SecOrdSys','Step/1','Sum/1')
add_line('SecOrdSys','Sum/1','Fcn/1')
add_line('SecOrdSys','Fcn/1','Scope/1')
add_line('SecOrdSys','Fcn/1','Sum/2','autorouting','smart')
```

运行程序，输出结果如图 5-8 所示。

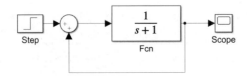

图 5-8　生成仿真图

5.3.4　delete_line 命令

delete_line 命令表示删除一个 Simulink 系统中的一条信号线。其调用格式为：

```
delete_line(sys,out,in)      %从模型或子系统 sys 中删除用于将输出端口 out 连接到输入端口 in 的信号线
delete_line(sys,point)       %删除包含点 point 的信号线，point 为指定坐标(x,y)
delete_line(lineHandle)      %使用信号线句柄删除信号线
```

out 和 in 字符串由一个模块名及端口标识符组成，以 block/port 形式表示。大多数模块端口通过端口从上到下或从左到右编号以便标识，如 scope/1 或 Gain/1 等。

使能端口、触发端口及状态端口是以名称进行标识的，如 sussystem_name/Eable、subsystem_name/Trigger、subsystem_name/Integrator 等。

【例 5-11】　在系统中删除信号线示例。

解：续例 5-10，继续在 MATLAB 命令行窗口输入以下代码。

```
>> delete_line('ExerciseBEx','Sine Wave/1','Scope/1')
```

运行程序，输出图形如图 5-9 所示。

图 5-9　删除模型信号线

5.3.5　replace_block 命令

replace_block 命令用于替换一个 Simulink 模型中的模块，在使用该函数前需要加载模型。其调用格式如下：

```
replBlks = replace_block(sys,current,new)      %将模型 sys 中的模块 current 替换为 new 类型的模块
replBlks = replace_block(sys,Name,Value,new)   %替换与"Name,Value"对组参数指定的模块参
                                               %数匹配的模块
replBlks = replace_block(___,'noprompt')       %不提示从对话框中选择而直接替换模块
```

也可以使用"find_system Name,Value"对组参数限定搜索要替换的模块。

指定可选的、以逗号分隔的"Name,Value"对组参数。Name 为参数名称，Value 为对应的值。Name 必须显示在引号内，也可以采用任意顺序指定多个"名-值"对组参数，如"Name1, Value1, ..., NameN, ValueN"。

noprompt 为系统执行显示对话框，如设定 noprompt，则表示替换过程中不显示对话框；如不设定 noprompt，则 Simulink 将显示一个对话框，要求用户在替换之前选择匹配模块。

【例 5-12】 在系统中删除信号线示例。

解： 在 MATLAB 命令行窗口输入以下代码：

```
>> bdclose all
>> open_system('SignalLineEx')
>> replace_block('SignalLineEx','Scope','Integrator')
```

运行程序，打开如图 5-10 所示的原始模型，并弹出如图 5-11 所示的替换对话框。

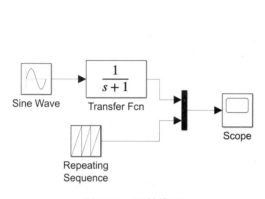

图 5-10　原始模型

图 5-11　替换对话框

单击"确定"按钮，将执行替换功能，成功替换后模块的名称没有改变，功能实现改变，如图 5-12 所示。对替换后的模型修改模块名称，并增加 Scope 模块后，最终模型如图 5-13 所示。

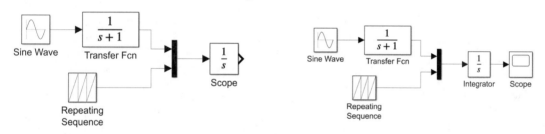

图 5-12　替换模块后的模型　　　　　　　　　　　图 5-13　最终模型

设置 SIMULATION 选项卡 SIMULATE 选项组中的 Stop Time 为 16，然后单击 ▶ (Run) 命令执行仿真操作，仿真结果如图 5-14 所示。结果表明模块成功替换，并且功能完全替换。

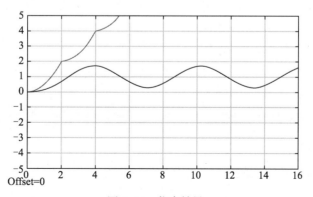

图 5-14　仿真结果

5.4　获取文件路径

获取 Simulink 文件路径名可以方便用户对指定路径下的文件进行操作，而无须进行 MATLAB 工作路径设置，从而提高运行效率。

5.4.1　gcb 命令

gcb 命令用于获取当前模块路径名称。调用格式如下：

```
gcb                          %回当前系统中当前模块的详尽路径名称
gcb('sys')                   %返回指定系统中当前模块的详尽路径名称，使用前需先加载系统
```

命令中的当前模块是指以下 5 种中的一种：

（1）在编辑过程中，当前模块为最近单击过的模块；

（2）在对包含 S-Function 模块的仿真过程中，当前模块为最近执行其相应 MATLAB 函数的 S-Function 模块；

（3）在回调期间，当前模块为正在执行其回调程序的模块；

（4）在 Mask Initialization 字符串赋值期间，当前模块为正在封装赋值的模块；

（5）打开模型后加载的最后一个模块。

【例 5-13】　获取当前模块路径名称示例。

解： 在 MATLAB 命令行窗口输入以下代码。

```
>> bdclose all
>> open_system('SignalLineEx')          %打开 simulink 库窗口
>> A=gcb
A=
    'SignalLineEx/Transfer Fcn'
>> B=gcb('SignalLineEx')
B=
    'SignalLineEx/Transfer Fcn'
```

5.4.2　gcbh 命令

gcbh 命令用于获取当前系统中的当前模块的句柄，其调用格式如下：

```
gcbh                         %返回当前系统中当前模块的句柄
```

【例 5-14】　获取最近选择的模块的句柄示例。

解： 在 MATLAB 命令行窗口输入以下代码：

```
>> gcbh
ans=
    6.0067
```

5.4.3　gcs 命令

gcs 命令用于获取当前系统的路径名，其调用格式如下：

```
gcs                          %返回当前系统的详尽路径名
```

其中，当前系统是指以下 5 种中的一种：

（1）在编辑过程中，当前模型或子系统为最近点击过的系统或子系统；

（2）在对包含 S-Function 模块的仿真过程中，正在当前模块为最近执行其相应 MATLAB 函数的 S-Function 模块进行赋值的系统或子系统；

（3）在回调过程中，正在执行其回调例程的模块所在的系统或子系统；

（4）在 MaskInitialization 字符串赋值期间，正在为封装赋值的当前系统或子系统；

（5）最近使用 load_system 加载到内存中的系统（只有第 1 次使用 load_system 时才能使模型成为当前系统）。

【例 5-15】 获取当前系统的路径名示例。

解： 在 MATLAB 命令行窗口输入以下代码。

```
>> gcs
ans =
    'SignalLineEx'
```

5.4.4 bdroot 命令

bdroot 命令用于返回当前系统的顶层模型，包含指定目标的最高级系统名称。其调用格式如下：

```
model=bdroot              %返回当前系统的顶层模型。当前系统是当前处于活动状态的Simulink
                          %Editor 窗口或在其中选择了模块的系统
model=bdroot(elements)    %返回指定模型元素的顶层模型,使用前确保已加载 elements 中每个元素
                          %的顶层模型
```

【例 5-16】 返回当前系统的顶层模型示例。

解： 在 MATLAB 命令行窗口输入以下代码。

```
>> bdclose
>> open_system('SignalLineEx');
>> bdroot('SignalLineEx/Scope')
ans=
    'SignalLineEx'
```

5.5 模型参数命令

Simulink 模型参数命令包括 Simulink 模型参数的获取和模型参数的设置，为各模块参数设置提供了便捷。

5.5.1 get_param 获取模型参数

在 Simulink 中，获取模型参数名称和值的命令为 get_param，其调用格式为：

```
ParamValue=get_param(Object,Parameter)    %返回指定模型或模块对象指定参数的名称或值
```

使用 get_param 前需要打开或加载 Simulink 模型，Object 为 Simulink 模型（或模块）的名称，Parameter 为模型（或模块）的参数，包括采样时间、幅度等。

【例 5-17】 对如图 5-15 所示的系统模型（ExerciseCEx.slx）进行代码操作。

解： 对于用代码驱动的 Simulink 模型，首先需要打开 Simulink 模型，然后再进行编辑。针对如图 5-15 所示的 ExerciseCEx 系统模型（文件名为 ExerciseCEx.slx），其仿真运行输出结果如图 5-16 所示。

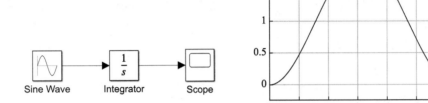

图 5-15　ExerciseCEx 系统模型　　　　　　图 5-16　仿真运行输出结果

在 MATLAB 命令行窗口输入以下代码：

```
>> open_system('ExerciseCEx.slx');                    %打开模型 ExerciseCEx.slx
>> get_param('ExerciseCEx/Sine Wave','Amplitude')     %获取模型参数
ans=
    '1'
```

对于正弦函数的采样时间，其参数对话框如图 5-17 所示。Amplitude 参数与程序输出结果一致，该函数准确获取了模块的参数。

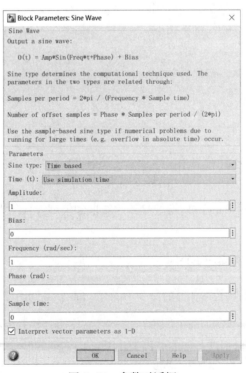

图 5-17　参数对话框

【例 5-18】　获取如图 5-18 所示 vdp 模型的参数。

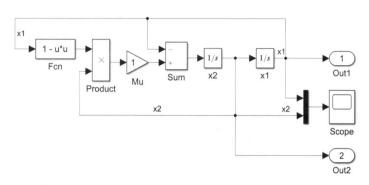

Van Der Pol Equation

图 5-18　vdp 模型

解： 在 MATLAB 命令行窗口输入以下代码。

```
>> load_system('vdp');                                    %加载 vdp 模型
>> BlockParameterValue = get_param('vdp/Fcn','Expression')  %获取 Expression 模块参
                                                            %数的值

BlockParameterValue=
   1 - u*u
>> SolverType=get_param('vdp','SolverType')                %获取 SolverType 模型参数的值
SolverType=
   Variable-step
>> ModelParameterNames=get_param('vdp','ObjectParameters')  %获取模型的参数列表
ModelParameterNames=
            Name: [1x1 struct]
             Tag: [1x1 struct]
     Description: [1x1 struct]
            Type: [1x1 struct]
          Parent: [1x1 struct]
          Handle: [1x1 struct]
                ...
         Version: [1x1 struct]
>> ModelParameterValue=get_param('vdp','ModelVersion')      %获取 ModelVersion 模型
                                                            %参数的当前值

ModelParameterValue=
       1.6
```

5.5.2　set_param 设置模型参数

在 Simulink 中，设置模型参数的命令为 set_param，其调用格式如下：

```
set_param(Object,ParameterName,Value,...,ParameterNameN,ValueN)   %将指定模型或模块
                                                                  %对象上的参数设置
                                                                  %为指定值
```

在同一模型或模块上设置多个形参时，可以使用一次 set_param 命令和多个 ParameterName - Value 对组实参，而不是使用多次 set_param 命令。这种方法非常高效，因为使用一次调用只需计算一次参数，如果任

何参数名称或值无效，则函数不会设置任何参数。

【例 5-19】 对 vdp 模型进行参数设置操作。

解： 在 MATLAB 命令行窗口输入以下代码。

```
>> vdp        %打开 vdp
>> set_param('vdp','Solver','ode15s','StopTime','3000')      %为模型设置配置参数 Solver
                                                             %和 StopTime
>> set_param(bdroot,'Solver','ode15s','StopTime','3000')     %使用 bdroot 获取当前顶层模
                                                             %型，为当前模型设置模型配置
                                                             %参数 Solver 和 StopTime
>> set_param('vdp/Mu','Gain','10')                           %在 Mu 模块中设置 Gain 参数值
>> set_param('vdp/Fcn','Position',[50 100 110 120])          %设置 Fcn 模块的位置
```

【例 5-20】 对 ModelParaEx 模型（如图 5-19 所示）进行参数设置。

解： 在 MATLAB 命令行窗口输入以下代码。

```
>> bdclose all
>> open_system('ModelParaEx')
>> set_param('ModelParaEx','Solver','ode15s','StopTime','20')  %设置求解截止时间
```

运行程序，输出结果如图 5-19 所示。

双击 Sine Wave 模块，可以打开如图 5-20 所示的参数对话框查看 Sine Wave 模块参数，对模型中 Sine Wave 参数进行设置，在命令行窗口中输入：

```
>> set_param('ModelParaEx/Sine Wave','Amplitude',
'0', 'Sampletime','0.01')
```

运行程序后，双击 Sine Wave 模块可以发现 Amplitude 由原来的 1 变为 0，Sample time 由原来的 0 变为 0.01，如图 5-21 所示。

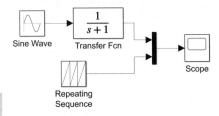

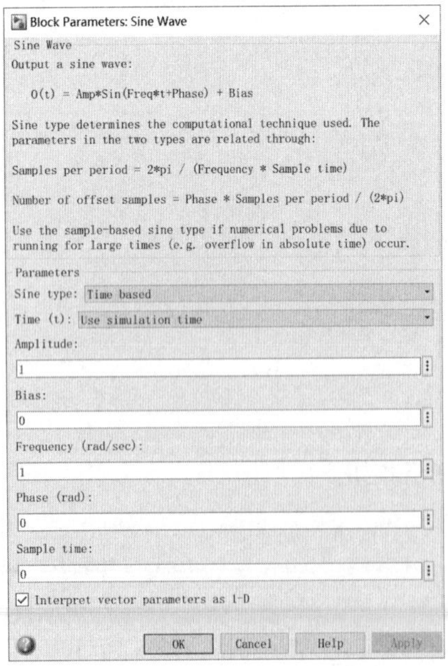

图 5-19 ModelParaEx 模型

图 5-20 Sine Wave 参数对话框 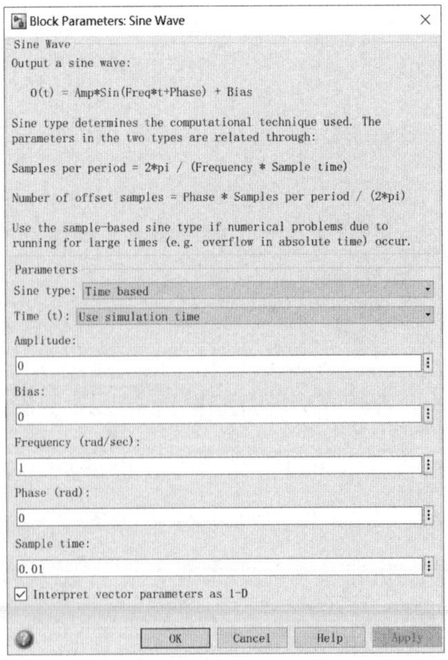   图 5-21 进行参数设置

对模型中 Sine Wave 模块的位置进行设置，在命令行窗口中输入：

```
>> set_param('ModelParaEx/Sine Wave','Position',[120,100,150,130])
```

Sine Wave 位置将发生更改，运行程序，输出结果如图 5-22 所示。

【例 5-21】　对 SecOrdSysExB 模型进行参数设置。

解： 在 MATLAB 编辑器窗口输入以下代码。

```
clc,clear,close all
open_system('SecOrdSysExB.slx');
set_param('SecOrdSysExB','StopTime','15')           %设置采样停止时间
set_param('SecOrdSysExB/Step','time','0')           %设置阶跃信号上升时间
set_param('SecOrdSysExB/Sum','Inputs','+-')         %设置 Sum 模块信号的符号
set_param('SecOrdSysExB/Fcn1','Denominator','[1 0.6 0]')  %设置传递函数分母
```

运行程序输出结果如图 5-23 所示。

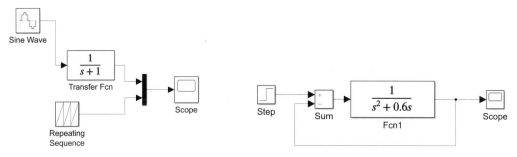

图 5-22　Sine Wave 位置发生更改　　　　图 5-23　SecOrdSysExB 模型参数设置

5.5.3　simget 获取模型属性

在 Simulink 中，可以利用 simget 命令获取模型属性。该命令属于单输出命令，其调用格式为：

```
H=simget('model')           %返回当前模型的结构，model 默认为当前分析的 Simulink 文件
Value=simget('model',property)  %获取指定模型参数或模型中的求解器特性
```

【例 5-22】　获取 SecOrdSysExB 模型的属性。

解： 在 MATLAB 命令行窗口输入以下代码。

```
>> open_system('SecOrdSysExB.slx');
>> H=simget('SecOrdSysExB')
```

运行程序，输出结果如下：

```
H=
  包含以下字段的 struct:
              AbsTol : 'auto'       %允许绝对误差限
     AutoScaleAbsTol : []           %允许绝对误差限比例
               Debug : 'off'        %是否允许跟踪调试
          Decimation : 1            %输出位数，每个 1 点输出 1 次
        DstWorkspace : 'current'    %输出量工作区
      FinalStateName : ''           %状态变量名
           FixedStep : 'auto'       %定步长
        InitialState : []           %初始状态向量
```

```
                   InitialStep : 'auto'          %初始步长
                      MaxOrder : 5               %最高算法阶次
         ConsecutiveZCsStepRelTol : 2.8422e-13   %零交叉公差系数
              MaxConsecutiveZCs : 1000           %连续过零次数
                    SaveFormat : 'Array'         %变量类型
                  MaxDataPoints : 1000           %最大返回点数
                       MaxStep : 'auto'          %最大步长
                       MinStep : 'auto'          %最小步长
            MaxConsecutiveMinStep : 1            %最大连续最小步长
                  OutputPoints : 'all'           %输出点
               OutputVariables : 'ty'            %输出变量
                        Refine : 1               %插值点
                        RelTol : 1.0000e-03      %相对误差
                        Solver : 'ode45'         %仿真算法
                  SrcWorkspace : 'base'          %输入量工作区
                         Trace : ''              %是否逐步显示
                     ZeroCross : 'on'            %测过零点
                 SignalLogging : 'on'            %信号测井
             SignalLoggingName : 'logsout'       %信号测井名称
             ExtrapolationOrder : 4              %外推阶次
          NumberNewtonIterations : 1             %牛顿迭代次数
                       TimeOut : []              %溢出时间
  ConcurrencyResolvingToFileSuffix : []          %并行求解
         ReturnWorkspaceOutputs : []             %返回工作区输出
    RapidAcceleratorUpToDateCheck : []           %快速加速器检查
      RapidAcceleratorParameterSets : []         %快速加速器参数设置
```

5.6   模型仿真

在 MATLAB 中，利用 sim 命令可以完成模型的动态仿真运行。只需在命令行窗口即可方便地对模型分析和仿真。sim 的调用方式为：

```
simOut=sim(model)          %使用现有模型配置参数对指定模型进行仿真，并将结果返回为 Simulink.
                           %SimulationOutput 对象（单输出格式）
```

要返回使用单输出格式（仿真对象）的仿真结果，默认情况下选择 Configuration Parameters 对话框的 Data Import/Export 窗格中的 Single simulation output：

```
simOut=sim(model,Name,Value)          %使用 "Name,Value" 对组参数对指定模型进行仿真
simOut=sim(model,ParameterStruct)     %使用结构体 ParameterStruct 中指定的参数值对指定
                                      %模型进行仿真
simOut=sim(model,ConfigSet)           %使用模型配置集 ConfigSet 中指定的配置设置对指定模
                                      %型进行仿真
simOut=sim(model,'ReturnWorkspaceOutputs','on')   %使用现有模型配置参数对指定模型
                                                  %进行仿真
simOut=sim(simIn)                     %使用 SimulationInput 对象 simIn 中指定的输入对模
                                      %型进行仿真
```

下面通过一个示例介绍采用 Simulink 代码建模的过程，同时对建立好的 Simulink 仿真模型进行仿真运算。Simulink 代码编写在 MATLAB 脚本文件（.m 文件）内，可以简捷地进行调试。

【例 5-23】　代码建模与仿真应用示例。

解：（1）建立仿真文件。

Simulink 仿真代码编写的第 1 步是建立一个 Simulink 仿真系统，且代码编写要在系统处于打开激活状态下才能进行。新建系统代码如下：

```
clc,clear,close all
bdclose
new_system('CodeModelEx');          %新建一个 CodeModelEx 系统
open_system('CodeModelEx')          %打开 CodeModelEx 系统
```

（2）添加模块。

下面构建如图 5-24 所示的仿真模型。模型中包含 Sine Wave、Integrator、Mux、Scope 4 个模块，因此需要用 Simulink 代码分别增加这 4 个模块，代码如下：

```
add_block('simulink3/Sources/Sine Wave','CodeModelEx/Sine Wave');
add_block('simulink3/Sinks/Scope','CodeModelEx/Scope');
add_block('simulink3/Signals & Systems/Mux','CodeModelEx/Mux');
add_block('simulink3/Continuous/Integrator','CodeModelEx/Integrator');
```

代码执行完后，模型窗口出现添加的模块（模块可能叠加在一起）。手动拖动模块调整其位置，如图 5-25 所示。

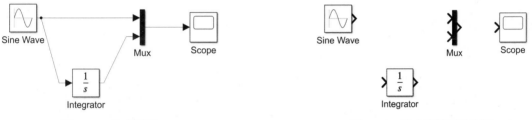

图 5-24　仿真模型　　　　　　　　　　　图 5-25　拖动模块调整位置

（3）信号线连接。

创建模块后，对模块信号线进行连接。首先将 Sine Wave 输出和 Mux 的第 1 个输入连接，代码如下：

```
add_line('CodeModelEx','Sine Wave/1','Mux/1')
```

运行程序，结果如图 5-26 所示。

接下来连接 Sine Wave 和 Integrator 模块的信号线，代码如下：

```
add_line('CodeModelEx','Sine Wave/1','Integrator/1')
```

运行程序，结果如图 5-27 所示。

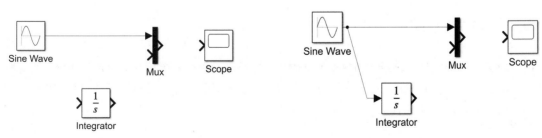

图 5-26　Sine Wave 输出和 Mux 的第 1 个输入连接　　　图 5-27　Sine Wave 和 Integrator 模块的信号线连接

连接 Integrator 模块和 Mux 模块的第 2 个输出信号线，代码如下：

```
add_line('CodeModelEx','Integrator/1','Mux/2')
```

运行程序，结果如图 5-28 所示。

最后连接 Mux 模块的输出端口和 Scope 的输入端口，代码如下：

```
add_line('CodeModelEx','Mux/1','Scope/1')
```

至此全部信号线连接完成，结果如图 5-29 所示。

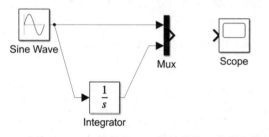

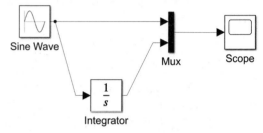

图 5-28　连接 Integrator 模块和 Mux 模块的第 2 个输出信号线　　图 5-29　全部信号线连接完成

（4）模型运行。

以上实现了 Simulink 模型的快速搭建，可运行仿真文件，代码如下：

```
sim('CodeModelEx');
```

输出到 Scope 中的结果如图 5-30 所示。

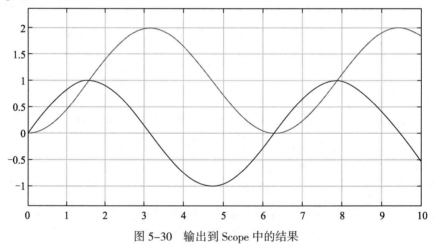

图 5-30　输出到 Scope 中的结果

5.7　本章小结

MATLAB/Simulink 是一款强大的数据处理模块，能够适应各种系统，并能够通过矩阵运算，快速实现问题的求解。本章介绍了 Simulink 的命令操作方法，采用 Simulink 命令进行模型的搭建和修改，可以实现快速建模的目的，并能与 MATLAB 很好地结合应用。

第 6 章

子系统及其封装

对于简单的系统，可以直接使用前面介绍的方法建立 Simulink 仿真模型进行动态系统仿真。然而，对于复杂的动态系统，直接对系统进行建模很不方便。本章重点介绍的 Simulink 的子系统技术可以较好地解决复杂系统的建模、仿真问题。

本章学习目标包括：

（1）了解 Simulink 子系统的定义；

（2）掌握各种高级子系统的使用；

（3）掌握封装子系统的方法。

6.1　子系统介绍

当模型的结构非常复杂时，可以通过把多个模块组合在子系统内的方式简化模型。利用子系统创建模型有以下优点：

（1）减少了模型窗口中显示的模块数，使模型外观结构更清晰，增强模型的可读性；

（2）在简化模型外观结构图的基础上，保持了各模块之间的函数关系；

（3）可以建立层级框图，Subsystem 模块是一个层级，组成子系统的模块在另一层级上。

6.1.1　子系统含义

1. 虚拟子系统

虚拟子系统在模型中提供了图形化的层级显示。它简化了模型的外观，但并不影响模型的执行，在模型执行期间，Simulink 会平铺所有的虚拟子系统，即执行之前就扩展的子系统。这种扩展类似于编程语言，如 C 或 C++中的宏操作。

2. 原子子系统

原子子系统内的模块作为一个单个单元执行，Simulink 中的任何模块都可以放在原子子系统内，包括以不同速率执行的模块。在虚拟子系统内可以通过选择 Treat as atomic unit 选项创建原子子系统。

3. 使能子系统

使能子系统（Enabled Subsystem）类似原子子系统，不同之处在于其只有在驱动子系统使能端口的输入信号大于零时才会执行。在子系统内放置 Enable 模块可以创建使能子系统，通过设置使能子系统内 Enable 端口模块中的 States when enabling 参数可以配置子系统内的模块状态。

此外，利用 Outport 输出模块的 Output when disabled 参数可以把使能子系统内的每个输出端口配置为保持输出或重置输出。

4．触发子系统

触发子系统（Triggered Subsystem）只有在驱动子系统触发端口的信号的上升沿或下降沿到来时才会执行，触发信号沿的方向由 Trigger 端口模块中的 Trigger type 参数决定。

Simulink 限制放置在触发子系统内的模块类型，这些模块不能明确指定采样时间，也就是说，子系统内的模块必须具有−1 值的采样时间，即继承采样时间，因为触发子系统的执行具有非周期性，即子系统内模块的执行是不规则的。通过在子系统内放置 Trigger 模块的方式可以创建触发子系统。

5．函数调用子系统

函数调用子系统（Function−Call Subsystem）类似于用文本语言（如 M 语言）编写的 S 函数，它通过 Simulink 模块实现。通过 Stateflow 图、函数调用生成器或 S 函数可以执行函数调用子系统。

同触发子系统，Simulink 限制放置在函数调用子系统内的模块类型，通过把 Trigger 端口模块放置在子系统内，并将 Trigger type 参数设置为 function−call 的方式创建函数调用子系统。

6．触发使能子系统

触发使能子系统（Enabled and Triggered Subsystem）在系统被使能且驱动子系统触发端口的信号的上升沿或下降沿到来时才执行，触发边沿的方向由 Trigger 端口模块中的 Trigger type 参数决定。

同触发子系统，Simulink 限制放置在触发使能子系统内的模块类型，通过把 Trigger 端口模块和 Enable 模块放置在子系统内的方式可以创建触发使能子系统。

7．While子系统

While 子系统在每个时间步内可以循环多次，循环的次数由 While Iterator 模块中的条件参数控制。通过在子系统内放置 While Iterator 模块的方式可以创建 While 子系统。

While 子系统与函数调用子系统相同之处在于它在给定的时间步内可以循环多次，但是它没有独立的循环指示器（如 Stateflow 图），而且，通过选择 While Iterator 模块中的参数，While 子系统还可以存取循环次数，通过设置 States when starting 参数还可以控制当子系统开始执行时状态是否重置。

8．For子系统

For 子系统在每个模型时间步内可执行固定的循环次数，循环次数可以由外部输入给定，或由 For Iterator 模块内部指定。通过在子系统内放置 For Iterator 模块的方式可以创建 For 子系统。

For 子系统也可以通过选择 For Iterator 模块内的参数存取当前循环的次数。For 子系统在给定时间步内限制循环次数上与 While 子系统类似。

6.1.2　创建子系统

在 Simulink 中，可以在模型中新建子系统，也可以在已有系统模型基础上组合建立新的子系统。下面通过示例，演示如何创建子系统。

【例 6-1】　在模型中新建子系统示例。

解：（1）在 Simulink 中，利用以下模块建立仿真系统。

① Sources 模块库中的 Constant 模块；

② Commonly Used Blocks 模块库中的 Subsystem 模块；

③ Sinks 模块库中的 Scope 模块。

本例建立的仿真系统如图 6-1 所示。

（2）双击 Subsystem 模块，打开 Subsystem 模型窗口，可以发现子系统自动添加了一个输入模块 In1 和一个输出模块 Out1，如图 6-2 所示。该输入模块和输出模块将应用在主模型中作为用户的输入和输出接口。

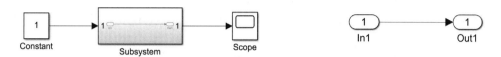

图 6-1　本例建立的仿真模型　　　　　　　图 6-2　Subsystem 模块

（3）在子系统窗口中添加以下组成子系统的模块：

① Sources 模块库中的 Chirp Signal 模块，参数设置为默认；

② Math Operations 模块库中的 Gain 模块，参数设置为默认；

③ Signal Routing 模块库中的 Mux 模块，参数设置为默认；

④ Sinks 模块库中的 Scope 模块，参数设置为默认。

最终创建的子系统如图 6-3 所示。

（4）返回系统模型，此时的 Subsystem 模块上会显示子系统模型，如图 6-4 所示。

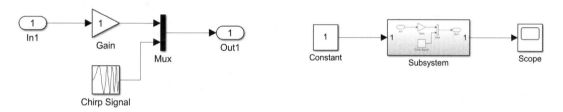

图 6-3　最终创建的子系统　　　　　　　图 6-4　Subsystem 模块上显示的子系统模型

（5）单击 Simulink 仿真界面 SIMULATIOIN 选项卡 SIMULATE 选项组中的 ▶（Run）命令，进行模型仿真。

（6）待仿真结束，双击 Scope 示波器，弹出示波器图形窗口，显示的仿真后的结果如图 6-5 所示。

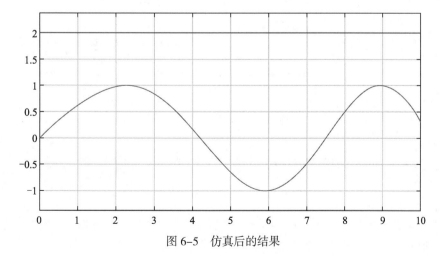

图 6-5　仿真后的结果

【例 6-2】 在已有系统模型基础上组合建立新的子系统示例。

解：（1）新建一个 PID 仿真系统。利用 Simulink 模型库中以下模块搭建 PID 仿真系统：

① Sources 模块库中的 Step 模块，其中参数 Step time 设置为 0；

② Commonly Used Blocks 模块库中的 Sum 模块，其中 Sum 参数 List of signs 设置为 "|+ −"，Sum1 参数 Icon shape 设置为 round，List of signs 设置为 "|+++"；

③ Math Operations 模块库中的 Gain 模块，共 3 个，Gain、Gain1、Gain2 参数 Gain 分别设置为 10、1、0.4；

④ Commonly Used Blocks 模块库中的 Integrator 模块，参数设置为默认；

⑤ Continuous 模块库中的 Derivative，参数设置为默认；

⑥ Signal Routing 模块库中的 Mux 模块，参数设置为默认；

⑦ Sinks 模块库中的 Scope 模块，参数设置为默认。

搭建的 PID 仿真系统如图 6-6 所示。

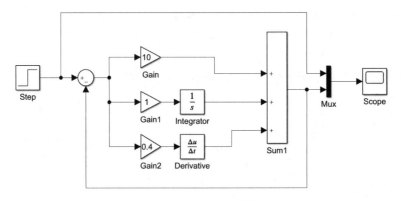

图 6-6　PID 仿真系统

（2）按住鼠标左键框选需要组成子系统的模块，松开鼠标后在框选区域右下角会出现 ••• 按钮，单击该按钮会弹出一个迷你工具栏，如图 6-7 所示。

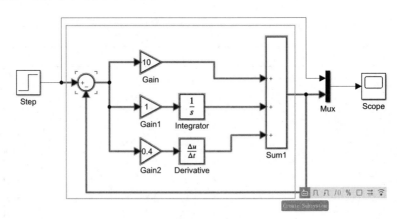

图 6-7　框选模块及迷你工具栏

（3）单击迷你工具栏中的 ⊡（Create Subsystem）按钮，即可将选中的模块集成在一个子系统中，对仿真系统集成后的模块进行适当的位置调整，最终的子系统如图 6-8 所示。

也可以在选中模块后，单击 MULTIPLE 选项卡下 CREATE 选项组中的 🔲（Create Subsystem）命令，创建子系统。

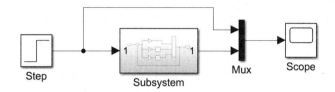

图 6-8　最终的子系统

（4）在 SIMULATIOIN 选项卡 SIMULATE 选项组中的 Stop Time 文本框中设置仿真结束时间为 50。单击该面板中的 ▶（Run）命令，进行模型仿真。

（5）待仿真结束，双击 Scope 示波器，弹出示波器图形窗口，显示的仿真结果如图 6-9 所示。

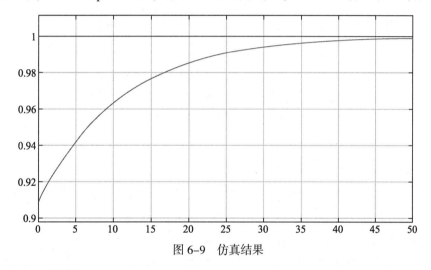

图 6-9　仿真结果

6.1.3　模型浏览器

利用 Subsystem 模块创建由多层子系统组成的层级模型使用户模型界面更加清晰，增加了模型的可读性。对于模型层级比较多的复杂模型，逐层打开子系统浏览模型并不可取，此时可以利用 Simulink 主界面左侧的 Model Browser（模型浏览器）浏览模型。模型浏览器可以执行以下操作：

（1）按层级浏览模型；

（2）在模型中打开子系统；

（3）确定模型中所包含的模块；

（4）快速定位到模型中指定层级的模块。

下面以 Simulink 自带的 sldemo_househeat 模型为例介绍如何使用 Model Browser。加载模型后，在模型窗口的左下角单击 »（Hide/Show Model Browser）按钮，在窗口左侧将显示 Model Browse，如图 6-10 所示。

此时模型窗口被分割为两个区域。左侧区域以树状结构显示组成模型的各层子系统，树状结构的根结点对应最顶层模型；右侧区域显示对应系统的模型结构图。

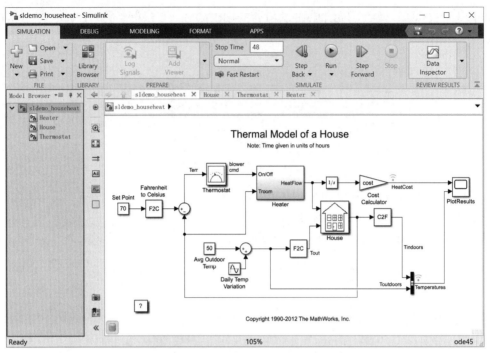

图 6-10　窗口左侧显示 Model Browser

如需查看系统的模型框图或组成系统的任何子系统，则可以在树状结构中选择这个子系统，模型浏览器右侧的面板中会显示该子系统的结构框图。

在左侧 Model Browser 下单击 House，可以查看如图 6-11 所示的 House 子系统结构图，该子系统下没有其他子系统。

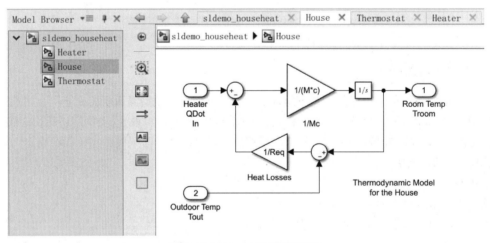

图 6-11　House 子系统结构图

模型浏览器可以添加或删除模型树状显示中的库连接，也可以添加或删除被封装子系统。如需显示模型中的库连接或被封装子系统，则可以单击 ▼▤ 按钮，在弹出的下拉菜单中选择相关命令，如图 6-12 所示，启用 Library Links（库连接）、Systems with Mask Parameters（封装子系统）等。

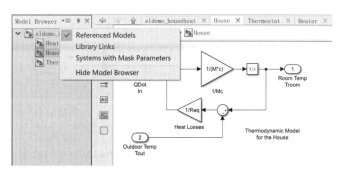

图 6-12 下拉菜单

6.2 高级子系统

高级执行子系统包括条件执行子系统和交替执行子系统。

6.2.1 条件执行子系统

条件执行子系统的执行受到控制信号的控制。根据控制信号的控制方式，可以将条件执行子系统划分为以下 3 种基本类型。

（1）使能子系统。当控制信号的值为正时，子系统开始执行。

（2）触发子系统。当控制信号的符号发生改变时（即控制信号发生过零时），子系统开始执行。触发子系统的触发执行有 3 种形式：

① 控制信号上升沿触发，控制信号具有上升沿形式；

② 控制信号下降沿触发，控制信号具有下降沿形式；

③ 控制信号的双边沿触发，控制信号在上升沿或下降沿时触发子系统。

（3）函数调用子系统。在自定义的 S-函数中发出函数调用时开始执行。

下面介绍使能子系统与触发子系统，函数调用子系统（S-函数）将在第 7 章中进行讲解。

1. 使能子系统

使能子系统在控制信号的值为正时开始执行。一个使能子系统有单个的控制输入，控制输入可以是标量值或向量值。

① 如果控制输入是标量，那么当输入大于 0 时子系统开始执行；

② 如果控制输入是向量，那么当向量中的任一分量大于 0 时子系统开始执行。

假设控制输入信号是正弦波信号，那么子系统会交替使能和关闭，如图 6-13 所示。图中向上的箭头表示使能系统，向下的箭头表示关闭系统。

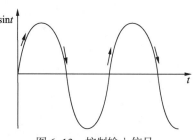

图 6-13 控制输入信号

1）创建使能子系统

需要在模型中创建使能子系统时，可以从 Ports & Subsystems 模块库中将 Enable 模块复制到子系统内，这时 Simulink 会在子系统模块图标上添加一个使能符号和使能控制输入口。在使能子系统外添加 Enable 模块后的子系统如图 6-14 所示。

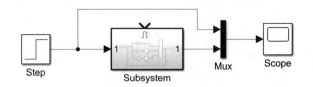

图 6-14　添加 Enable 模块后的子系统

在使能子系统中，单击输出端口 Out1 模块，在弹出的如图 6-15 所示的参数对话框中设置 Output when disabled 参数选项。

（1）选择 held 选项表示让输出保持最近的输出值；

（2）选择 reset 选项表示让输出返回初始条件，并设置 Initial output 值，该值是子系统重置时的输出初始值。

Initial output 值可以为空矩阵[]，此时的初始输出等于传送给 Outport 模块的模块输出值。

在执行使能子系统时，通过设置 Enable 模块参数对话框可以选择子系统状态，或选择保持子系统状态为前一时刻值，或重新设置子系统状态为初始条件。

双击 Enable 模块，在弹出的如图 6-16 所示的参数对话框中设置 States when enabling 参数选项。

（1）选择 held 选项表示使状态保持为最近的值；

（2）选择 reset 选项表示使状态返回初始条件。

选中对话框中的 Show output port 复选框表示允许用户输出使能控制信号。如果使能子系统内的逻辑判断依赖于数值，或者依赖于包含在控制信号中的数值，这个特性可以将控制信号向下传递到使能子系统。

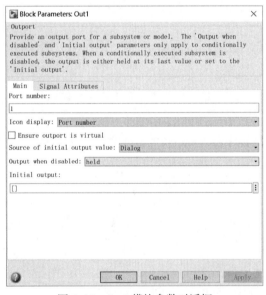

图 6-15　Out1 模块参数对话框

图 6-16　Enable 模块参数对话框

2）使能子系统中的模块

使能子系统内可以包含任意 Simulink 模块，如连续模块和离散模块等。使能子系统内的离散模块只有当子系统执行，且该模块的采样时间与仿真的采样时间同步时才会执行，使能子系统和模型共用时钟。

使能子系统内也可以包含 Goto 模块，但是在子系统内只有状态端口可以连接到 Goto 模块。

　　如图 6-17 所示模型是一个包含 4 个离散模块和一个控制信号的系统。模型中的离散模块如下：

（1）Unit DelayA 模块，采样时间为 0.25s；

（2）Unit DelayB 模块，采样时间为 0.5s；

（3）Unit DelayC 模块，在使能子系统内，采样时间为 0.125s；

（4）Unit DelayD 模块，在使能子系统内，采样时间为 0.25s。

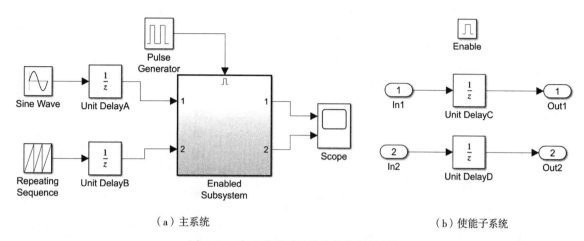

（a）主系统　　　　　　　　　　　　　　　　　　（b）使能子系统

图 6-17　包含离散模块和控制信号的系统

　　使能控制信号由标识为 SignalE 的 Pulse Generator 模块产生，该模块在 0.375s 时由 0 变为 1，并在 0.875s 时返回 0。

　　Unit DelayA 模块和 Unit DelayB 模块的执行不受使能控制信号的影响，因为它们不是使能子系统的一部分。当使能控制信号变为正时，Unit DelayC 模块和 Unit DelayD 模块以模块参数对话框中指定的采样速率开始执行，直到使能控制信号再次变为 0。需要说明的是，当使能控制信号在 0.875s 变为 0 时，Unit DelayC 模块并不执行。离散模块采样时间如图 6-18 所示。

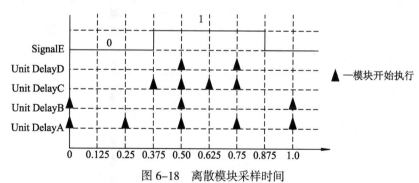

图 6-18　离散模块采样时间

下面通过示例演示使能子系统的创建方法。

　　【例 6-3】　建立一个用使能子系统控制正弦信号为半波整流信号的模型。

　　解：（1）创建系统模型。模型以两个正弦信号 Sine Wave 为输入信号源，示波器 Scope 为接收模块，并将结果输出到工作区，使能子系统（Enabled Subsystem）为控制模块。

　　（2）连接模块。同时将 Sine wave 模块的输出作为使能子系统的控制信号，最终模型如图 6-19 所示。

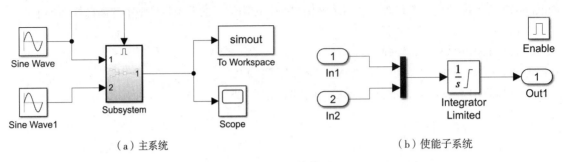

（a）主系统 　　　　　　　　　　　　　　　（b）使能子系统

图 6-19　最终模型

（3）Enable 模块参数对话框如图 6-20 所示，Out1 输出模块参数对话框如图 6-21 所示。

图 6-20　Enable 模块参数对话框

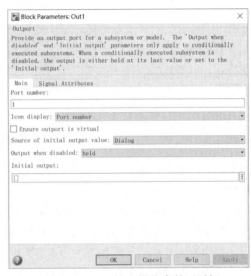

图 6-21　Out1 输出模块参数对话框

（4）对该系统进行仿真，由于使能子系统的控制为正弦信号，大于 0 时执行输出，小于 0 时就停止，故示波器时钟变化图为半波整流信号，如图 6-22 所示。

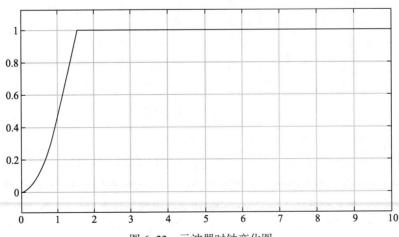

图 6-22　示波器时钟变化图

2. 触发子系统

触发子系统当控制信号的符号发生改变时（即控制信号发生过零时）开始执行。触发子系统有单个的控制输入，称为触发输入（Trigger Input），控制子系统是否执行。触发子系统的触发执行有 3 种形式：

（1）上升沿触发（rising）：当控制信号由负值或零值上升为正值或零值（如果初始值为负）时，子系统开始执行；

（2）下降沿触发（falling）：当控制信号由正值或零值下降为负值或零值（如果初始值为正）时，子系统开始执行；

（3）双边沿触发（either）：当控制信号上升或下降时，子系统开始执行。

对于离散系统，当控制信号从零值上升或下降，且只有当该信号在上升或下降之前已经保持零值一个以上时间步时，这种上升或下降才被认为是一个触发事件。这样就消除了由控制信号采样引起的误触发事件。

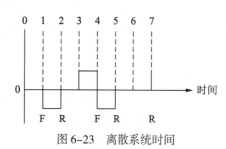

图 6-23 离散系统时间

如图 6-23 所示的离散系统时间中，上升触发（R）不能发生在时间步 3，因为当上升信号发生时，控制信号在零值只保持了一个时间步。

将 Ports & Subsystems 模块库中的 Trigger 模块复制到子系统中可以创建触发子系统，此时 Simulink 会在子系统模块的图标上添加一个触发符号和一个触发控制输入端口。

为了选择触发信号的控制类型，双击 Trigger 模块可以打开如图 6-24 所示的参数对话框，并在 Trigger type 参数的下拉列表框中选择触发类型。

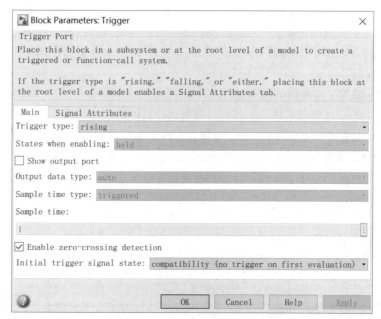

图 6-24 Trigger 模块参数对话框

Simulink 会在 Trigger Subsystem 模块上用不同的符号表示上升沿触发、下降沿触发和双边沿触发，如图 6-25 所示。

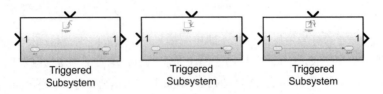

图 6-25　在模块上显示的触发符号

如果 Trigger type 参数选择 function-call，那么创建的是函数调用子系统，这种触发子系统的执行由 S 函数决定，而不是由信号值决定。

提示： 与使能子系统不同，触发子系统在两次触发事件之间一直保持输出为最终值，且当触发事件发生时，触发子系统不能重新设置它们的状态，任何离散模块的状态在两次触发事件之间会一直保持下去。

选中对话框中的 Show output port 复选框，则 Simulink 会显示触发模块的输出端口，并输出触发信号，信号值为：

（1）1 表示产生上升触发的信号；

（2）-1 表示产生下降触发的信号；

（3）2 表示函数调用触发；

（4）0 表示其用户类型触发。

Output data type 选项指定触发输出信号的数据类型，包括 auto、int8 或 double。auto 选项可自动把输出信号的数据类型设置为信号被连接端口的数据类型（int8 或 double）。如果端口的数据类型不是 double 或 int8，那么 Simulink 会显示错误消息。

当在 Trigger type 选项中选择 function-call 时，对话框底部的 Sample time type 选项将被激活，可以设置为 triggered 或 periodic。如果调用子系统的上层模型在每个时间步内调用一次子系统，则选择 periodic 选项，否则选择 triggered 选项。当选择 periodic 选项时，Sample time 选项将被激活，用于设置包含调用模块的函数调用子系统的采样时间。

下面通过示例演示触发子系统的创建方法。

【例 6-4】 建立一个用触发子系统控制正弦信号输出阶梯波形的模型。

解：（1）模型以正弦信号 Sine wave 为输入信号源，示波器 Scope 为接收模块，触发子系统（Triggered Subsystem）为控制模块，选择 Sources 模块库中的 Pulse Generator 模块为控制信号。

（2）连接模块，将 Pulse Generator 模块的输出作为触发子系统的控制信号，建立的触发子系统模型如图 6-26 所示。

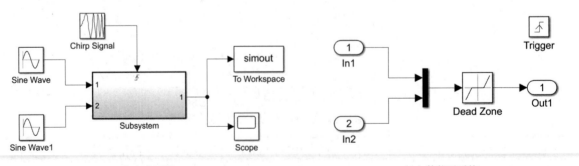

（a）主系统　　　　　　　　　　　　　　　（b）使能子系统

图 6-26　触发子系统模型

（3）对该系统进行仿真，由于 Triggered Subsystem 的控制为正弦信号 Sine wave 模块的输出，示波器时钟变化图如图 6-27 所示。

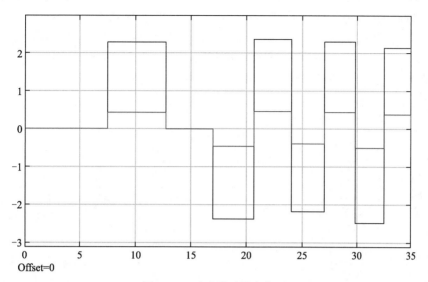

图 6-27　示波器时钟变化图

3. 使能触发子系统

使能触发子系统（Enabled and Triggered Subsystem）是触发子系统和使能子系统的组合，含有触发信号和使能信号两个控制信号输入端，触发事件发生后，Simulink 检查使能信号是否大于 0，大于 0 就开始执行。系统的判断流程如图 6-28 所示。

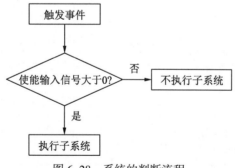

图 6-28　系统的判断流程

另外，子系统是在触发事件发生的时间步上执行一次，即只有当触发信号和使能信号都满足条件时，系统才执行一次。

提示：Simulink 不允许一个子系统中有多于一个的 Enable 端口或 Trigger 端口。如果需要几个控制条件组合，可以使用逻辑操作符将结果连接到控制输入端口。

通过把 Enable 模块和 Trigger 模块从 Ports & Subsystems 模块库中复制到子系统中的方式可以创建触发使能子系统，Simulink 会在 Subsystem 模块的图标上添加使能和触发符号，以及使能和触发控制输入。Enable 模块和 Trigger 模块的参数值可以单独设置。

【例6-5】 建立一个用使能触发子系统控制正弦信号输出阶梯波形的模型。

解：（1）模型由正弦信号 Sine wave 为输入信号源，示波器 Scope 为接收模块，使能触发子系统（Enabled and Triggered Subsystem）为控制模块，选择 Sources 模块库中的 Random Number 模块为控制信号。

（2）连接模块，将 Random Number 模块的输出作为 Trigger 的控制信号，正弦信号 Sine wave 模块的输出作为 Enable 的控制信号，建立的触发子系统模型如图 6-29 所示。

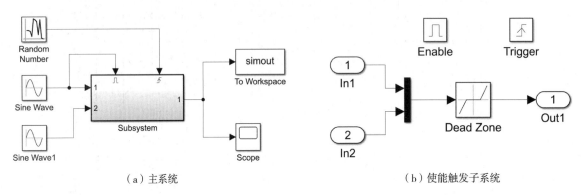

（a）主系统　　　　　　　　　　　（b）使能触发子系统

图 6-29　触发子系统模型

（3）对该系统进行仿真，由于使能触发子系统的控制为正弦信号 Sine wave 模块的输出，示波器时钟变化图如图 6-30 所示。

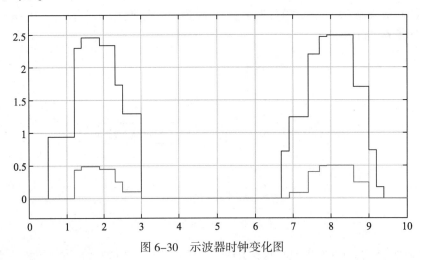

图 6-30　示波器时钟变化图

6.2.2　交替执行子系统

利用条件执行子系统与 Merge 模块结合可以创建一组交替执行子系统，执行过程依赖于模型的当前状态。Merge 模块位于 Signal Routing 模块库中，它具有创建交替执行子系统的功能。

Merge 模块可以把模块的多个输入信号组合为单个的输出信号。模块及参数对话框如图 6-31 所示，其参数含义如下。

（a）Merge 模块　　　　　　　　　　（b）参数对话框

图 6-31　Merge 模块及参数对话框

（1）Number of inputs：用于指定输入信号端口的数目。

（2）Initial output：决定模块输出信号的初始值。

如果 Initial output 参数为空，且模块又有一个以上的驱动模块，那么 Merge 模块的初始输出等于所有驱动模块中最接近当前时刻的初始输出值，Merge 模块在任何时刻的输出值都等于当前时刻其驱动模块所计算的输出值。

Merge 模块不接受信号元素被重新排序的信号。在图 6-32 所示的模型中，Merge 模块不接受 Selector 模块的输出，因为 Selector 模块交替改变向量信号中的第 1 个元素和第 3 个元素。

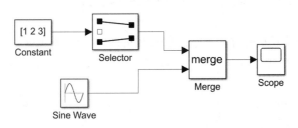

图 6-32　使用 Merge 模块模型

（3）Allow unequal port widths：不选中该复选框，Merge 模块只接受具有相同维数的输入信号，且只输出与输入同维数的信号；选中该复选框，Merge 模块可以接受标量输入信号和具有不同分量数目的向量输入信号，但不接受矩阵信号。

（4）Input port offsets：选中 Allow unequal port widths 复选框后，该参数变为可用，利用该参数可以为每个输入信号指定一个相对于开始输出信号的偏移量，输出信号的宽度也就等于 max(w1+o1, w2+o2, …, wn+on)，其中 w1, …,wn 是输入信号的宽度，o1, …,on 是输入信号的偏移量。

【例 6-6】　利用 Enable 模块和 Merge 模块建立电流转换器模型，即将正弦 AC 电流转换为脉动 DC 电流的设备，将 AC 电流转换为 DC 电流。

解：（1）根据系统要求选择 Sources 模块库中的 SineWave 模块、Ports & Subsystems 模块库中的

Enabled Subsystem 子系统模块、Signal Routing 模块库中的 Merge 模块、Math Operations 模块库中的 Gain 模块。按要求建立的系统模型如图 6-33 所示。

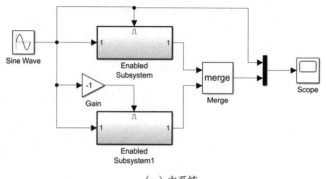

（a）主系统

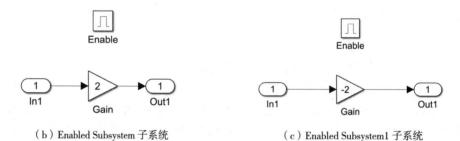

（b）Enabled Subsystem 子系统　　　　　　（c）Enabled Subsystem1 子系统

图 6-33　建立的系统模型

（2）在该系统模型中，当输入信号的正弦 AC 波形为正时，使能子系统 Subsystem 模块把波形无变化地传递到其输出端口。当 AC 波形为负时，使能子系统 Subsystem1 模块由该子系统转换波形，将波形负值转换为正值。

Merge 模块可把当前使能模块的输出传递到 Mux 模块，Mux 模块则把输出及原波形传递到 Scope 模块。

（3）在仿真参数对话框中设置仿真参数，选择变步长 ode45 求解器，运行仿真后得到的输出波形如图 6-34 所示。

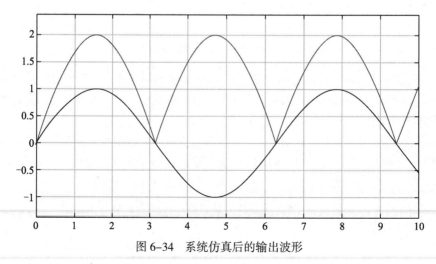

图 6-34　系统仿真后的输出波形

6.3　封装子系统

Simulink 中的 Mask Editor（封装编辑器）提供了子系统封装时编辑模块的所有操作设置值，它可以实现对任何子系统进行封装。封装后的子系统可以执行如下操作：

（1）用一个独立的参数设置对话框（包含模块说明、参数提示和帮助文本等）替换子系统的参数设置对话框及内容；

（2）用用户图标替换子系统的标准图标；

（3）通过隐藏子系统的内容防止对子系统的误操作；

（4）把定义了模块行为的框图封装在子系统内，并将其放置在模块库中创建一个用户模块。

6.3.1　封装子系统特征

封装后的子系统具有如下特征。

（1）封装图标。

封装图标可以替换子系统的标准图标，即替代方块图中子系统模块的标准图标。Simulink 可以使用 MATLAB 代码绘制用户图标，可以在图标代码中使用任何 MATLAB 绘图命令，为用户设计封装子系统图标提供了极大的表现空间。

（2）封装参数。

Simulink 允许为被封装子系统定义一组可自行设置的参数，并把参数值作为变量值存储在封装工作区中，变量的名称由用户指定。这些被关联的变量允许用户把封装参数链接到封装子系统内模块的特定参数（内部参数）上。

（3）封装参数对话框。

封装参数对话框包含着某些控制，这些控制使用户可以设置封装参数的值，也可以设置任何链接到封装参数的内部参数的值。

封装参数对话框替换了子系统的标准参数对话框，单击封装子系统图标后显示的是封装参数对话框，而不是子系统模块的标准参数对话框。用户可以自行设计封装对话框的每个特征，包括希望在对话框上显示的参数，以及这些参数的显示顺序、参数的提示说明、用来编辑参数的控制和参数的回调函数等。

（4）封装初始化代码。

初始化代码是用户指定的 MATLAB 代码，在仿真运行开始时，Simulink 会运行这些代码，以初始化被封装的子系统。用户可以使用初始化代码设置被封装子系统中封装参数的初始值。

（5）封装工作区。

Simulink 会把 MATLAB 工作区与每个被封装子系统相关联，它会在工作区中存储子系统参数的当前值，以及由模块初始化代码所创建的任何变量和参数回调函数。用户可以利用模型和封装工作区变量初始化被封装子系统，并设置被封装子系统内的模块值，但要遵守如下规则。

① 模块参数表达式只能使用定义在子系统中的变量，或使用包含这个模块的嵌套子系统中的变量，还可以使用模型工作区中的变量。

② 对于多层级（多于一层）模型，假设用户在几个层级模型中都定义了同一个变量，如果在某个层级中引用这个变量，那么变量值在局部工作区（即与这个层级最近的工作区）中求解。

③ 假设模型 M 包含被封装子系统 A，A 中包含被封装子系统 B，假如 B 引用了子系统 A 和模型 M 工

作区中都有的变量 x，该引用会在子系统 A 的工作区中求解变量值。

④ 被封装子系统的初始化代码只能引用其局部工作区（即该子系统自己的工作区）的变量。

6.3.2 封装选项设置

封装子系统的操作步骤如下。

（1）双击打开子系统，给需要赋值的参数指定变量名。

（2）选中子系统，然后单击 SUBSYSTEM BLOCK 选项卡中 MASK 面板下的 ⬛（Creat Mask）命令，将弹出如图 6-35 所示的 Mask Editor（封装编辑器）对话框。

（3）在 Mask Editor 对话框中进行参数设置。

在 Mask Editor 对话框中包括 Icon & Ports、Parameters & Dialog、Initialization、Documentation 4 个选项卡。下面对其进行简单介绍。

（1）Icon & Ports 选项卡。

主要用于设定封装模块的名字和外观，如图 6-35 所示。

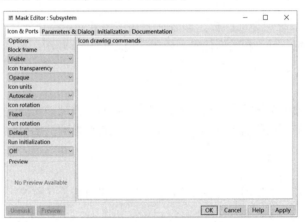

图 6-35 Mask Editor 对话框

Icon drawing commands 栏用来建立用户化的图标，在图标中可以显示文本、图像、图形或传递函数等。

（2）Parameters & Dialog 选项卡。

如图 6-36 所示，用于输入变量名称和相应的提示。

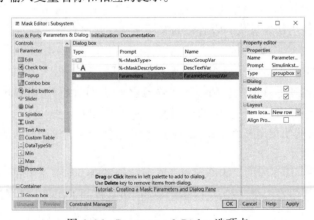

图 6-36 Parameters & Dialog 选项卡

从左侧添加功能进入 Dialog box 中，利用右键快捷菜单可以对相关模块进行删除、复制、剪切等操作。

对话框参数可在右侧 Property editor 选项区域中进行编辑，相关参数如下。

① Name：输入变量的名称。

② Prompt：描述描述参数的文本标签，其内容会显示在输入提示中。

③ Type：用来指定用户所编辑参数值的控制类型。它是用户接口的控制风格，同时确定了参数值的输入或选择方式。

（3）Initialization 选项卡。

如图 6-37 所示，用于初始化封装子系统。该界面主要为用户参数的初始化设置。

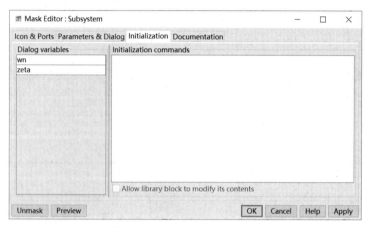

图 6-37　Initialization 选项卡

（4）Documentation 选项卡。

用于编写与该封装模块对应的描述性文字和帮助信息，有 Type、Description 和 Help 3 栏，如图 6-38 所示。

① Type：用于设置模块显示的封装类型。

② Description：用于输入描述文本。

③ Help：用于输入帮助文本。

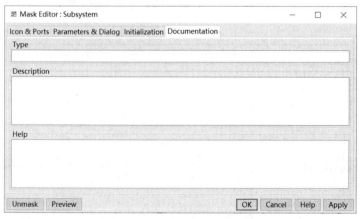

图 6-38　Documentation 选项卡

【例6-7】 创建一个二阶系统，将其闭环系统构成子系统，并对子系统进行封装。封装后将阻尼系数 zeta 和无阻尼频率 wn 作为输入参数。

解：（1）创建二阶系统模型，并将系统的阻尼系数用变量 zeta 表示，无阻尼频率用变量 wn 表示，如图 6-39 所示。

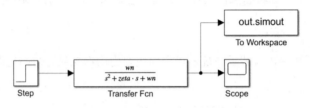

图 6-39　创建二阶系统模型

（2）拖动框选反馈环，如图 6-40 所示，单击 MULTIPLE 选项卡 CREATE 选项组中的 ▣（Create Subsystem）命令，产生子系统，如图 6-41 所示。

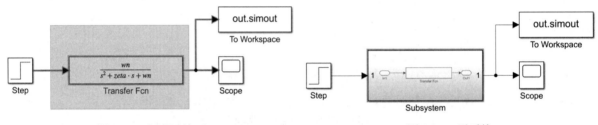

图 6-40　框选反馈环　　　　　　　　图 6-41　子系统

（3）封装子系统。选中子系统，然后单击 SUBSYSTEM BLOCK 选项卡 MASK 选项组中的 ▣（Create Mask）命令，将弹出如图所示的 Mask Editor（封装编辑器）对话框，将 zeta 和 wn 作为输入参数。

在 Icon & Ports 选项卡中的 Icon drawing commands 栏中输入如下 MATLAB 代码：

```
disp('二阶系统')
plot([0 1 2 3 10],-exp(-[0 1 2 3 10]))
```

单击 Mask Editor 窗口左下角的 Preview 按钮查看预览，如图 6-42 所示。

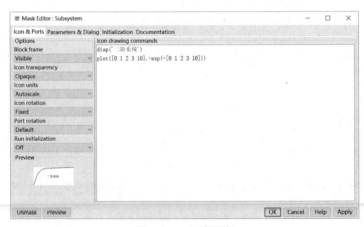

图 6-42　查看预览

在 Parameters & Dialog 选项卡中单击左侧 Controls→Parameter 下的 Edit 按钮添加 Prompt 和 Variable 两个输入参数，将 Prompt 设置为"阻尼系数"和"无阻尼振荡频率"，并将 Name 分别设置为 zeta 和 wn，如图 6-43 所示。

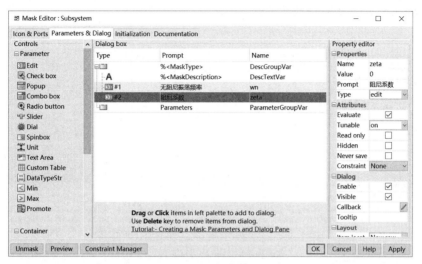

图 6-43　参数设置

在 Initialization 选项卡 Initialization commands 栏中输入如下 MATLAB 代码初始化输入参数：

```
disp('二阶系统')
plot([0 1 2 3 10],-exp(-[0 1 2 3 10]))
```

单击 Mask Editor 窗口左下角的 Preview 按钮查看预览，如图 6-44 所示。

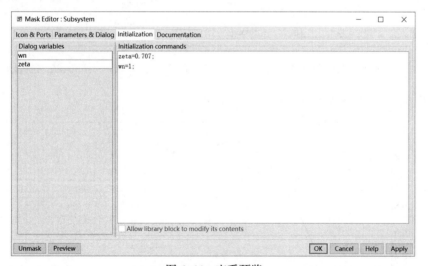

图 6-44　查看预览

在 Documentation 选项卡中输入提示和帮助信息如下：

```
这是一个"二阶控制系统"
输入参数为 zeta、wn
```

输入完毕的界面如图 6-45 所示。

单击 OK 按钮完成参数设置，此时的二阶封装子系统如图 6-46 所示。

（4）双击该封装子系统，将弹出封装子系统参数设置对话框。在对话框中输入"阻尼系数"zeta 和"无阻尼振荡频率"wn 的值，如图 6-47 所示。

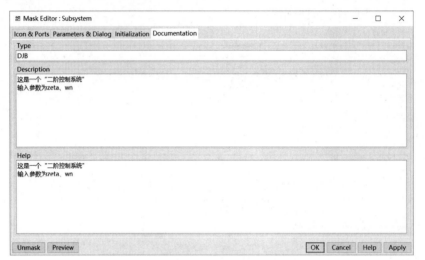

图 6-45　输入提示和帮助信息后的界面

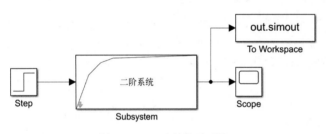

图 6-46　二阶封装子系统

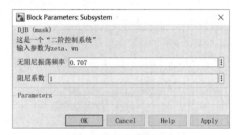

图 6-47　参数输入

（5）运行仿真文件，将输出如图 6-48 所示的波形。

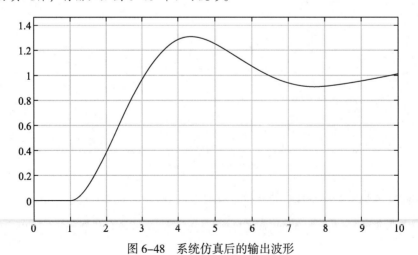

图 6-48　系统仿真后的输出波形

6.4　本章小结

本章介绍了 Simulink 子系统方面的知识，即 Simulink 子系统的定义、创建和浏览；介绍了使能子系统、触发子系统、触发使能系统、交替子执行子系统等内容；最后讲解了子系统封装技术。通过本章的学习读者可以掌握 Simulink 子系统技术，提高复杂系统的建模仿真效率。

第 7 章

基于 S 函数建模

S 函数是 Simulink 中的一个模块 S-Function，其输出值是状态、输入和时间的函数。S 函数是 Simulink 的重要组成部分，Simulink 为编写 S 函数提供了各种模板文件，它们定义了 S 函数完整的框架结构，读者可以根据自己的需要加以裁减。本章主要引导读者从最简单的 S 函数编写出发，逐步掌握利用 S 函数进行控制系统设计。

本章学习目标包括：

（1）掌握 MATLAB S 函数编写；

（2）掌握 S 函数模板的使用；

（3）掌握 S 函数的应用。

7.1 S 函数概述

S 函数（System function）是 Simulink 模块的计算机语言描述，可以用 M、C/C++、Ada、FORTRAN 语言以 MEX 文件的形式编写。S 函数以特殊的方式与 Simulink 方程求解器交互，这种交互和 Simulink 内建模块的做法类似。

通过 S 函数，用户可以将自己的模块加入 Simulink 模型，从而实现用户自定义算法。S-Function 模块可以是连续、离散或者混合系统。

7.1.1 模块的数学含义

创建 S 函数前必须掌握 S 函数的工作方式，即理解 Simulink 仿真模型的过程，并需要理解模块的数学含义。

Simulink 中模块的输入、状态和输出之间都存在数学关系，模块输出是采样时间、输入和模块状态的函数。图 7-1 描述了模块中输入和输出的流程关系。

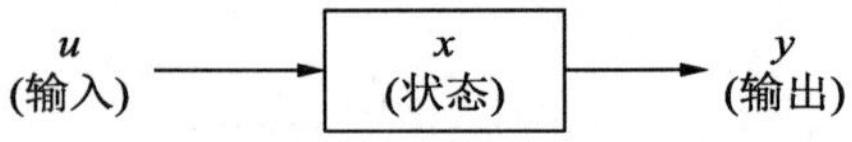

图 7-1　模块中输入和输出的流程关系

下面的方程表示了模块输入、状态和输出之间的数学关系：

$$y = f_o(t,x,u) \text{（输出）}$$
$$\dot{x}_c = f_d(t,x,u) \text{（微分）}$$
$$x_{d_{i+1}} = f_u(t,x,u) \text{（更新）}$$

其中，$x = x_c + x_d$。

7.1.2　Simulink 仿真过程

Simulink 模型的仿真执行过程包括两个阶段。

第 1 个阶段是初始化阶段，该阶段模块的所有参数都被传递给 MATLAB 进行求值，因此所有的参数都被确定下来，模型的层次也被展开，但是原子子系统仍被按照单独的模块对待。

另外，Simulink 把库模块结合到模型中，并传递信号宽度、数据类型和采样时间，确定模块的执行顺序，并分配内存，最后确定状态的初值和采样时间。

然后 Simulink 进入第 2 个阶段，仿真开始，即进入仿真循环过程。

仿真是由求解器控制的，求解器计算模块的输出，更新模块的离散状态，计算连续状态，在采用变步长求解器时还需要确定时间步长。求解器计算连续状态时包含下面几个步骤。

（1）每个模块按照预先确定的顺序计算输出，求解器为待更新的系统提供当前状态、时间和输出值，反过来，求解器又需要状态导数的值。

（2）求解器对状态的导数进行积分，计算新的状态的值。

（3）状态计算完成后，模块的输出更新再进行一次。这里，一些模块可能会发出过零警告，促使求解器探测出发生过零的准确时间。

在每个仿真时间步期间，模型中的每个模块都会重复步骤（1）~（3），Simulink 会按照初始化过程所确定的模块执行顺序执行模型中的模块。

而对于每个模块，Simulink 都会调用函数，以计算当前采样时间中的模块状态、微分和模块输出。这个循环过程会一直继续下去，直到仿真结束。

这里把求解器和系统在仿真过程之间所起的作用总结一下。求解器的作用是传递模块的输出，对状态导数进行积分，并确定采样时间，求解器传递给系统的信息包括时间、输入和当前状态。系统的作用是计算模块的输出，对状态进行更新，计算状态的导数和生成过零事件，并把这些信息提供给求解器。

在 S 函数中，求解器和系统之间的对话通过不同的标志控制。求解器在给系统发送标志的同时也发送数据，系统使用这个标志确定所要执行的操作，并确定所要返回的变量的值。

求解器和系统之间的关系可以用图 7-2 描述。

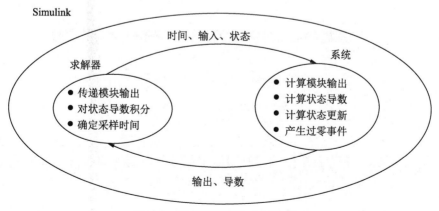

图 7-2　求解器和系统之间的关系

7.1.3　S 函数回调方法

S 函数包括一系列的回调方法，用以执行每个仿真步骤所需的任务。在一个模型的仿真过程中，每个仿真步骤，Simulink 都将调用各 S 函数的适当方法。S 函数执行的方法包括以下几种。

（1）初始化：在首次仿真循环中执行。Simulink 初始化 S 函数。在这一步骤中 Simulink 将：

① 初始化 SimStruct，这是一种 Simulink 结构，包含了 S 函数的信息；

② 设置输入输出端口的个数和纬度；

③ 设置模块的采样次数；

④ 分配存储区域和数组长度。

（2）计算下一采样点：如果定义了一个可变采样步长的模块，这一步将计算下一次采样点，即计算下一步长。

（3）计算在主要时间步中的输出：这一步结束之后，模块的输出端口在当前时间步是有效的。

（4）更新主要时间步中的离散状态：所有的模块在该回调方法中，必须执行一次每次时间步都要执行的活动，如为下一次仿真循环更新离散状态。

（5）积分：用于具有连续状态的或者（和）具有非采样过零的模型。如果用户的 S 函数具有连续状态，Simulink 将在最小采样步长调用 S 函数的输出和微分部分。这也是 Simulink 能计算 S 函数的状态的原因。如果用户 S 函数（仅针对 C MEX）具有非采样过零，Simulink 将在最小采样步长上调用 S 函数的输出和微分部分，这样可以确定过零点。

7.1.4　M 文件 S 函数应用

用 M 语言编写的 S 函数称为 M-file S-function（M 文件 S 函数），根据 API 版本不同，分为 Level-2 和 Level-1 类型。其中 Level-1 的 M-file S-function 支持采用 M 语言实现具有全部功能的 Simulink 模块；Level-2 的 M-file S-function API 非常接近于 C MEX-file S-functions，许多特性相同，用法也相同。

在 MATLAB 命令行窗口中直接输入 sfundemos，即可调出 S 函数的编程示例：

```
>> sfundemos
```

执行程序后会弹出如图 7-3 所示的 Library:sfundemos 窗口。

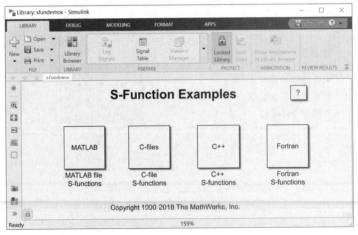

图 7-3　Library:sfundemos-Simulink 窗口

在"Library:sfundemos"窗口中，双击 MATLAB file S-functions，会弹出 MATLAB file S-functions Level-2 和 Level-1 两种 S 函数，如图 7-4 所示。

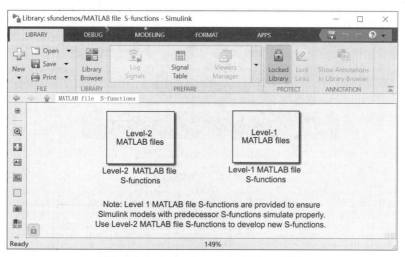

图 7-4　Level-2 和 Level-1 两种 S 函数

分别双击 Level-1 MATLAB file 和 Level-2 MATLAB file，将弹出相应的模板分析界面，如图 7-5 和图 7-6 所示。

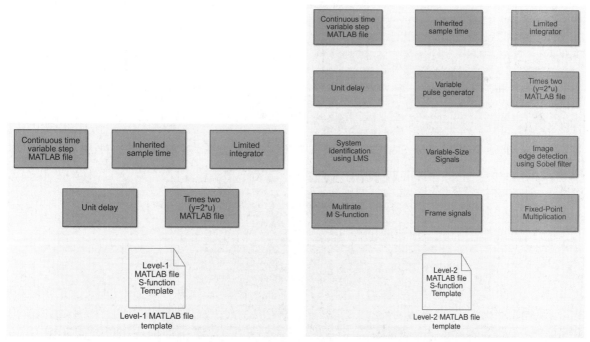

图 7-5　Level-1 模板分析界面　　　　　图 7-6　Level-2 模板分析界面

双击 Level-1 模板分析界面中的 Continuous time variable step MATLAB file 模块，将弹出如图 7-7 所示仿真模型。对模型进行仿真，可以在 Scope 示波器中得到如图 7-8 所示的仿真图形。

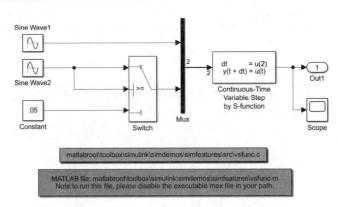

图 7-7　仿真模型 1

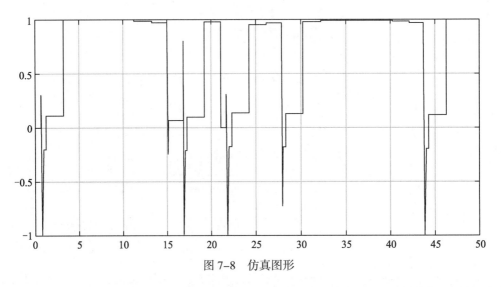

图 7-8　仿真图形

双击 Continuous-Time Variable Step by S-function 模块，将弹出如图 7-9 所示的参数对话框。

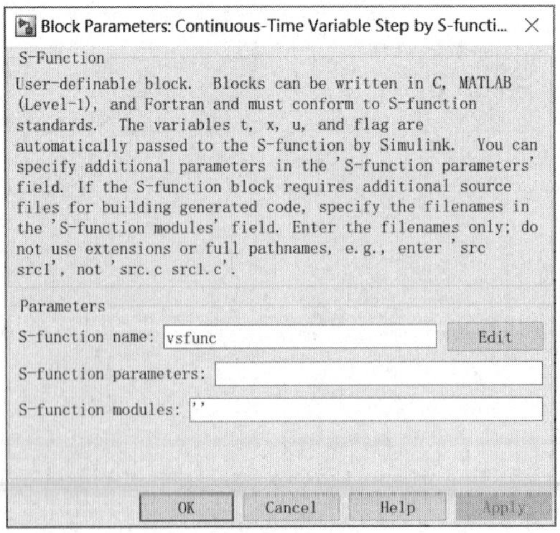

图 7-9　Continuous-Time Variable Step by S-function 参数对话框

　　单击参数对话框中的 Edit 按钮，MATLAB 编辑器窗口将弹出用 S 函数编写的函数文件 vsfunc.c，程序代码如下：

```c
/* File    : vsfunc.c
 * Abstract:
 *     Example C-file S-function for defining a continuous system.
 *     Variable step S-function example.
 *     This example S-function illustrates how to create a variable step
 *     block in Simulink.  This block implements a variable step delay
 *     in which the first input is delayed by an amount of time determined
 *     by the second input:
 *     dt=u(2)
 *     y(t+dt)=u(t)
 * Copyright 1990-2013 The MathWorks, Inc.
 */


#define S_FUNCTION_NAME vsfunc
#define S_FUNCTION_LEVEL 2
#include "simstruct.h"
#define U(element) (*uPtrs[element]) /* Pointer to Input Port0 */


/* Function: mdlInitializeSizes ===================================================
 * Abstract:
 *    The sizes information is used by Simulink to determine the S-function
 *    block's characteristics (number of inputs, outputs, states, etc.).
 */
static void mdlInitializeSizes(SimStruct *S)
{
    ssSetNumSFcnParams(S, 0);  /* Number of expected parameters */
    if (ssGetNumSFcnParams(S) != ssGetSFcnParamsCount(S)) {
        return; /* Parameter mismatch will be reported by Simulink */
    }

    ssSetNumContStates(S, 0);
    ssSetNumDiscStates(S, 1);

    if (!ssSetNumInputPorts(S, 1)) return;
    ssSetInputPortWidth(S, 0, 2);
    ssSetInputPortDirectFeedThrough(S, 0, 1);

    if (!ssSetNumOutputPorts(S, 1)) return;
    ssSetOutputPortWidth(S, 0, 1);

    ssSetNumSampleTimes(S, 1);
    ssSetNumRWork(S, 0);
    ssSetNumIWork(S, 0);
    ssSetNumPWork(S, 0);
    ssSetNumModes(S, 0);
```

```
      ssSetNumNonsampledZCs(S, 0);
      ssSetOperatingPointCompliance(S, USE_DEFAULT_OPERATING_POINT);

      if (ssGetSimMode(S) == SS_SIMMODE_RTWGEN && !ssIsVariableStepSolver(S)) {
          ssSetErrorStatus(S, "S-function vsfunc.c cannot be used with Simulink Coder "
                  "and Fixed-Step Solvers because it contains variable"
                  " sample time");
      }
      ssSetOptions(S, SS_OPTION_EXCEPTION_FREE_CODE);
}


/* Function: mdlInitializeSampleTimes =======================================
 * Abstract:
 *    Variable-Step S-function
 */
static void mdlInitializeSampleTimes(SimStruct *S)
{
    ssSetSampleTime(S, 0, VARIABLE_SAMPLE_TIME);
    ssSetOffsetTime(S, 0, 0.0);
    ssSetModelReferenceSampleTimeDefaultInheritance(S);
}


#define MDL_INITIALIZE_CONDITIONS
/* Function: mdlInitializeConditions =======================================
 * Abstract:
 *    Initialize discrete state to zero.
 */
static void mdlInitializeConditions(SimStruct *S)
{
    real_T *x0 = ssGetRealDiscStates(S);

    x0[0] = 0.0;
}


#define MDL_GET_TIME_OF_NEXT_VAR_HIT
static void mdlGetTimeOfNextVarHit(SimStruct *S)
{
    InputRealPtrsType uPtrs = ssGetInputPortRealSignalPtrs(S,0);

    /* Make sure input will increase time */
    if (U(1) <= 0.0) {
        /* If not, abort simulation */
        ssSetErrorStatus(S,"Variable step control input must be "
                "greater than zero");
        return;
    }
    ssSetTNext(S, ssGetT(S)+U(1));
}
```

```c
/* Function: mdlOutputs ====================================================
 * Abstract:
 *      y = x
 */
static void mdlOutputs(SimStruct *S, int_T tid)
{
    real_T *y = ssGetOutputPortRealSignal(S,0);
    real_T *x = ssGetRealDiscStates(S);

    /* Return the current state as the output */
    y[0] = x[0];
}


#define MDL_UPDATE
/* Function: mdlUpdate ====================================================
 * Abstract:
 *    This function is called once for every major integration time step.
 *    Discrete states are typically updated here, but this function is useful
 *    for performing any tasks that should only take place once per integration
 *    step.
 */
static void mdlUpdate(SimStruct *S, int_T tid)
{
    real_T             *x = ssGetRealDiscStates(S);
    InputRealPtrsType uPtrs = ssGetInputPortRealSignalPtrs(S,0);

    x[0]=U(0);
}


/* Function: mdlTerminate ====================================================
 * Abstract:
 *    No termination needed, but we are required to have this routine.
 */
static void mdlTerminate(SimStruct *S)
{
}


#ifdef  MATLAB_MEX_FILE    /* Is this file being compiled as a MEX-file? */
#include "simulink.c"      /* MEX-file interface mechanism */
#else
#include "cg_sfun.h"       /* Code generation registration function */
#endif
```

对比 Level-1 MATLAB Files，双击 Level-2 MATLAB Files，仍然选择 Continuous time variable step MATLAB file 模块，将弹出仿真模型（如图 7-10 所示），运行仿真模型得到相应的输出图形如图 7-11 所示。

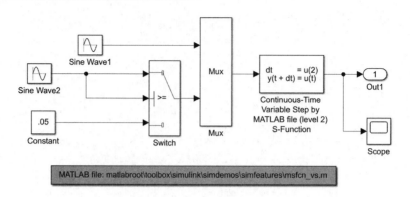

图 7-10　仿真模型 2

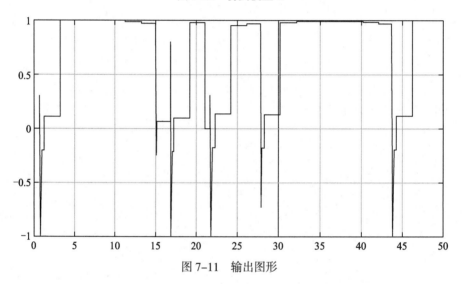

图 7-11　输出图形

双击 Continuous-Time Variable Step by MATLAB file (level 2) S-Function 模块，将弹出如图 7-12 所示的参数对话框。

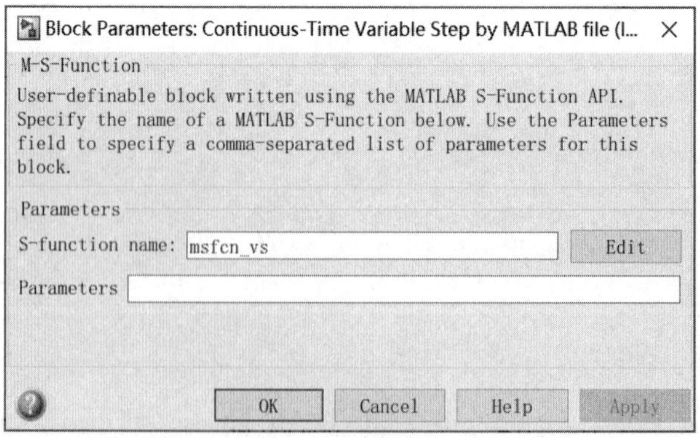

图 7-12　参数对话框

单击参数对话框中的 Edit 按钮，MATLAB 编辑器窗口将弹出用 S 函数编写的函数文件 msfcn.m，程序

代码如下:

```matlab
function msfcn_vs(block)
% Level-2 MATLAB file S-Function for continuous time variable step demo.
%   Copyright 1990-2009 The MathWorks, Inc.
  setup(block);
%endfunction
function setup(block)
  %% Register number of input and output ports
  block.NumInputPorts  = 1;
  block.NumOutputPorts = 1;
  %% Setup functional port properties to dynamically
  %% inherited.
  block.SetPreCompInpPortInfoToDynamic;
  block.SetPreCompOutPortInfoToDynamic;
  block.InputPort(1).Dimensions        = 2;
  block.InputPort(1).DirectFeedthrough = true;
  block.OutputPort(1).Dimensions       = 1;
  %% Set block sample time to variable sample time
  block.SampleTimes = [-2 0];
  %% Set the block simStateCompliance to default (i.e., same as a built-in block)
  block.SimStateCompliance = 'DefaultSimState';
  %% Register methods
  block.RegBlockMethod('PostPropagationSetup',   @DoPostPropSetup);
  block.RegBlockMethod('InitializeConditions',   @InitConditions);
  block.RegBlockMethod('Outputs',                @Output);
  block.RegBlockMethod('Update',                 @Update);
%endfunction

function DoPostPropSetup(block)
  %% Setup Dwork
  block.NumDworks = 1;
  block.Dwork(1).Name = 'X';
  block.Dwork(1).Dimensions      = 1;
  block.Dwork(1).DatatypeID      = 0;
  block.Dwork(1).Complexity      = 'Real';
  block.Dwork(1).UsedAsDiscState = true;
%endfunction

function InitConditions(block)
  %% Initialize Dwork
  block.Dwork(1).Data = 0;
%endfunction

function Output(block)
  block.OutputPort(1).Data = block.Dwork(1).Data;

  %% Set the next hit for this block
  block.NextTimeHit = block.CurrentTime + block.InputPort(1).Data(2);
%endfunction
```

```
function Update(block)
  block.Dwork(1).Data = block.InputPort(1).Data(1);
%endfunction
```

与 Level-1 MATLAB Files 和 Level-2 MATLAB Files 相比，Level-2 MATLAB Files 更加简捷，且结构较清晰，模型采用块输入的方式，使得编程更加简单。

7.2 编写 S 函数

下面通过 S 函数模板介绍如何在编辑器中编写创建 M 文件的 S 函数。

7.2.1 S 函数模板

在 MATLAB 命令行窗口中直接输入以下代码，即可在 MATLAB 编辑器窗口弹出 S 函数模板编辑的 M 文件环境，直接在其中修改即可：

```
edit sfuntmpl
```

S 函数模板结构如下：

```
function [sys,x0,str,ts,simStateCompliance] = sfuntmpl(t,x,u,flag)
%SFUNTMPL General MATLAB S-Function Template
%   With MATLAB S-functions, you can define you own ordinary differential
%   equations (ODEs), discrete system equations, and/or just about
%   any type of algorithm to be used within a Simulink block diagram.
%   The general form of an MATLAB S-function syntax is:
%       [SYS,X0,STR,TS,SIMSTATECOMPLIANCE] = SFUNC(T,X,U,FLAG,P1,...,Pn)
%   What is returned by SFUNC at a given point in time, T, depends on the
%   value of the FLAG, the current state vector, X, and the current
%   input vector, U.
%   FLAG    RESULT          DESCRIPTION
%   -----   ------          ------------------------------------------------
%   0       [SIZES,X0,STR,TS]  Initialization, return system sizes in SYS,
%                           initial state in X0, state ordering strings
%                           in STR, and sample times in TS.
%   1       DX              Return continuous state derivatives in SYS.
%   2       DS              Update discrete states SYS = X(n+1)
%   3       Y               Return outputs in SYS.
%   4       TNEXT           Return next time hit for variable step sample
%                           time in SYS.
%   5                       Reserved for future (root finding).
%   9       []              Termination, perform any cleanup SYS=[].
%   The state vectors, X and X0 consists of continuous states followed
%   by discrete states.
%   Optional parameters, P1,...,Pn can be provided to the S-function and
%   used during any FLAG operation.
%   When SFUNC is called with FLAG = 0, the following information
%   should be returned:
%       SYS(1) = Number of continuous states.
```

```
%       SYS(2) = Number of discrete states.
%       SYS(3) = Number of outputs.
%       SYS(4) = Number of inputs.
%                Any of the first four elements in SYS can be specified
%                as -1 indicating that they are dynamically sized. The
%                actual length for all other flags will be equal to the
%                length of the input, U.
%       SYS(5) = Reserved for root finding. Must be zero.
%       SYS(6) = Direct feedthrough flag (1=yes, 0=no). The s-function
%                has direct feedthrough if U is used during the FLAG=3
%                call. Setting this to 0 is akin to making a promise that
%                U will not be used during FLAG=3. If you break the promise
%                then unpredictable results will occur.
%       SYS(7) = Number of sample times. This is the number of rows in TS.
%       X0     = Initial state conditions or [] if no states.
%       STR    = State ordering strings which is generally specified as [].
%       TS     = An m-by-2 matrix containing the sample time
%                (period, offset) information. Where m = number of sample
%                times. The ordering of the sample times must be:
%                TS = [0      0,    : Continuous sample time.
%                      0      1,    : Continuous, but fixed in minor step
%                                     sample time.
%                      PERIOD OFFSET, : Discrete sample time where
%                                     PERIOD > 0 & OFFSET < PERIOD.
%                      -2     0];   : Variable step discrete sample time
%                                     where FLAG=4 is used to get time of
%                                     next hit.
%                There can be more than one sample time providing
%                they are ordered such that they are monotonically
%                increasing. Only the needed sample times should be
%                specified in TS. When specifying more than one
%                sample time, you must check for sample hits explicitly by
%                seeing if
%                   abs(round((T-OFFSET)/PERIOD) - (T-OFFSET)/PERIOD)
%                is within a specified tolerance, generally 1e-8. This
%                tolerance is dependent upon your model's sampling times
%                and simulation time.
%                You can also specify that the sample time of the S-function
%                is inherited from the driving block. For functions which
%                change during minor steps, this is done by
%                specifying SYS(7) = 1 and TS = [-1 0]. For functions which
%                are held during minor steps, this is done by specifying
%                SYS(7) = 1 and TS = [-1 1].
%    SIMSTATECOMPLIANCE = Specifices how to handle this block when saving and
%                     restoring the complete simulation state of the
%                     model. The allowed values are: 'DefaultSimState',
%                     'HasNoSimState' or 'DisallowSimState'. If this value
%                     is not specified, then the block's compliance with
%                     simState feature is set to 'UnknownSimState'.
%    Copyright 1990-2010 The MathWorks, Inc.
```

```
% The following outlines the general structure of an S-function.
switch flag,
  %%%%%%%%%%%%%%%%%%%%
  % Initialization %
  %%%%%%%%%%%%%%%%%%%%
  case 0,
    [sys,x0,str,ts,simStateCompliance]=mdlInitializeSizes;
  %%%%%%%%%%%%%%%%
  % Derivatives %
  %%%%%%%%%%%%%%%%
  case 1,
    sys=mdlDerivatives(t,x,u);
  %%%%%%%%%%%
  % Update %
  %%%%%%%%%%%
  case 2,
    sys=mdlUpdate(t,x,u);
  %%%%%%%%%%%
  % Outputs %
  %%%%%%%%%%%
  case 3,
    sys=mdlOutputs(t,x,u);
  %%%%%%%%%%%%%%%%%%%%%%%%%
  % GetTimeOfNextVarHit %
  %%%%%%%%%%%%%%%%%%%%%%%%%
  case 4,
    sys=mdlGetTimeOfNextVarHit(t,x,u);
  %%%%%%%%%%%%%%%
  % Terminate %
  %%%%%%%%%%%%%%%
  case 9,
    sys=mdlTerminate(t,x,u);
  %%%%%%%%%%%%%%%%%%%%%%%%
  % Unexpected flags %
  %%%%%%%%%%%%%%%%%%%%%%%%
  otherwise
    DAStudio.error('Simulink:blocks:unhandledFlag', num2str(flag));
end
% end sfuntmpl

% mdlInitializeSizes
% Return the sizes, initial conditions, and sample times for the S-function.
function [sys,x0,str,ts,simStateCompliance]=mdlInitializeSizes
% call simsizes for a sizes structure, fill it in and convert it to a
% sizes array.
% Note that in this example, the values are hard coded.  This is not a
% recommended practice as the characteristics of the block are typically
% defined by the S-function parameters.
sizes = simsizes;
sizes.NumContStates  = 0;
```

```
sizes.NumDiscStates  = 0;
sizes.NumOutputs      = 0;
sizes.NumInputs       = 0;
sizes.DirFeedthrough = 1;
sizes.NumSampleTimes = 1;   % at least one sample time is needed
sys = simsizes(sizes);
% initialize the initial conditions
x0  = [];
% str is always an empty matrix
str = [];
% initialize the array of sample times
ts  = [0 0];
% Specify the block simStateCompliance. The allowed values are:
%    'UnknownSimState', < The default setting; warn and assume DefaultSimState
%    'DefaultSimState', < Same sim state as a built-in block
%    'HasNoSimState',   < No sim state
%    'DisallowSimState' < Error out when saving or restoring the model sim state
simStateCompliance = 'UnknownSimState';
% end mdlInitializeSizes


% mdlDerivatives
% Return the derivatives for the continuous states.
function sys=mdlDerivatives(t,x,u)
sys = [];
% end mdlDerivatives


% mdlUpdate
% Handle discrete state updates, sample time hits, and major time step
% requirements.
function sys=mdlUpdate(t,x,u)
sys = [];
% end mdlUpdate


% mdlOutputs
% Return the block outputs.
function sys=mdlOutputs(t,x,u)
sys = [];
% end mdlOutputs


% mdlGetTimeOfNextVarHit
% Return the time of the next hit for this block.  Note that the result is
% absolute time.  Note that this function is only used when you specify a
% variable discrete-time sample time [-2 0] in the sample time array in
% mdlInitializeSizes.
function sys=mdlGetTimeOfNextVarHit(t,x,u)
sampleTime = 1;    % Example, set the next hit to be one second later.
sys = t + sampleTime;
% end mdlGetTimeOfNextVarHit


% mdlTerminate
```

```
% Perform any end of simulation tasks.
function sys=mdlTerminate(t,x,u)
sys = [];
% end mdlTerminate
```

由 S 函数模板可知，S 函数调用格式如下：

```
[sys,x0,str,ts,simStateCompliance] = sfuntmpl(t,x,u,flag)
```

（1）S 函数默认的 4 个输入参数含义如下。

① *t* 代表当前的仿真时间，该输入决定了下一个采样时间。

② *x* 表示状态向量，行向量，格式为 $x(1), x(2)$。

③ *u* 表示输入向量。

④ flag 用于控制在每一个仿真阶段调用哪一个子函数的参数，由 Simulink 在调用时自动取值。

（2）S 函数默认的 4 个输出参数含义如下。

① sys 为通用的返回变量，返回的数值决定 flag 值。其中，mdlUpdates 子函数采用列向量，格式为 $sys(1,1), Sys(2,1)$；mdlOutputs 子函数采用行向量，格式为 sys =*x*。

② *x0* 为初始的状态值，是列向量，格式为 $x0=[0; 0; 0]$。

③ str 为空矩阵，无具体含义。

④ ts 包含模块采样时间和偏差的矩阵，格式为[period, offset]。当 ts 为-1 时，表示与输入信号同采样周期。

S 函数具体包含的子函数名称及功能如表 7-1 所示。

表 7-1　S 函数包含的子函数名称及功能

S函数包含的子函数名称	功　　能
mdlInitialization	初始化
mdlGetTimeofNextVarHit	计算下一个采样点
mdlOutput	计算输出
mdlUpdate	更新离散状态
mdlDerivatives	计算导数
mdlTerminate	结束仿真

7.2.2　S 函数工作方式

S 函数的工作方式如下：

```
switch flag,
  case 0,
    [sys,x0,str,ts,simStateCompliance]=mdlInitializeSizes;
  case 1,
    sys=mdlDerivatives(t,x,u);
  case 2,
    sys=mdlUpdate(t,x,u);
  case 3,
    sys=mdlOutputs(t,x,u);
  case 4,
```

```
    sys=mdlGetTimeOfNextVarHit(t,x,u);
  case 9,
    sys=mdlTerminate(t,x,u);
  otherwise
    DAStudio.error('Simulink:blocks:unhandledFlag', num2str(flag));
end
```

其中, flag = 0 时, 调用 mdlInitializeSizeS 函数, 定义 S 函数的基本特性, 包括采样时间、连续或者离散状态的初始条件和 Sizes 数组; flag = 1 时, 调用 mdlDerivativeS 函数, 计算连续状态变量的微分方程, 求所给表达式的等号左边状态变量的积分值; flag = 2 时, 调用 mdlUpdate 函数, 用于更新离散状态、采样时间和主时间步的要求; flag = 3 时, 调用 mdlOutputS 函数, 计算 S 函数的输出; flag = 4 时, 调用 mdlGetTimeOfNextVarHit 函数, 计算下一个采样点的绝对时间 (仅指用户在 mdlInitializeSize 里说明的一个可变离散采样时间); flag = 9 时, 调用 mdlTerminate 函数, 实现仿真任务的结束。

7.2.3 S 函数控制流

S 函数的调用顺序通过 flag 标志控制。在仿真初始化阶段, 通过设置 flag 标志为 0 调用 S 函数, 并请求提供数量 (包括连续状态、离散状态和输入、输出的个数)、初始状态和采样时间等信息。

然后, 仿真开始, 设置 flag 标志为 4, 请求 S 函数计算下一个采样时间, 并提供采样时间。接下设置 flag 标志为 3, 请求 S 函数计算模块的输出。然后设置 flag 标志为 2, 更新离散状态。

当还需要计算状态导数时, 可设置 flag 标志为 1, 由求解器使用积分算法计算状态的值。计算出状态导数和更新离散状态之后, 通过设置 flag 标志为 3 计算模块的输出, 这样就结束了一个时间步的仿真。

当到达结束时间时, 设置 flag 标志为 9, 结束仿真。这个过程如图 7-13 所示。

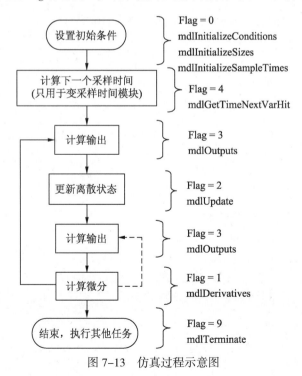

图 7-13　仿真过程示意图

由函数调用顺序得到 S 函数仿真步骤如下。

（1）初始化：mdlInitializeSizes，初始化 S 函数，即 simsizes。

（2）初始化 SimStruct，包含了 S 函数的所有信息，主要设置如下：

① 设置输入 u、输出端口 sys；

② 设置采样时间 ts；

③ 分配存储空间 str。

（3）数值积分：mdlDerivatives，用于连续状态的求解和非采样过零点。分如下两种情况：

① 如果存在连续状态，调用 mdlDerivatives 和 mdlOutput 两个子函数；

② 如果存在非采样过零点，则调用 mdlOutput 和 mdlZeroCrossings 子函数，以定位过零点。

（4）更新离散状态：mdlUpdate。

（5）计算输出：mdlOutputs，计算所有输出端口的输出值。

（6）计算下一个采样时间点：mdlGetTimeOfNextVarHit。

（7）仿真结束：mdlTerminate，在仿真结束时调用。

由以上可知，S 函数仿真过程调用的主要函数如下：

```
function [sys,x0,str,ts,simStateCompliance]=mdlInitializeSizes
%参数初始设定。初始化 sizes 结构，再调用 simsizeS 函数
sizes = simsizes;
sizes.NumContStates  = 0;    %连续状态的个数
sizes.NumDiscStates  = 0;    %离散状态的个数
sizes.NumOutputs     = 0;    %输出变量的个数
sizes.NumInputs      = 0;    %输入变量的个数
sizes.DirFeedthrough = 1;    %有无直接馈入，值为 1 时表示输入直接传到输出口
sizes.NumSampleTimes = 1;    %采样时间的个数，值为 1 时表示只有一个采样周期，至少需要一个采样周期
sys = simsizes(sizes);       %S 函数的调用，即将 sizes 结构体中的信息传递给 sys，实现状态的动
                             %态更新

x0  = [];
str = [];
ts  = [0 0];
simStateCompliance = 'UnknownSimState';

function sys=mdlDerivatives(t,x,u)
% 连续模块的状态更新
sys = [];

function sys=mdlUpdate(t,x,u)
%离散模块的状态更新
sys = [];

function sys=mdlOutputs(t,x,u)
%计算出模块的输出信号，系统的输出仍然由 sys 变量返回
sys = [];

function sys=mdlGetTimeOfNextVarHit(t,x,u)
%计算下一次点击模块时间
sampleTime = 1;              %例如将下一次点击设置为 1s 后
sys = t + sampleTime;
```

```
function sys=mdlTerminate(t,x,u)
%执行任何模拟结束任务
sys = [];
```

7.2.4 S 函数的模块化

S 函数为 Simulink 的"系统"函数，是能够响应 Simulink 求解器命令的函数，通过该函数可以采用非图形化的方法实现一个动态系统。在动态系统仿真设计、分析中，使用 S-Function 模块调用 S 函数。

（1）S-Function 模块是一个单输入单输出的模块，如果有多个输入与输出信号，可以使用 Mux 模块与 Demux 模块对信号进行组合和分离操作。

（2）在 S-Function 模块的参数对话框中，包含了调用的 S 函数名和用户输入的参数列表，如图 7-14 所示。

（3）S-Function 模块以图形的方式提供给用户一个调用 S 函数的接口，S 函数中的源文件必须由用户自行编写。

（4）S-Function 模块中的 S 函数名和参数值列表必须与用户填写的 S 函数源文件的名称和参数列表完全一致，包括参数的顺序。

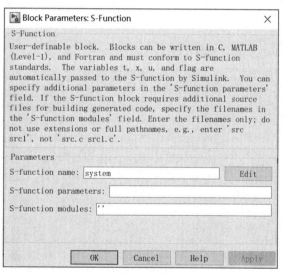

图 7-14 S-Function 模块参数对话框

7.3 S 函数应用

下面通过示例演示 S 函数的使用方法。

【例 7-1】 用 S 函数实现 gain 模块功能。增益值作为 S 函数用户自定义参数由用户输入。

解：（1）对 M 文件 S 函数的主函数定义做修改，增加新的参数，并采用新的函数名。

```
function [sys,x0,str,ts,simStateCompliance]=sfun_djba(t,x,u,flag,gain)
```

（2）由于增益参数只是用来计算输出值，因而对 mdlOutputs 的调用进行如下修改：

```
case 3,
```

```
sys=mdlOutputs(t,x,u,gain);
```

（3）修改初始化参数：

```
sizes.NumContStates = 0;
sizes.NumDiscStates = 0;
sizes.NumOutputs    = 1;
sizes.NumInputs     = 1;
sizes.DirFeedthrough = 1;
sizes.NumSampleTimes = 0;            %至少需要一个采样时间
sys = simsizes(sizes);
```

（4）mdlOutputs 子函数的定义也做相应修改，将增益作为参数输入：

```
function sys=mdlOutputs(t,x,u,gain)
sys=gain*u;                          %输出通过增益和输入的乘积得到，并通过 sys 返回
```

信号的输出通过增益和输入的乘积得到，并通过 sys 返回。上述设置中可以清晰地看出用户自定义参数 gain 的传递过程。完整的 S 函数附后。

搭建系统仿真模型，其中 S-Function 模块属性对话框的 S-function name 设置为 sfun_djba，S-function parameters 设置为 2（即放大倍数为 2），如图 7-15 所示。若有多个参数值，需要用逗号分开。Gain 模块的 Gain 参数设置为 5，如图 7-16 所示。搭建完成后的仿真模型如图 7-17 所示。

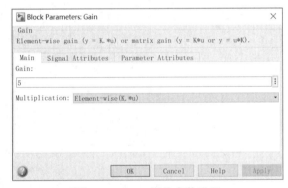

图 7-15　S-Function 模块参数设置　　　　　　图 7-16　Gain 模块参数设置

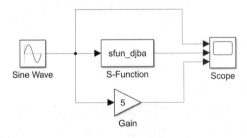

图 7-17　仿真模型 3

运行仿真模型可以得到如图 7-18 所示图形。由图可知，采用系统增益模块 Gain 与 S 函数编写程序均实现了信号的放大。

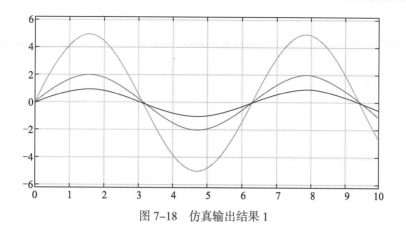

图 7-18　仿真输出结果 1

完整的 S 函数代码如下：

```
function [sys,x0,str,ts,simStateCompliance] = sfun_djba(t,x,u,flag,gain)
switch flag
  % 初始化 %
  case 0
    [sys,x0,str,ts,simStateCompliance]=mdlInitializeSizes;
  % 数值积分 %
  case 1
    sys=mdlDerivatives(t,x,u);
  % 更新 %
  case 2
    sys=mdlUpdate(t,x,u);
  % 输出 %
  case 3
    sys=mdlOutputs(t,x,u,gain);
  % 计算下一个采样时间 %
  case 4
    sys=mdlGetTimeOfNextVarHit(t,x,u);
  % 仿真结束 %
  case 9
    sys=mdlTerminate(t,x,u);
  % 意外错误印象 %
  otherwise
    DAStudio.error('Simulink:blocks:unhandledFlag', num2str(flag));
end

% mdlInitializeSizes
function [sys,x0,str,ts,simStateCompliance]=mdlInitializeSizes
sizes = simsizes;
sizes.NumContStates  = 0;
sizes.NumDiscStates  = 0;
sizes.NumOutputs     = 1;
sizes.NumInputs      = 1;
sizes.DirFeedthrough = 1;
sizes.NumSampleTimes = 0;                    %至少需要一个采样时间
sys = simsizes(sizes);
```

```
% 初始化初始条件
x0=[];
% str 总是一个空矩阵
str=[];
% 初始化采样时间
ts=[];
simStateCompliance = 'UnknownSimState';

% mdlDerivatives
function sys=mdlDerivatives(t,x,u)
sys=[];

% mdlUpdate
function sys=mdlUpdate(t,x,u)
sys=[];

% mdlOutputs
function sys=mdlOutputs(t,x,u,gain)
sys=gain*u;

% mdlGetTimeOfNextVarHit
function sys=mdlGetTimeOfNextVarHit(t,x,u)
sampleTime = 1;                          %例如将下一次点击设置为1s后
sys=t+sampleTime;

% mdlTerminate
function sys=mdlTerminate(t,x,u)
sys=[];
```

【例 7-2】 用 M 文件 S 函数实现一个积分器。其中输入输出关系为 $\dot{y}=u$ ，状态为 $x=u$ ，则系统状态方程为 $\dot{x}=u$ ，系统输出方程为 $y=x$ 。

首选修改 S 函数模板文件。

解：（1）修改 S 函数模板的第 1 行。

```
function [sys,x0,str,ts,simStateCompliance] = sfun_djbb(t,x,u,flag,initialstate)
```

（2）初始状态应当传递给 mdlInitializeSizes：

```
% 初始化 %
case 0
  [sys,x0,str,ts,simStateCompliance]=mdlInitializeSizes(initialstate);
% 数值积分 %
case 1
  sys=mdlDerivatives(t,x,u);
% 更新 %
case 2
  sys=mdlUpdate(t,x,u);
```

（3）设置初始化参数：

```
% mdlInitializeSizes（初始化参数设置）
function [sys,x0,str,ts,simStateCompliance]=mdlInitializeSizes(initialstate)
```

```
sizes=simsizes;
sizes.NumContStates  = 1;
sizes.NumDiscStates  = 0;
sizes.NumOutputs     = 1;
sizes.NumInputs      = 1;
sizes.DirFeedthrough = 0;
sizes.NumSampleTimes = 0;          %至少需要一个采样时间
sys=simsizes(sizes);
% 初始化初始条件
x0=initialstate;
% str 总是一个空矩阵
str=[];
% 初始化采样时间
ts=[];
simStateCompliance = 'UnknownSimState';
```

（4）编写状态方程：

```
function sys=mdlDerivatives(t,x,u)
sys=u;
```

（5）添加输出方程：

```
function sys=mdlOutputs(t,x,u)
sys=x;
```

完整的 S 函数附后。

搭建系统仿真模型，输入信号 $u = \sin t$，其中 S-Function 模块参数对话框中的 S-function name 设置为 sfun_djbb，S-function parameters 设置为[-2]，即初始状态 initialstate=-2，设置如图 7-19 所示，搭建完成后的仿真模型如图 7-20 所示。

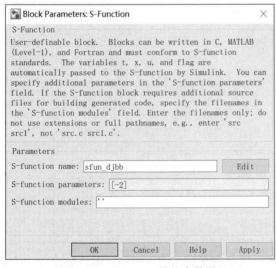

图 7-19　S-Function 模块参数设置

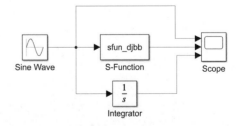

图 7-20　仿真模型 4

运行仿真模型得到如图 7-21 所示图形。由结果可知采用系统积分模块 Integrator 与 S 函数编写的程序执行结果一致。

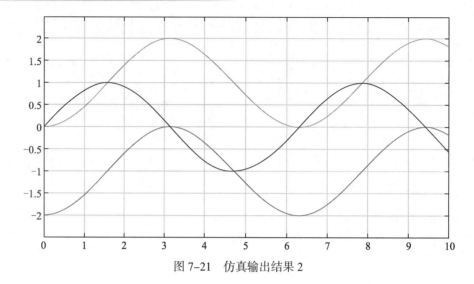

图 7-21　仿真输出结果 2

完整的 S 函数代码如下。

```
function [sys,x0,str,ts,simStateCompliance] = sfun_djbb(t,x,u,flag,initialstate)
switch flag
  % 初始化 %
  case 0
    [sys,x0,str,ts,simStateCompliance]=mdlInitializeSizes(initialstate);
  % 数值积分 %
  case 1
    sys=mdlDerivatives(t,x,u);
  % 更新 %
  case 2
    sys=mdlUpdate(t,x,u);
  % 输出 %
  case 3
    sys=mdlOutputs(t,x,u);
  % 计算下一个采样时间 %
  case 4
    sys=mdlGetTimeOfNextVarHit(t,x,u);
  % 仿真结束 %
  case 9
    sys=mdlTerminate(t,x,u);
  % 意外错误印象 %
  otherwise
    DAStudio.error('Simulink:blocks:unhandledFlag', num2str(flag));
end

% mdlInitializeSizes（初始化参数设置）
function [sys,x0,str,ts,simStateCompliance]=mdlInitializeSizes(initialstate)
sizes = simsizes;
sizes.NumContStates  = 1;
sizes.NumDiscStates  = 0;
sizes.NumOutputs     = 1;
sizes.NumInputs      = 1;
```

```
sizes.DirFeedthrough = 0;
sizes.NumSampleTimes = 0;                      %至少需要一个采样时间
sys = simsizes(sizes);
% 初始化初始条件
x0  = initialstate;
% str 总是一个空矩阵
str = [];
% 初始化采样时间
ts = [];
simStateCompliance = 'UnknownSimState';

% mdlDerivatives（状态方程）
function sys=mdlDerivatives(t,x,u)
sys = u;

% mdlUpdate
function sys=mdlUpdate(t,x,u)
sys = [];

% mdlOutputs（输出方程）
function sys=mdlOutputs(t,x,u)
sys = x;

% mdlGetTimeOfNextVarHit
function sys=mdlGetTimeOfNextVarHit(t,x,u)
sampleTime = 1;                                %例如将下一次点击设置为 1s 后
sys = t + sampleTime;

% mdlTerminate
function sys=mdlTerminate(t,x,u)
sys = [];
```

7.4　本章小结

　　S 函数为 Simulink 的"系统"函数，是一种能够响应 Simulink 求解器命令的函数，并能采用非图形化的方法实现一个动态系统。利用 S 函数可以开发新的 Simulink 模块，可以与已有的代码相结合进行仿真，并能采用文本方式输入复杂的系统方程，M 文件 S 函数还可以扩展图形能力。

　　S 函数的语法结构是为实现一个动态系统而设计的（默认用法），本章选用的两个示例基于 S 函数模板进行编写，相对简单，可以帮助读者初步掌握 S 函数的编写方法。

第 8 章

系统运行与调试

系统仿真模型创建完成后即可进入仿真过程。在正式仿真启动前，需要仔细配置仿真系统的参数设置，如果设置不合理，仿真过程可能无法进行下去。Simulink 提供了强大的模型调试功能，支持图形用户界面调试模式，使得用户对模型的调试和跟踪更加方便。本章将讲解系统仿真的启动及仿真参数的设置过程，并讲解如何进行系统模型调试。

本章学习目标包括：

（1）掌握仿真过程的启动；

（2）掌握各种仿真参数的配置；

（3）掌握仿真模型调试方法；

（4）运用 Simulink 显示仿真信息和模型信息。

8.1 仿真参数配置

Simulink 支持接从模型窗口启动和命令行窗口启动两种不同的仿真启动方法。在 Simulink 仿真界面中通过选择 SIMULATION 选项卡 SIMULATE 选项组中的 ▶（启动）命令，可以启动仿真系统。也可以采用前面章节介绍的在命令行窗口中执行 sim 函数启动仿真。

在启动仿真系统前，需要对系统仿真参数进行设置，包括仿真起止时间、微分方程求解器、最大仿真步长等参数的设置。

8.1.1 求解器概述

Simulink 求解器是 Simulink 进行动态系统仿真的核心所在，掌握 Simulink 系统仿真原理必须了解 Simulink 的求解器。

1. 离散系统

离散系统的动态行为一般可以由差分方程描述。离散系统的输入与输出仅在离散的时刻上取值，系统状态每隔固定的时间才更新一次；而 Simulink 对离散系统的仿真核心是对离散系统差分方程的求解，因此，Simulink 可以做到对离散系统的绝对精确求解（除去有限的数据截断误差）。

在对纯粹的离散系统进行仿真时，需要选择离散求解器对其进行求解。选择 Simulink 仿真界面 MODELING 选项卡 SETUP 选项组中的 Model Settings 命令，将弹出 Configuration Parameters 对话框，在该对话框的 Solver selection 选项组中选择 Solver（求解器）下拉列表框中的 discrete（no continuous states）选项，即选择没有连续状态的离散求解器，便可以对离散系统进行精确的求解与仿真。

2. 连续系统

与离散系统不同，连续系统具有连续的输入与输出，且系统中一般都存在连续的状态设置。连续系统中存在的状态变量往往是系统中某些信号的微分或积分，因此连续系统一般由微分方程或与之等价的其他方式进行描述。这就决定了使用数字计算机不可能得到连续系统的精确解，而只能得到系统的数字解（即近似解）。

Simulink 在对连续系统进行仿真求解时，其核心是对系统微分或偏微分方程进行求解。因此，使用 Simulink 对连续系统进行求解仿真时所得到的结果均为近似解，只要此近似解在一定的误差范围内便可。对微分方程的数字求解有不同的近似解，因此 Simulink 的连续求解器有多种不同的形式，如变步长（Variable-step）求解器 ode45、ode23、ode113，定步长（Fixed-step）求解器 ode5、ode4、ode3 等。

采用不同的连续求解器会对连续系统的仿真结果与仿真速度产生不同的影响，通过设置具有一定的误差范围的连续求解器进行相应的控制后，一般不会对系统的性能分析产生较大的影响。

对于定步长连续求解器，并不存在误差控制的问题；只有采用变步长连续求解器，才会根据积分误差修改仿真步长。

在对连续系统进行求解时，仿真步长计算受到绝对误差与相对误差的共同控制；系统会自动选用对系统求解影响最小的误差对步长计算进行控制。只有在求解误差满足相应误差范围的情况下才可以对系统进行下一步仿真。

对于实际系统，很少有纯粹的离散系统或连续系统，大部分为混合系统。连续变步长求解器不仅考虑了连续状态的求解，而且也考虑了系统中离散状态的求解。

连续变步长求解器首先尝试使用最大步长（仿真起始时采用初始步长）进行求解，如果在这个仿真区间内有离散状态的更新，步长便减小到与离散状态的更新相吻合。

8.1.2 仿真参数设置

在使用 Simulink 进行动态系统仿真时，既可以直接将仿真结果输出到 MATLAB 基本工作空间中，也可以在仿真启动时刻从基本工作空间中载入模型的初始状态。

构建好一个系统的模型后，在运行仿真前，必须对仿真参数进行配置。仿真参数的设置包括仿真过程中的仿真算法、仿真的起始时刻、误差容限及错误处理方式等的设置，还可以定义仿真结果的输出和存储方式。

在需要设置仿真参数的模型窗口，选择 MODELING 选项卡 SETUP 选项组中的 Model Settings 命令，将弹出 Configuration Parameters（仿真参数设置）对话框。该对话框主要包括 Solver、Data Import/Export、Diagnostics 等参数设置，下面对部分参数进行介绍。

1. Solver（求解器）设置

Solver（求解器）主要完成对仿真的起止时间、仿真算法类型等的设置，如图 8-1 所示。

（1）Simulation time：仿真时间，设置仿真的时间范围。在 Start time 和 Stop time 输入框中输入新的数值改变仿真的起始时刻和终止时刻，默认 Start time 为 0.0，Stop time 为 10.0。

提示： 仿真时间与实际的时钟并不相同，前者是计算机仿真对时间的一种表示，后者是仿真的实际时间。如仿真时间为 1s，如果步长为 0.1s，则该仿真要执行 10 步，当然步长减小，总的执行时间会随之增加。仿真的实际时间取决于模型的复杂程度，算法及步长的选择，计算机的速度等诸多因素。

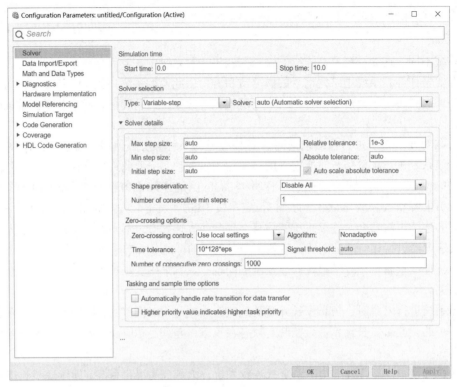

图 8-1　仿真参数对话框

（2）Solver selection：算法选项，用于选择仿真算法，并根据选择的算法对其参数及仿真精度进行设置。可选的算法有以下两种。

① Type：指定仿真步长的选取方式，包括 Variable-step（变步长）和 Fixed-step（定步长）。

② Solver：选择对应的模式下可以选用的仿真算法。

其中，Variable-step（变步长）模式下的仿真算法如图 8-2 所示，主要有以下几种。

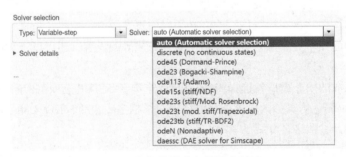

图 8-2　变步长模式下的仿真算法

① discrete（no continuous states）：适用于无连续状态变量的系统。

② ode45（Dormand-Prince）：四五阶龙格-库塔法，采用单步算法，适用于大多数连续或离散系统，不适用于刚性（stiff）系统。面对一个仿真问题通常先尝试该算法。

③ ode23（Bogacki-Shampine）：二三阶龙格-库塔法，在误差限要求不高或求解问题难度不大的情况下可能比 ode45 更有效，为单步算法。

④ ode113（Adams）：阶数可变算法，在误差容许要求严格的情况下通常比 ode45 有效，是一种多步算法，在计算当前时刻输出时，需要以前多个时刻的解。

⑤ ode15s（stiff/NDF）：是一种基于数值微分公式的算法，也是一种多步算法，适用于刚性系统，当要解决的问题比较困难、不能使用 ode45 或效果不太理想时，可以尝试使用该算法。

⑥ ode23s（stiff/Mod.Rosenbrock）：是一种专门应用于刚性系统的单步算法，在弱误差允许下的效果好于 ode15s。它能解决某些 ode15s 所不能有效解决的 stiff 问题。

⑦ ode23t（mod.stiff/Trapezoidal）：该算法适用于求解适度 stiff 的问题且需要一个无数字振荡的算法的情况。

⑧ ode23tb（stiff/TR-BDF2）：在较大的容许误差下可能比 ode15s 方法有效。

Fixed-step（定步长）模式下的仿真算法如图 8-3 所示，主要有以下几种。

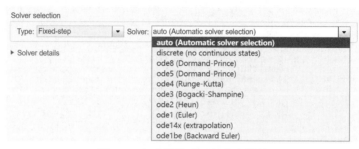

图 8-3　定步长模式下的仿真算法

① discrete（no continuous states）：固定步长的离散系统的求解算法，特别适用于不存在状态变量的系统。

② ode5（Dormand-Prince）：是 ode45 的固定步长版本，适用于大多数连续或离散系统，不适用于刚性系统。

③ ode4（Runge-Kutta）：采用四阶龙格-库塔法，具有一定的计算精度。

④ ode3（Bogacki-Shampine）：采用固定步长的二三阶龙格-库塔法。

⑤ ode2（Heun）：采用改进的欧拉法。

⑥ ode1（Euler）：采用欧拉法。

⑦ ode14x（extrapolation）：采用插值法。

变步长模式参数（Solver details）的部分选项含义如下。

① Max step size：决定算法能够使用的最大时间步长，默认为 auto（自动）。一般采用默认值即可。原则上对于超过 15s 的计算每秒至少保证 5 个采样点，对于超过 100s 的，每秒至少保证 3 个采样点。

② Min step size：算法能够使用的最小时间步长。

③ Intial step size：初始时间步长，一般采用 auto 即可。

④ Relative tolerance：相对误差，指误差相对于状态的值，是一个百分比，默认值为 1e-3，表示状态的计算值要精确到 0.1%。

⑤ Absolute tolerance：绝对误差，表示误差值的门限，即在状态值为零的情况下，可以接受的误差。如设为 auto，Simulink 将为每一个状态设置初始绝对误差为 1e-6。

2. Data Import/Export（数据输入/输出）设置

通过在 Data Import/Export 中进行参数设置，即可将仿真结果输出到 MATLAB 工作空间，也可以从工作空间载入模型的初始状态，如图8-4所示。

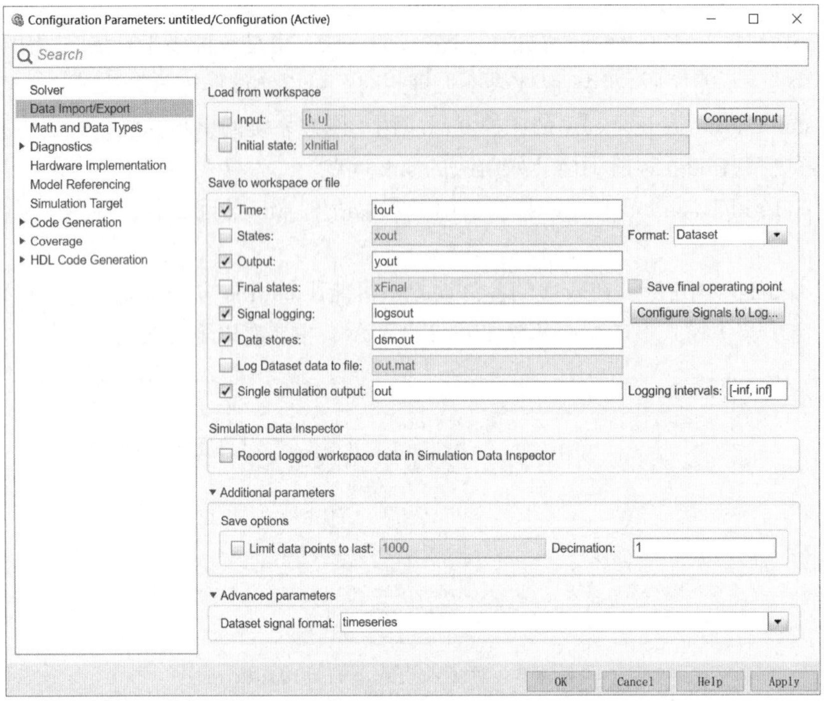

图 8-4　Data Import/Export 参数设置对话框

（1）Load from workspace：从工作空间载入数据。相关参数如下。

① Input：输入数据的变量名。

② Initial state：从 MATLAB 工作空间获得的状态初始值的变量名。模型将从 MATLAB 工作空间获取模型所有内部状态变量的初始值，而不考虑模块本身是否已设置。

该栏中输入的应为 MATLAB 工作空间已经存在的变量，变量的次序应与模块中各个状态中的次序一致。

（2）Save to workspace or file：保存结果到工作空间或输出到文件。主要参数说明如下。

① Time：时间变量名，存储输出到 MATLAB 工作空间的时间值，默认名为 tout。

② States：状态变量名，存储输出到 MATLAB 工作空间的状态值，默认名为 xout。

③ Output：输出变量名，如果模型中使用 Out 模块，那么就必须选择该栏。

④ Final states：最终状态值输出变量名，存储输出到 MATLAB 工作空间的最终状态值。

⑤ Format：设置保存数据的格式。

（3）Save options：变量保存选项。相关参数如下。

① Limit data points to last：保存变量的数据长度。

② Decimation：保存步长间隔，默认为1，即对每一个仿真时间点产生值都保存；若为2，则每隔一个仿真时刻才保存一个值。

3. Diagnostics（诊断）设置

Diagnostics 主要设置在仿真过程中出现错误或报警消息。在该项中进行适当的设置，可以定义是否需要显示相应的错误或报警消息。

如果模型在仿真过程中有错误产生，则 Simulink 在终止仿真的同时会打开仿真诊断查看器，如图8-5

所示。诊断查看器详细列出了模型仿真过程中出现的所有错误及错误消息说明，单击说明中蓝色的超链接区域，可以链接到模型中产生错误的具体位置。单击链接部分，将直接在模型中显示产生错误的元素。

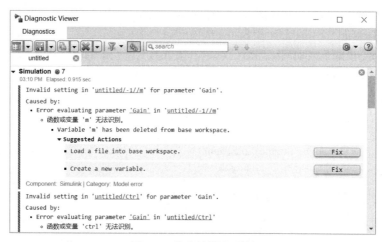

图 8-5　仿真诊断查看器

8.2　模型调试

Simulink 提供了模型调试器用于对模型的调试。在模型窗口中，选择 MODELING 选项卡 BREAKPOINTS 选项组中的 Breakpoints List → Debug Model，将弹出如图 8-6 所示的调试窗口（GUI 调试模式）。

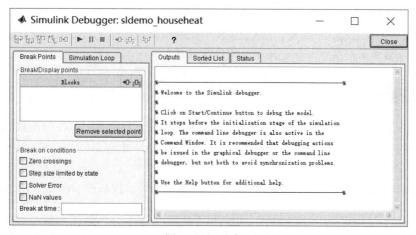

图 8-6　调试窗口

在 MATLAB 命令行窗口中利用 sldebug 命令或带有 debug 选项的 sim 命令也可以在启动模型时启动调试器（命令行接口）。如下面的两种命令均可以将文件名为 untitled 的模型装载到内存中，同时开始仿真，并在模型执行列表中的第一个模块处停止仿真，即：

```
>> sim('untitled',[0,10],simset('debug','on'))
```

或

```
>> sldebug 'untitled'
```

8.2.1　调试器 GUI 模式

调试器包括工具栏和左、右两个选项面板，左侧的选项面板包括 Break Points 和 Simulation Loop 选项卡，右侧的选项面板包括 Outputs、Sorted List 和 Status 选项卡。

在图形用户（GUI）模式下启动调试器时，可单击调试器工具栏中的 ▶（开始/继续）按钮开始仿真，Simulink 会在执行的第 1 个仿真方法处停止仿真，并在 Simulation Loop 选项卡中显示方法的名称，如图 8-7 所示。此时可以设置断点、单步运行仿真、继续运行仿真到下一个断点或终止仿真、检验数据或执行调试任务等。

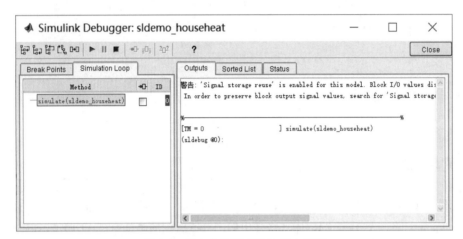

图 8-7　第 1 个仿真方法处停止仿真

提示： 在 GUI 模式下启动调试器时，MATLAB 命令行窗口中的调试器命令也被激活。但是，应避免使用命令行接口，以防止图形接口与命令行接口的同步错误。

8.2.2　调试器命令行模式

在调试器的命令行模式下，在 MATLAB 命令行窗口中输入调试器命令可以控制调试器，也可以使用调试器命令的缩写方式控制调试器。通过在 MATLAB 命令行中输入一个空命令（按 Enter 键）可以重复某些命令。

用命令行模式启动调试器时，方法名称不显示在调试器窗口中，而是显示在 MATLAB 命令窗口中。在 MATLAB 命令窗口中输入以下命令，可以显示调试信息：

```
>> sldebug 'sldemo_househeat'
%--------------------------------------------------------------%
[TM = 0                        ] simulate(sldemo_househeat)
(sldebug @0): >>              %按 Enter 键，重复命令
%--------------------------------------------------------------%
[TM = 0                        ] simulate(sldemo_househeat)
(sldebug @0): >>
```

命令后显示的调试器信息有以下几种。

（1）方法的 ID。

部分 Simulink 命令和消息使用方法的 ID 号表示方法。方法的 ID 号是一个整数，它是方法的索引值。

在仿真循环过程中第 1 次调用方法时就指定了方法的 ID 号, 调试器会顺序指定方法的索引值, 在调试器阶段第 1 次调用的方法以 0 开始, 以后依此类推。

（2）模块的 ID。

部分 Simulink 的调试器命令和消息使用模块的 ID 号表示模块。Simulink 在仿真的编译阶段就指定了模块的 ID 号, 同时生成模型中模块的排序列表。模块 ID 的格式为 "sid:bid", 这里, sid 是一个整数, 用来标识包含该模块的系统（或者是根系统, 或者是非纯虚系统）; bid 是模块在系统排序列表中的位置。例如, 模块索引 "0:1" 表示在模型根系统中的第 1 个模块。

调试器的 slist 命令可以显示被调试模型中每个模块的模块索引值。

（3）访问 MATLAB 工作区。

在 sldebug 调试命令提示中可以输入任何 MATLAB 表达式。例如, 假设此时在断点处, 用户正在把时间和模型的输出记录到 tout 和 yout 变量中, 那么执行下面的命令就可以绘制变量的曲线图:

```
(sldebug...)plot(tout,yout)
```

如果要显示的工作区变量的名与调试器窗口中输入的调试器命令部分相同或完全相同, 将无法显示这个变量的值, 但可以用 eval 命令解决这个问题。

例如, 需要访问的变量名与 sldebug 命令中的某些字母相同, 变量 s 是 step 命令名中的一部分, 那么在 sldebug 命令提示中使用 eval 键入 s 时, 显示的是变量 s 的值, 即:

```
(sldebug...)eval('s')
```

8.2.3 调试器命令

调试器命令如表 8-1 所示。表中的 "重复" 列表示在命令行中按 Enter 键时是否可以重复这个命令; "说明" 列则对命令的功能进行了简短的描述。

表 8-1 调试器命令

命　令	缩　写	重　复	说　明
animate	ani	否	使能/关闭动画模式
ashow	as	否	显示一个代数环
atrace	at	否	设置代数环跟踪级别
bafter	ba	否	在方法后插入断点
break	b	否	在方法前插入断点
bshow	bs	否	显示指定的模块
clear	cl	否	从模块中清除断点
continue	c	是	继续仿真
disp	d	是	当仿真结束时显示模块的I/O
ebreak	eb	否	在算法错误处使能或关闭断点
elist	el	否	显示方法执行顺序
emode	em	否	在加速模式和正常模式之间切换
etrace	et	否	使能或关闭方法跟踪
help	?或h	否	显示调试器命令的帮助

续表

命　令	缩　写	重　复	说　明
nanbreak	na	否	设置或清除非限定值中断模式
next	n	是	至下一个时间步的起始时刻
probe	p	否	显示模块数据
quit	q	否	中断仿真
rbreak	rb	否	当仿真要求重置算法时中断
run	r	否	运行仿真至仿真结束时刻
stimes	sti	否	显示模型的采样时间
slist	sli	否	列出模型的排序列表
states	state	否	显示当前的状态值
status	stat	否	显示有效的调试选项
step	s	是	步进仿真一个或多个方法
stop	sto	否	停止仿真
strace	i	否	设置求解器跟踪级别
systems	sys	否	列出模型中的非纯虚系统
tbreak	tb	否	设置或清除时间断点
trace	tr	是	每次执行模块时显示模块的I/O
undisp	und	是	从调试器的显示列表中删除模块
untrace	unt	是	从调试器的跟踪列表中删除模块
where	w	否	显示在仿真循环中的当前位置
xbreak	x	否	当调试器遇到限制算法步长状态时中断仿真
zcbreak	zcb	否	在非采样过零事件处触发中断
zclist	zcl	否	列出包含非采样过零的模块

8.2.4　调试器控制

对于 Simulink 调试器来说，无论选择 GUI 模式还是命令行模式，都可以从当前模型的任何悬挂时刻开始运行仿真至仿真结束、下一个断点、下一个模块、下一个时间步等时刻。

1. 连续运行仿真

调试器的 run 命令可以从仿真的当前时刻跳过插入的任何断点连续运行仿真至仿真终止时刻，在仿真结束时，调试器会返回到 MATLAB 命令行。若要继续调试模型，则必须重新启动调试器。

GUI 模式下不提供与 run 命令功能相同的图形用户版本，若要在 GUI 模式下连续运行仿真至仿真结束时刻，则必须首先清除所有的断点，然后单击 ▶（开始/继续）按钮。

2. 继续仿真

在 GUI 模式下，当调试器因任何原因将仿真过程悬挂起来时，它会将 ■（停止）按钮设置为红色，若要继续仿真，可单击 ▶（开始/继续）按钮。在命令行模式下，需要在 MATLAB 命令窗口中输入 continue 命令继续仿真，调试器会继续仿真至下一个断点处，或至仿真结束时刻。

3. 单步运行仿真

在调试器的 GUI 模式和命令行模式下可以单步运行仿真。

（1）在 GUI 模式下单步运行仿真。

在 GUI 模式下，用户可以利用调试器工具栏中的按钮控制仿真步进的量值。表 8-2 列出了调试器工具栏中的按钮及其作用。

表 8-2 调试器工具栏中的按钮及其作用

按钮	作　　用	按钮	作　　用
𝄃	步进到下一个方法	▪	停止仿真
𝄃	越过下一个方法	◀❑	在选择的模块前中断
𝄃	跳出当前方法	₂❑₂	执行时显示选择模块的输入和输出
𝄃	在开始下一个时间步时步进到第1个方法	²❑²	显示被选择模块的当前输入和输出
❑▪❑	步进到下一个模块方法	?	显示调试器帮助信息
▶	开始或继续仿真	Close	关闭调试器
‖	暂停仿真		

在 GUI 模式下利用调试器工具栏中的按钮单步运行仿真时，在每个步进命令结束后，调试器都会在 Simulation Loop 选项卡中高亮显示当前方法的调用堆栈。调用堆栈由被调用的方法组成，调试器会高亮显示调用堆栈中的方法名称。

同时，调试器会在其 Outputs 选项面板中显示输出的模块数据，输出的数据包括调试器命令说明和当前暂停仿真时模块的输入、输出及状态，命令说明将显示调试器停止时的当前仿真时间和仿真方法的名称及索引，如图 8-8 所示。

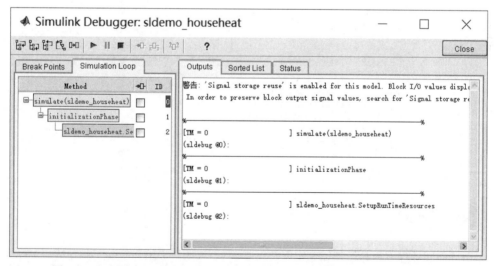

图 8-8 命令说明显示调试器停止时的当前仿真时间和仿真方法的名称及索引

（2）在命令行模式下单步运行仿真。

在命令行模式下，需要输入适当的调试器命令控制仿真量值。表 8-3 列出了在命令行模式下与调试器工具栏中的按钮功能相同的调试器命令。

表 8-3　在命令行模式下与调试器工具栏中的按钮功能相同的调试器命令

命　令	步进仿真
step [in into]	进入下一个方法，并在下一个方法中的第1个方法停止仿真；如果下一个方法中不包含任何方法，那么在下一个方法结束时停止仿真
step over	步进到下一个方法，直接或间接调用执行所有的方法
step out	至当前方法结束，执行由当前方法调用的任何其用户方法
step top	至下一个时间步的第1个方法（也就是仿真循环的起始处）
step blockmth	至执行的下一个模块方法，执行所有的层级模型和系统方法
next	同step over

在命令行模式下，采用 where 命令可以显示仿真方法调用堆栈。如果下一个方法是模块方法，那么调试器会把调试指针指向对应于该方法的模块；如果执行下一个方法的模块在子系统内，那么调试器会打开子系统，并将调试指针指向子系统框图中的模块。

（3）模块数据输出。

在执行完模块方法之后，调试器会在调试器窗口的 Output 选项面板（GUI 模式下）或在 MATLAB 命令行窗口（命令行模式下）中显示部分或全部的模块数据。这些模块数据如下。

① Un=v。v 是模块第 n 个输入的当前值。

② Yn=v。v 是模块第 n 个输出的当前值。

③ CSTATE=v。v 是模块的连续状态向量值。

④ DSTATE=v。v 是模块的离散状态向量值。

调试器也可以在 MATLAB 命令行窗口中显示当前时间、被执行的下一个方法的 ID 号和方法名称，以及执行该方法的模块名称。图 8-9 显示的是在命令行模式下使用步进命令后的调试器输出。

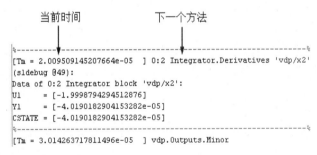

图 8-9　在命令行模式下使用步进命令后的调试器输出

8.3　设置断点

Simulink 调试器允许设置仿真执行过程中的断点，然后利用调试器的 continue 命令从一个断点到下一个断点逐段运行仿真。调试器还可以定义无条件断点和有条件断点。对于无条件断点，无论何时在仿真过程中到达模块或时间步时，该断点都会出现；而有条件断点只有在仿真过程中满足指定的条件时才会出现。

当已掌握程序中的问题或希望当特定的条件发生时中断仿真，断点变得非常有用。通过定义合适的断点，并利用 continue 命令，可以使仿真立即跳到程序出现问题的位置上。

8.3.1　无条件断点

通过调试器工具栏、Simulation Loop 选项卡和 MATLAB 命令行窗口（只适用于命令行模式）可以设置无条件断点。

1. 从调试器工具栏中设置断点

在 GUI 模式下，选择要设置断点的模块，单击调试器工具栏上的 ▪□▪（设置断点）按钮，即可设置断点，调试器会在 Break Points 选项卡下的 BreakDisplay points 选项组中显示被选中模块的名称，如图 8-10 所示。

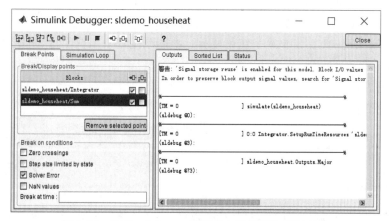

图 8-10　在 Break Points 选项卡中选择模块显示名称

取消选中断点列中的复选框可以临时关闭模块中的断点，如果要清除模块中的断点或从面板中删除某个断点，可先选择该断点，然后单击 Remove selected point 按钮。

提示：纯虚模块的功能为单纯的图示功能，只表示在模型计算中模块的成组集合或模块关系，因此不能在该类模块上设置断点，如果试图设置断点，调试器会发出警告。利用 slist 命令可以获得模型中的非纯虚模块列表。

2. 从 Simulation Loop 选项卡中设置断点

若要在 Simulation Loop 选项卡中显示的特定方法中设置断点，可选中断点列表中该方法名称旁的复选框，如图 8-11 所示。若要清除断点，可不选中这个复选框。

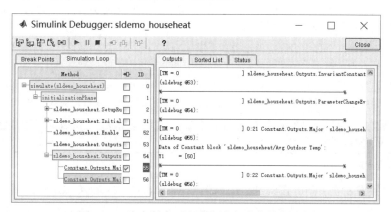

图 8-11　选中断点列表中方法名称旁的复选框

Simulation Loop 选项面板包含 3 列。

（1）Method 列：Method 列列出了在仿真过程中目前为止已调用的方法，这些方法以树状结构排列，单击列表中的节点可以展开/关闭树状排列。排列中的每个节点表示一个方法，展开这个节点就显示出它所调用的其用户方法。

树状结构中的模块方法名称是超链接的，名称中都标有下画线，单击模块方法名称后会在框图中高亮显示相应的模块。

无论何时停止仿真，调试器都会高亮显示仿真终止时的方法名称，也会高亮显示直接或间接调用该方法的方法名称，这些被高亮显示的方法名称表示了仿真器方法调用堆栈的当前状态。

（2）断点列：断点列由复选框组成，选中复选框就表示在复选框左侧显示的方法中设置了断点。

当设置调试器为动画模式时，调试器呈灰色显示，并关闭断点列，这样可以防止用户设置断点，也表示动画模式忽略已存在的断点。

（3）ID 列：ID 列列出了 Method 列中方法的 ID 号。

3. 从MATLAB命令行窗口中设置断点

在命令行模式下，利用 break 或 bafter 命令可以分别在指定的方法前或方法后设置断点。clear 命令可用来清除断点。

8.3.2 有条件断点

在调试器窗口中的 Break on conditions 区域内可以设置依条件执行的断点（只在 GUI 模式下），如图 8-12 所示。

在命令行模式下，可以输入调试命令设置适当的断点。表 8-4 列出了设置不同断点的调试命令。调试器可以设置的有条件断点包括极值处、限步长处和过零处。

图 8-12　设置断点选项

表 8-4　设置不同断点的调试命令

命　令	说　明
tbreak [t]	该命令用来在指定的时间步处设置断点，如果该处的断点已经存在，则该命令可以清除断点。如果不指定时间，则该命令会在当前时间步上设置或清除断点
ebreak	该命令用来在求解器出现错误时使能（或关闭）断点。如果求解器检测到模型中有一个可修复的错误，那么利用这个命令可以终止仿真。如果用户不设置断点或关闭了断点，那么求解器会修复这个错误，并继续仿真，但不会把错误通知给用户
nanbreak	无论何时当仿真过程中出现数值上溢、下溢（NaN）或无限值（Inf）时，利用这个命令可以令调试器中断仿真。如果设置了这个断点模式，则使用该命令可以清除这种设置
xbreak	当调试器遇到模型中有限制仿真步长的状态，而这个仿真步长又是求解器所需要的，那么利用这个命令可以暂停仿真。如果xbreak模式已经设置，再次使用该命令则可以关闭该模式
zcbreak	当在仿真时间步之间发生过零时，利用这个命令可以中断仿真。如果zcbreak模式已经设置，再次使用该命令则可以关闭该模式

（1）在时间步处设置断点。

若要在时间步上设置断点，则可在调试器窗口的 Break at time 输入框（GUI 模式下）内输入时间，或者用 tbreak 命令输入时间，这会使调试器在模型的 Outputs.Major 方法中指定时间处的第 1 个时间步的起始时刻即停止仿真。例如，在调试模式下启动 sldemo_househeat 模型：

```
>> sldebug 'sldemo_househeat'
%------------------------------------------------------------------%
[TM = 0                    ] simulate(sldemo_househeat)
(sldebug @0): >>
```

继续输入下列命令：

```
(sldebug @0): >> tbreak 6
Time break point                          : enabled (t>=6.0)

(sldebug @0): >> continue
Interrupting model execution at time break point (tbreak 6)
%------------------------------------------------------------------%
[Tm = 6.0716937537164535     ] sldemo_househeat.Outputs.Minor
(sldebug @107): >> quit
```

该命令会使调试器在时间步 6.07 处的 sldemo_househeat.Outputs.Minor 方法中暂停仿真。这个时间值是由 continue 命令指定的。

（2）在无限值处中断。

当仿真的计算值是无限值或者超出了运行仿真的计算机所能表示的数值范围时，选择调试器窗口中的 NaN values 复选项，或者输入 nanbreak 命令都可以令调试器中断仿真。这个选项对于指出 Simulink 模型中的计算错误是非常有用的。

（3）在限步长处中断。

当模型使用变步长求解器，而且求解器在计算时遇到了限制其步长选择的状态时，选择调试器窗口中的 Step size limited by state 复选项或者输入 xbreak 命令都可以使调试器中断仿真。当仿真的模型在解算时要求过多的仿真步数时，这个命令在调试模型时就非常有用了。

（4）在过零处中断。

当模型中包含了可能产生过零的模块，而 Simulink 又检测出了非采样过零时，那么选中调试器窗口中的 Zero crossings 复选框或输入 zcbreak 命令都会使调试器中断仿真。之后，Simulink 会显示出模型中出现过零的位置、时间和类型（上升沿或下降沿）。

例如，下面的语句在 zeroxing 模型执行的开始时刻设置过零中断：

```
%------------------------------------------------------------------%
[TM = 0                    ] simulate(zeroxing)
(sldebug @0): >> zcbreak
Break at zero crossing events             : enabled

(sldebug @0): >>
```

输入 continue 命令继续仿真，则在 TZ=0.4 时检测到上升过零：

```
(sldebug @0): >> continue
Interrupting model execution before running mdlOutputs at the left post of (major time
step just before) zero crossing event detected at the following location:
  6[-0] 0:4:2 Saturate  'zeroxing/Saturation'
%------------------------------------------------------------------%
```

```
[TzL= 0.34350110879328083   ] zeroxing.Outputs.Major
(sldebug @20): >>
```

如果模型不包括能够产生非采样过零点的模块，该命令将输出一条提示消息。

（5）在求解器错误处中断。

如果求解器检测到在模型中出现了可以修复的错误，那么可以选中调试器窗口中的 Solver Errors 复选框，或在 MATLAB 命令行窗口中输入 ebreak 命令终止仿真。

如果不设置或者关闭该断点，那么求解器会修复这个错误，并继续进行仿真，但这个错误消息不会通知给用户。

8.4 仿真信息显示

Simulink 调试器提供了一组命令，可用来显示模块状态、模块的输入和输出，以及在模型运行时的其用户信息。

8.4.1 显示模块 I/O

如果希望显示模型中的输入/输出信息，可以使用 Simulink 调试器工具栏上的 ⬚（观察模块 I/O）按钮和 ⬚（显示模块 I/O）按钮，或使用表 8-5 中的调试器命令显示模块的 I/O。

表 8-5　显示模块I/O的调试器命令

命　　令	显示模块的I/O
probe	立即显示
disp	在每个断点处显示
trace	无论何时执行模块均显示

（1）显示被选择模块的 I/O。

若要显示模块的 I/O，可先选择模块，在 GUI 模式下单击 ⬚（显示模块 I/O）按钮，或在命令行模式下输入 probe 命令。该命令的使用说明见表 8-6。

表 8-6　显示模块I/O的probe命令

命　　令	显示模块的I/O
probe	进入或退出probe模式。在probe模式下，调试器会显示用户在模型框图中选择的任一模块的输入和输出，在键盘上输入任一命令都会使调试器退出probe模式
Probe gcb	显示被选择模块的I/O
Probe s:b	打印由系统号s和模块号b指定的模块的I/O

调试器会在调试器的 Outputs 输出面板（GUI 模式下）或 MATLAB 命令窗口中打印所选择模块的当前输入、输出和状态。

当需要检验模块的 I/O，且其 I/O 没有显示时，probe 命令非常有用。例如，假设正使用 step 命令逐个方法运行模型，那么，当每次步进仿真时，调试器都会显示当前模块的输入和输出。当然，probe 命令也可以检验其用户模块的 I/O。

（2）自动在断点处显示模块的 I/O。

无论何时中断仿真，利用 disp 命令都可以使调试器自动显示指定模块的输入和输出。用户可以通过输入模块的索引值指定模块，或通过在框图中选择模块，并用 gcb 作为 disp 命令的变量的方式指定模块。

用户还可以利用 undisp 命令从调试器的显示列表中删除任意模块。例如，若要删除模块 0:0，可以在框图中选择这个模块，并输入 undisp gcb 命令，或只简单地输入 undisp 0:0 命令即可。

注意：自动在断点处显示模块的 I/O 功能在调试器的 GUI 模式下是不能使用的。当需要在仿真过程中监视特定模块或一组模块的 I/O 时，disp 命令是非常有用的。利用 disp 命令用户可以指定需要监测的模块，那么在每一步仿真时，调试器都会重新显示这些模块的 I/O。

提示：使用 step 命令，当逐个模块地步进模型时，调试器总是显示当前模块的 I/O。因此，如果只需观测当前模块的 I/O，则不必使用 disp 命令。

（3）观测模块的 I/O。

若要观测模块，可首先选择这个模块，然后在调试器工具栏中单击 ⌗ （观察模块 I/O）按钮或输入 trace 命令。

在 GUI 模式下，如果在模块中存在断点，那么用户也可以通过在 BreakDisplay points 选项组中选中 ⌗ （观测列）中模块的复选框观测模块。

在命令行模式下，用户可以在 trace 命令中通过指定模块的索引值指定模块，也可以用 untrace 命令从调试器的跟踪列表中删除模块。

无论何时执行模块，调试器都会显示被观测模块的 I/O，观测模块可以使用户不必终止仿真就获得完整的模块 I/O 记录。

8.4.2　显示代数环信息

Simulink 中的 atrace 调试命令用来设置代数环的跟踪级别，它可以使调试器在每次解算代数环时显示模型的代数环信息。这个命令只有一个变量，该变量用来指定所显示的信息量。

atrace 命令的语法为 atrace level，变量 level 表示跟踪级别，0 表示没有信息，4 表示显示所有信息。表 8-7 是 atrace 命令的使用描述。

表 8-7　显示仿真中代数环信息的atrace命令

命 令	显示的代数环信息
atrace 0	无信息
atrace 1	显示循环变量的结果、要求解算循环的迭代次数及估计的求解误差
atrace 2	与atrace1相同
atrace 3	与atrace2相同，但还显示用来解算循环的雅可比矩阵
atrace 4	与atrace3相同，但还显示循环变量的中间结果

8.4.3　显示系统状态

Simulink 中的 states 调试命令可以在 MATLAB 命令窗口中列出系统状态的当前值。例如，下面的命令行显示的是 Simulink 中的弹球演示程序（bounce）在执行完第 1 个和第 2 个时间步后的系统状态：

```
>> sldebug sldemo_bounce
%------------------------------------------------------------------%
[TM = 0                    ] simulate(sldemo_bounce)
(sldebug @0): >> step top
%------------------------------------------------------------------%
[TM = 0                    ] sldemo_bounce.Outputs.Major
(sldebug @19): >> next
%------------------------------------------------------------------%
[TM = 0                    ] sldemo_bounce.Update
(sldebug @25): >> states

Continuous States for 'sldemo_bounce':
Idx  Value                 (system:block:element  Name  'BlockName')
  0. 10         (0:3:0  CSTATE  '(sldemo_bounce/Second-Order  Integrator).(Position)')
  1. 15         (0:3:0  CSTATE  '(sldemo_bounce/Second-Order  Integrator).(Velocity)')

(sldebug @25): >> next
%------------------------------------------------------------------%
[Tm = 0                    ] solverPhase
(sldebug @28): >> states

Continuous States for 'sldemo_bounce':
Idx  Value                 (system:block:element  Name  'BlockName')
  0. 10         (0:3:0  CSTATE  '(sldemo_bounce/Second-Order  Integrator).(Position)')
  1. 15         (0:3:0  CSTATE  '(sldemo_bounce/Second-Order  Integrator).(Velocity)')

(sldebug @28): >> next
%------------------------------------------------------------------%
[TM = 0.01                 ] sldemo_bounce.Outputs.Major
(sldebug @19): >> states

Continuous States for 'sldemo_bounce':
Idx  Value                 (system:block:element  Name  'BlockName')
  0. 10.1495095  (0:3:0  CSTATE  '(sldemo_bounce/Second-Order  Integrator).(Position)')
  1. 14.9019     (0:3:0  CSTATE  '(sldemo_bounce/Second-Order  Integrator).(Velocity)')
```

8.4.4 显示求解器信息

如果模型中有微分方程，那么它有可能造成仿真的性能下降，此时可以利用 strace 命令确定模型中产生这个问题的具体位置。在运行仿真或步进仿真的过程中，使用这个命令可以在 MATLAB 命令窗口中显示与求解算法相关的信息。

这些信息包括求解器使用的步长、由步长带来的估算误差、步长是否满足模型指定的精度、求解器的重置时间等。事实上，这些信息对用户来说可能非常有用，因为它可以帮助用户确定其为模型选择的求解器算法是否合适，是否还有其他能够缩短模型仿真时间的算法。

strace 命令中的参数可以设置求解器的跟踪级别，这样求解器就会根据用户设置的级别在 MATLAB 命令行窗口中显示相应的诊断信息。该命令的语法格式如下：

```
strace level
```

其中，level 参数是跟踪级别，可以设置为 0 或 1，0 表示不显示跟踪信息，1 表示显示所有跟踪信息，包括时间步、积分步、过零及算法重置。

当设置跟踪级别为 1 时，调试器中会显示主要和次要时间步的开始时间：

```
[TM = 13.21072088374186 ] Start of Major Time Step
[Tm = 13.21072088374186 ] Start of Minor Time Step
```

调试器还会显示一些积分信息，包括积分方法的开始时间、步长、误差及状态索引值：

```
[Tm = 13.21072088374186 ] [H = 0.2751116230148764 ] Begin Integration Step
[Tf = 13.48583250675674 ] [Hf = 0.2751116230148764 ] Fail  [Er = 1.0404e+000]
    [Ix = 1]
[Tm = 13.21072088374186 ] [H = 0.2183536061326544 ] Retry
[Ts = 13.42907448987452 ] [Hs = 0.2183536061326539 ] Pass  [Er = 2.8856e-001]
    [Ix = 1]
```

进行过零检测时，调试器会在产生过零时显示迭代搜索算法的有关信息。这些信息包括过零时间、过零检测算法的步长、过零的时间间隔，以及过零的上升或下降标识：

```
[Tz = 3.615333333333301 ] Detected 1 Zero Crossing Event 0[F]
                  Begin iterative search to bracket zero crossing event
[Tz = 3.621111157580072 ] [Hz = 0.005777824246771424 ] [Iz = 4.2222e-003] 0[F]
[Tz = 3.621116982080098 ] [Hz = 0.005783648746797265 ] [Iz = 4.2164e-003] 0[F]
[Tz = 3.621116987943544 ] [Hz = 0.005783654610242994 ] [Iz = 4.2163e-003] 0[F]
[Tz = 3.621116987943544 ] [Hz = 0.005783654610242994 ] [Iz = 1.1804e-011] 0[F]
[Tz = 3.621116987949452 ] [Hz = 0.005783654616151157 ] [Iz = 5.8962e-012] 0[F]
[Tz = 3.621116987949452 ] [Hz = 0.005783654616151157 ] [Iz = 5.1514e-014] 0[F]
                  End iterative search to bracket zero crossing event
```

当解算器重置时，调试器将显示解算器重置的时间：

```
[Tr = 6.246905153573676 ] Process Solver Reset
[Tr = 6.246905153573676 ] Reset Zero Crossing Cache
[Tr = 6.246905153573676 ] Reset Derivative Cache
```

8.4.5 显示模型中模块的执行顺序

在模型初始化阶段，Simulink 在仿真开始运行时就确定了模块的执行顺序。在仿真过程中，Simulink 支持按执行顺序排列这些模块，因此，这个列表也就被称为排序列表。

在 GUI 模式下，调试器在 Sorted List 选项卡中显示被排序和执行的模型主系统和每个非纯虚子系统，每个列表列出了子系统所包含的模块，这些模块根据模块的计算依赖性、字母顺序和其用户模块的排序规则进行排序。

这个信息对于简单系统来说可能并不重要，但对大型、多速率系统非常重要，如果系统中包含了代数环，那么代数环中涉及的模块都会在这个窗口中显示出来。

图 8–13 是调试 vdp 模型时在调试器的 Sorted List 选项卡中显示的被排序的模块列表，列表中显示了模块的索引值 ID 号，该 ID 号可以作为某些调试器命令的参数。

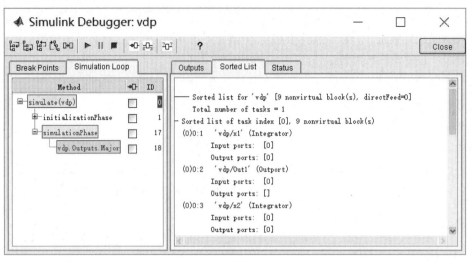

图 8-13　被排序的模块列表

在命令行模式下，采用 slist 命令可以在 MATLAB 的命令窗口中显示模型中模块的执行顺序，包括模块的索引值。

如果模块属于一个代数环，那么 slist 命令会在排序列表中模块的记录条目上显示一个代数环标识符，标识符的格式如下：

```
algId=s#n
```

这里，s 是包含代数环的子系统的索引值，n 是子系统内代数环的索引值。例如，下面的 Integrator 模块的记录条目表示该模块参与了主模型中的第 1 个代数循环：

```
0:1 'test/ss/I1' (Integrator, tid=0) [algId=0#1, discontinuity]
```

当调试器运行时，利用调试器中的 ashow 命令可以高亮显示该模块和组成代数环的线。

8.4.6　显示系统或模块

为了在模型框图中确定指定索引值的模块，可在命令提示符中输入"bshow s:b"。这里，"s:b"是模块的索引值，bshow 命令用来打开包含该模块的系统（如果需要），并在系统窗口中选择模块。

1. 显示模型中的非纯虚系统

Simulink 中的 systems 命令用来显示一列被调试模型中的非纯虚系统。例如，显示 sldemo_clutch 演示模型中的非纯虚系统命令如下：

```
>> openExample('sldemo_clutch')
>> set_param(gcs, 'OptimizeBlockIOStorage','off')
>> sldebug sldemo_clutch
%------------------------------------------------------------------%
[TM = 0                   ] simulate(sldemo_clutch)
(sldebug @0): >> systems
Nonvirtual subsystems in model 'sldemo_clutch':
 0   'sldemo_clutch/Locked'
 1   'sldemo_clutch/Unlocked'
```

```
    2  'sldemo_clutch'

(sldebug @0): >>
```

提示：systems 命令不会列出实际为纯图形的子系统，即模型图把这些子系统表示为 Subsystem 模块，而 Simulink 则把这些子系统作为父系统的一部分进行求解。

在 Simulink 模型中，根系统和触发子系统或使能子系统都是实系统，而所有用户的子系统都是虚系统（即图形系统），因此，这些系统不会出现在 systems 命令生成的列表中。

2. 显示模型中的非纯虚模块

Simulink 中的 slist 命令用来显示一列模型中的非纯虚模块，显示列表按系统分组模块。例如，显示 sldemo_clutch 演示模型中的非虚拟模块的命令如下：

```
(sldebug @0): >> slist

---- Sorted list for 'sldemo_clutch' [46 nonvirtual block(s), directFeed=0]
    Total number of tasks = 1
- Sorted list of task index [0], 46 nonvirtual block(s)
  (0)0:1  'sldemo_clutch/Clutch Pedal' (FromWorkspace)
        Input ports:  []
        Output ports: [0]
  (0)0:2  'sldemo_clutch/Friction Model/Torque Conversion' (Gain)
        Input ports:  [0]
        Output ports: [0]
        ...                                          %中间省略

----- Task Index Legend -----
Task Index [0]: Cont   FiM
-----------------------------

(sldebug @0): >>
```

3. 显示带有潜在过零的模块

Simulink 中的 zclist 命令用来显示在仿真过程中可能出现非采样过零的模块。

4. 显示代数循环

Simulink 中的 ashow 命令用来高亮显示特定的代数环或包括指定模块的代数环。若要高亮显示特定的代数环，可输入"ashows#n"命令，这里，s 是包含这个代数环的系统索引值，n 是系统中代数环的索引值。若要显示包含当前被选择模块的代数环，可输入 ashowgcb 命令。

若要显示包含指定模块的代数环，可输入"ashows:b"命令，这里，"s:b"是模块的索引值。若要取消模型图中代数环的高亮显示，可输入 ashowclear 命令。

5. 显示调试器状态

在 GUI 模式下，可以利用调试器的 Status 选项卡显示调试器状态。它包括调试器的选项值和其用户的状态信息，如图 8-14 所示。在命令行模式下，Simulink 中的 status 命令用来显示调试器的状态设置。

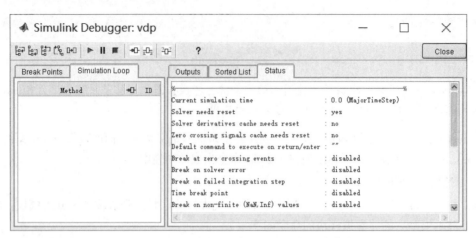

图 8-14　调试器的选项值和其用户的状态信息

8.5　本章小结

　　系统模型创建完成后，就需要对模型进行参数设置并进行模型仿真，根据仿真结果返回调试仿真参数。模型建立后会存在各种问题，因此仿真前还需要对模型进行调试。本章讲述了模型的运行前的参数配置、执行方法、结果显示等内容，同时对 Simulink 模型仿真过程中的一些调试方法进行了简单讲解，包括调试器的控制、仿真信息的显示等。掌握本章的内容，可以帮助读者解决模型创建过程中遇到问题。

第二部分
Simulink 系统仿真应用

第 9 章

控制系统仿真基础

控制系统 Simulink 仿真的主要内容包括控制系统的数学模型、基本原理和分析方法、仿真算法分析、数字仿真的实现、仿真工具等。良好的控制系统对控制器要求较低，系统的复杂度是影响系统稳定性因素之一，因此对于 Simulink 系统仿真，有必要对控制系统进行熟知和掌握其稳定性判据。

本章学习目标包括：

（1）掌握 MATLAB 控制系统的频率域分析；

（2）掌握 MATLAB 幅相频率分析；

（3）掌握 MATLAB 对数频率特性分析；

（4）掌握开环系统 Bode 图、奈奎斯特频率稳定判据分析、稳定裕度分析。

9.1　控制系统频域分析

时域分析法具有直观、准确的优点，如果描述系统的微分方程是一阶或二阶的，求解后可利用时域指标直接评估系统的性能。然而实际系统往往都是高阶的，要建立和求解高阶系统的微分方程比较困难，按照给定时域指标设计高阶系统也不易实现。

频域分析法是基于频率特性或频率响应对系统进行分析和设计的一种图解方法，故又称频率响应法，该方法具有以下优点。

（1）只根据系统的开环频率特性，就可以判断闭环系统是否稳定。

（2）由系统的频率特性所确定的频域指标与系统的时域指标之间存在着一定的对应关系，而系统的频率特性又很容易和它的结构、参数联系起来，因此可以根据频率特性曲线的形状去选择系统的结构和参数，使之满足时域指标的要求。

（3）频率特性不但可由微分方程或传递函数求得，还可以用实验方法求得。这对于某些难以用机理分析方法建立微分方程或传递函数的元件（或系统）具有重要意义。频率法应用广泛，它也是经典控制理论中的重点内容。

9.1.1　频率特性的定义

频率特性可通过图 9-1 所示的 RC 电路进行分析。

设电路的输入、输出电压分别为 $u_r(t)$ 和 $u_c(t)$，电路的传递函数为：

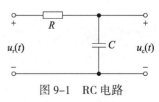

图 9-1　RC 电路

$$u_r(t) G(s) = \frac{U_c(s)}{U_r(s)} = \frac{1}{Ts+1}$$

其中，$T = RC$ 为电路的时间常数。

若给电路输入一个振幅为 X、频率为 ω 的正弦信号，即：

$$u_r(t) = X \sin \omega t$$

当初始条件为 0 时，输出电压的拉普拉斯变换为

$$U_c(s) = \frac{1}{Ts+1} U_r(s) = \frac{1}{Ts+1} \cdot \frac{X\omega}{s^2+\omega^2}$$

对上式取拉普拉斯反变换，得出输出时域解为

$$u_c(t) = \frac{XT\omega}{1+T^2\omega^2} e^{-\frac{t}{T}} + \frac{X}{\sqrt{1+T^2\omega^2}} \sin\left(\omega t - \arctan T\omega\right)$$

上式右端第 1 项是瞬态分量，第 2 项是稳态分量。当 $t \to \infty$ 时，第 1 项趋于 0，电路稳态输出为：

$$u_{cs}(t) = \frac{X}{\sqrt{1+T^2\omega^2}} \sin\left(\omega t - \arctan T\omega\right) = B \sin\left(\omega t + \varphi\right)$$

其中，$B = \dfrac{X}{\sqrt{1+T^2\omega^2}}$ 为输出电压的振幅；φ 为 $u_c(t)$ 与 $u_r(t)$ 之间的相位差。

上式表明，RC 电路在正弦信号 $u_r(t)$ 作用下，过渡过程结束后，输出的稳态响应仍是一个与输入信号同频率的正弦信号，只是幅值变为输入正弦信号幅值的 $1/\sqrt{1+T^2\omega^2}$ 倍，相位则滞后了 $\arctan T\omega$。

上述结论具有普遍意义。事实上，一般线性系统（或元件）输入正弦信号 $x(t) = X \sin \omega t$ 的情况下，系统的稳态输出（即频率响应）$y(t) = Y \sin(\omega t + \varphi)$ 也一定是同频率的正弦信号，只是幅值和相角不同。

如果对输出、输入正弦信号的幅值比 $A = Y/X$ 和相角差 φ 做进一步研究，则不难发现，在系统结构参数给定的情况下，A 和 φ 仅仅是 ω 的函数，它们反映出线性系统在不同频率下的特性，分别称为幅频特性和相频特性，分别以 $A(\omega)$ 和 $\varphi(\omega)$ 表示。

由于输入、输出信号（稳态时）均为正弦函数，故可用电路理论的符号法将其表示为复数形式，即输入为 $X e^{j0}$；输出为 $Y e^{j\varphi}$。则输出与输入的复数之比为

$$\frac{Y e^{j\varphi}}{X e^{j0}} = \frac{Y}{X} e^{j\varphi} = A(\omega) e^{j\varphi(\omega)}$$

这正是系统（或元件）的幅频特性和相频特性。通常将幅频特性 $A(\omega)$ 和相频特性 $\varphi(\omega)$ 统称为系统（或元件）的频率特性。

综上所述，可对频率特性定义如下：线性定常系统（或元件）的频率特性是零初始条件下稳态输出正弦信号与输入正弦信号的复数比。用 $G(j\omega)$ 表示，则有

$$G(j\omega) = A(\omega) e^{j\varphi(\omega)} = A(\omega) \angle \varphi(\omega)$$

频率特性描述了在不同频率下系统(或元件)传递正弦信号的能力。

除了用指数或辐角形式描述以外，频率特性 $G(j\omega)$ 还可用实部和虚部形式描述，即

$$G(j\omega) = P(\omega) + jQ(\omega)$$

其中，$P(\omega)$ 和 $Q(\omega)$ 分别称为系统(或元件)的实频特性和虚频特性。

幅频、相频特性与实频、虚频特性之间的关系如图 9-2 所示。

由图 9-2 中几何关系可知，幅频、相频特性与实频、虚频特性之间的关系为

$$P(\omega) = A(\omega)\cos\varphi(\omega)$$

$$Q(\omega) = A(\omega)\sin\varphi(\omega)$$

$$A(\omega) = \sqrt{P^2(\omega) + Q^2(\omega)}$$

$$\varphi(\omega) = \arctan\frac{Q(\omega)}{P(\omega)}$$

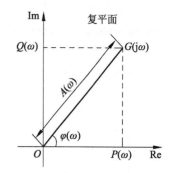

图 9-2　幅频、相频特性与实频、
虚频特性之间的关系

9.1.2　频率特性和传递函数的关系

设系统的输入信号、输出信号分别为 $x(t)$ 和 $y(t)$，其拉普拉斯变换分别为 $X(s)$ 和 $Y(s)$，系统的传递函数可以表示为

$$G(s) = \frac{Y(s)}{X(s)} = \frac{M(s)}{(s+p_1)(s+p_2)\cdots(s+p_n)}$$

其中，$M(s)$ 表示 $G(s)$ 的分子多项式；$-p_1, -p_2, \cdots, -p_n$ 为系统传递函数的极点。为方便讨论且不失一般性，设所有极点都是互不相同的实数。

在正弦信号 $x(t) = X\sin\omega t$ 作用下，由上式可得输出信号的拉普拉斯变换为

$$Y(s) = \frac{M(\omega)}{(s+p_1)(s+p_2)\cdots(s+p_n)} \cdot \frac{X\omega}{(s+\mathrm{j}\omega)(s-\mathrm{j}\omega)}$$

$$= \frac{C_1}{s+p_1} + \frac{C_2}{s+p_2} + \cdots + \frac{C_n}{s+p_n} + \frac{C_a}{s+\mathrm{j}\omega} + \frac{C_{-a}}{s-\mathrm{j}\omega}$$

其中，$C_1, C_2, \cdots, C_n, C_a, C_{-a}$ 均为待定系数。

对上式求拉普拉斯反变换，可得输出为

$$y(t) = C_1\mathrm{e}^{-p_1 t} + C_2\mathrm{e}^{-p_2 t} + \cdots + C_n\mathrm{e}^{-p_n t} + C_a\mathrm{e}^{\mathrm{j}\omega} + C_{-a}\mathrm{e}^{-\mathrm{j}\omega}$$

假设系统稳定，当 $t \to \infty$ 时，上式右端除了最后两项外，其余各项都将衰减至 0。所以 $y(t)$ 的稳态分量为

$$y_s(t) = \lim_{t\to\infty} y(t) = C_a\mathrm{e}^{\mathrm{j}\omega} + C_{-a}\mathrm{e}^{-\mathrm{j}\omega}$$

其中，系数 C_a 和 C_{-a} 分别为

$$C_a = G(s)\frac{X\omega}{(s+\mathrm{j}\omega)(s-\mathrm{j}\omega)}(s+\mathrm{j}\omega)\bigg|_{s=-\mathrm{j}\omega} = -\frac{G(-\mathrm{j}\omega)X}{2\mathrm{j}}$$

$$C_{-a} = G(s)\frac{X\omega}{(s+\mathrm{j}\omega)(s-\mathrm{j}\omega)}(s-\mathrm{j}\omega)\bigg|_{s=\mathrm{j}\omega} = \frac{G(\mathrm{j}\omega)X}{2\mathrm{j}}$$

$G(j\omega)$ 是复数，可写为

$$G(j\omega) = \left| G(j\omega) \right| \cdot e^{j\angle G(j\omega)} = A(\omega) \cdot e^{j\varphi(\omega)}$$

$G(j\omega)$ 与 $G(-j\omega)$ 共轭，故有

$$G(-j\omega) = A(\omega) \cdot e^{-j\varphi(\omega)}$$

因此系数 C_a 和 C_{-a} 也可表示为

$$C_a = -\frac{X}{2j} A(\omega) e^{-j\varphi(\omega)}$$

$$C_{-a} = -\frac{X}{2j} A(\omega) e^{j\varphi(\omega)}$$

再将 C_a 和 C_{-a} 代入 $y(t)$ 的稳态分量 $y_s(t)$，即

$$y_s(t) = A(\omega)X \frac{e^{j[\omega t+\varphi(\omega)]} - e^{j[\omega t+\varphi(\omega)]}}{2j} = A(\omega)X\sin[\omega t+\varphi(\omega)] = Y\sin[\omega t+\varphi(\omega)]$$

根据频率特性的定义，由上式可直接写出线性系统的幅频特性和相频特性，即

$$\frac{Y}{X} = A(\omega) = \left| G(j\omega) \right|$$

$$\omega t + \varphi(\omega) - \omega t = \varphi(\omega) = \angle G(j\omega)$$

由此可以看出频率特性和传递函数的关系为

$$G(j\omega) = G(s)\big|_{s=j\omega}$$

即传递函数的复变量 s 用 $j\omega$ 代替后，就相应变为频率特性。频率特性和前几章介绍过的微分方程、传递函数一样，都能表征系统的运动规律。所以，频率特性也是描述线性控制系统的数学模型形式之一。

9.1.3　频率特性的图形表示方法

用频率法分析、设计控制系统时，常常不是从频率特性的函数表达式出发，而是将频率特性绘制成一些曲线，借助这些曲线对系统进行图解分析。因此必须熟悉频率特性的各种图形表示方法和图解运算过程。

下面继续以 RC 电路为例，介绍控制工程中常见的 4 种频率特性图示法（见表 9-1），其中第 2、3 种图示方法在实际中应用最为广泛。

表 9-1　常用频率特性曲线及其坐标

序　号	名　称	图形常用名	坐　标　系
1	幅频特性曲线 相频特性曲线	频率特性图	直角坐标
2	幅相频率特性曲线	极坐标图、奈奎斯特图	极坐标
3	对数幅频特性曲线 对数相频特性曲线	对数坐标图、Bode图	半对数坐标
4	对数幅相频率特性曲线	对数幅相图、尼柯尔斯图	对数幅相坐标

1. 频率特性曲线

频率特性曲线包括幅频特性曲线和相频特性曲线。幅频特性是频率特性幅值 $|G(\mathrm{j}\omega)|$ 随 ω 的变化规律，相频特性描述频率特性相角 $\angle G(\mathrm{j}\omega)$ 随 ω 的变化规律。

上述 RC 电路的频率特性曲线如图 9-3 所示。

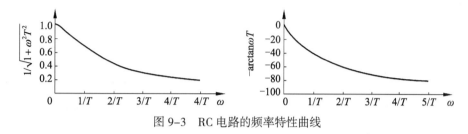

图 9-3　RC 电路的频率特性曲线

2. 幅相频率特性曲线

幅相频率特性曲线又称奈奎斯特（Nyquist）曲线，在复平面上以极坐标的形式表示。设系统的频率特性为

$$G(\mathrm{j}\omega) = A(\omega) \cdot \mathrm{e}^{\mathrm{j}\varphi(\omega)}$$

对于某个特定频率 ω_i 下的 $G(\mathrm{j}\omega_i)$，可以在复平面用一个向量表示，向量的长度为 $A(\omega_i)$，相角为 $\varphi(\omega_i)$。当 $\omega = 0 \to \infty$ 变化时，向量 $G(\mathrm{j}\omega)$ 的端点在复平面 G 上描绘出的轨迹就是幅相频率特性曲线。通常把 ω 作为参变量标在曲线相应点的旁边，并用箭头表示 ω 增大时特性曲线的走向。

上述 RC 电路的幅相频率特性曲线为图 9-4 所示中的实线。

3. 对数频率特性曲线

对数频率特性曲线又称 Bode 图（伯德图）。它由对数幅频特性和对数相频特性两条曲线组成，是频率法中应用最广泛的一组图线。Bode 图是在半对数坐标纸上绘制出来的。横坐标采用对数刻度，纵坐标采用线性的均匀刻度。

Bode 图中，对数幅频特性是 $G(\mathrm{j}\omega)$ 的对数值 $20\lg|G(\mathrm{j}\omega)|$ 和频率 ω 的关系曲线；对数相频特性则是 $G(\mathrm{j}\omega)$ 的相角 $\varphi(\omega)$ 和频率 ω 的关系曲线。在绘制 Bode 图时，为了作图和读数，常将两种曲线画在半对数坐标纸上，采用同一横坐标作为频率轴，横坐标虽采用对数分度，但以 ω 的实际值标定，单位为 rad/s（弧度/秒）。

画对数频率特性曲线时，必须掌握对数刻度的概念。尽管在 ω 坐标轴上标明的数值是实际的 ω 值，但坐标上的距离却是按 ω 值的常用对数 $\lg\omega$ 刻度的。坐标轴上任何两点 ω_1 和 ω_2（设 $\omega_2 > \omega_1$）之间的距离为 $\lg\omega_2 - \lg\omega_1$，而不是 $\omega_2 - \omega_1$。横坐标上若两对频率间距离相同，则其比值相等。

频率 ω 每变化 10 倍称为一个十倍频程，记作 dec。每个 dec 沿横坐标走过的间隔为一个单位长度，如图 9-5 所示。

如图 9-5 所示，由于横坐标按 ω 的对数刻度，故对 ω 而言是不均匀的，但对 $\lg\omega$ 却是均匀的线性刻度。

对数幅频特性将 $A(\omega)$ 取常用对数，并乘以 20，使其变成对数幅值 $L(\omega)$ 作为纵坐标值。$L(\omega) = 20\lg A(\omega)$ 称为对数幅值，单位是 dB（分贝）。幅值 $A(\omega)$ 每增大 10 倍，对数幅值 $L(\omega)$ 就增加 20dB。由于纵坐标 $L(\omega)$ 已做过对数转换，故纵坐标按分贝值是线性刻度的。

对数相频特性的纵坐标为相角 $\varphi(\omega)$，单位是度，采用线性刻度。

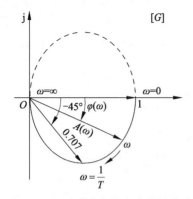

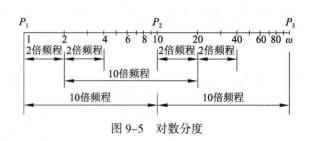

图 9-4　RC 电路的幅相频率特性曲线　　　　　　　图 9-5　对数分度

上述 RC 电路的对数频率特性如图 9-6 所示。

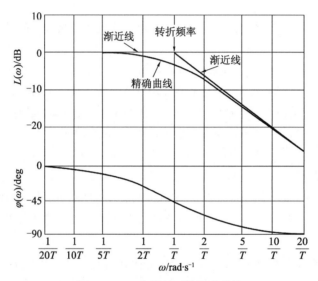

图 9-6　RC 电路的对数频率特性

采用对数坐标图的优点较多，主要表现在以下几点。

（1）由于横坐标采用对数刻度，将低频段相对展宽（低频段频率特性的形状对于控制系统性能的研究具有较重要的意义），而将高频段相对压缩，可以在较宽的频段范围中研究系统的频率特性。

（2）由于对数可将乘除运算变成加减运算，当绘制由多个环节串联而成的系统的对数坐标图时，只要将各环节对数坐标图的纵坐标相加、减即可，从而简化了画图的过程。

（3）在对数坐标图上，所有典型环节的对数幅频特性乃至系统的对数幅频特性均可用分段直线近似表示。这种近似具有相当的精确度。对分段直线进行修正，即可得到精确的特性曲线。

（4）将实验所得的频率特性数据整理并用分段直线画出对数频率特性，很容易写出实验对象的频率特性表达式或传递函数。

4．对数幅相特性曲线

对数幅相特性曲线又称尼柯尔斯（Nichols）曲线。绘有这一特性曲线的图形称为对数幅相图或尼柯尔斯图。

对数幅相特性是由对数幅频特性和对数相频特性合并而成的曲线。对数幅相坐标的横轴为相角 $\varphi(\omega)$，纵轴为对数幅频值 $L(\omega)=20\lg A(\omega)$，单位是 dB。横坐标和纵坐标均是线性刻度。

绘制上述 RC 电路对数幅相特性图的程序代码如下：

```
clc,clear,close all
g=tf(1,[1 1]);                    %传递函数模型
nichols(g);                       %创建尼柯尔斯频率响应图
axis([-135,0,-40,10])
grid on
```

运行程序，输出图形如图 9-7 所示。

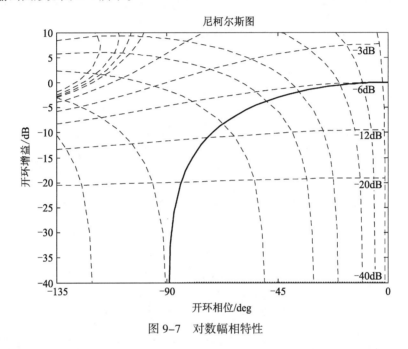

图 9-7 对数幅相特性

采用对数幅相特性可以利用尼柯尔斯图线方便地求得系统的闭环频率特性及其相关特性参数，用于评估系统的性能。

9.2 幅相频率特性

开环系统的幅相特性曲线是系统频域分析的依据，掌握典型环节的幅相特性是绘制开环系统幅相特性曲线的基础。

在典型环节或开环系统的传递函数中，令 $s=\mathrm{j}\omega$，即得到相应的频率特性。令 ω 由小到大取值，计算相应的幅值 $A(\omega)$ 和相角 $\varphi(\omega)$，在 G 平面描点画图，就可以得到典型环节或开环系统的幅相特性曲线。

9.2.1 比例环节

比例环节的传递函数为

$$G(s)=K$$

其频率特性为

$$G(j\omega) = K + j0 = Ke^{j0}$$

$$\begin{cases} A(\omega) = \left| G(j\omega) \right| = K \\ \varphi(\omega) = \angle G(j\omega) = 0° \end{cases}$$

比例环节的幅相特性是 G 平面实轴上的一个点，令 $K=10$，程序代码如下：

```
clc,clear,close all
g=tf(10,[1]);
nichols(g);
grid on
```

运行程序，输出如图 9-8 所示，表明比例环节稳态正弦响应的振幅是输入信号的 K 倍，且响应与输入同相位。

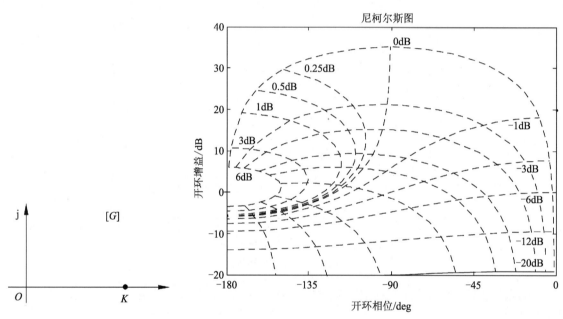

图 9-8　比例环节的幅相频率特性

【例 9-1】　在 Simulink 中比例环节的使用示例。

　　解：比例环节的使用如图 9-9 所示，运行仿真输出图形如图 9-10 所示。

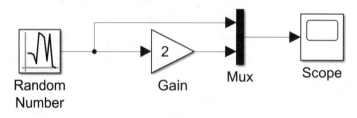

图 9-9　比例环节的使用

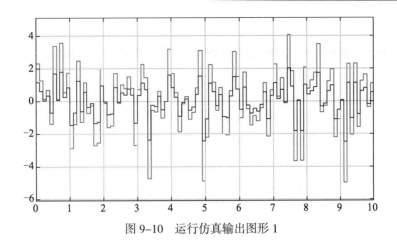

图 9-10　运行仿真输出图形 1

9.2.2　微分环节

微分环节的传递函数为

$$G(s) = s$$

其频率特性为

$$G(\mathrm{j}\omega) = 0 + \mathrm{j}\omega = \omega \mathrm{e}^{\mathrm{j}90°}$$

$$\begin{cases} A(\omega) = \omega \\ \varphi(\omega) = 90° \end{cases}$$

微分环节的幅值与 ω 成正比，相角恒为 $90°$。当 $\omega = 0 \to \infty$ 时，幅相特性从 G 平面的原点起始，一直沿虚轴趋于 $+\mathrm{j}\infty$ 处，程序代码如下：

```
clc,clear,close all
g=tf([1,0],[1]);
nichols(g);
grid on
```

运行程序，输出如图 9-11 曲线①所示。

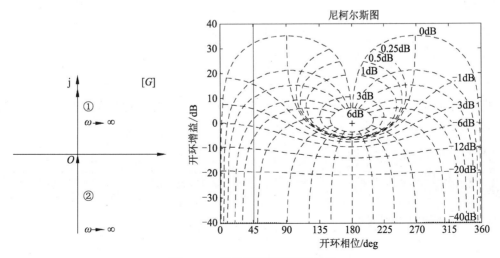

图 9-11　微分环节幅相特性曲线

【例 9-2 】　在 Simulink 中微分环节的使用示例。

解： 微分环节的使用如图 9-12 所示，运行仿真输出图形如图 9-13 所示。

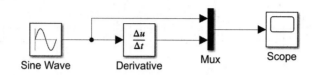

图 9-12　微分环节的使用

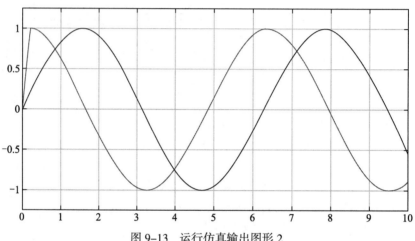

图 9-13　运行仿真输出图形 2

9.2.3　积分环节

积分环节的传递函数为

$$G(s) = \frac{1}{s}$$

其频率特性为

$$G(j\omega) = 0 + \frac{1}{j\omega} = \frac{1}{\omega} e^{-j90°}$$

$$\begin{cases} A(\omega) = 1/\omega \\ \varphi(\omega) = -90° \end{cases}$$

积分环节的幅值与成 ω 反比，相角恒为 $-90°$。当 $\omega = 0 \to \infty$ 时，幅相特性从虚轴 $-j\infty$ 处出发，沿负虚轴逐渐趋于坐标原点，程序代码如下：

```
clc,clear,close all
g=tf([0,1],[1,0]);
nichols(g);
grid on
```

运行程序，输出如图 9-14 曲线②所示。

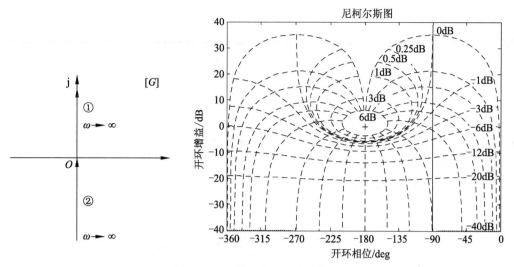

图 9-14　积分环节幅相特性曲线

【例 9-3】　在 Simulink 中积分环节的使用示例。

解： 积分环节的使用如图 9-15 所示。运行仿真输出图形如图 9-16 所示。

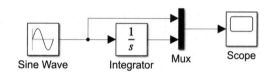

图 9-15　积分环节的使用

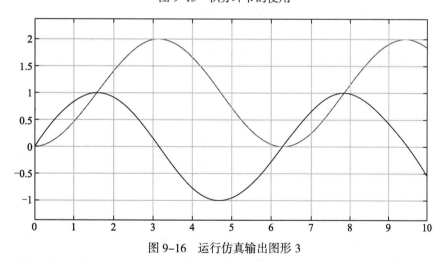

图 9-16　运行仿真输出图形 3

9.2.4　惯性环节

惯性环节的传递函数为

$$G(s) = \frac{1}{Ts+1}$$

其频率特性为

$$G(j\omega) = \frac{1}{1+jT\omega} = \frac{1}{\sqrt{1+T^2\omega^2}} e^{-j\arctan T\omega}$$

$$\begin{cases} A(\omega) = \dfrac{1}{\sqrt{1+T^2\omega^2}} \\ \varphi(\omega) = -\arctan T\omega \end{cases}$$

当 $\omega = 0$ 时，幅值 $A(\omega)=1$，相角 $\varphi(\omega)=0°$；当 $\omega = \infty$ 时，$A(\omega)=0$，$\varphi(\omega)=-90°$。可以证明，惯性环节幅相特性曲线是一个以(1/2，j0)为圆心、1/2为半径的半圆。

惯性环节的极点分布和幅相特性曲线如图9-17所示。

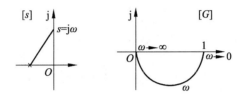

图 9-17　惯性环节的极点分布和幅相特性曲线

MATLAB 程序仿真程序代码如下：

```
clc,clear,close all
g=tf(1,[1 1]);
nyquist(g);
grid;
```

运行程序，输出图形如图9-18所示。由图可知，惯性环节的幅相频率特性符合圆的方程，圆心在实轴上1/2处，半径为1/2。曲线限于实轴的下方，只是半个圆。

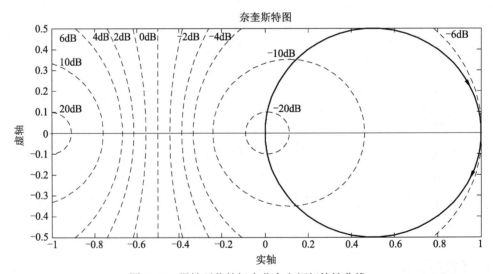

图 9-18　惯性环节的极点分布和幅相特性曲线

【例 9-4】　已知某环节的幅相特性曲线如图9-19所示，当输入频率 $\omega-1$ 的正弦信号时，该环节稳态响应的相位滞后30°，试确定环节的传递函数。

解： 根据幅相特性曲线的形状，可以断定该环节传递函数形式为

$$G(j\omega) = \frac{K}{Ts+1}$$

依题意有

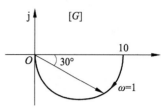

$$A(0) = \left| G(j0) \right| = K = 10$$

$$\varphi(1) = -\arctan T = -30°$$

因此得

$$K = 10, \quad T = \sqrt{3}/3$$

所以

$$G(s) = \frac{10}{\dfrac{\sqrt{3}}{3}s+1}$$

图 9-19　幅相特性曲线

惯性环节是一种低通滤波器，低频信号容易通过，而高频信号通过后幅值衰减较大。

【例 9-5】 在 Simulink 中稳定惯性环节的使用如图 9-20 所示，运行仿真输出图形如图 9-21 所示。

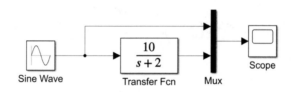

图 9-20　稳定惯性环节的使用

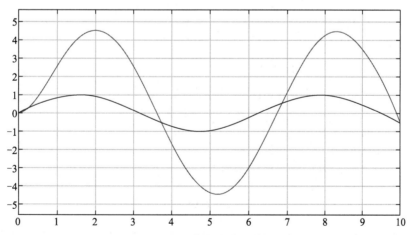

图 9-21　运行仿真输出图形 4

解： 对于不稳定的关心环境，其传递函数为

$$G(s) = \frac{1}{Ts-1}$$

其频率特性为

$$G(j\omega) = \frac{1}{-1 + jT\omega}$$

$$\begin{cases} A(\omega) = \dfrac{1}{\sqrt{1 + T^2\omega^2}} \\ \varphi(\omega) = -180° + \arctan T\omega \end{cases}$$

当 $\omega = 0$ 时，幅值 $A(\omega) = 1$，相角 $\varphi(\omega) = 180°$；当 $\omega = \infty$ 时，$A(\omega) = 0$，$\varphi(\omega) = -90°$。

对于稳定的惯性环节以及对于不稳定的惯性环节进行奈奎斯特曲线绘制，程序代码如下：

```
clc,clear,close all
g=tf(1,[1 1]);
nyquist(g);
% nichols(g);
hold on
g=tf(1,[1 -1]);
nyquist(g,'r');
grid;
```

运行程序，输出图形如图 9-22 所示。

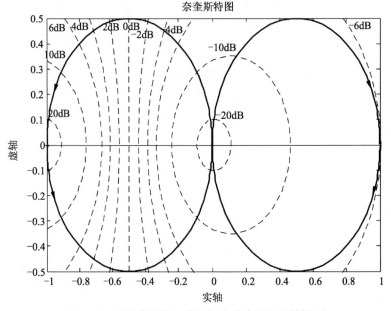

图 9-22　不稳定惯性环节的极点分布和幅相特性图

分析 s 平面复向量 $\overline{s - p_1}$（由 $p_1 = 1/T$ 指向 $s = j\omega$）随 ω 增加时其幅值和相角的变化规律，可以确定幅相特性曲线的变化趋势。

可见，与稳定惯性环节的幅相特性相比，不稳定惯性环节的幅值不变，但相角不同。

【例 9-6】　在 Simulink 中不稳定的惯性环节的使用示例。

解：不稳定惯性环节的使用如图 9-23 所示，运行仿真输出图形如图 9-24 所示。

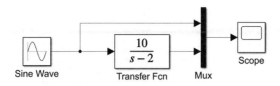

图 9-23 不稳定惯性环节的使用

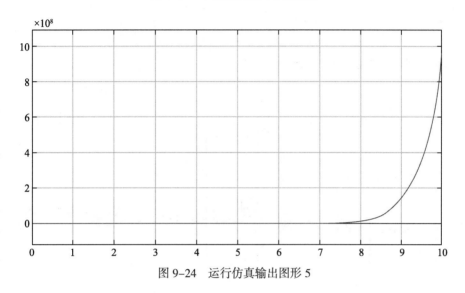

图 9-24 运行仿真输出图形 5

9.2.5 一阶复合微分环节

一阶复合微分环节的传递函数为

$$G(s) = Ts + 1$$

其频率特性为

$$G(j\omega) = 1 + jT\omega = \sqrt{1 + T^2\omega^2}\, e^{j\arctan T\omega}$$

$$\begin{cases} A(\omega) = \sqrt{1 + T^2\omega^2} \\ \varphi(\omega) = \arctan T\omega \end{cases}$$

一阶复合微分环节幅相特性的实部为常数 1，虚部与 ω 成正比，如图 9-25（a）曲线①所示。

不稳定一阶复合微分环节的传递函数为

$$G(s) = Ts - 1$$

其频率特性为

$$G(j\omega) = -1 + jT\omega$$

$$\begin{cases} A(\omega) = \sqrt{1 + T^2\omega^2} \\ \varphi(\omega) = 180° - \arctan T\omega \end{cases}$$

幅相特性的实部为-1，虚部与 ω 成正比，如图 9-25（a）曲线②所示。不稳定环节的频率特性都是非最小相角的。

一阶复合微分环节的奈奎斯特曲线图程序代码如下：

```
clc,clear,close all
g=tf([1,1],[0 1]);
nyquist(g);
% nichols(g);
grid on;
hold on
g=tf([1,-1],[0 1]);
nyquist(g);
% nichols(g);
```

运行程序输出图形如图 9-25（b）所示。

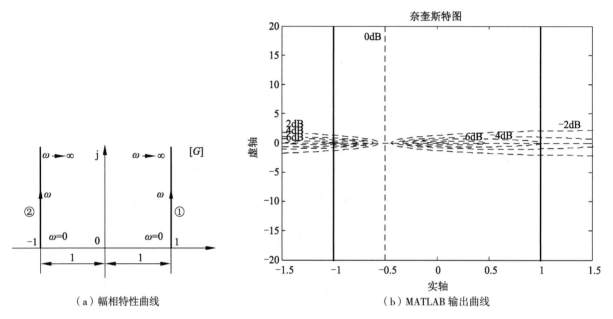

（a）幅相特性曲线　　　　　　　　　　（b）MATLAB 输出曲线

图 9-25　一阶微分环节的幅相频率特性

【例 9-7】　在 Simulink 中一阶微分环节的使用示例。

解：一阶微分环节的使用如图 9-26 所示，运行仿真输出图形如图 9-27 所示。

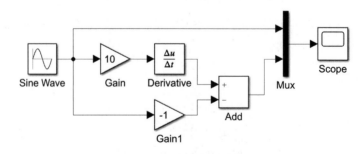

图 9-26　一阶微分环节的使用

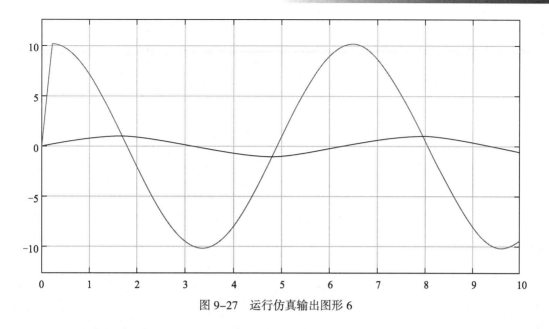

图 9-27　运行仿真输出图形 6

9.2.6　二阶振荡环节

二阶振荡环节的传递函数为

$$G(s) = \frac{1}{T^2 s^2 + 2T\xi s + 1} = \frac{\omega_n^2}{s^2 + 2\xi\omega_n + \omega_n^2}, \quad 0 < \xi < 1$$

其中：$\omega_n = 1/T$ 为环节的无阻尼自然频率；ξ 为阻尼比，$0 < \xi < 1$。相应的频率特性为

$$G(j\omega) = \frac{1}{\left(1 - \dfrac{\omega^2}{\omega_n^2}\right) + j2\xi\dfrac{\omega}{\omega_n}}$$

$$\begin{cases} A(\omega) = \dfrac{1}{\sqrt{\left(1 - \dfrac{\omega^2}{\omega_n^2}\right)^2 + 4\xi^2\dfrac{\omega^2}{\omega_n^2}}} \\[4mm] \varphi(\omega) = -\arctan\dfrac{2\xi\dfrac{\omega}{\omega_n}}{1 - \dfrac{\omega^2}{\omega_n^2}} \end{cases}$$

当 $\omega = 0$ 时，$G(j0) = 1\angle 0°$；当 $\omega = \omega_n$ 时，$G(\omega_n) = 1/(2\xi)\angle -90°$；当 $\omega = \infty$ 时，$G(j\infty) = 0\angle -180°$。

分析二阶振荡环节极点分布及当 $s = j\omega = j0 \rightarrow j\infty$ 变化时，向量 $\overline{s - p_1}$、$\overline{s - p_2}$ 的模和相角的变化规律，可以绘出 $G(j\omega)$ 的幅相曲线。二阶振荡环节幅相特性的形状与 ξ 值有关，当 ξ 值分别取 0.4、0.6 和 0.8 时，幅相曲线如图 9-28 所示。

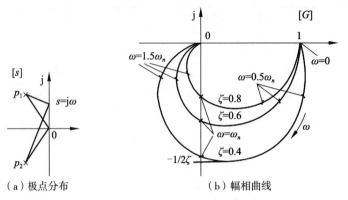

（a）极点分布　　　　　　　　（b）幅相曲线

图 9-28　振荡环节极点分布和幅相曲线

编写相应的程序代码如下：

```
clc,clear,close all
ks=[0.4 0.6 0.8];
om=10;
for i=1:3
    num=om*om;
    den=[1 2*ks(i)*om om*om];
    nyquist(num,den);
    hold on;
    grid on
end
```

运行程序，输出图形如图 9-29 所示。

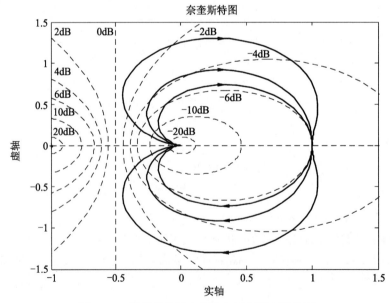

图 9-29　振荡环节极点分布和幅相频率特性图

1. 谐振频率和谐振峰值

由图 9-28 可看出，ξ 值较小时，随 $\omega = 0 \to \infty$ 变化，$G(j\omega)$ 的幅值 $A(\omega)$ 先增加然后再逐渐衰减直至 0。

$A(\omega)$ 达到极大值时对应的幅值称为谐振峰值，记为 M_r，对应的频率称为谐振频率，记为 ω_r。以下推导 M_r、ω_r 的计算公式。因为

$$A(\omega) = \left| G(\mathrm{j}\omega) \right| = \frac{1}{\sqrt{\left(1 - \dfrac{\omega^2}{\omega_n^{\,2}}\right)^2 + 4\xi^2 \dfrac{\omega^2}{\omega_n^{\,2}}}}$$

求 $A(\omega)$ 的极大值相当于求 $\left(1 - \dfrac{\omega^2}{\omega_n^{\,2}}\right)^2 + 4\xi^2 \dfrac{\omega^2}{\omega_n^{\,2}}$ 的极小值，令

$$\frac{\mathrm{d}}{\mathrm{d}\omega}\left[\left(1 - \frac{\omega^2}{\omega_n^{\,2}}\right)^2 + 4\xi^2 \frac{\omega^2}{\omega_n^{\,2}}\right] = 0$$

推导可得

$$\omega_r = \omega_n\sqrt{1 - 2\xi^2}, \quad 0 < \xi < 0.707$$

进一步可得

$$M_r = A(\omega_r) = \frac{1}{2\xi\sqrt{1 - \xi^2}}$$

编程求解 M_r 与 ξ 的关系，程序代码如下：

```
clc,clear,close all
ks=0.04:0.01:0.707;
for i=1:length(ks)
  Mr(i)=1/(2*ks(i)*sqrt(1-ks(i)*ks(i)));
end
plot(ks,Mr,'b-');grid;
xlabel('阻尼比'),ylabel('Mr');
```

运行程序，输出图形如图 9-30 所示。

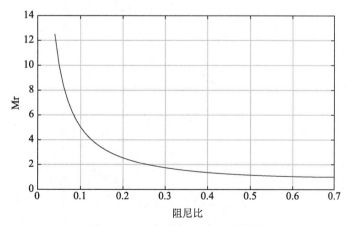

图 9-30　二阶系统 M_r 与 ξ 的关系

当 $\xi < 0.707$ 时，对应的振荡环节存在 ω_r 和 M_r；当 ξ 减小时，ω_r 增加，趋向于 ω_n 值，M_r 则越来越大，趋向于 ∞；当 $\xi = 0$ 时，$M_r = \infty$，这对应无阻尼系统的共振现象。

【例 9-8】　在 Simulink 中二阶振荡环节的使用示例。

解： 二阶振荡环节的使用如图 9-31 所示，运行仿真输出图形如图 9-32 所示。

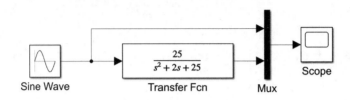

图 9-31　二阶振荡环节的使用

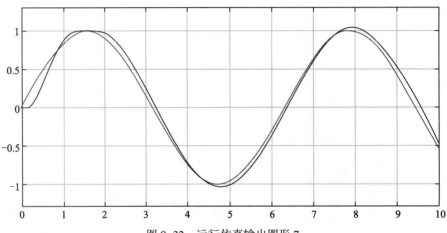

图 9-32　运行仿真输出图形 7

2. 不稳定二阶振荡环节的幅相特性

不稳定二阶振荡环节的传递函数为

$$G(s) = \frac{\omega_n^2}{s^2 - 2\xi\omega_n s + \omega_n^2}$$

其频率特性为

$$G(j\omega) = \frac{1}{1 - \dfrac{\omega^2}{\omega_n^2} - j2\xi\dfrac{\omega}{\omega_n}}$$

$$\begin{cases} A(\omega) = \dfrac{1}{\sqrt{\left(1 - \dfrac{\omega^2}{\omega_n^2}\right)^2 + 4\xi^2\dfrac{\omega^2}{\omega_n^2}}} \\[4ex] \varphi(\omega) = -360° + \arctan\dfrac{2\xi\dfrac{\omega}{\omega_n}}{1 - \dfrac{\omega^2}{\omega_n^2}} \end{cases}$$

不稳定二阶振荡环节的相角从 -360° 连续变化到 -180°。不稳定振荡环节的极点分布与幅相曲线如

图 9-33 所示。

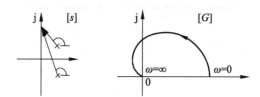

图 9-33　不稳定振荡环节的极点分布与幅相曲线

【例 9-9】　在 Simulink 中不稳定二阶振荡环节的使用示例。

解：不稳定二阶振荡环节的使用如图 9-34 所示，运行仿真输出图形如图 9-35 所示。

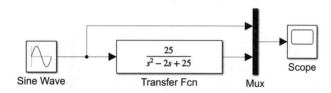

图 9-34　不稳定二阶振荡环节的使用

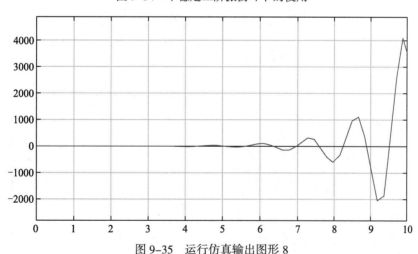

图 9-35　运行仿真输出图形 8

3. 由幅相曲线确定传递函数

【例 9-10】　由实验得到的某环节的幅相特性曲线如图 9-36 所示，试确定环节的传递函数 $G(s)$，并对该系统进行仿真。

解：根据幅相特性曲线的形状可以确定 $G(s)$ 的形式为

$$G(s) = \frac{K\omega_n^2}{s^2 + 2\xi\omega_n s + \omega_n^2}$$

其频率特性为

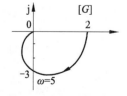

图 9-36　幅相特性曲线

$$A(\omega) = \frac{K}{\sqrt{\left(1 - \dfrac{\omega^2}{\omega_n^2}\right)^2 + 4\xi^2\dfrac{\omega^2}{\omega_n^2}}}$$

$$\varphi(\omega) = -\arctan \frac{2\xi \dfrac{\omega}{\omega_n}}{1 - \dfrac{\omega^2}{\omega_n{}^2}}$$

将图中条件 $A(0) = 2$、$\varphi(5) = -90°$ 代入可得 $K = 2$、$\omega_n = 5$，从而有

$$G(s) = \frac{2 \times 5^2}{s^2 + 2 \times \dfrac{1}{3} \times 5s + 5^2} = \frac{50}{s^2 + 3.33s + 25}$$

【例 9-11】 在 Simulink 中稳定二阶振荡环节的使用。

解： 稳定二阶振荡环节的使用如图 9-37 所示，运行仿真输出图形如图 9-38 所示。

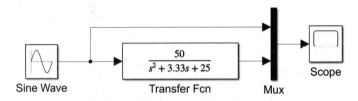

图 9-37 稳定二阶振荡环节的使用

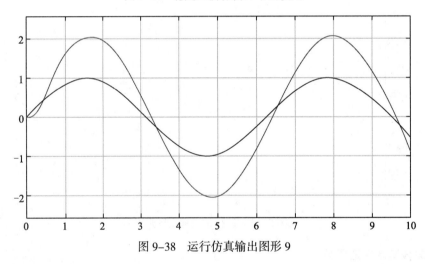

图 9-38 运行仿真输出图形 9

9.2.7 二阶复合微分环节

（1）二阶复合微分环节的传递函数为

$$G(s) = T^2 s^2 + 2\xi T s + 1 = \frac{s^2}{\omega_n{}^2} + 2\xi \frac{s}{\omega_n} + 1$$

频率特性为

$$G(\mathrm{j}\omega) = \left(1 - \frac{\omega^2}{{\omega_n}^2}\right) + \mathrm{j}2\xi\frac{\omega}{\omega_n}$$

$$\begin{cases} A(\omega) = \sqrt{\left(1 - \dfrac{\omega^2}{{\omega_n}^2}\right)^2 + 4\xi^2\dfrac{\omega^2}{{\omega_n}^2}} \\[3mm] \phi(\omega) = \arctan\dfrac{2\xi\dfrac{\omega}{\omega_n}}{1 - \dfrac{\omega^2}{{\omega_n}^2}} \end{cases}$$

二阶复合微分环节的零点分布及幅相特性曲线如图 9-39 所示。

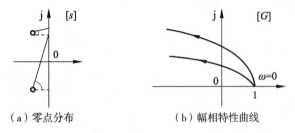

（a）零点分布　　　　　　（b）幅相特性曲线

图 9-39　二阶复合微分环节的零点分布及幅相特性曲线

【例 9-12】　在 Simulink 中二阶复合微分环节的使用。

解： 二阶复合微分环节的使用如图 9-40 所示。运行仿真输出图形如图 9-41 所示。

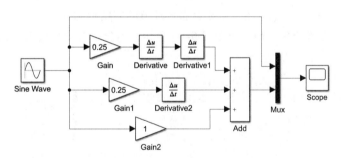

图 9-40　二阶复合微分环节的使用

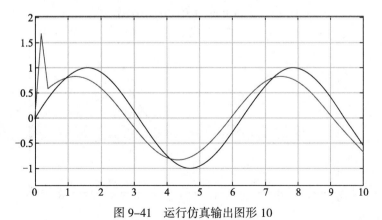

图 9-41　运行仿真输出图形 10

（2）不稳定二阶复合微分环节的频率特性为

$$G(\mathrm{j}\omega) = 1 - \frac{\omega^2}{\omega_n^2} - \mathrm{j}2\xi\frac{\omega}{\omega_n}$$

$$\begin{cases} A(\omega) = \sqrt{\left(1 - \dfrac{\omega^2}{\omega_n^2}\right)^2 + 4\xi^2\dfrac{\omega^2}{\omega_n^2}} \\[4mm] \varphi(\omega) = 360° - \arctan\dfrac{2\xi\dfrac{\omega}{\omega_n}}{1 - \dfrac{\omega^2}{\omega_n^2}} \end{cases}$$

零点分布及幅相特性曲线如图 9-42 所示。

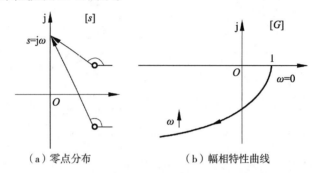

（a）零点分布　　　　　　（b）幅相特性曲线

图 9-42　不稳定二阶复合微分环节的零点分布及幅相特性曲线

【例 9-13】　在 Simulink 中不稳定的二阶复合微分环节的使用示例。

解：不稳定的二阶复合微分环节的使用如图 9-43 所示，运行仿真输出图形如图 9-44 所示。

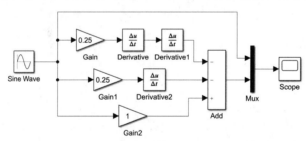

图 9-43　不稳定的二阶复合微分环节的使用

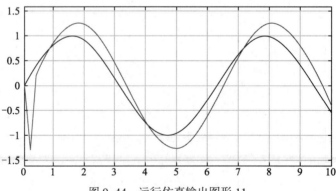

图 9-44　运行仿真输出图形 11

9.2.8　延迟环节

延迟环节的传递函数为

$$G(s) = \mathrm{e}^{-\tau s}$$

频率特性为

$$G(\mathrm{j}\omega) = \mathrm{e}^{-\mathrm{j}\tau\omega}$$

$$\begin{cases} A(\omega) = 1 \\ \varphi(\omega) = -\tau\omega \end{cases}$$

其幅相特性曲线是圆心在原点的单位圆,如图 9-45 所示。ω 值越大,其相角滞后量越大。

【例 9-14】　在 Simulink 中延迟环节的使用示例。

解: 延迟环节的使用如图 9-46 所示,运行仿真输出图形如图 9-47 所示。

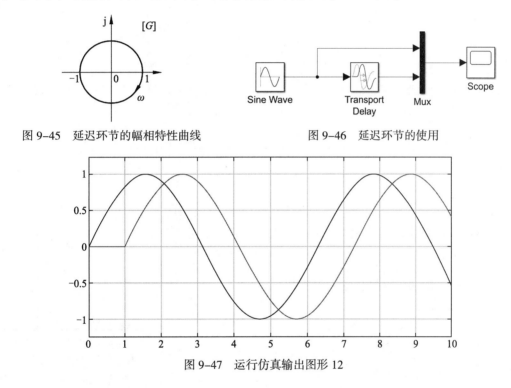

图 9-45　延迟环节的幅相特性曲线　　　　图 9-46　延迟环节的使用

图 9-47　运行仿真输出图形 12

9.2.9　开环系统的幅相特性曲线

如果已知开环频率特性 $G(\mathrm{j}\omega)$,可令 ω 由小到大取值,算出 $A(\omega)$ 和 $\varphi(\omega)$ 相应值,在 G 平面描点绘图可以得到准确的开环系统幅相特性。

实际系统分析过程中,往往只需要知道幅相特性的大致图形即可,并不需要绘出准确曲线。可以将开环系统在 s 平面的零极点分布图画出来,令 $s = \mathrm{j}\omega$ 沿虚轴变化,当 $\omega = 0 \rightarrow \infty$ 时,分析各零极点指向 $s = \mathrm{j}\omega$ 的复向量的变化趋势,就可以概略画出开环系统的幅相特性曲线。概略绘制的开环幅相曲线应反映开环频率特性的以下 3 个重要因素。

(1)开环幅相曲线的起点($\omega = 0$)和终点($\omega = \infty$)。

（2）开环幅相曲线与实轴的交点。

设 $\omega = \omega_g$ 时，$G(\mathrm{j}\omega)$ 的虚部为

$$\mathrm{Im}[G(\mathrm{j}\omega_g)] = 0$$

或

$$\varphi(\omega_g) = \angle G(\mathrm{j}\omega_g) = k\pi, \quad k = 0, \pm 1, \pm 2, \cdots$$

称 ω_g 为相角交界频率，开环频率特性曲线与实轴交点的坐标值为

$$\mathrm{Re}\left[G(\mathrm{j}\omega_g)\right] = G(\mathrm{j}\omega_g)$$

（3）开环幅相曲线的变化范围（象限、单调性）。

【例 9-15】 单位反馈系统的开环传递函数 $G(s)$ 如下，分别概略绘出当系统型别 $v = 0,1,2,3$ 时的开环幅相特性。

$$G(s) = \frac{K}{s^v(T_1 s + 1)(T_2 s + 1)} = K\frac{1}{s^v} \cdot \frac{\dfrac{1}{T_1}}{s + \dfrac{1}{T_1}} \cdot \frac{\dfrac{1}{T_2}}{s + \dfrac{1}{T_2}}$$

解：讨论 $v = 1$ 时的情形。在 s 平面中画出 $G(s)$ 的零极点分布图，如图 9-48 所示。系统开环频率特性为

$$G(\mathrm{j}\omega) = \frac{K/T_1 T_2}{(s - p_1)(s - p_2)(s - p_3)} = \frac{K/T_1 T_2}{\mathrm{j}\omega\left(\mathrm{j}\omega + \dfrac{1}{T_1}\right)\left(\mathrm{j}\omega + \dfrac{1}{T_2}\right)}$$

在 s 平面原点存在开环极点的情况下，为避免 $\omega = 0$ 时 $G(\mathrm{j}\omega)$ 相角不确定，取 $s = \mathrm{j}\omega = \mathrm{j}0^+$ 作为起点进行讨论（0^+ 到 0 距离无限小，如图 9-48 所示）。

$$\overrightarrow{s - p_1} = \overrightarrow{\mathrm{j}0^+ + 0} = A_1 \angle \varphi_1 = 0\angle 90°$$

$$\overrightarrow{s - p_2} = \overrightarrow{\mathrm{j}0^+ + \frac{1}{T_1}} = A_2 \angle \varphi_2 = \frac{1}{T_1} \angle 0°$$

$$\overrightarrow{s - p_3} = \overrightarrow{\mathrm{j}0^+ + \frac{1}{T_2}} = A_3 \angle \varphi_3 = \frac{1}{T_2} \angle 0°$$

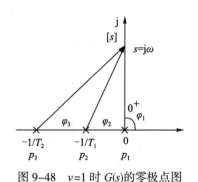

图 9-48 $v=1$ 时 $G(s)$ 的零极点图

从而有

$$G(\mathrm{j}0^+) = \frac{K}{\displaystyle\prod_{i=1}^{3} A_i} \angle - \sum_{i=1}^{3} \varphi_i = \infty \angle 90°$$

当 ω 由 0^+ 逐渐增加时，$\mathrm{j}\omega, \mathrm{j}\omega + \dfrac{1}{T_1}, \mathrm{j}\omega + \dfrac{1}{T_2}$ 这 3 个矢量的幅值连续增加；除 $\varphi_1 = 90°$ 外，φ_2, φ_3 均由 0 连续增加，分别趋向于 $90°$。

当 $s = \mathrm{j}\omega = \mathrm{j}\infty$ 时：

$$\overrightarrow{s-p_1} = \overrightarrow{j\infty - 0} = A_1 \angle \varphi_1 = \infty \angle 90°$$

$$\overrightarrow{s-p_2} = \overrightarrow{j\infty + \frac{1}{T_1}} = A_2 \angle \varphi_2 = \infty \angle 90°$$

$$\overrightarrow{s-p_3} = \overrightarrow{j\infty + \frac{1}{T_2}} = A_3 \angle \varphi_3 = \infty \angle 90°$$

从而有

$$G(j\infty) = \frac{K}{\prod\limits_{i=1}^{3} A_i} \angle -\sum_{i=1}^{3} \varphi_i = 0 \angle -270°$$

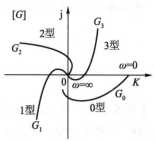

图 9-49　对应不同型别幅相曲线

由此可以概略绘出 $G(j\omega)$ 的幅相曲线如图 9-49 中曲线 G_1 所示。

同理，讨论 $\upsilon = 0,1,2,3$ 时的情况，结果如表 9-2 所示，相应概略绘出幅相曲线分别如图 6-49 中 G_0、G_1、G_2、G_3 所示。

表 9-2　结果列表

υ	$G(j\omega)$	$G(j0^+)$	$G(j\infty)$	零极点分布
0	$G_0(j\omega) = \dfrac{K}{(jT_1\omega+1)(jT_2\omega+1)}$	$K\angle 0°$	$0\angle -180°$	
1	$G_1(j\omega) = \dfrac{K}{j\omega(jT_1\omega+1)(jT_2\omega+1)}$	$\infty\angle -90°$	$0\angle -270°$	
2	$G_2(j\omega) = \dfrac{K}{(j\omega)^2(jT_1\omega+1)(jT_2\omega+1)}$	$\infty\angle -180°$	$0\angle -360°$	
3	$G_3(j\omega) = \dfrac{K}{(j\omega)^3(jT_1\omega+1)(jT_2\omega+1)}$	$\infty\angle -270°$	$0\angle -450°$	

当系统在右半 s 平面不存在零、极点时，系统开环传递函数一般可写为

$$G(s) = \frac{K(\tau_1 s + 1)(\tau_2 s + 1) \cdots (\tau_m s + 1)}{s^v (T_1 s + 1)(T_2 s + 1) \cdots (T_{n-v} s + 1)} \qquad (n > m)$$

开环幅相曲线的起点 $G(\mathrm{j}0^+)$ 完全由 K、v 确定，而终点 $G(\mathrm{j}\infty)$ 则由 $n-m$ 确定。

$$G(\mathrm{j}0^+) = \begin{cases} K\angle 0^\circ, & v = 0 \\ \infty \angle -90^\circ v, & v > 0 \end{cases}$$

$$G(\mathrm{j}\infty) = 0 \angle -90^\circ (n-m)$$

【例 9-16】 在 Simulink 中开环系统仿真示例。

解：开环系统仿真如图 9-50 所示，运行仿真输出图形如图 9-51 所示。

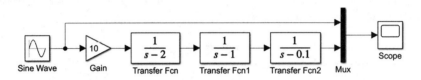

图 9-50 开环系统仿真

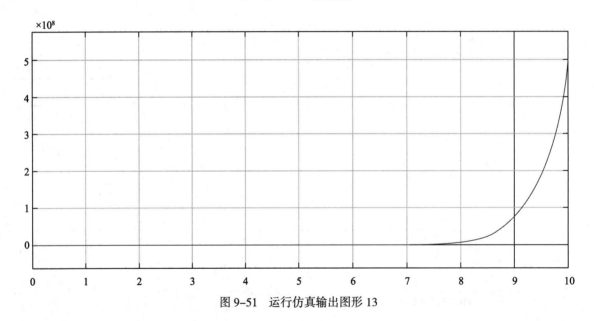

图 9-51 运行仿真输出图形 13

【例 9-17】 已知单位反馈系统的开环传递函数为

$$G_k(s) = \frac{k(1 + 2s)}{s^2(0.5s + 1)(s + 1)}$$

系统型别 $v = 2$，零极点分布如图 9-52（a）所示。试绘制该反馈系统的概略幅相曲线图。

解：由题意可知，起点为

$$G_k(\mathrm{j}0^+) = \infty \angle -180^\circ$$

终点为

$$G_k(j\infty) = 0\angle - 270°$$

与坐标轴的交点为

$$G_k(j\omega) = \frac{k}{\omega^2(1+0.25\omega^2)(1+\omega^2)}[-(1+2.5\omega^2) - j\omega(0.5-\omega^2)]$$

令虚部为 0，可解出当 $\omega_g^2 = 0.5$（即 $\omega_g = 0.707$）时，幅相曲线与实轴有一交点，交点坐标为 $\mathrm{Re}\big[G(j\omega_g)\big] = -2.67k$。幅相特性曲线如图 9-52（b）所示。

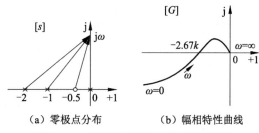

（a）零极点分布　　（b）幅相特性曲线

图 9-52　零极点分布与幅相特性曲线

具体的 MATLAB 程序如下：

```
clc,clear,close all
num=[2 1];
den=conv([1 0 0],conv([0.5 1],[1 1]));
nyquist(num,den,{0.15 10000});
```

运行 MATLAB 程序，输出图形如图 9-53 所示。

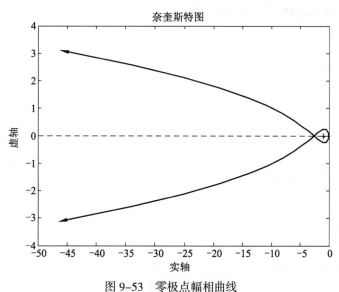

图 9-53　零极点幅相曲线

【例 9-18】　在 Simulink 中开环系统仿真示例。

解：开环系统仿真如图 9-54 所示，运行仿真输出图形如图 9-55 所示。

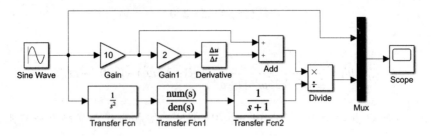

图 9-54　开环系统仿真

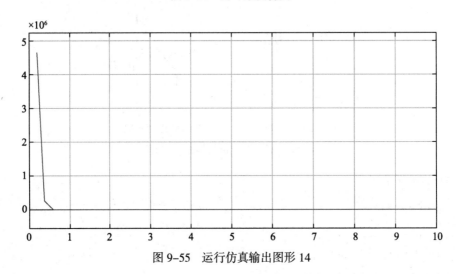

图 9-55　运行仿真输出图形 14

9.3　对数频率特性（Bode 图）

9.3.1　比例环节

比例环节频率特性为

$$G(j\omega) = K$$

显然，它与频率无关，其对数幅频特性和对数相频特性分别为

$$L(\omega) = 20\lg K$$

$$\varphi(\omega) = 0°$$

其 Bode 图如图 9-56 所示。

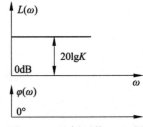

图 9-56　比例环节 Bode 图

9.3.2　微分环节

微分环节 $j\omega$ 的对数幅频特性与对数相频特性分别为

$$L(\omega) = 20\lg \omega$$

$$\varphi(\omega) = 90°$$

对数幅频曲线在 $\omega = 1$ 处通过 0dB 线，斜率为 20dB/dec；对数相频特性为 +90° 直线。特性曲线如图 9-57 中①所示。

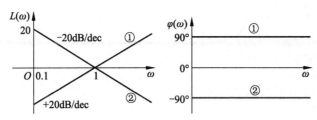

图 9-57 微分、积分环节 Bode 图

9.3.3 积分环节

积分环节 $1/\mathrm{j}\omega$ 的对数幅频特性与对数相频特性分别为

$$L(\omega) = -20\lg\omega$$

$$\varphi(\omega) = -90°$$

积分环节对数幅频曲线在 $\omega=1$ 处通过 0dB，斜率为-20dB/dec；对数相频特性为 -90° 直线。特性曲线如图 9-57 中②所示。

积分环节与微分环节成倒数关系，所以其 Bode 图关于频率轴对称。

9.3.4 惯性环节

惯性环节 $(1+\mathrm{j}\omega T)^{-1}$ 的对数幅频与对数相频特性表达式为

$$L(\omega) = -20\lg\sqrt{1+\left(\frac{\omega}{\omega_1}\right)^2}$$

$$\varphi(\omega) = -\arctan\frac{\omega}{\omega_1}$$

其中，$\omega_1 = \dfrac{1}{T}$，$\omega T = \dfrac{\omega}{\omega_1}$。

当 $\omega \ll \omega_1$ 时，略去式 $L(\omega)$ 根号中的 $(\omega/\omega_1)^2$ 项，则有 $L(\omega) \approx -20\lg 1 = 0\mathrm{dB}$，表明 $L(\omega)$ 的低频渐近线是 0dB 水平线。

当 $\omega \gg \omega_1$ 时，略去式 $L(\omega)$ 根号中的 1 项，则有 $L(\omega) = -20\lg(\omega/\omega_1)$，表明 $L(\omega)$ 高频部分的渐近线是斜率为-20dB/dec 的直线，两条渐近线的交点频率 $\omega_1 = 1/T$ 称为转折频率。

图 9-58 中曲线①绘出惯性环节对数幅频特性的渐近线与精确曲线，以及对数相频曲线。

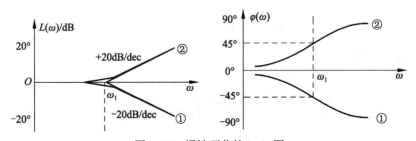

图 9-58 惯性环节的 Bode 图

惯性环节对数相频特性误差修正曲线计算如下：

```
ww1=0.1:0.01:10;
for i=1:length(ww1)
  Lw=(-20)*log10(sqrt(1+ww1(i)^2));
  if ww1(i)<=1 Lw1=0;
  else Lw1=(-20)*log10(ww1(i));
  end
  m(i)=Lw-Lw1;
end
ab=semilogx(ww1,m,'b-');
set(ab,'LineWidth',1);grid;
xlabel('w/w1'),ylabel('误差/dB');            %①
```

运行程序，输出图形如图 9-59 所示。由图 9-59 可见，最大幅值误差发生在 $\omega_1 = 1/T$ 处，其值近似等于 -3dB。惯性环节的对数相频特性从 0° 变化到 -90°，并且关于点 $(\omega_1, -45°)$ 对称。

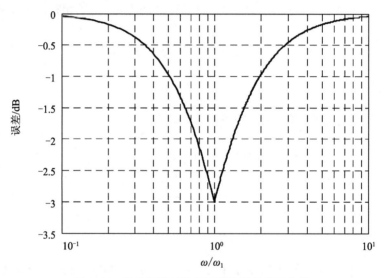

图 9-59　惯性环节对数相频特性误差修正曲线

9.3.5　一阶复合微分环节

一阶复合微分环节 $1+j\omega$ 的频率特性为

$$G(j\omega) = 1 + jT\omega = \sqrt{1+T^2\omega^2}\ e^{j\arctan T\omega}$$

对数幅频与对数相频特性为

$$L(\omega) = 20\lg\sqrt{1+\left(\frac{\omega}{\omega_1}\right)^2}$$

$$\varphi(\omega) = \arctan\frac{\omega}{\omega_1}$$

---

① 代码中无法输入 ω，用 w 代替。

一阶复合微分环节的 Bode 图如图 9-58 中曲线②所示，它与惯性环节的 Bode 图关于频率轴对称。

9.3.6　二阶振荡环节

二阶振荡环节 $\left[1+2\xi Tj\omega+(j\omega T)^{2}\right]^{-1}$ 的频率特性为

$$G(j\omega)=\frac{1}{1-\left(\dfrac{\omega}{\omega_{n}}\right)^{2}+j2\xi\left(\dfrac{\omega}{\omega_{n}}\right)}$$

其中，$\omega_{n}=\dfrac{1}{T}$，$0<\xi<1$。

对数幅频特性为

$$L(\omega)=-20\lg\sqrt{\left[1-\left(\dfrac{\omega}{\omega_{n}}\right)^{2}\right]^{2}+\left(2\xi\dfrac{\omega}{\omega_{n}}\right)^{2}}$$

对数相频特性为

$$\varphi(\omega)=-\arctan\frac{2\xi\dfrac{\omega}{\omega_{n}}}{1-\left(\dfrac{\omega}{\omega_{n}}\right)^{2}}$$

当 $\dfrac{\omega}{\omega_{n}}\ll1$ 时，略去 $L(\omega)$ 中的 $\left(\dfrac{\omega}{\omega_{n}}\right)^{2}$ 和 $2\xi\dfrac{\omega}{\omega_{n}}$ 项，则有

$$L(\omega)\approx-20\lg1=0\mathrm{dB}$$

表明 $L(\omega)$ 的低频段渐近线是一条 0dB 的水平线。

当 $\dfrac{\omega}{\omega_{n}}\gg1$ 时，略去 $L(\omega)$ 中的 1 和 $2\xi\dfrac{\omega}{\omega_{n}}$ 项，则有

$$L(\omega)=-20\lg\left(\dfrac{\omega}{\omega_{n}}\right)^{2}=-40\lg\dfrac{\omega}{\omega_{n}}$$

表明 $L(\omega)$ 的高频段渐近线是一条斜率为-40dB/dec 的直线。

显然，$\omega/\omega_{n}=1$，即 $\omega=\omega_{n}$ 是两条渐近线的相交点，所以，振荡环节的自然频率 ω_{n} 就是其转折频率。

振荡环节的对数幅频特性不仅与 ω/ω_{n} 有关，而且与阻尼比 ξ 有关，因此在转折频率附近一般不能简单地用渐近线近似代替，否则可能引起较大的误差。求 ξ 取不同值时对数幅频特性的准确曲线和渐近线，编程如下：

```
clc,clear,close all
ks=[0.1 0.2 0.3 0.5 0.7 1.0];
om=10;
for i=1:length(ks)
    num=om*om;
    den=[1 2*ks(i)*om om*om];
```

```
    bode(num,den);
    hold on;
end
grid;
```

运行程序，输出图形如图 9-60 所示。

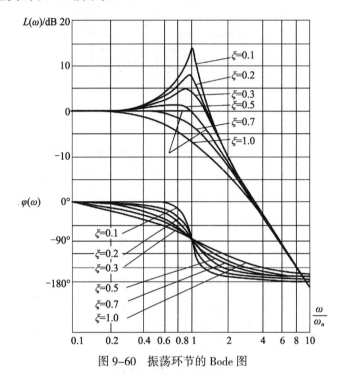

图 9-60 振荡环节的 Bode 图

由图 9-60 可见，在 $\xi < 0.707$ 时，曲线出现谐振峰值，ξ 值越小，谐振峰值越大，与渐近线之间的误差越大。

必要时，可以用误差修正曲线进行修正，编程如下：

```
clc,clear,close all
ks=[0.05 0.1 0.15 0.2 0.25 0.3 0.4 0.5 0.6 0.8 1.0];
wwn=0.1:0.01:10;
for i=1:length(ks)
    for k=1:length(wwn)
        Lw=-20*log10(sqrt((1-wwn(k)^2)^2+(2*ks(i)*wwn(k))^2));
        if wwn(k)<=1 Lw1=0;
        else Lw1=-40*log10(wwn(k));
        end
        m(k)=Lw-Lw1;
    end
    ab=semilogx(wwn,m,'b-');
    set(ab,'linewidth',1.5);hold on;
end
grid;
```

运行程序，输出图形如图 9-61 所示。

由对数相频特性公式可知，相角 $\varphi(\omega)$ 也是 ω/ω_n 和 ξ 的函数，当 $\omega=0$ 时，$\varphi(\omega)=0$；当 $\omega\to\infty$ 时，$\varphi(\omega)=-180°$；当 $\omega=\omega_n$ 时，不管 ξ 值的大小，ω_n 总是等于 $-90°$，而且相频特性曲线关于 $(\omega_n,-90°)$ 点对称，如图 6-61 所示。

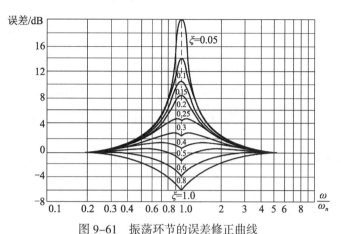

图 9-61　振荡环节的误差修正曲线

9.3.7　二阶复合微分环节

二阶复合微分环节 $1+2\xi Tj\omega+(j\omega T)^2$ 的频率特性为

$$G(j\omega)=1-\left(\frac{\omega}{\omega_n}\right)^2+j2\xi\left(\frac{\omega}{\omega_n}\right)$$

其中，$\omega_n=\dfrac{1}{T}$，$0<\xi<1$。

对数幅频特性为

$$L(\omega)=20\lg\sqrt{\left[1-\left(\frac{\omega}{\omega_n}\right)^2\right]^2+\left(2\xi\frac{\omega}{\omega_n}\right)^2}$$

对数相频特性为

$$\varphi(\omega)=\arctan\frac{2\xi\omega/\omega_n}{1-(\omega/\omega_n)^2}$$

二阶复合微分环节与振荡环节成倒数关系，其 Bode 图与振荡环节 Bode 图关于频率轴对称。

9.3.8　延迟环节

延迟环节的频率特性为

$$G(j\omega)=e^{-j\tau\omega}=A(\omega)e^{j\varphi(\omega)}$$

其中，$A(\omega)=1$，$\varphi(\omega)=-\tau\omega$。

因此

$$L(\omega)=20\lg\left|G(j\omega)\right|=0$$

$$\varphi(\omega) = -\tau\omega$$

上式表明，延迟环节的对数幅频特性与 0dB 线重合，对数相频特性值与 ω 成正比，当 $\omega \to \infty$ 时，相角滞后量也趋向于 ∞。延迟环节的 Bode 图如图 9-62 所示。

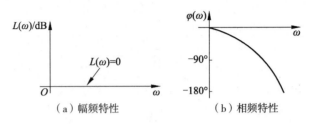

（a）幅频特性 （b）相频特性

图 9-62　延迟环节的 Bode 图

9.4　开环系统

9.4.1　开环系统的 Bode 图

设开环系统由 n 个环节串联组成，系统频率特性为

$$G(j\omega) = G_1(j\omega)G_2(j\omega)\cdots G_n(j\omega)$$
$$= A_1(\omega)e^{j\varphi_1(\omega)} A_2(\omega)e^{j\varphi_2(\omega)} \cdots A_n(\omega)e^{j\varphi_n(\omega)}$$
$$= A(\omega)e^{j\varphi(\omega)}$$

其中，$A(\omega) = A_1(\omega)A_2(\omega)\cdots A_n(\omega)$。

取对数后，有

$$L(\omega) = 20\lg A_1(\omega) + 20\lg A_2(\omega) + \cdots + 20\lg A_n(\omega) = L_1(\omega) + L_2(\omega) + \cdots + L_3(\omega)$$
$$\varphi(\omega) = \varphi_1(\omega) + \varphi_2(\omega) + \cdots + \varphi_n(\omega)$$

其中：$A_i(\omega)$ $(i = 1, 2, \cdots, n)$ 表示各典型环节的幅频特性；$L_i(\omega)$ 和 $\varphi_i(\omega)$ 分别表示各典型环节的对数幅频特性和相频特性。

绘制开环系统的 Bode 图，具体步骤如下。

（1）将开环传递函数写成尾 1 标准形式，确定系统开环增益 K，把各典型环节的转折频率由小到大依次标在频率轴上。

（2）绘制开环对数幅频特性的渐近线。由于系统低频段渐近线的频率特性为 $K/(j\omega)^v$，因此，低频段渐近线为过点 $(1, 20\lg K)$、斜率为 $-20v$ dB/dec 的直线（v 为积分环节数）。

（3）随后沿频率增大的方向每遇到一个转折频率就改变一次斜率，其规律是遇到惯性环节的转折频率，则斜率变化量为-20dB/dec；遇到一阶微分环节的转折频率，斜率变化量为+20dB/dec；遇到振荡环节的转折频率，斜率变化量为-40dB/dec 等。渐近线最后一段（高频段）的斜率为 $-20(n-m)$ dB/dec；其中 n、m 分别为 $G(s)$ 分母、分子的阶数。

（4）如果需要，可按照各典型环节的误差曲线对相应段的渐近线进行修正，以得到精确的对数幅频特性曲线。

（5）绘制相频特性曲线。分别绘出各典型环节的相频特性曲线，再沿频率增大的方向逐点叠加，最后将相加点连接成曲线。

【例9-19】 已知开环传递函数如下，试绘制开环系统的 Bode 图。

$$G(s) = \frac{64(s+2)}{s(s+0.5)(s^2+3.2s+64)}$$

解： 首先将 $G(s)$ 化为尾 1 标准形式：

$$G(s) = \frac{4\left(\dfrac{s}{2}+1\right)}{s\left(\dfrac{s}{0.5}+1\right)\left(\dfrac{s^2}{8^2}+0.4\times\dfrac{s}{8}+1\right)}$$

此系统由比例环节、积分环节、惯性环节、一阶微分环节和振荡环节共 5 个环节组成。
惯性环节转折频率为

$$\omega_1 = 1/T_1 = 0.5$$

一阶复合微分环节转折频率为

$$\omega_2 = 1/T_2 = 2$$

振荡环节转折频率为

$$\omega_3 = 1/T_3 = 8$$

开环增益 $K=4$，系统型别 $\upsilon=1$，低频起始段由 $\dfrac{K}{s}=\dfrac{4}{s}$ 决定。

绘制 Bode 图的程序如下：

```
clc,clear,close all
num=[64,128];
a1=conv([1,0],[1,0.5]);
a2=conv(a1,[1,3.2,64]);
den=[a2];
bode(num,den);
hold on;grid;
```

运行程序，输出图形如图 9-63 所示。

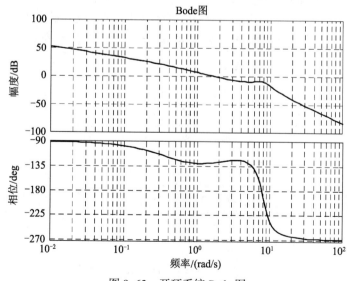

图 9-63 开环系统 Bode 图

【例 9-20】 在 Simulink 中搭建开环系统仿真模型。

解： 搭建仿真模型如图 9-64 所示。运行仿真输出图形如图 9-65 所示。

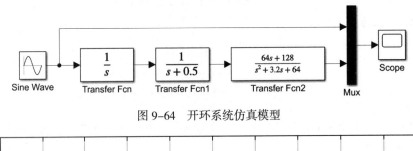

图 9-64 开环系统仿真模型

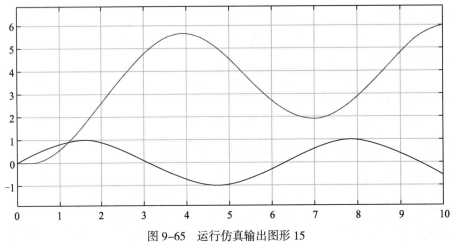

图 9-65 运行仿真输出图形 15

9.4.2 最小/非最小相角系统

当系统开环传递函数中没有在右半 s 平面的极点或零点，且不包含延时环节时，称该系统为最小相角系统，否则称其为非最小相角系统。在系统的频率特性中，非最小相角系统相角变化量的绝对值大于最小相角系统相角变化量的绝对值。在系统分析中应当注意区分和正确处理非最小相角系统。

【例 9-21】 已知某系统的开环对数频率特性如图 9-66 所示，试确定其开环传递函数。

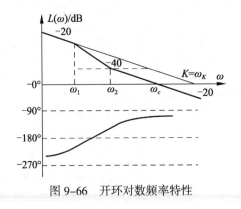

图 9-66 开环对数频率特性

解： 根据对数幅频特性曲线，可以写出开环传递函数的表达形式如下：

$$G(s) = \dfrac{K\left(\dfrac{s}{\omega_2} \pm 1\right)}{s\left(\dfrac{s}{\omega_1} \pm 1\right)}$$

根据对数频率特性的坐标特点有 $\dfrac{\omega_K}{\omega_c} = \dfrac{\omega_2}{\omega_1}$，可以确定开环增益 $K = \omega_K = \dfrac{\omega_c \omega_2}{\omega_1}$。

根据相频特性的变化趋势（$-270° \rightarrow -90°$），可以判定该系统为非最小相角系统。$G(s)$ 中一阶复合微分环节和惯性环节至少有一个是"非最小相角"的。将系统可能的开环零极点分布画出来，列在表 9-3 中。

表 9-3 零极点分布

顺 序	零极点分布	$G(j\omega)$	$G(j0)$	$G(j\infty)$
1		$\dfrac{K\left(\dfrac{s}{\omega_2}+1\right)}{s\left(\dfrac{s}{\omega_1}+1\right)}$	$\infty\angle -90°$	$0\angle -90°$
2		$\dfrac{K\left(\dfrac{s}{\omega_2}-1\right)}{s\left(\dfrac{s}{\omega_1}+1\right)}$	$\infty\angle +90°$	$0\angle -90°$
3		$\dfrac{K\left(\dfrac{s}{\omega_2}+1\right)}{s\left(\dfrac{s}{\omega_1}-1\right)}$	$\infty\angle -270°$	$0\angle -90°$
4		$\dfrac{K\left(\dfrac{s}{\omega_2}-1\right)}{s\left(\dfrac{s}{\omega_1}-1\right)}$	$\infty\angle -90°$	$0\angle -90°$

分析相角的变化趋势，可见，只有当惯性环节极点在右半 s 平面，一阶复合微分环节零点在左半 s 平面时，相角才符合从 $-270°$ 到 $-90°$ 的变化规律。因此可以确定系统的开环传递函数为

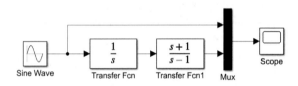

$$G(s) = \dfrac{\dfrac{\omega_c \omega_2}{\omega_1}\left(\dfrac{s}{\omega_2}+1\right)}{s\left(\dfrac{s}{\omega_1}-1\right)}$$

对于最小相角系统，对数幅频特性与对数相频特性之间存在唯一确定的对应关系，根据对数幅频特性就完全可以确定相应的对数相频特性和传递函数，反之亦然。由于对数幅频特性容易绘制，所以在分析最小相角系统时，通常只画其对数幅频特性，对数相频特性则只需概略画出，或者不画。

【例 9-22】　在 Simulink 中搭建最小相角系统示例。

解：系统如图 9-67 所示，运行仿真输出图形如图 9-68 所示。

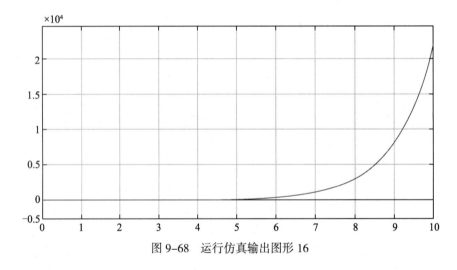

图 9-67　最小相角系统

图 9-68　运行仿真输出图形 16

9.5　稳定判据

闭环控制系统稳定的充要条件是：闭环特征方程的根均具有负的实部，即全部闭环极点都位于左半 s 平面。

9.5.1　奈奎斯特频域稳定判据

奈奎斯特频域稳定判据由奈奎斯特提出，它是频率分析法的重要内容。利用奈奎斯特频域稳定判据，不但可以判断系统是否稳定（绝对稳定性），也可以确定系统的稳定程度（相对稳定性），还可以用于分析系统的动态性能及指出改善系统性能指标的途径。因此，奈奎斯特频域稳定判据是一种重要而实用的稳定性判据，工程上应用十分广泛。

1．辅助函数

对于开环传递函数为

$$G(s) = G_0(s)H(s) = \frac{M(s)}{N(s)}$$

相应的闭环传递函数为

$$\Phi(s) = \frac{G_0(s)}{1+G(s)} = \frac{G_0(s)}{1+\dfrac{M(s)}{N(s)}} = \frac{N(s)G_0(s)}{N(s)+M(s)}$$

其中：$M(s)$ 为开环传递函数的分子多项式，m 阶；$N(s)$ 为开环传递函数的分母多项式，n 阶，$n \geq m$。由传递函数 $G(s)$、闭环传递函数 $\Phi(s)$ 可知，$N(s)+M(s)$ 和 $N(s)$ 分别为闭环和开环特征多项式。现以二者之比定义为辅助函数

$$F(s) = \frac{M(s)+N(s)}{M(s)} = 1+G(s)$$

实际系统传递函数 $G(s)$ 分母阶数 n 总是大于或等于分子阶数 m，因此辅助函数的分子分母同阶，即其零点数与极点数相等。设 $-z_1,-z_2,\cdots,-z_n$ 和 $-p_1,-p_2,\cdots,-p_n$ 分别为其零、极点，则辅助函数 $F(s)$ 可表示为

$$F(s) = \frac{(s+z_1)(s+z_2)\cdots(s+z_n)}{(s+p_1)(s+p_2)\cdots(s+p_n)}$$

综上所述可知，辅助函数 $F(s)$ 具有以下特点。

（1）辅助函数 $F(s)$ 是闭环特征多项式与开环特征多项式之比，其零点和极点分别为闭环极点和开环极点。

（2）$F(s)$ 的零点和极点的个数相同，均为 n 个。

（3）$F(s)$ 与开环传递函数 $G(s)$ 之间只差常量 1。

$F(s) = 1+G(s)$ 的几何意义为：F 平面上的坐标原点就是 G 平面上的 $(-1, j0)$ 点。

2．辐角定理

辅助函数 $F(s)$ 是复变量 s 的单值有理复变函数。由复变函数理论可知，如果函数 $F(s)$ 在 s 平面上指定域内是非奇异的，那么对于此区域内的任一点 d，都可通过 $F(s)$ 的映射关系在 $F(s)$ 平面上找到一个相应的点 d'（称为 d 的像）；对于 s 平面上的任意一条不通过 $F(s)$ 任何奇异点的封闭曲线 $\varGamma$，也可通过映射关系在 $F(s)$ 平面（以下称 $\varGamma$ 平面）找到一条与它相对应的封闭曲线 $\varGamma'$（称为 $\varGamma$ 的像），如图 9-69 所示。

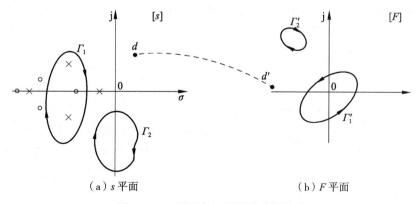

（a）s 平面　　　　　　　　　　（b）F 平面

图 9-69　s 平面与 F 平面的映射关系

设 s 平面上不通过 $F(s)$ 任何奇异点的某条封闭曲线 Γ，它包围了 $F(s)$ 在 s 平面上的 Z 个零点和 P 个极点。当 s 以顺时针方向沿封闭曲线 Γ 移动一周时，在 F 平面上相对应于封闭曲线 Γ 的像 Γ' 将以顺时针的方向围绕原点旋转 R 圈。

R 与 Z、P 的关系为

$$R = Z - P$$

3. 奈奎斯特频域稳定判据

为了确定辅助函数 $F(s)$ 位于右半 s 平面内的所有零点数和极点数，现将封闭曲线 Γ 扩展为整个右半 s 平面。为此，设计 Γ 曲线由以下 3 段所组成。

（1）正虚轴 $s = j\omega$：频率 ω 由 0 变到 ∞；

（2）半径为无限大的右半圆 $s = Re^{j\theta}$：$R \to \infty$，θ 由 $\pi/2$ 变化到 $-\pi/2$；

（3）负虚轴 $s = j\omega$：频率 ω 由 $-\infty$ 变化到 0。

这样，3 段组成的封闭曲线 Γ（称奈奎斯特路径）就包含了整个右半 s 平面。

在 F 平面上绘制与 Γ 相对应的像 Γ'：当 s 沿虚轴变化时，有辅助函数 $F(s)$ 公式可得

$$F(j\omega) = 1 + G(j\omega)$$

其中，$G(j\omega)$ 为系统的开环频率特性。

图 9-70 绘出了系统开环频率特性曲线 $G(j\omega)$。将曲线右移一个单位，并取镜像，则成为 F 平面上的封闭曲线 Γ' 如图 9-70 所示。图 9-71 中用虚线表示镜像。

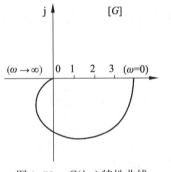

图 9-70　$G(j\omega)$ 特性曲线

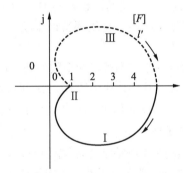

图 9-71　F 平面上的封闭曲线

对于包含了整个右半 s 平面的奈氏路径，式 $R = Z - P$ 中的 Z 和 P 分别为闭环传递函数和开环传递函数在右半 s 平面上的极点数，而 R 则是 F 平面上 Γ' 曲线顺时针包围原点的圈数，也就是 G 平面上系统开环幅相特性曲线及其镜像顺时针包围 $(-1, j0)$ 点的圈数。在实际系统分析过程中，一般只绘制开环幅相特性曲线不绘制其镜像曲线，考虑到角度定义的方向性，有

$$R = -2N$$

其中：N 是开环幅相曲线 $G(j\omega)$（不包括其镜像）包围 G 平面 $(-1, j0)$ 点的圈数（逆时针为正，顺时针为负）。

将式 $R = -2N$ 代入式 $R = Z - P$，可得奈奎斯特频域稳定判据

$$Z = P - 2N$$

其中：Z 是右半 s 平面中闭环极点的个数，P 是右半 s 平面中开环极点的个数，N 是 G 平面上 $G(j\omega)$ 包围 $(-1, j0)$ 点的圈数（逆时针为正）。显然，只有当 $Z = P - 2N = 0$ 时，闭环系统才是稳定的。

【例 9-23】　设系统开环传递函数为

$$G(s) = \frac{52}{(s+2)(s^2+2s+5)}$$

试用奈奎斯特频域稳定判据判定闭环系统的稳定性。

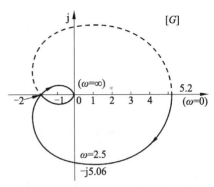

解： 绘出系统的开环幅相特性曲线如图 6-72 所示。当 $\omega = 0$ 时，曲线起点在实轴上 $P(\omega) = 5.2$。当 $\omega = \infty$ 时，终点在原点。当 $\omega = 2.5$ 时曲线和负虚轴相交，交点为 $-j5.06$。当 $\omega = 3$ 时，曲线和负实轴相交，交点为 -2.0。见图 9-72 中实线部分。

在右半 s 平面上，系统的开环极点数为 0。开环频率特性 $G(j\omega)$ 随着 ω 从 0 变化到 $+\infty$ 时，顺时针方向围绕 $(-1, j0)$ 点一圈，即 $N = -1$。由奈奎斯特频域稳定判据 $Z = P - 2N$ 可求得闭环系统在右半 s 平面的极点数为

$$Z = P - 2N = 0 - 2 \times (-1) = 2$$

图 9-72　幅相特性曲线及其镜像

所以闭环系统不稳定。

【**例 9-24**】　在 Simulink 中搭建开环系统。

解： 系统如图 9-73 所示。运行仿真输出图形如图 9-74 所示。由图 9-74 可知，该系统也是稳定的。

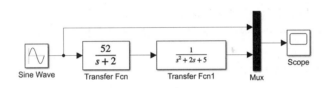

图 9-73　开环系统

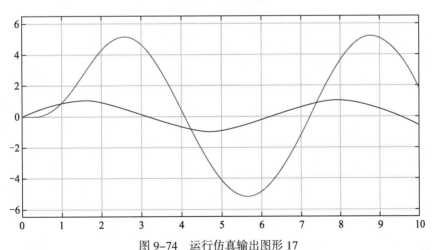

图 9-74　运行仿真输出图形 17

利用奈奎斯特频域稳定判据还可以讨论开环增益 K 对闭环系统稳定性的影响。当 K 值变化时，幅频特性成比例变化，而相频特性不受影响。因此，就图 9-72 而论，当频率 $\omega = 3$ 时，曲线与负实轴正好相交在 $(-2, j0)$ 点，若 K 缩小一半，取 $K = 2.6$ 时，曲线恰好通过 $(-1, j0)$ 点，这是临界稳定状态；当 $K < 2.6$ 时，幅相曲线 $G(j\omega)$ 将从 $(-1, j0)$ 点的右方穿过负实轴，不再包围 $(-1, j0)$ 点，这时闭环系统是稳定的。

【**例 9-25**】　系统结构如图 9-75 所示，试判断系统的稳定性并讨论 K 值对系统稳定性的影响。

解： 系统是一个非最小相角系统，开环不稳定。

开环传递函数在右半S平面上有一个极点，$P=1$。

幅相特性曲线如图9-76所示。

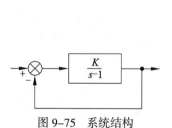

图9-75　系统结构

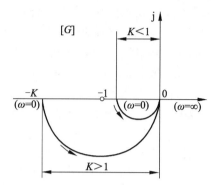

图9-76　$K>1$和$K<1$时的幅相特性曲线

当$\omega=0$时，曲线从负实轴$(-K,j0)$点出发；当$\omega=\infty$时，曲线以$-90°$趋于坐标原点；幅相特性包围$(-1,j0)$点的圈数N与K值有关。

图6-76绘出了$K>1$和$K<1$的两条曲线，可见：

当$K>1$时，曲线逆时针包围了$(-1,j0)$点的1/2圈，即$N=1/2$，此时$Z=P-2N=1-2\times(1/2)=0$，故闭环系统稳定；当$K<1$时，曲线不包围$(-1,j0)$点，即$N=0$，此时$Z=P-2N=1-2\times0=1$，有一个闭环极点在右半S平面，故系统不稳定。

【例9-26】　在Simulink中搭建闭环系统。

解： 闭环系统如图9-77所示。运行仿真输出图形如图9-78所示。

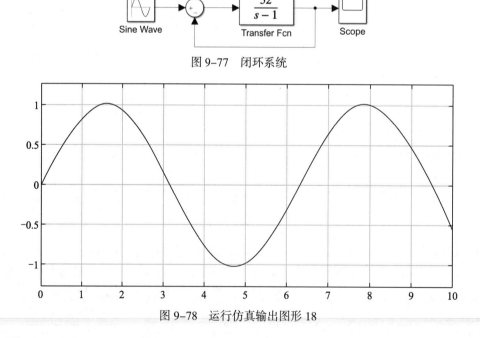

图9-77　闭环系统

图9-78　运行仿真输出图形18

由闭环系统输出结果可知，系统不稳定。

9.5.2　频域对数稳定判据

实际上，系统的频域分析设计通常在 Bode 图上进行。将奈奎斯特频域稳定判据引申到 Bode 图上，以 Bode 图的形式表现出来，就成为对数稳定判据。在 Bode 图上运用奈奎斯特频域稳定判据的关键在于如何确定 $G(j\omega)$ 包围 $(-1, j0)$ 的圈数 N 。

系统开环频率特性的奈氏图与 Bode 图存在一定的对应关系，如图 9-79 所示。

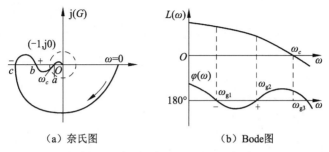

（a）奈氏图　　　　　　　（b）Bode图

图 9-79　奈氏图与 Bode 图的对应关系

（1）奈氏图上 $|G(j\omega)| = 1$ 的单位圆与 Bode 图上的 0dB 线相对应。单位圆外部对应于 $L(\omega) > 0$ ，单位圆内部对应于 $L(\omega) < 0$ 。

（2）奈氏图上的负实轴对应于 Bode 图上 $\varphi(\omega) = -180°$ 线。

在奈氏图中，如果开环幅相曲线在点 $(-1, j0)$ 以左穿过负实轴，称为"穿越"。若沿 ω 增加方向，曲线自上而下（相位增加）穿过 $(-1, j0)$ 点以左的负实轴，则称为正穿越；反之曲线自下而上（相位减小）穿过 $(-1, j0)$ 点以左的负实轴，则称为负穿越。如果沿 ω 增加方向，幅相曲线自点 $(-1, j0)$ 以左负实轴开始向下或向上，则分别称为半次正穿越或半次负穿越，如图 9-79（a）所示。

在 Bode 图上，对应 $L(\omega) > 0$ 的频段内沿 ω 增加方向，对数相频特性曲线自下而上（相角增加）穿过 $-180°$ 线称为正穿越；反之曲线自上而下（相角减小）穿过 $-180°$ 线称为负穿越。同样，若沿 ω 增加方向，对数相频曲线自 $-180°$ 线开始向上或向下，分别称为半次正穿越或半次负穿越，如图 9-79（b）所示。

在奈氏图上，正穿越一次，对应于幅相曲线逆时针包围 $(-1, j0)$ 点一圈；而负穿越一次，对应于顺时针包围点 $(-1, j0)$ 一圈。因此幅相曲线包围 $(-1, j0)$ 点的次数等于正、负穿越次数之差。即

$$N = N_+ - N_-$$

其中，N_+ 为正穿越次数，N_- 为负穿越次数。

【例 9-27】　单位反馈系统的开环传递函数如下，当 $K^* = 0.8$ 时，判断闭环系统的稳定性。

$$G(s) = \frac{K^*\left(s + \dfrac{1}{2}\right)}{s^2(s+1)(s+2)}$$

解： 由题意可知，系统的零极点分布如图 9-80（a）所示。首先计算 $G(j\omega)$ 曲线与实轴交点坐标：

$$G(j\omega) = \frac{0.8\left(\dfrac{1}{2} + j\omega\right)}{-\omega^2(1 + j\omega)(2 + j\omega)} = \frac{-0.8\left[1 + \dfrac{5}{2}\omega^2 + j\omega\left(\dfrac{1}{2} - \omega^2\right)\right]}{\omega^2\left[(2 - \omega^2)^2 + 9\omega^2\right]}$$

令 $\mathrm{Im}[G(\mathrm{j}\omega)]=0$，解出 $\omega=1/\sqrt{2}$。计算相应实部的值 $\mathrm{Re}[G(\mathrm{j}\omega)]=-0.5333$。

由此可画出开环幅相特性和开环对数频率特性分别如图 9-80（b）和图 9-80（c）所示。

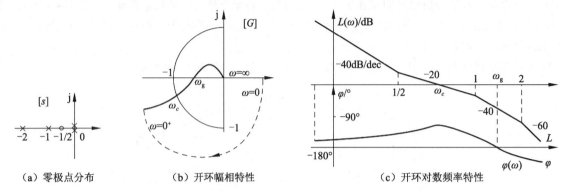

（a）零极点分布　　　（b）开环幅相特性　　　（c）开环对数频率特性

图 9-80　零极点分布、开环幅相特性和开环对数频率特性

系统是 II 型的。在 $G(\mathrm{j}\omega)$、$\varphi(\omega)$ 上补上 $180°$ 大圆弧（如图 9-80（b）、（c）中虚线所示）。应用对数稳定判据，在 $L(\omega)>0$ 的频段范围 $(0\sim\omega_c)$ 内，$\varphi(\mathrm{j}\omega)$ 在 $\omega=0^+$ 处有负、正穿越各 1/2 次，所以

$$N = N_+ - N_- = 1/2 - 1/2 = 0$$
$$Z = P - 2N = 0 - 2\times 0 = 0$$

可知闭环系统是稳定的。

【例 9-28】　在 Simulink 中搭建闭环系统。

解： 系统如图 9-81 所示。运行仿真输出图形如图 9-82 所示。

图 9-81　闭环系统

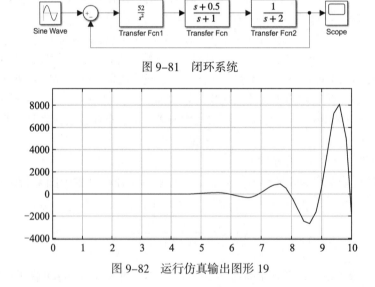

图 9-82　运行仿真输出图形 19

9.5.3　稳定裕度

控制系统稳定与否是绝对稳定性的概念。而对一个稳定的系统，还有一个稳定的程度，即相对稳定性的概念。相对稳定性与系统的动态性能指标有着密切的关系。在设计一个控制系统时，不仅要求其绝

对稳定，还应保证其具有一定的稳定程度。只有这样，才能避免因系统参数变化而导致系统性能变差甚至不稳定。

对于一个最小相角系统，$G(j\omega)$ 曲线越靠近 $(-1, j0)$ 点，系统阶跃响应的振荡就越强烈，系统的相对稳定性就越差。因此，可用 $G(j\omega)$ 曲线对 $(-1, j0)$ 点的接近程度表示系统的相对稳定性。通常，这种接近程度以相角裕度和幅值裕度表示。

相角裕度和幅值裕度是系统开环频率指标，它与闭环系统的动态性能密切相关。

1．相角裕度

相角裕度是指幅相频率特性的幅值 $A(\omega) = |G(j\omega)| = 1$ 时的向量与负实轴的夹角，常用希腊字母 γ 表示。

在 G 平面上画出以原点为圆心的单位圆，如图 9-83 所示。$G(j\omega)$ 曲线与单位圆相交，交点处的频率 ω_c 称为截止频率，此时有 $A(\omega_c) = 1$。按相角裕度的定义

$$\gamma = \varphi(\omega_c) - (-180°) = 180° + \varphi(\omega_c)$$

由于 $L(\omega_c) = 20\lg A(\omega_c) = 20\lg 1 = 0$，故在 Bode 图中，相角裕度表现为 $L(\omega) = 0\text{dB}$ 处的相角 $\varphi(\omega_c)$ 与 $-180°$ 水平线之间的角度差。

2．幅值裕度

$G(j\omega)$ 曲线与负实轴交点处的频率 ω_g 称为相角交界频率，此时幅相特性曲线的幅值为 $A(\omega_g)$，如图 9-84 所示。幅值裕度是指 $(-1, j0)$ 点的幅值 1 与 $A(\omega_g)$ 之比，常用 h 表示，即

$$h = \frac{1}{A(\omega_g)}$$

在对数坐标图上，有

$$20\lg h = -20\lg A(\omega_g) = -L(\omega_g)$$

即 h 的分贝值等于 $L(\omega_g)$ 与 0dB 之间的距离（0dB 下为正）。

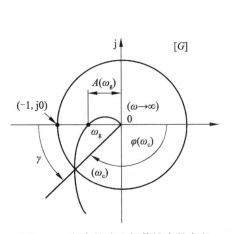

图 9-83　相角裕度和幅值裕度的定义

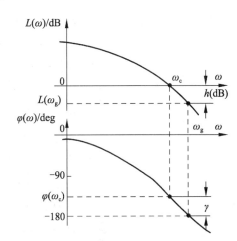

图 9-84　稳定裕度在 Bode 图上的表示

相角裕度的物理意义在于：稳定系统在截止频率 ω_c 处若相角再滞后一个 γ 角度，则系统处于临界状态；若相角滞后大于 γ，系统将变成不稳定。

幅值裕度的物理意义在于：稳定系统的开环增益再增大 h 倍，则 $\omega = \omega_g$ 处的幅值 $A(\omega_g)$ 等于 1，曲线正好通过 $(-1, j0)$ 点，系统处于临界稳定状态；若开环增益增大 h 倍以上，系统将变成不稳定。

对于最小相角系统，要使系统稳定，要求相角裕度 $\gamma > 0$，幅值裕度 $h > 1$。为保证系统具有一定的相对稳定性，稳定裕度不能太小。在工程设计中，一般取 $\gamma = 30° \sim 60°$，$h \geqslant 2$ 对应 $20\lg h \geqslant 6\mathrm{dB}$。

3. 稳定裕度计算

根据按相角裕度的定义公式,要计算相角裕度 γ，首先要知道截止频率 ω_c。求 ω_c 较方便的方法是先由 $G(s)$ 绘制 $L(\omega)$ 曲线，由 $L(\omega)$ 与 0dB 线的交点确定 ω_c。而求幅值裕度 h 首先要知道相角交界频率 ω_g，对于阶数不太高的系统，直接解三角方程 $\angle G(\mathrm{j}\omega_g) = -180°$ 是求 ω_g 较方便的方法。通常将 $G(\mathrm{j}\omega)$ 写成虚部和实部，令虚部为零而解得 ω_g。

【例 9-29】　某单位反馈系统的开环传递函数如下，试求 $K_0 = 10$ 时系统的相角裕度和幅值裕度。

$$G(s) = \frac{K_0}{s(s+1)(s+5)}$$

解： 将该开环传递函数变换为

$$G(s) = \frac{K_0/5}{s(s+1)\left(\frac{1}{5}s+1\right)}$$

绘制开环增益 $K = K_0/5 = 2$ 时的 $L(\omega)$ 曲线，程序如下：

```
k=2;zero=[];
pole=[0 -1 -5];
g=zpk(zero,pole,k);
bode(g);
grid;
```

运行程序，输出图形如图 9-85 所示。

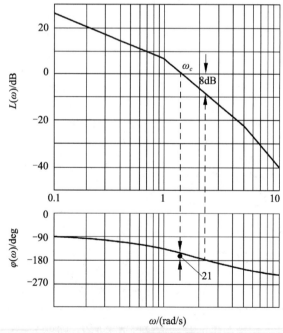

图 9-85　$K=2$ 时的 $L(\omega)$ 曲线

当 $K = 2$ 时

$$A(\omega_c) = \frac{2}{\omega_c \sqrt{\omega_c^2 + 1^2} \sqrt{\left(\dfrac{\omega_c}{5}\right)^2 + 1^2}} = 1 \approx \frac{2}{\omega_c \sqrt{\omega_c^2} \sqrt{1^2}} = \frac{2}{\omega_c^2}, \quad 0 < \omega_c < 2$$

所以，$\omega_c = \sqrt{2}$，$\gamma_1 = 180° + \angle G(j\omega_c) = 180° - 90° - \arctan \omega_c - \arctan \dfrac{\omega_c}{5} = 19.5°$。

又由，$180° + \angle G(j\omega_g) = 180° - 90° - \arctan \omega_g - \arctan \left(\dfrac{\omega_g}{5}\right) = 0$，有

$$\arctan \omega_g + \arctan \left(\frac{\omega_g}{5}\right) = 90°$$

等式两边取正切，得 $1 - \omega_g^2 / 5 = 0$，即 $\omega_g = \sqrt{5} = 2.236$。因此

$$h_1 = \frac{1}{|A(\omega_g)|} = \frac{\omega_g \sqrt{\omega_g^2 + 1} \sqrt{\left(\dfrac{\omega_g}{5}\right)^2 + 1}}{2} = 2.793 = 8.9\text{dB}$$

在实际工程设计中，只要绘出 $L(\omega)$ 曲线，直接在图上读数即可，不需太多计算。

【例 9-30】　在 Simulink 中搭建闭环系统。

解： 闭环系统如图 9-86 所示。运行仿真，输出图形如图 9-87 所示。

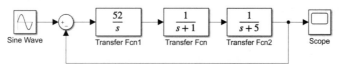

图 9-86　闭环系统

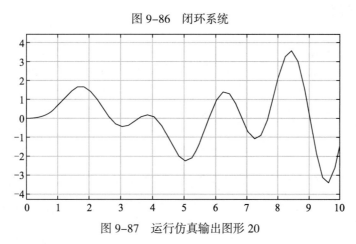

图 9-87　运行仿真输出图形 20

9.6　本章小结

MATLAB 是一款强大的数据处理软件，能够适应各种系统，并能够通过矩阵运算，快速实现问题的求解。本章主要介绍了 MATLAB/Simulink 在控制系统方面的应用，包括控制系统的频率域分析、幅相频率分析、对数频率特性分析、开环系统的 Bode 图、奈奎斯特频率稳定判据分析、稳定裕度分析等。

第 10 章

PID 控制系统仿真

在工程实际中，应用最为广泛的调节器控制规律为比例、积分、微分控制，简称 PID 控制，又称 PID 调节。PID 控制器以其结构简单、稳定性好、工作可靠、调整方便而成为工业控制的主要技术之一。基于 PID 控制的 Simulink 系统仿真广泛应用在工业控制中，本章重点介绍 Simulink 在 PID 控制中的应用。

本章学习目标包括：

（1）掌握 PID 控制原理；

（2）掌握运用 Simulink 进行控制系统设计；

（3）掌握 Simulink 解决工程实际问题。

10.1 PID 控制原理

在模拟控制系统中，控制器最常用的控制规律是 PID 控制。模拟 PID 控制系统原理框图如图 10-1 所示。系统由模拟 PID 控制器和被控对象组成。

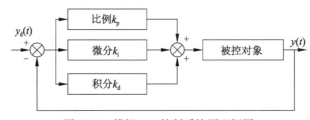

图 10-1　模拟 PID 控制系统原理框图

PID 控制器是一种线性控制器，它根据给定值 $y_\mathrm{d}(t)$ 与实际输出值 $y(t)$ 构成控制偏差，即

$$\mathrm{error}(t) = y_\mathrm{d}(t) - y(t)$$

PID 的控制规律为

$$u(t) = k_\mathrm{p}\left[\mathrm{error}(t) + \frac{1}{T_\mathrm{I}} \int_0^t \mathrm{error}(t)\,\mathrm{d}t + \frac{T_\mathrm{D}\,\mathrm{derror}(t)}{\mathrm{d}t} \right]$$

或可以写成传递函数的形式为

$$G(s) = \frac{U(s)}{E(s)} = k_\mathrm{p}\left(1 + \frac{1}{T_\mathrm{I}s} + T_\mathrm{D}s \right)$$

其中，k_p 为比例系数；T_I 为积分时间常数；T_D 为微分时间常数。

简单来说，PID 控制器各校正环节的作用如下。

（1）比例环节：成比例地反映控制系统的偏差信号 $\text{error}(t)$，偏差一旦产生，控制器立即产生控制作用，以减少偏差。k_p 越大，系统的响应速度越快，调节精度越高，但是容易产生超调，超过一定范围会导致系统振荡加剧甚至不稳定。

（2）积分环节：主要用于消除静差，提高系统的无差度，可使系统稳定性下降，动态响应变慢。积分作用的强弱取决于积分时间常数 T_I，T_I 越大，积分作用越弱，系统的静态误差消除越快，但是容易在初期产生积分饱和现象，从而引起响应过程的较大超调。

（3）微分环节：反映偏差信号的变化趋势（变化速率），并能在偏差信号变得太大之前，在系统中引入一个有效的早期修正信号，从而加快系统的动作速度，减少调节时间。微分环节的作用是在回应过程中抑制偏差向任何方向的变化，对偏差变化进行提前预测。但是会使响应过程提前制动，从而延长调节时间。

根据误差及其变化，可设计 PID 控制器，该控制器可分为以下 5 种情况进行设计：

（1）当 $|e(k)| > M_1$ 时，说明误差的绝对值已经很大。不论误差变化趋势如何，都应考虑控制器的输出应按最大（或最小）输出，以迅速调整误差，使误差绝对值以最大速度减小。此时，它相当于实施开环控制。

（2）当 $e(k)\Delta e(k) > 0$ 或 $\Delta e(k)=0$ 时，说明误差在朝误差绝对值增大方向变化，或误差为某一常值，未发生变化。

如果 $|e(k)| \geqslant M_2$，说明误差也较大，可考虑由控制器实施较强的控制作用，以扭转误差绝对值朝减小方向变化，并迅速减小误差的绝对值。控制器输出为

$$u(k)=u(k-1)+k_1\{k_p[e(k)-e(k-1)]+k_ie(k)+k_d[e(k)-2e(k-1)+e(k-2)]\}$$

如果 $e(k) < M_2$，说明尽管误差朝绝对值增大方向变化，但误差绝对值本身并不很大，可考虑控制器实施一般的控制作用，只要扭转误差的变化趋势，使其朝误差绝对值减小方向变化即可。控制器输出为

$$u(k)=u(k-1)+k_p[e(k)-e(k-1)]+k_ie(k)+k_d[e(k)-2e(k-1)+e(k-2)]$$

（3）当 $e(k)\Delta e(k) < 0$、$\Delta e(k)\Delta e(k-1) > 0$ 或 $e(k)=0$ 时，说明误差的绝对值朝减小的方向变化，或已经达到平衡状态。此时，可考虑采取保持控制器输出不变。

（4）当 $e(k)\Delta e(k) < 0$、$\Delta e(k)\Delta e(k-1) < 0$ 时，说明误差处于极值状态。如果此时误差的绝对值较大，即 $|e(k)| \geqslant M_2$，可考虑实施较强的控制作用，即

$$u(k)=u(k-1)+k_1k_pe_m(k)$$

如果此时误差的绝对值较小，即 $|e(k)| < M_2$，可考虑实施较弱的控制作用，即

$$u(k)=u(k-1)+k_2k_pe_m(k)$$

（5）当 $|e(k)| \leqslant \varepsilon$ 时，说明误差的绝对值很小，此时应加入积分，减少稳态误差。

以上各式中，$e_m(k)$ 为误差 e 的第 k 个极值；$u(k)$ 为第 k 次控制器的输出；$u(k-1)$ 为第 $(k-1)$ 次控制器的输出；k_1 为增益放大系数，$k_1 > 1$；k_2 为抑制系数，M_1、M_2 为设定的误差界限，$M_1 > M_2 > 0$；k 为控制周期的序号（自然数）；ε 为任意小的正实数。

10.2　PID 控制仿真示例

本节根据 PID 控制的原理，通过示例的方式讲解 PID 控制在 MATLAB 及 Simulink 中的实现方法。

【例 10-1】 对以下对象进行 PID 控制，PID 控制参数为 $k_p=8$，$k_i=0.10$，$k_d=10$。

$$G(s) = \frac{400}{s^2 + 50s}$$

解：（1）采用 MATLAB 程序编程实现 PID 控制。

```
%增量式 PID 控制器
clc,clear,close all
ts=0.001;                               %采样时间
sys=tf(400,[1,50,0]);                   %传递函数
dsys=c2d(sys,ts,'z');                   %连续模型离散化
[num,den]=tfdata(dsys,'v');             %获得分子分母
%PID 控制量
u_1=0.0;u_2=0.0;u_3=0.0;
y_1=0;y_2=0;y_3=0;

x=[0,0,0]';
%误差
error_1=0;
error_2=0;
for k=1:1:1000
    time(k)=k*ts;

    yd(k)=1.0;
    %PID 参数
    kp=8;                               %比例系数
    ki=0.10;                            %积分系数
    kd=10;                              %微分系数

    du(k)=kp*x(1)+kd*x(2)+ki*x(3);
    u(k)=u_1+du(k);

    if u(k)>=10
        u(k)=10;
    end
    if u(k)<=-10
        u(k)=-10;
    end
    y(k)=-den(2)*y_1-den(3)*y_2+num(2)*u_1+num(3)*u_2;

    error=yd(k)-y(k);
    u_3=u_2;u_2=u_1;u_1=u(k);
    y_3=y_2;y_2=y_1;y_1=y(k);

    x(1)=error-error_1;                 %计算 P
    x(2)=error-2*error_1+error_2;       %计算 D
```

```
    x(3)=error;                                    %计算 I

    error_2=error_1;
    error_1=error;
end
figure(1);
plot(time,yd,'r',time,y,'b','linewidth',2);
xlabel('时间/s');ylabel('yd,y');grid on
title('增量式 PID 跟踪响应曲线')
legend('理想位置信号','位置追踪');
figure(2);
plot(time,yd-y,'r','linewidth',2);
xlabel('时间/s');ylabel('误差');grid on
title('增量式 PID 跟踪误差')
```

增量式 PID 阶跃跟踪结果如图 10-2 和图 10-3 所示。

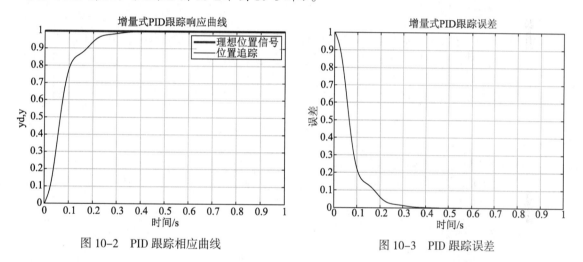

图 10-2　PID 跟踪相应曲线　　　　　　　　图 10-3　PID 跟踪误差

由于控制算法中不需要累加，控制增量 $\Delta u(k)$ 仅与最近 k 次的采样有关，所以误动作时影响小，且较容易通过加权处理获得较好的控制效果。

在计算机控制系统中，PID 控制是通过计算机程序实现的，因此灵活性很大。PID 控制器的控制算法不同，可满足不同控制系统的需要。

（2）采用 MATLAB/Simulink 中 PID 控制器进行模型控制。

搭建相应的 PID 控制仿真模型如图 10-4 所示。

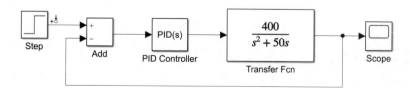

图 10-4　PID 控制仿真模型 1

PID 控制器参数设置如图 10-5 所示，PID 控制参数为 $k_p=8$，$k_i=0.10$，$k_d=10$。

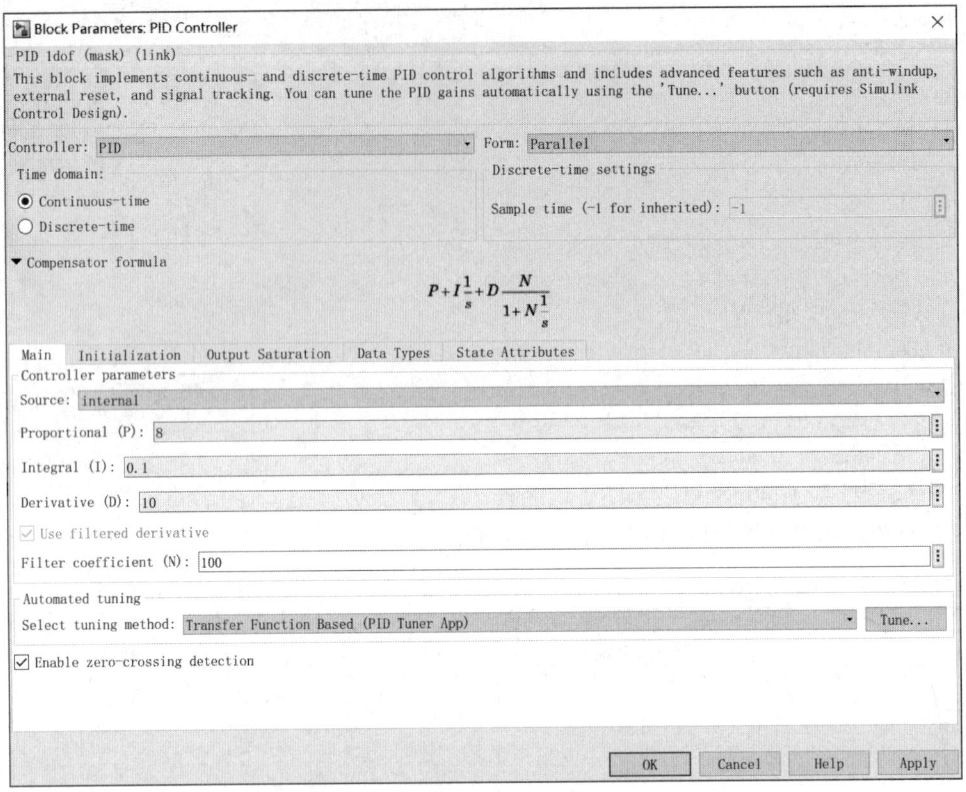

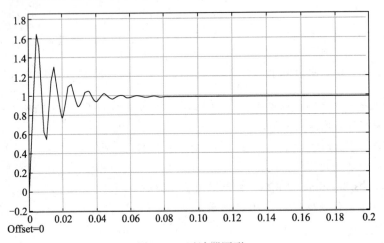

图 10-5　PID 控制器参数设置

对其进行仿真，输出图形如图 10-6 所示。

图 10-6　示波器图形

（3）自行搭建 PID 控制器。

考虑到 PID 控制器为比例、积分、微分控制器，因此可以采用比例、积分、微分控制器组合控制输出实现 PID 控制，搭建的 PID 控制仿真模型如图 10-7 所示。

相应的控制输出结果如图 10-8 所示。

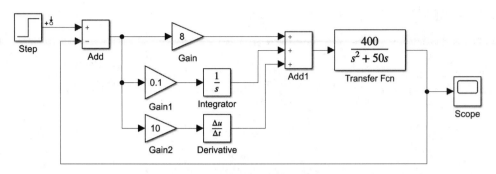

图 10-7 PID 控制仿真模型 2

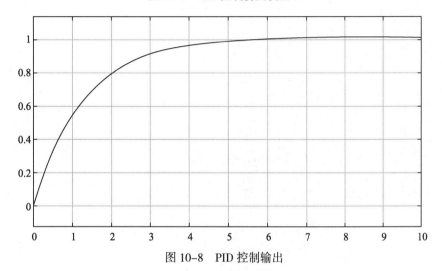

图 10-8 PID 控制输出

【例 10-2】 某电机被控对象的传递函数如下，请对该对象进行 PID 控制。其中 PID 参数为 $k_p = 20$，$k_d = 0.5$，输入信号为正弦函数 $y_d(k) = 0.5\sin(2\pi t)$。

$$G(s) = \frac{1}{0.0067s^2 + 0.1s}$$

解：采用 MATLAB 脚本文件，利用 ode45 的方法求解该连续对象方程，采用 PID 控制方法设计控制器。编写 MATLAB PID 控制程序如下：

```
%%clc,clear,close all
ts=0.001;  %采样时间
xk=zeros(2,1);
e_1=0;
u_1=0;


for k=1:1:2000
    time(k) = k*ts;
    yd(k)=0.50*sin(1*2*pi*k*ts);
    para=u_1;
    tSpan=[0 ts];
    [tt,xx]=ode45('PlantModel',tSpan,xk,[],para);
```

```
    xk = xx(length(xx),:);
    y(k)=xk(1);

    e(k)=yd(k)-y(k);
    de(k)=(e(k)-e_1)/ts;

    u(k)=20.0*e(k)+0.50*de(k);
    %Control limit
    if u(k)>10.0
        u(k)=10.0;
    end
    if u(k)<-10.0
        u(k)=-10.0;
    end
    u_1=u(k);
    e_1=e(k);
end
figure(1);
plot(time,yd,'r',time,y,'k:','linewidth',2);
xlabel('时间(s)');ylabel('yd,y');
legend('实际信号','仿真结果');
figure(2);
plot(time,yd-y,'r','linewidth',2);
xlabel('时间(s)'),ylabel('误差');title('误差')
```

因为 $G(s)=\dfrac{1}{0.0067s^2+0.1s}=\dfrac{1}{Js^2+Bs}$，所以 $J\dfrac{\mathrm{d}^2y}{\mathrm{d}t^2}+B\dfrac{\mathrm{d}y}{\mathrm{d}t}=u$。令 $y_1=y$，$y_2=\dot{y}$，则

$$\begin{cases} \dot{y}_1=y_2 \\ \dot{y}_2=-\dfrac{B}{J}y_2+\dfrac{1}{J}u \end{cases}$$

基于此，编写控制对象的 MATLAB 函数 PlantModel 如下：

```
function dy = PlantModel(t,y,flag,para)
u=para;
J=0.0067;B=0.1;
dy=zeros(2,1);
dy(1) = y(2);
dy(2) = -(B/J)*y(2) + (1/J)*u;
end
```

运行仿真程序，输出结果如图 10-9 和图 10-10 所示。

【例 10-3】 被控对象为如下所示的三阶传递函数，输入一正弦函数 $y_\mathrm{d}(k)=0.05\sin(2\pi t)$，试采用 PID 控制方法在 Simulink 中设计控制器，其中 PID 参数为 $k_\mathrm{p}=2.5$，$k_\mathrm{i}=0.02$，$k_\mathrm{d}=0.5$。

$$G(s)=\dfrac{523500}{s^3+87.35s^2+10470s}$$

　　解：采用 Simulink 模块与 Interpreted MATLAB Fcn 函数相结合的形式，利用 ode45 的方法求解。搭建 PID 控制仿真模型如图 10-11 所示。

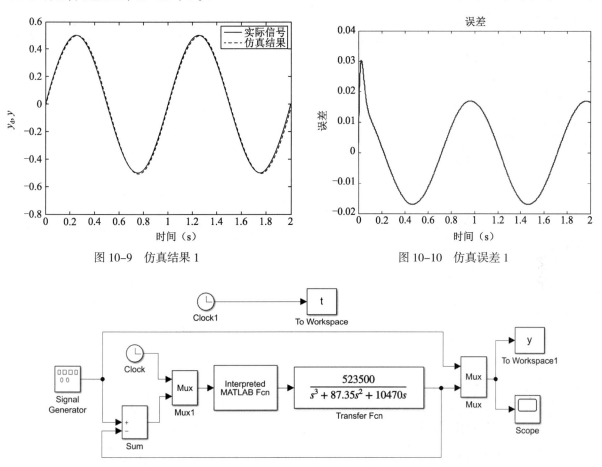

図 10-9　仿真结果 1　　　　　　　　　　図 10-10　仿真误差 1

図 10-11　PID 控制仿真模型 3

其中控制器程序如下：

```
function [u]=Pidsimfcontrol(u1,u2)
persistent errori error_1
t=u1;
if t==0
    errori=0;
    error_1=0;
end
kp=2.5;
ki=0.020;
kd=0.50;
error=u2;
errord=error-error_1;
errori=errori+error;
u=kp*error+kd*errord+ki*errori;
error_1=error;
```

运行仿真程序，仿真数据自动保存到工作区中，采用下面的程序进行绘图：

```
close all;
figure(1);
plot(t,y(:,1),'r',t,y(:,2),'k:','linewidth',2);
xlabel('时间(s)');ylabel('yd,y');
legend('实际信号','仿真结果');
figure(2);
plot(t,y(:,1)-y(:,2),'r','linewidth',2);
xlabel('时间(s)'),ylabel('误差');
title('误差')
```

运行程序，画图程序输出图形如图 10-12 和图 10-13 所示。

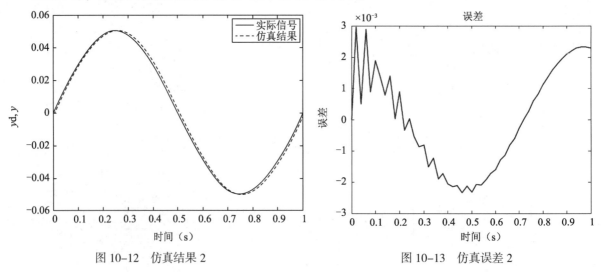

图 10-12　仿真结果 2　　　　　　　　图 10-13　仿真误差 2

【例 10-4】　被控对象为如下所示的三阶传递函数，输入信号为弦函数 $y_d(k) = \sin(2\pi t)$，试采用 PID 控制方法设计控制器，PID 参数为 $k_p = 1.5$，$k_i = 2.0$，$k_d = 0.05$。

$$G(s) = \frac{523500}{s^3 + 87.35s^2 + 10470s}$$

解：采用 Simulink 模块与 S-函数的方法进行对象建模求解，搭建 PID 控制仿真模型，如图 10-14 所示。

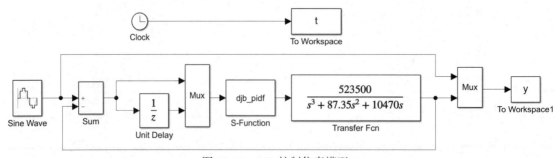

图 10-14　PID 控制仿真模型 4

PID 控制器的 S 函数如下：

```
function [sys,x0,str,ts]=djb_pidf(t,x,u,flag)
switch flag
    case 0                            %初始化
        [sys,x0,str,ts] = mdlInitializeSizes;
    case 2                            %离散系统更新
        sys = mdlUpdates(x,u);
    case 3                            %控制信号计算
        %sys = mdlOutputs(t,x,u,kp,ki,kd,MTab);
        sys=mdlOutputs(t,x,u);
    case {1, 4, 9}                    %未采用的 flag 值
        sys = [];
    otherwise                         %错误处理
        error(['Unhandled flag = ',num2str(flag)]);
end


%当 flag=0,执行系统初始化
function [sys,x0,str,ts] = mdlInitializeSizes
sizes = simsizes;                     %默认控制变量读取
sizes.NumContStates = 0;              %无联系状态
sizes.NumDiscStates = 3;              %3 个状态值，并假设为 P/I/D 组件
sizes.NumOutputs = 1;                 %2 个输出变量：控制变量 u(t) 及状态变量 x(3)
sizes.NumInputs = 2;                  %4 个输入信号
sizes.DirFeedthrough = 1;            %输入反馈到输出
sizes.NumSampleTimes = 1;            %单个采样周期
sys = simsizes(sizes);
x0 = [0; 0; 0];                       %初始状态
str = [];
ts = [-1 0];                          %采样周期


%当 flag=2 时，更新离散状态
function sys = mdlUpdates(x,u)
T=0.001;
sys=[ u(1);x(2)+u(1)*T;(u(1)-u(2))/T];


%当 flag=3 时,计算输出信号
function sys = mdlOutputs(t,x,u,kp,ki,kd,MTab)
kp=1.5;
ki=2.0;
kd=0.05;
%sys=[kp,ki,kd]*x;
sys=kp*x(1)+ki*x(2)+kd*x(3);
```

运行仿真程序，仿真数据自动保存到工作区中，采用如下画图程序进行数据显示：

```
close all;
figure(1);
plot(t,y(:,1),'r',t,y(:,2),'k:','linewidth',2);
xlabel('时间(s)');ylabel('yd,y');
legend('实际信号','仿真结果');
```

```
figure(2);
plot(t,y(:,1)-y(:,2),'r','linewidth',2);
xlabel('时间(s)'),ylabel('误差');
title('误差')
```

运行画图程序，输出图形如图 10–15 和图 10–16 所示。

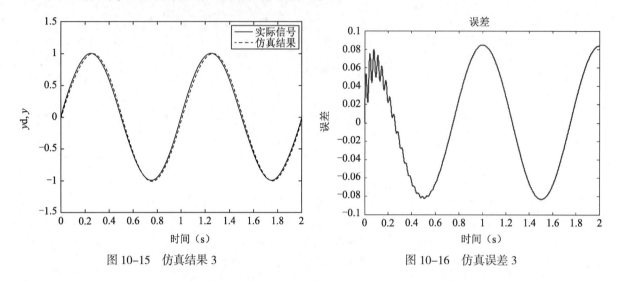

图 10–15 仿真结果 3

图 10–16 仿真误差 3

10.3 倒立摆小车控制仿真

在直线式倒立摆中，小车只有水平方向的直线运动，模型的非线性因素较少，有利于倒立摆的控制；而在旋转式倒立摆中，旋臂处在绕轴转动的状态，同时具有水平和垂直两个方向的运动，模型中非线性因素较多，对倒立摆的控制算法要求较高。

直线式一级倒立摆系统基本结构如图 10–17 所示。

倒立摆系统的控制问题一直是控制研究中的一个经典问题，控制的目标是通过在小车底座施加一个力 u（控制量），使小车停留在预定位置，即不超过预先设定的垂直偏离角度范围。首先确定一个倒立摆系统，系统的参数如表 10–1 所示。

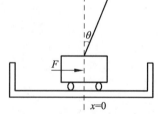

图 10–17 直线式一级倒立摆系统基本结构

表 10-1 直线式一级倒立摆系统的参数

参　数	值	参　数	值
小车质量 M	0.5	倒立摆质量 m	0.5
摆杆长度 l	0.3	摆杆转动惯量 I	0.006
摩擦因数 b	0.1	…	…

由倒立摆的平衡控制方程可得

$$\ddot{\theta} = \frac{m(m+M)gl}{(M+m)I + Mml^2}\theta - \frac{ml}{(M+m)I + Mml^2}u$$

$$\ddot{x} = -\frac{m^2gl^2}{(M+m)I + Mml^2}\theta + \frac{I+ml^2}{(M+m)I + Mml^2}$$

其中，$I = \frac{1}{12}mL^2$，$l = \frac{1}{2}L$。

利用 PID 对系统进行控制，PID 控制主要计算其中的反馈系数，反馈系数利用 place 函数求解，利用 p 进行极点配置，计算反馈系数 K，进行控制系统的仿真。

PID 控制器 MATLAB 程序（djb_InvPend.m）如下：

```
clc,clear,close all
M=0.5;m=0.5;b=0.1;I=0.006;l=0.3;g=9.8;
a=(M+m)*m*g*l/((M+m)*I+M*m*l^2);b=-m*l/(((M+m)*I+M*m*l^2));
c=-m^2*l^2*g/((M+m)*I+M*m*l^2);d=(I+m*l^2)/((M+m)*I+M*m*l^2);
A=[          0                1 0;...
    (M+m)*m*g*l/((M+m)*I+M*m*l^2) 0 0 m*l*b/((M+m)*I+M*m*l^2);...
          0                0 0     1;...
     -m^2*l^2*g/((M+m)*I+M*m*l^2) 0 0 -(I+m*l^2)*b/((M+m)*I+M*m*l^2)];
B=[0;-m*l/(((M+m)*I+M*m*l^2));0;(I+m*l^2)/((M+m)*I+M*m*l^2)];
C=[1 0 0 0;0 1 0 0;0 0 1 0;0 0 0 1];
D=[0;0;0;0];
p2=eig(A)';                %A 特征值求解
p=[-10,-7,-1.901,-1.9];    %极点配置
K=place(A,B,p)             %状态反馈矩阵
eig(A-B*K)'                %极点逆向求解
%仿真结果验证
[x,y]=sim('pedulumpid.mdl');
subplot(121),plot(y(:,1),'r','linewidth',1);
grid on,title('倾角控制')
subplot(122),plot(y(:,3),'r','linewidth',1);
grid on,title('位移控制')
```

运行结果如图 10-18 所示。

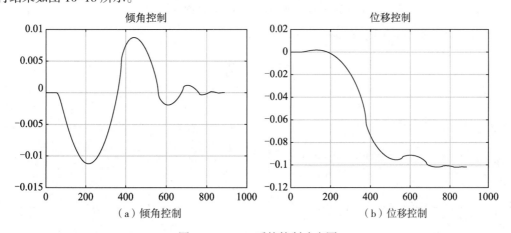

（a）倾角控制　　　　　　　　　　　　　（b）位移控制

图 10-18　PID 系统控制响应图

应用牛顿–欧拉方程对系统进行线性化，可得系统的状态空间表达式为

$$\begin{bmatrix} \dot{x} \\ \ddot{x} \\ \dot{\theta} \\ \ddot{\theta} \end{bmatrix} = \begin{bmatrix} 0 & 1 & 0 & 0 \\ 0 & \dfrac{-(I+ml^2)b}{I(M+m)+Mml^2} & \dfrac{(m^2gl^2)}{I(M+m)+Mml^2} & 0 \\ 0 & 0 & 0 & 1 \\ 0 & \dfrac{-(mlb)}{I(M+m)+Mml^2} & \dfrac{(mgl)(M+m)}{I(M+m)+Mml^2} & 0 \end{bmatrix} \cdot \begin{bmatrix} x \\ \dot{x} \\ \theta \\ \dot{\theta} \end{bmatrix} + \begin{bmatrix} 0 \\ \dfrac{I+ml^2}{I(M+m)+Mml^2} \\ 0 \\ \dfrac{ml}{I(M+m)+Mml^2} \end{bmatrix}$$

$$y = \begin{bmatrix} x \\ \theta \end{bmatrix} = \begin{bmatrix} 1 & 0 & 0 & 0 \\ 0 & 0 & 1 & 0 \end{bmatrix} \begin{bmatrix} x \\ \dot{x} \\ \theta \\ \dot{\theta} \end{bmatrix} + \begin{bmatrix} 0 \\ 0 \end{bmatrix} u$$

其中，x 为小车的位移；$\dot{x}$ 为小车的速度；θ 为摆杆的角度；$\dot{\theta}$ 为摆杆的角速度；u 为输入（采用小车加速度作为系统的输入）；y 为输出。

采用 PID 控制对直线一级倒立摆进行控制，通过调整 PID 控制器各参数，得到稳定的系统输出，绘制其仿真图如图 10–19 所示。

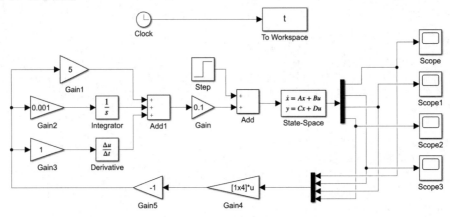

图 10–19　PID 控制 Simulink 仿真图

运行仿真文件，输出图形如图 10–20~图 10–23 所示。

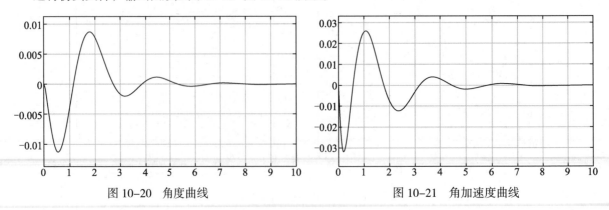

图 10–20　角度曲线　　　　　　　　　　图 10–21　角加速度曲线

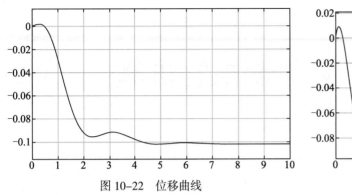

图 10-22　位移曲线

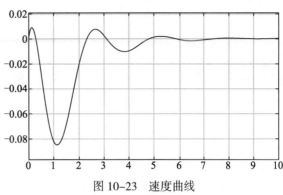

图 10-23　速度曲线

10.4　本章小结

控制系统 Simulink 仿真主要内容包括控制系统的数学模型、控制系统的基本原理和分析方法，本章主要围绕 PID 控制系统理论，阐述了 PID 控制的基本原理，在此基础上通过 PID 控制系统示例讲解了如何在 Simulink 中实现 PID 控制。掌握基于 PID 控制系统的 Simulink 仿真对于解决机电一体化问题具有重要作用。

第 11 章

模糊逻辑控制仿真

模糊逻辑控制（Fuzzy Logic Control，FLC）是以模糊集合论、模糊语言变量和模糊逻辑控制推理为基础的一种计算机数字控制技术。是利用模糊数学的基本思想和理论的控制方法。在传统的控制领域里，控制系统动态模式的精确与否是影响控制优劣的关键因素，系统动态的信息越详细，越能达到精确控制的目的。本章将简要介绍模糊逻辑控制理论，重点介绍模糊逻辑控制仿真在 MATLAB 中的实现。

本章学习目标包括：

（1）了解模糊逻辑控制的基本概念和应用；

（2）了解模糊逻辑控制工具箱；

（3）掌握模糊逻辑控制仿真操作；

（4）掌握模糊逻辑与 PID 控制仿真等。

11.1　模糊逻辑控制基础

对于复杂的控制系统，由于变量太多，往往难以正确描述系统的动态，于是工程师便利用各种方法简化系统动态，以达成控制的目的，但却不尽理想。传统的控制理论对于明确系统有强有力的控制能力，但对过于复杂或难以精确描述的系统，则显得无能为力了。于是人们便尝试以模糊数学处理这些控制问题。

11.1.1　模糊逻辑控制的基本概念

一般控制系统的架构包含 5 个主要部分，即定义变量、模糊化、知识库、逻辑判断及反模糊化，下面对每一部分做简单的说明。

（1）定义变量。定义变量即决定程序被观察的状况及考虑控制的动作，例如在一般控制问题上，输入变量有输出误差 E 与输出误差变化率 EC，而模糊逻辑控制还将控制变量作为下一个状态的输入 U。其中 E、EC、U 统称为模糊变量。

（2）模糊化。模糊化是指将输入值以适当的比例转换到论域的数值，利用口语化变量描述测量物理量的过程，根据适合的语言值（Linguistic Value）求该值相对的隶属度。此口语化变量称为模糊子集合（Fuzzy Subsets）。

（3）知识库。知识库包括数据库（Database）与规则库（Rulebase）两部分，其中数据库提供处理模糊数据的相关定义，而规则库则借由一群语言控制规则描述控制目标和策略。

（4）逻辑判断。逻辑判断是指模仿人类作判断时的模糊概念，运用模糊逻辑控制和模糊推论法进行推论，得到模糊逻辑控制信号。该部分是模糊逻辑控制器的精髓所在。

（5）解模糊化。解模糊化（Defuzzify）将推论所得到的模糊值转换为明确的控制信号，作为系统的输入值。

11.1.2　模糊逻辑控制原理

模糊逻辑控制是以模糊集合理论、模糊语言及模糊逻辑控制为基础的控制，它是模糊数学在控制系统中的应用，是一种非线性智能控制。

模糊逻辑控制通常用"if 条件，then 结果"的形式表现，它是利用人的知识对控制对象进行控制的一种方法，即利用人的智力，模糊地进行系统控制。一般用于无法以严密的数学表示的控制对象模型。

模糊逻辑控制系统原理框图如图 11-1 所示。

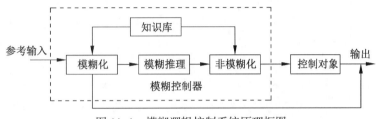

图 11-1　模糊逻辑控制系统原理框图

模糊逻辑控制系统原理框图的核心部分为模糊逻辑控制器。

模糊逻辑控制器的控制规律由计算机的程序实现，实现一步模糊逻辑控制算法的过程是：计算机采样获取被控制量的精确值，然后将此量与给定值比较得到误差信号 E。

一般选误差信号 E 作为模糊逻辑控制器的一个输入量，把 E 的精确量进行模糊量化变成模糊量，误差 E 的模糊量可用相应的模糊语言表示，从而得到误差 E 的模糊语言集合的一个子集 e（e 实际上是一个模糊向量）。

再由 e 和模糊逻辑控制规则 R（模糊关系）根据推理的合成规则进行模糊决策，得到模糊逻辑控制量 u 为

$$u = e \cdot R$$

其中，u 为一个模糊量。为了对被控对象施加精确的控制，还需要将模糊量 u 进行非模糊化处理转换为精确量。得到精确量后，经数模转换变为精确的模拟量送给执行机构，对被控对象进行一步控制。然后，进行第 2 次采样，完成第 2 步控制。如此循环，最终实现对被控对象的模糊逻辑控制。

11.1.3　模糊逻辑控制规则设计

控制规则是模糊逻辑控制器的核心，其正确与否直接影响控制器的性能，其数量也是衡量控制器性能的一个重要因素。下面对控制规则做进一步的探讨。

控制规则的设计是设计模糊逻辑控制器的关键，一般包括 3 部分设计内容：选择描述输入、输出变量的词集，定义各模糊变量的模糊子集及建立模糊逻辑控制器的控制规则。

（1）选择描述输入、输出变量的词集。模糊逻辑控制器的控制规则表现为一组模糊条件语句，在条件语句中描述输入、输出变量状态的一些词汇（如"正大""负小"等）的集合，称为这些变量的词集（又称变量的模糊状态）。

选择较多的词汇描述输入、输出变量，可以方便制定控制规则，但控制规则相应变得复杂；选择词汇过少，将使描述变量变得粗糙，导致控制器的性能变坏。一般情况下选择 7 个词汇，但也可以根据实际系统需要选择 3 个或 5 个语言变量。

针对被控对象，改善模糊逻辑控制结果的目的之一是尽量减小稳态误差。因此，对应于控制器输入输出误差采用的词集如下：

{负大，负中，负小，零，正小，正中，正大}

用英文字头缩写为：

{NB，NM，NS，ZO，PS，PM，PB}

（2）定义各模糊变量的模糊子集。定义一个模糊子集，实际就是确定模糊子集隶属度函数曲线的形状。将确定的隶属度函数曲线离散化，就得到了有限个点上的隶属度，从而构成一个相应的模糊变量的模糊子集。

理论研究显示，在众多隶属度函数曲线中，用正态型模糊变量描述人进行控制活动时的模糊概念是适宜的。但在实际的工程中，机器对于正态型分布的模糊变量的运算相当复杂和缓慢，而三角形分布的模糊变量的运算简单、迅速。因此，控制系统的众多控制器一般采用计算相对简单、控制效果迅速的三角形分布。

（3）建立模糊逻辑控制器的控制规则。模糊逻辑控制器的控制规则基于手动控制策略，而手动控制策略又是人们通过学习、试验以及长期经验积累逐渐形成的，是存储在操作者头脑中的一种技术知识集合。

手动控制过程一般通过对被控对象（过程）的一些观测，操作者再根据已有的经验和技术知识，进行综合分析并做出控制决策，调整加到被控对象的控制作用，从而使系统达到预期的目标。

手动控制的作用同自动控制系统中的控制器的作用基本相同，不同的是手动控制决策基于操作系统经验和技术知识，而控制器的控制决策是于某种控制算法的数值运算。利用模糊集合理论和语言变量的概念，可以把利用语言归纳的手动控制策略上升为数值运算，于是可以采用微型计算机完成这个任务以代替人的手动控制，实现所谓的模糊自动控制。

11.2　模糊逻辑控制函数

MathWorks 公司针对模糊逻辑控制的广泛应用，在 MATLAB 中添加了模糊逻辑控制工具箱。下面将主要介绍该工具箱的应用。

11.2.1　模糊系统基本类型

在模糊系统中，模糊模型的表示主要有以下两类。

（1）模糊规则的后件是输出量的某一模糊集合，如 NB、PB 等，由于这种表示比较常用，且首次由 Mamdani 采用，故又称标准型模糊逻辑控制系统或 Mamdani 模型。

（2）模糊规则的后件是输入语言变量的函数，典型的情况是输入变量的线性组合。由于该方法由日本学者高木（Takagi）和关野（Sugeno）首先提出，因此通常称为高木–关野模糊逻辑控制系统，简称 Sugeno 模型。

1. 标准型模糊逻辑控制系统

在标准型模糊逻辑控制系统中，模糊规则的前件和后件均为模糊语言值，即具有如下形式：

```
IF x1 is A1 and x2 is A2 and…and xn is An
```

```
THEN y is B
```

其中，Ai(i=1,2,…,n)是输入模糊语言值，B是输出模糊语言值。

标准型模糊逻辑控制系统的框图如图 11-2 所示。

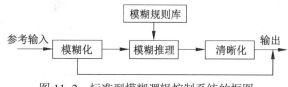

图 11-2　标准型模糊逻辑控制系统的框图

图 11-2 中的模糊规则库由若干 IF-THEN 规则构成。模糊推理机在模糊推理系统中起核心作用，它将输入模糊集合按照模糊规则映射成输出模糊集合。它提供了一种量化专家语言信息和在模糊逻辑控制原则下系统利用这类语言信息的一般化模式。

2. 高木-关野模糊逻辑控制系统

高木-关野模糊逻辑控制系统是一类较为特殊的模糊逻辑控制系统，其模糊规则不同于一般的模糊规则形式。

在高木-关野模糊逻辑控制系统中，采用如下形式的模糊规则：

```
IF x1 is A1 and x2 is A2 and…and xn is An
```
$$\text{THEN } y = \sum_{i=1}^{n} c_i x_i$$

其中，Ai(i=1,2,…,n)是输入模糊语言值，c_i(i=1,2,…,n)是真值参数。

可以看出，高木-关野模糊逻辑控制系统的输出量是精确值。这类模糊逻辑控制系统的优点是输出量可用输入值的线性组合表示，因而能够利用参数估计方法确定系统的参数 c_i($i=1,2,\cdots,n$)；同时，可以应用线性控制系统的分析方法近似分析和设计模糊逻辑控制系统。

但是高木-关野模糊逻辑控制系统也有其缺点，即规则的输出部分不具有模糊语言值的形式，因此不能充分利用专家的控制知识，模糊逻辑控制的各种不同原则在这种模糊逻辑控制系统中应用的自由度也受到限制。

11.2.2　模糊逻辑控制系统的构成

标准型模糊逻辑控制系统是模糊逻辑控制系统类型中应用最为广泛的系统。MATLAB 模糊逻辑控制工具箱主要针对这一类型的模糊逻辑控制系统提供了分析和设计手段，同时对高木-关野模糊逻辑控制系统也提供了一些相关函数。下面将以标准型模糊逻辑控制系统作为主要讨论对象。

构造一个模糊逻辑控制系统必须明确其主要组成部分。一个典型的模糊逻辑控制系统主要有模糊规则、模糊推理算法、输入量的模糊化方法和输出变量的去模糊化方法、输入与输出语言变量（包括语言值及其隶属度函数）几部分组成。

在 MATLAB 模糊逻辑控制工具箱中构造一个模糊推理系统有如下步骤：

（1）模糊推理系统对应的数据文件，其扩展名为.fis，用于对该模糊系统进行存储、修改和管理；

（2）确定输入、输出语言变量及其语言值；

（3）确定各语言值的隶属度函数，包括隶属度函数的类型与参数；

（4）确定模糊规则；

（5）确定各种模糊运算方法，包括模糊推理方法、模糊化方法、去模糊化方法等。

11.2.3 模糊推理系统的建立

模糊逻辑控制工具箱把模糊推理系统的各部分作为一个整体，并以文件形式对模糊推理系统进行建立、修改和存储等管理功能。表11-1所示为有关模糊推理系统管理的函数及其功能。

表 11-1 模糊推理系统管理的函数及其功能

序 号	函数名称	函数功能
1	newfis	创建一个新的模糊推理系统
2	genfis	从数据生成模糊推理系统对象
3	mamfis	创建Mamdani模糊推理系统
4	readfis	从磁盘读出存储的模糊推理系统
5	getfis	获得模糊推理系统的特性数据
6	writefis	保存模糊推理系统
7	showfis	显示添加注释了的模糊推理系统
8	setfis	设置模糊推理系统的特性
9	plotfis	图形显示模糊推理系统的输入-输出特性
10	convertToSugeno	将Mamdani型模糊推理系统转换成Sugeno型

限于篇幅，下面只介绍部分函数。

1. 创建一个新的模糊推理系统

创建一个新的模糊推理系统的函数为 newfis，其调用格式如下：

```
fis=newfis(name)              %返回具有指定名称的默认 Mamdani 模糊推理系统
fis=newfis(name,Name,Value)   %返回指定属性的模糊推理系统，属性由一个或多个名称 Name、值
                              %Value 参数对指定
```

【例 11-1】 函数 newfis 应用示例。

解： 在命令行窗口中输入以下代码。

```
>> sys=newfis('fis')
sys=
  mamfis-属性:
                    Name: "fis"
               AndMethod: "min"
                OrMethod: "max"
       ImplicationMethod: "min"
       AggregationMethod: "max"
    DefuzzificationMethod: "centroid"
                  Inputs: [0×0 fisvar]
                 Outputs: [0×0 fisvar]
                   Rules: [0×0 fisrule]
    DisableStructuralChecks: 0
    See 'getTunableSettings' method for parameter optimization.
>> sys=newfis('fis','DefuzzificationMethod','bisector','ImplicationMethod','prod')
ys=
```

```
mamfis-属性:
                    Name: "fis"
               AndMethod: "min"
                OrMethod: "max"
       ImplicationMethod: "prod"
       AggregationMethod: "max"
    DefuzzificationMethod: "bisector"
                  Inputs: [0×0 fisvar]
                 Outputs: [0×0 fisvar]
                   Rules: [0×0 fisrule]
   DisableStructuralChecks: 0
See 'getTunableSettings' method for parameter optimization.
```

2. 从数据生成模糊推理系统对象

从数据生成模糊推理系统对象的函数为 genfis。该函数的特性可以由函数的参数指定，其调用格式为：

`fis=genfis(inputData,outputData)`	%利用给定的输入数据（inputData）和输出数据 %（outputData）的网格划分返回单输出 Sugeno %模糊推理系统（FIS）
`fis=genfis(inputData,outputData,options)`	%返回使用指定的输入/输出数据和选项生成的 FIS。 %可以使用网格划分、减法聚类或模糊 c-均值（FCM） %聚类生成模糊系统

【例 11-2】　函数 genfis 应用示例。

解： 在命令行窗口中输入以下代码。

```
>> inputData=[rand(10,1) 10*rand(10,1)-5];
>> outputData=rand(10,1);
>> fis=genfis(inputData,outputData)
fis=
  sugfis-属性:
                    Name: "fis"
               AndMethod: "prod"
                OrMethod: "max"
       ImplicationMethod: "prod"
       AggregationMethod: "sum"
    DefuzzificationMethod: "wtaver"
                  Inputs: [1×2 fisvar]
                 Outputs: [1×1 fisvar]
                   Rules: [1×4 fisrule]
   DisableStructuralChecks: 0
See 'getTunableSettings' method for parameter optimization.
```

3. 创建Mamdani模糊推理系统

创建 Mamdani 模糊推理系统的函数为 mamfis，其调用格式如下：

`fis=mamfis`	%使用默认属性值创建名称为 name 的 Mamdani 模糊推理系统
`fis=mamfis(Name,Value)`	%指定 FIS 配置信息或使用 Name-Value（名称-属性值）对参数设置对象 %属性，请查阅帮助系统

在 MATLAB 内存中，模糊推理系统的数据以矩阵形式存储。

【例 11-3】 函数 mamfis 应用示例。

解： 在命令行窗口中输入以下代码。

```
>> fis=mamfis("NumInputs",3,"NumOutputs",1)
fis=
  mamfis-属性:
                    Name: "fis"
               AndMethod: "min"
                OrMethod: "max"
       ImplicationMethod: "min"
       AggregationMethod: "max"
    DefuzzificationMethod: "centroid"
                  Inputs: [1×3 fisvar]
                 Outputs: [1×1 fisvar]
                   Rules: [1×27 fisrule]
  DisableStructuralChecks: 0
  See 'getTunableSettings' method for parameter optimization.
```

11.2.4　模糊语言变量的隶属度函数

模糊工具箱提供了如表 11-2 所示的模糊隶属度函数，用于生成特殊情况的隶属度函数，包括常用的三角形、高斯、π 形、钟形等隶属度函数。

表 11-2　模糊隶属度函数

序号	函数名	函数功能描述	序号	函数名	函数功能描述
1	pimf	建立π形隶属度函数	5	smf	建立S形隶属度函数
2	gauss2mf	建立双边高斯隶属度函数	6	trapmf	生成梯形隶属度函数
3	gaussmf	建立高斯隶属度函数	7	trimf	生成三角形隶属度函数
4	gbellmf	生成一般的钟形隶属度函数	8	zmf	建立Z形隶属度函数

限于篇幅下面只介绍部分函数。

1. 建立π形隶属度函数

建立π形隶属度的函数为 pimf，其调用格式如下：

```
y=pimf(x,params)        %参数 x 指定函数的自变量范围
y=pimf(x,[a b c d])     %[a b c d]决定函数的形状，a、b 分别对应曲线下部的左右两个拐点，b、
                        %c 分别对应曲线上部的左右两个拐点
```

π形函数是一种基于样条的函数，由于其形状类似字母π而得名。

【例 11-4】 利用函数 pimf 建立π形隶属度函数曲线。

解： 在编辑器窗口中编写代码如下。

```
x=0:0.1:10;
y=pimf(x,[1 4 5 10]);
plot(x,y) ;grid on
xlabel('函数输入值');ylabel('函数输出值')
```

得到π形隶属度函数曲线如图 11-3 所示。

2. 建立双边高斯隶属度函数

建立双边高斯隶属度的函数为 gauss2mf，其调用格式如下：

```
y=gauss2mf(x,[sig1 c1 sig2 c2])        %参数 sig1、c1、sig2、c2 分别对应左、右半边高斯隶属度函
                                        %数的宽度与中心点，c2>c1
```

双边高斯隶属度函数的曲线由两个中心点相同的高斯隶属度函数的左、右半边曲线组合而成。

【例 11-5】　利用函数 gauss2mf 建立双边高斯隶属度函数。

解： 在编辑器窗口中编写代码如下。

```
x=[0:0.1:10]';
y1=gauss2mf(x,[2 4 1 8]);
y2=gauss2mf(x,[2 5 1 7]);
y3=gauss2mf(x,[2 6 1 6]);
y4=gauss2mf(x,[2 7 1 5]);
y5=gauss2mf(x,[2 8 1 4]);
plot(x,[y1 y2 y3 y4 y5]);grid on
xlabel('函数输入值');ylabel('函数输出值')
```

得到双边高斯隶属度函数曲线如图 11-4 所示。

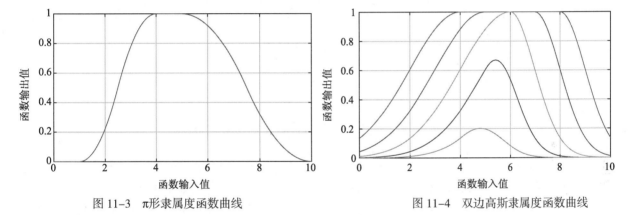

图 11-3　π形隶属度函数曲线　　　　图 11-4　双边高斯隶属度函数曲线

3. 建立高斯隶属度函数

建立高斯隶属度的函数为 gaussmf，其调用格式如下：

```
y=gaussmf(x,[sig  c])    %c 决定了函数的中心点，sig 决定了函数曲线的宽度 σ。高斯隶属度函数的形状
                          %由 sig 和 c 两个参数决定，x 用于指定变量的论域
```

高斯隶属度函数的表达式如下：

$$y = \mathrm{e}^{-\frac{(x-c)^2}{\sigma^2}}$$

【例 11-6】　利用函数 gaussmf 建立高斯隶属度函数。

解： 在编辑器窗口中编写代码如下。

```
x=0:0.1:10;
y=gaussmf(x,[2 5]);
plot(x,y) ;grid on
xlabel('函数输入值');ylabel('函数输出值')
```

得到高斯隶属度函数曲线如图 11-5 所示。

4. 建立一般的钟形隶属度函数

建立一般的钟形隶属度的函数为 gbellmf，其调用格式如下：

```
y=gbellmf(x,params)          %参数 x 指定变量的论域范围，[a b c]指定钟形隶属度函数的形状
```

钟形隶属度函数的表达式如下：

$$y = \frac{1}{1 + \left| \dfrac{x-c}{a} \right|^{2b}}$$

【例 11-7】 利用函数 gbellmf 建立一般的钟形隶属度函数。

解： 在编辑器窗口中编写代码如下。

```
x = 0:0.1:10;
y = gbellmf(x,[2 4 6]);
plot(x,y) ;grid on
xlabel('函数输入值');ylabel('函数输出值')
```

得到一般的钟形隶属度函数曲线如图 11-6 所示。

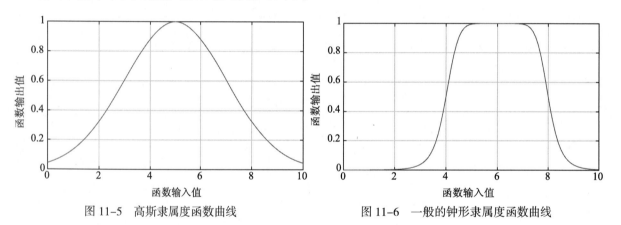

图 11-5 高斯隶属度函数曲线　　　　　图 11-6 一般的钟形隶属度函数曲线

5. 建立S形隶属度函数

建立 S 形隶属度函数需使用函数 smf，其调用格式如下：

```
y=smf(x,[a b])
```

【例 11-8】 利用函数 smf 建立 S 形隶属度函数。

解： 在编辑器窗口中编写代码如下。

```
x=0:0.1:10;
y=smf(x,[1 8]);
plot(x,y) ;grid on
xlabel('函数输入值');ylabel('函数输出值')
```

得到 S 形隶属度函数曲线如图 11-7 所示。

6. 建立梯形隶属度函数

建立梯形隶属度的函数为 trapmf，其调用格式如下：

```
y=trapmf(x,[a,b,c,d])        %参数 x 指定变量的论域范围，参数 a、b、c 和 d 指定梯形隶属度函数的形状
```

梯形隶属度函数对应的表达式如下：

$$f(x,a,b,c,d)=\begin{cases}0, & x<a\\ \dfrac{x-a}{b-a}, & a\leqslant x\leqslant b\\ 1, & b<x<c\\ \dfrac{d-x}{d-c}, & c\leqslant x\leqslant d\\ 0, & d<x\end{cases}$$

【例 11-9】　利用函数 trapmf 建立梯形隶属度函数。

解： 在编辑器窗口中编写代码如下。

```
x=0:0.1:10;
y=trapmf(x,[1 5 7 8]);
plot(x,y) ;grid on
xlabel('函数输入值');ylabel('函数输出值')
```

得到梯形隶属度函数曲线如图 11-8 所示。

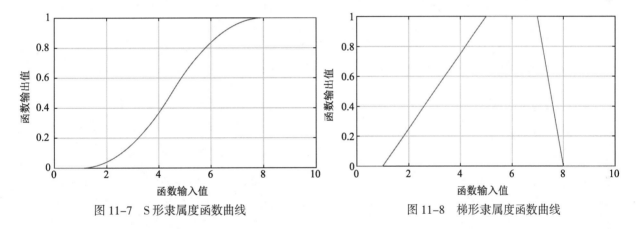

图 11-7　S 形隶属度函数曲线　　　　　　图 11-8　梯形隶属度函数曲线

11.2.5　模糊规则的建立与修改

模糊规则在模糊推理系统中以模糊语言的形式描述人类的经验和知识，规则能否正确地反映人类专家的经验和知识，能否准确地反映对象的特性，直接决定模糊推理系统的性能。模糊规则的这种形式化表示符合人们通过自然语言对许多知识的描述和记忆习惯。

MATLAB 模糊逻辑控制工具箱为用户提供了有关对模糊规则建立和操作的函数，如表 11-3 所示。

表 11-3　模糊规则建立和操作的函数

序　号	函　数　名	函数功能
1	addRule	向模糊推理系统添加模糊规则函数
2	showrule	显示模糊规则函数

1. 向模糊推理系统添加模糊规则函数

向模糊推理系统添加模糊规则的函数 addRule，其调用格式如下：

```
fisOut=addRule(fisIn)              %fisIn 和 fisOut 为添加规则前后模糊推理系统对应的矩阵名称
fisOut=addRule(fisIn, ruleList)%ruleList 为以向量的形式给出需要添加的模糊规则
```

ruleList 以向量的形式给出需要添加的模糊规则，该向量的格式有严格的要求，如果模糊推理系统有 m 个输入语言变量和 n 个输出语言变量，则向量 ruleList 的列数必须为 $m+n+2$，而行数任意。

在 ruleList 的每一行中，前 m 个数字表示各输入变量对应的隶属度函数的编号，其后的 n 个数字表示输出变量对应的隶属度函数的编号，第 $m+n+1$ 个数字是该规则适用的权重，权重的值在 $0 \sim 1$，一般设定为 1。第 $m+n+2$ 个数字为 1 或 2，如果为 1，则表示模糊规则前件的各语言变量之间是"与"的关系；如果是 2，则表示是"或"的关系。

例如，当"输入 1"为"名称 1"和"输入 2"为"名称 3"时，输出为"输出 1"的"状态 2"，则写为：[1 3 2 1 1]。

例如，系统 fisMat 有两个输入和一个输出，其中两条模糊规则分别如下：

```
IF x is X1 and y is Y1 THEN z is Z1
IF x is X1 and y is Y2 THEN z is Z2
```

给出上述规则的则可采用如下 MATLAB 命令实现上述两条模糊规则：

```
rulelist=[1 1 1 1 1; 1 2 2 1 1];
fisMat=addRule(fis,rulelist)
```

【例 11-10】 函数 addRule 应用示例。

解： 在编辑器窗口中输入代码如下。

```
fis=readfis('tipper');
fis.Rules=[];
rule1="service==poor | food==rancid => tip=cheap";
rule2="service==excellent & food~=rancid => tip=generous";
rules=[rule1 rule2];
fis1=addRule(fis,rules);
Fis1Rules=fis1.Rules

fis=readfis('mam22.fis');
fis.Rules=[];
rule11=[1 2 1 4 1 1];       %If angle is small and velocity is big, then force is negBig
                            %and force2 is posBig2
rule12=[-1 1 3 2 1 1];      %If angle is not small and velocity is small, then force
                            %is posSmall and force2 is negSmall2
rules=[rule11; rule12];
fis2=addRule(fis,rules);
Fis2Rules=fis2.Rules
```

运行程序后，可以得到如下结果：

```
FIS1Rules=
  1×2 fisrule 数组 - 属性:
    Description
    Antecedent
```

```
    Consequent
    Weight
    Connection
  Details:
                          Description
             ───────────────────────────────────────────
    1        "service==poor | food==rancid => tip=cheap (1)"
    2        "service==excellent & food~=rancid => tip=generous (1)"

FIS2Rules=
  1×2 fisrule 数组 - 属性:
    Description
    Antecedent
    Consequent
    Weight
    Connection
  Details:
                          Description
             ───────────────────────────────────────────
    1        "angle==small & velocity==big => force=negBig, force2=posBig2 (1)"
    2        "angle~=small & velocity==small => force=posSmall, force2=negSmall2 (1)"
```

2．显示模糊规则函数

显示模糊规则的函数为 showrule，其调用格式如下：

```
showrule(fis)              %显示模糊推理系统 fis 中的规则
showrule(fis,Name,Value)   %参数 Name,Value 是规则显示方式，规则编号可以向量形式指定多个规则
```

该函数用于显示指定的模糊推理系统的模糊规则，模糊规则有 3 种显示方式，即详述方式（verbose）、符号方式（symbolic）和隶属度函数编号方式（membership function index referencing）。

【例 11-11】　函数 showrule 应用示例。

解： 在命令行窗口中输入以下代码。

```
>> fis=readfis('tipper');
>> showrule(fis,'RuleIndex',[1 3])
ans=
  2×78 char 数组
    '1. If (service is poor) or (food is rancid) then (tip is cheap) (1)          '
    '3. If (service is excellent) or (food is delicious) then (tip is generous) (1)'
```

11.2.6　模糊推理计算与去模糊化

在建立好模糊语言变量及其隶属度的值，并构造完成模糊规则之后，就可执行模糊推理计算了。模糊推理的执行结果与模糊蕴含操作的定义、推理合成规则、模糊规则前件部分的连接词 and 的操作定义等有关，因而有多种不同的算法。

目前常用的模糊推理合成规则是"极大–极小"合成规则，设 R 表示规则："X 为 $A \to Y$ 为 B"表达的模糊关系，则当 X 为 A' 时，按照"极大–极小"规则进行模糊推理的结论 B' 计算如下：

$$B' = A' \cdot R = \int_Y \vee_{x \in X} (\mu_{A'}(x) \wedge \mu_R(x,y)) / y$$

在模糊逻辑控制工具箱中提供了有关对模糊推理计算与去模糊化的函数，如表11-4所示。

表 11-4　模糊推理计算与去模糊化的函数

序　号	函数名称	函数功能
1	evalfis	执行模糊推理计算函数
2	defuzz	执行输出去模糊化函数
3	gensurf	生成模糊推理系统的输出曲面并显示函数

1. 执行模糊推理计算函数

执行模糊推理计算的函数 evalfis，其调用格式为：

```
output = evalfis(fis,input)              %计算评估已知模糊推理系统 fis 的输入值，并返回结果
output = evalfis(fis,input,options)      %使用指定的评估项评估模糊推理系统
[output,fuzzifiedIn,ruleOut,aggregatedOut,ruleFiring] = evalfis(___)   %返回模糊推理
                                                                       %过程的中间结果
```

【例 11-12】　函数 evalfis 应用示例。

解： 在命令行窗口中输入以下代码。

```
>> fis=readfis('tipper');
>> output1=evalfis(fis,[2 1])
output1=
    7.0169
>> input=[2 1; 4 5; 7 8];
>> output2=evalfis(fis,input)
output2=
    7.0169
   14.4585
   20.3414
```

2. 执行输出去模糊化函数

执行输出去模糊化的函数 defuzz，其调用格式如下：

```
output=defuzz(x,mf,method)      %返回 x 中变量值处隶属度函数 mf 的反模糊化输出值。参数 x 是变量
                                %的论域范围，mf 为待去模糊化的模糊集合，method 为指定的反模
                                %糊化方法
```

【例 11-13】　函数 defuzz 应用示例。

解： 在命令行窗口中输入以下代码。

```
>> x=-5:0.1:5;
>> mf=trapmf(x,[-8 -6 -2 8]);
>> out=defuzz(x,mf,'centroid')
out=
   -0.8811
```

3. 生成模糊推理系统的输出曲面并显示函数

生成模糊推理系统的输出曲面并显示的函数为 gensurf，其调用格式如下：

```
gensurf(fis)      %生成模糊推理系统 fis 的输出曲面，fis 为模糊推理系统对应的矩阵
```

```
gensurf(fis,options)        %使用指定的选项 options 生成输出曲面
[X,Y,Z]=gensurf(___)        %将三维曲面数据信息存储到矩阵[x,y,z]中，然后可以利用 mesh、surf 等
                            %命令绘图
```

【例 11-14】　函数 gensurf 应用示例。

解： 在命令行窗口中输入以下代码。

```
>> fis=readfis('mam22.fis');
>> opt=gensurfOptions('OutputIndex',2);
>> gensurf(fis,opt)
```

执行程序，输出图形如图 11-9 所示。

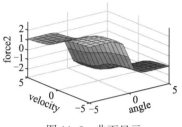

图 11-9　曲面显示

【例 11-15】　假设一单输入单输出系统，输入为学生成绩好坏的值（0 10），输出为奖学金金额（0 100）。其中规则有以下 3 条，设计一个基于 Mamdani 模型的模糊推理系统，并绘制输入/输出曲线。

```
IF 成绩 差       THEN 奖学金  低
IF 成绩 中等     THEN 奖学金  中等
IF 成绩 很好     THEN 奖学金  高
```

解： 在编辑器窗口中编写如下代码。

```
clear,clc
fisMat=mamfis('Name','scholarship');
fisMat=addInput(fisMat,[0 10],'Name','成绩');
fisMat=addOutput(fisMat,[0 100],'Name','奖学金');
% fisMat=addvar(fisMat,'input','成绩',[0 10]);
% fisMat=addvar(fisMat,'output','奖学金',[0 100]);
fisMat=addMF(fisMat,'成绩','gaussmf',[1.8 0],'Name','差');
fisMat=addMF(fisMat,'成绩','gaussmf',[1.8 5],'Name','中等');
fisMat=addMF(fisMat,'成绩','gaussmf',[1.8 10],'Name','很好');
% fisMat=addmf(fisMat,'input',1,'差','gaussmf',[1.8 0]);
% fisMat=addmf(fisMat,'input',1,'中等','gaussmf',[1.8 5]);
% fisMat=addmf(fisMat,'input',1,'很好','gaussmf',[1.8 10]);
fisMat=addMF(fisMat,'奖学金','trapmf',[0 0 10 50],'Name','低');
fisMat=addMF(fisMat,'奖学金','trimf',[10 30 80],'Name','中等');
fisMat=addMF(fisMat,'奖学金','trapmf',[50 80 100 100],'Name','高');
% fisMat=addmf(fisMat,'output',1,'低','trapmf',[0 0 10 50]);
% fisMat=addmf(fisMat,'output',1,'中等','trimf',[10 30 80]);
% fisMat=addmf(fisMat,'output',1,'高','trapmf',[50 80 100 100]);
rulelist=[1 1 1 1;2 2 1 1; 3 3 1 1];
fisMat=addRule(fisMat,rulelist);
subplot(3,1,1);plotmf(fisMat,'input',1);xlabel('成绩');ylabel('输入隶属度');
subplot(3,1,2);plotmf(fisMat,'output',1);xlabel('奖学金');ylabel('输出隶属度')
subplot(3,1,3);gensurf(fisMat);
```

运行程序，可得如图 11-10 所示的隶属度函数的设定与输入/输出曲线。由图可知，由于隶属度函数的合适选择，模糊系统的输出是输入的严格递增函数，即奖学金随着成绩的提高而增加。

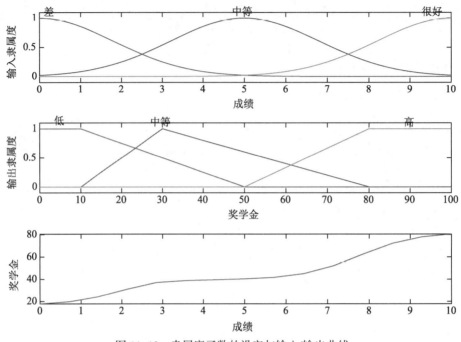

图 11-10 隶属度函数的设定与输入/输出曲线

11.3 模糊逻辑控制 App

在 MATLAB 中可以通过编程实现模糊逻辑控制，也可以使用模糊逻辑控制工具箱的图形用户界面工具建立模糊推理系统，输出曲面观察器。

模糊逻辑控制工具箱有 5 个主要的 App 工具，即模糊推理系统（FIS）编辑器、隶属度函数编辑器、模糊规则编辑器、模糊规则观察器。这些图形化工具之间是动态联系的，在任何一个给定的系统内，都可以使用某几个或全部 App 工具。

11.3.1 FIS 编辑器

基本模糊推理系统编辑器提供了利用图形界面（App）对模糊系统的高层属性的编辑、修改功能，这些属性包括输入、输出语言变量的个数和去模糊化方法等。在基本模糊推理系统编辑器中可以通过菜单选择激活其他几个图形界面编辑器，如隶属度函数编辑器、模糊规则编辑器等。

在命令行窗口中输入 fuzzy 命令，可以启动 FIS 编辑器，如图 11-11 所示。在窗口上半部分以图形框的形式列出了模糊推理系统的基本组成部分：输入模糊变量（input1）、模糊规则（mamdani 或 Sugeno 型）和输出模糊变量（output1）。双击图形框可以激活隶属度函数编辑器和模糊规则编辑器等相应的编辑窗口。

在窗口下半部分的右侧，列出了当前选定的模糊语言变量(Current Variable)的名称、类型及其论域范围。下半部分列出了模糊推理系统的名称（FIS Name）、类型（FIS Type）和一些基本属性，包括"与"运算（And method）、"或"运算（Or methed）、蕴含运算（Implication）、模糊规则的综合运算（Aggregation）以及去模糊化（Defuzzification）等。读者可以根据实际需要选择不同的参数。

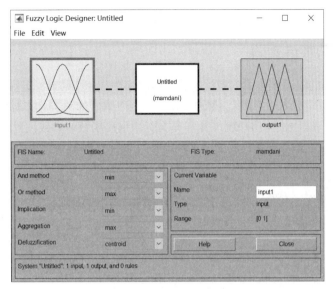

图 11-11　FIS 编辑器图形界面

FIS 编辑器图形界面有 3 个菜单栏：File、Edit 和 View。

1. File（文件）菜单

命令如下：

（1）New FIS：新建模糊推理系统，包括 Mamdani 型及 Sugeno 型两种。

（2）Import：加载模糊推理系统，包括 From Workspace（从工作空间）及 From File（从文件）两种。

（3）Export：保存模糊推理系统，包括 To Workspace（到工作空间）及 To File（到文件）两种。

（4）Print：打印模糊推理系统的信息。

（5）Close：关闭窗口。

2. Edit（编辑）菜单

命令如下：

（1）Undot：撤销最近的操作。

（2）Add Variable：添加语言变量，包括 Input（输入）及 Output（输出）两种语言变量。

（3）Remove Selected Variable：删除所选语言变量。

（4）Membership Functions：打开隶属度函数编辑器（Membership Function Editor，命令为 mfedit）。

（5）Add MFs：在当前变量中添加系统所提供的隶属度函数。

（6）Add Custom MF：在当前变量中添加用户自定义的隶属度函数（.m 文件）。

（7）Remove Selected MF：删除所选隶属度函数。

（8）Remove All MFs：删除当前变量的所有隶属度函数。

（9）FIS Properties：打开模糊推理系统编辑器（Fuzzy Logic Designer，命令为 fuzzy）。

（10）Rules：打开模糊规则编辑器（Rule Editor，命令为 ruleedit）。

3. View（视图）菜单

命令如下：

（1）Rules：打开模糊规则浏览器（Rule Viewer，命令为 ruleview）。

（2）Surface：打开模糊系统输入输出曲面视图（Sure Viewer，命令为 surfview）。

11.3.2 隶属度函数编辑器

在命令行窗口输入 mfedit 命令，可以激活隶属度函数编辑器。该编辑器提供了对输入输出语言变量各语言值的隶属度函数类型、参数进行编辑、修改的图形界面工具，如图 11–12 所示。

窗口上半部分为隶属度函数的图形显示，下半部分为隶属度函数的参数设置。File（文件）菜单和 View（视图）菜单的功能与模糊推理系统编辑器的文件功能类似。Edit（编辑）菜单的功能包括添加隶属度函数、添加定制的隶属度函数及删除隶属度函数等。

11.3.3 模糊规则编辑器

在命令行窗口输入 ruleedit 命令，即可激活模糊规则编辑器。在模糊规则编辑器中，提供了删除（Delete rute）、添加（Add rute）和修改（Change rute）模糊规则的按钮，如图 11–13 所示。

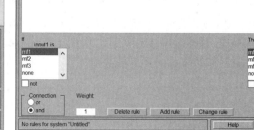

图 11–12　隶属度函数编辑器　　　　　　　　图 11–13　模糊规则编辑器 1

在模糊规则编辑器中提供了一个文本编辑窗口，用于规则的输入和修改。模糊规则的形式可有 3 种：语言型（Verbose）、符号型（Simbolic）以及索引型（Indexed）。模糊规则编辑器的菜单功能与前两种编辑器基本类似，在其 View（视图）菜单中能够激活其他的编辑器或窗口。

11.3.4 模糊规则浏览器

在命令行窗口输入 ruleview 命令，即可激活模糊规则浏览器。在模糊规则浏览器中，以图形形式描述了模糊推理系统的推理过程，其界面如图 11–14 所示。

11.3.5 模糊推理输入/输出曲面视图

在 MATLAB 命令窗口输入 surfview，即可打开模糊推理的输入/输出曲面视图窗口。该窗口以图形形式显示模糊推理系统的输入/输出特性曲面，其界面如图 11–15 所示。

图 11-14　模糊规则浏览器 1　　　　　　　图 11-15　模糊推理输入/输出曲面视图

【例 11-16】　利用模糊逻辑控制工具箱的图形用户界面模糊推理系统编辑器，求解例 11-15 中的问题。

解：（1）在命令行窗口中输入 fuzzy 命令打开模糊推理系统编辑器。

（2）在模糊推理系统编辑器窗口中选择 Edit→Add Variable→Input 命令，添加一个输入语言变量，并将两个输入语言和一个输出语言变量的名称（Name）分别定义为"数学成绩""身高"和"通过率"，如图 11-16 所示。

（3）在模糊推理系统编辑器窗口中选择 Edit→Membership Functions 命令，打开隶属度函数编辑器。将"数学成绩"的取值范围（Range）和显示范围（Display Range）均设置为[0,100]，隶属度函数曲线类型（Type）设置为 trapmf，名称（Name）和参数（Params）分别设置为：差[0 0 60 80]，好[60 80 100 100]，删除第 3 条模糊子集，设置完成后如图 11-17 所示。

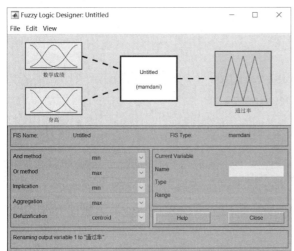
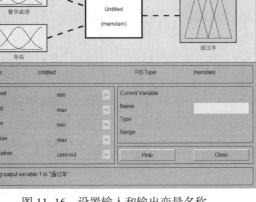

图 11-16　设置输入和输出变量名称　　　　图 11-17　设置"数学成绩"参数

（4）与设置"数学成绩"类似，设置"身高"和"通过率"的参数。

"身高"的取值和显示范围均设置为[0,10]，名称、隶属度函数曲线类型、参数分别设置为：Trimf、正常/[0 1 5]，trapmf、高/[1 5 10 10]，删除第 3 条模糊子集。

"通过率"的取值和显示范围均设置为[0,100]，名称、隶属度函数曲线类型、参数分别设置为：Trimf、低/[0 30 50]，Trimf、正常/[30 50 80]，Trimf、高/[50 80 100]。

（5）在 Membership Functions Editor 窗口中，选择 Edit→Rules 命令打开模糊规则编辑器，如图 11-18 所示。所有权重均设置为 1，并根据以下模糊逻辑控制规则完成设置：

IF 数学成绩 is 差 and 身高 is 高	THEN 通过率 is 高
IF 数学成绩 is 好 and 身高 is 高	THEN 通过率 is 低
IF 身高 is 正常	THEN 通过率 is 正常

（6）规则增加完成后，在 Fuzzy Logic Designer 窗口中选择 View→Surface 命令，系统会画出系统输入/输出曲面图，如图 11-19 所示。

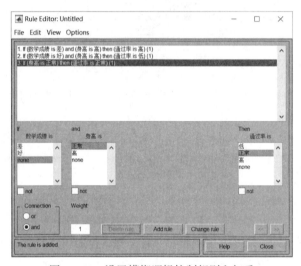

图 11-18　设置模糊逻辑控制规则和权重

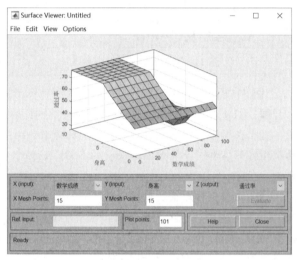

图 11-19　系统画出输入/输出曲面图

11.4　模糊逻辑控制的经典应用

MATLAB 的模糊逻辑控制工具箱提供与 Simulink 无缝连接的功能。在模糊逻辑控制工具箱中建立模糊推理系统后，可以立即在 Simulink 仿真环境中对其进行仿真分析。

11.4.1　基于 Simulink 的模糊逻辑控制

将 Simulink 中相应的模糊逻辑控制器框图拖动到用户建立的 Simulink 仿真模型中，且使该图的矩阵名称与用户在 MATLAB 工作空间建立的模糊推理系统名称相同，即可完成模糊推理系统与 Simulink 的连接。

在 MATLAB 主界面中单击"主页"选项卡 SIMULINK 选项组中的 Simulink 命令，进入 Simulink Start Page 界面，然后单击 Blank Model 进入 Simulink 仿真界面。

在 Simulink 仿真界面中单击 SIMULATION 选项卡中的 ▦ （Library Browser）命令，即可进入 Simulink Library Browser（模块库）。

在模块库左侧选择 Fuzzy Logic Toolbox，此时界面如图 11-20 所示。在 Fuzzy Logic Toolbox 模块库中包含以下 3 种模块：

（1）隶属度函数模块库（Membership Functions）；

（2）模糊逻辑控制器（Fuzzy Logic Controller）；

（3）带有规则浏览器的模糊逻辑控制器（Fuzzy Logic Controller with Ruleviewer）。

1. 隶属度函数模块库

隶属度函数模块库包含多种隶属度函数模块，双击隶属度函数模块库（Membership Functions）的图标，即可打开如图 11-21 所示的隶属度函数模块库。而模糊逻辑控制器和带有规则浏览器的模糊逻辑控制器均为一个单独的模块。

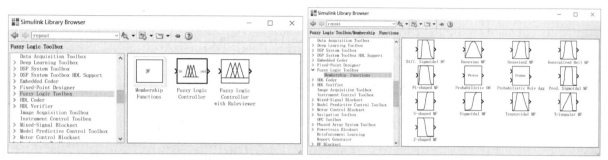

图 11-20　选择 Fuzzy Logic Toolbox　　　　　　　　图 11-21　隶属度函数模块库

2. 模糊逻辑控制器

将模糊逻辑控制器（Fuzzy Logic Controller）拖动到模型编辑器，单击该模块左下角的 ⬇（Look Inside Mask）按钮可以进入模糊逻辑控制器内部查看其结构，如图 11-22 所示。

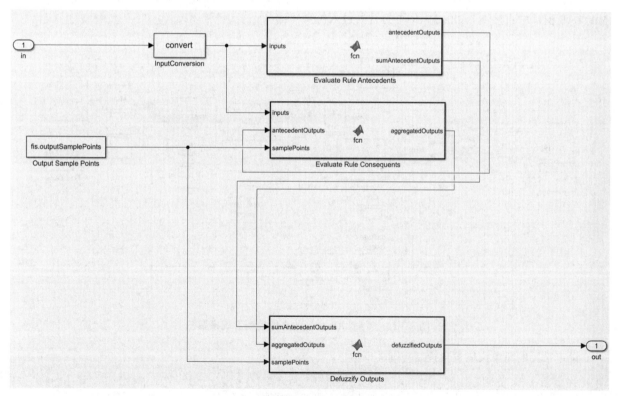

图 11-22　模糊逻辑控制器内部结构子系统

双击模糊逻辑控制器模块会弹出如图 11-23 所示的模糊逻辑控制器参数对话框，在 FIS name 输入框中输入需要的 FIS 结构文件。

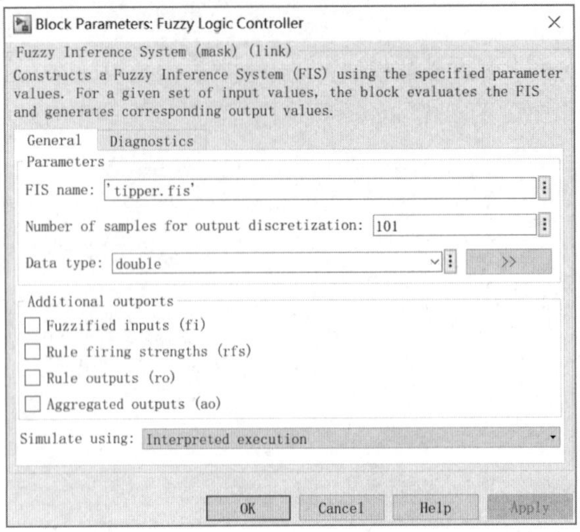

图 11-23　模糊逻辑控制器参数对话框

下面通过 MATLAB 模糊工具箱自带的一个水位模糊逻辑控制系统仿真的实例说明模糊逻辑控制器（Fuzzy Logic Controller）的使用方法。

【例 11-17】　MATLAB 模糊工具箱自带的水位控制系统的 Simulink 仿真模型如图 11-24 所示（在 MATLAB 窗口中直接输入 sltank，即可打开并进入仿真环境）。

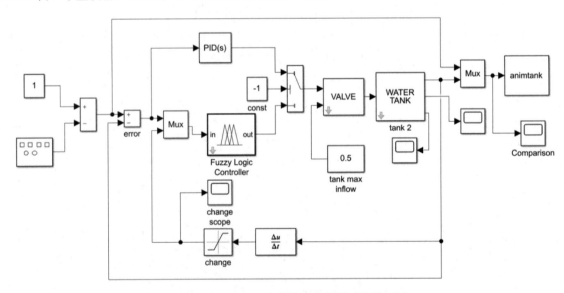

图 11-24　MATLAB 自带的水位控制系统模型图

设定采用的简单模糊逻辑控制规则如下：

IF 水位 is 正常	THEN 阀门 is 不变
IF 水位 is 低	THEN 阀门 is 快速打开
IF 水位 is 高	THEN 阀门 is 快速关闭
IF 水位 is 正常 and 变化率 is 正	THEN 阀门 is 缓慢关闭
IF 水位 is 正常 and 变化率 is 负	THEN 阀门 is 缓慢打开

解： 使用模糊逻辑控制工具箱的 App 工具建立模糊推理系统。

（1）在 MATLAB 命令行窗口中输入 fuzzy，打开 Fuzzy Logic Designer 模糊推理系统编辑器窗口。

（2）在 Fuzzy Logic Designer 窗口中选择 Edit→Add Variable→Input 命令，添加一条输入语言变量，并将两个输入语言和一个输出语言变量的名称分别定义为"水位""水位变化率""阀门"，得到如图 11-25 所示的模糊推理系统编辑器图形界面。

（3）选择 Edit→Membership Functions 命令，将"水位"的 Range 和 Display Range 均设置为[-1, 1]，隶属度函数类型设置为 gaussmf，其包含的 3 条曲线 Name/Params 分别设置为：高/[0.4 -1]、正常/[0.4 0]、低/[0.4 1]，设置完成后隶属度函数编辑器界面如图 11-26 所示。

（4）将"水位变化率"的 Range 和 Display Range

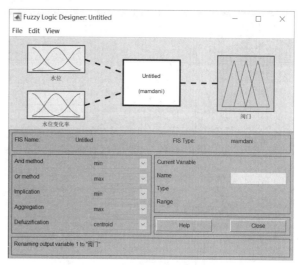

图 11-25 模糊推理系统编辑器图形界面

均设置为[-0.2, 0.2]，隶属度函数类型设置为 gaussmf，其包含的 3 条曲线 Name/Params 分别设置为：负/[0.04 -0.2]、不变/[0.04 0]、正/[0.04 0.2]，设置完成后隶属度函数编辑器界面如图 11-27 所示。

（5）将"阀门"的 Range 和 Display Range 均设置为[-1, 1]，隶属度函数类型设置为 trimf，其包含的 5 条曲线 Name/Params 分别设置为：快速关闭/[-1 -0.8 -0.7]、缓慢关闭/[-0.5 -0.3 -0.2]、不变/[-0.1 0 0.1]、缓慢打开/[0.3 0.4 0.5]、快速打开/[0.7 0.8 1]。完成设置后隶属度函数编辑器界面如图 11-28 所示。

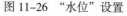

图 11-26 "水位"设置

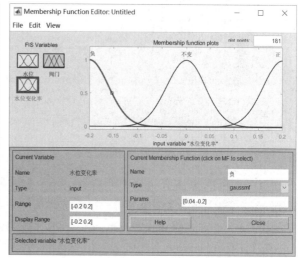

图 11-27 "水位变化率"设置

（6）打开模糊规则编辑器，编辑模糊规则，并将所有规则权重取值为 1，如图 11-29 所示。

（7）在模糊规则编辑器中，选择 View→Rules 命令，得到该模糊规则浏览器如图 11-30 所示，将 Input 设定为[0.6;0.1]，即输入水位为 0.6，水位变化率为 0.1，可以得到模糊系统输出结果为 0.528。

（8）选择 View→Surface 命令，可以得到系统输入/输出特性曲面如图 11-31 所示。

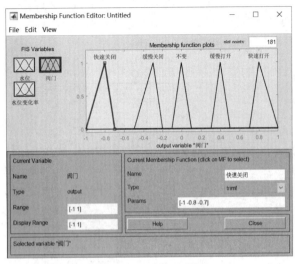

图 11-28 "阀门"设置

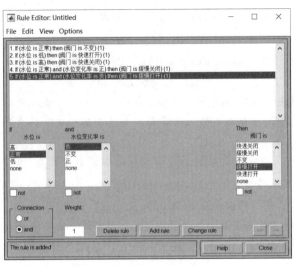

图 11-29 模糊规则编辑器 2

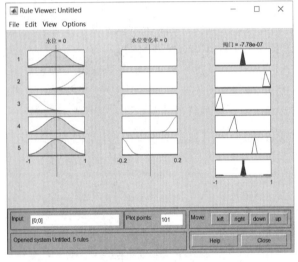

图 11-30 模糊规则浏览器 2

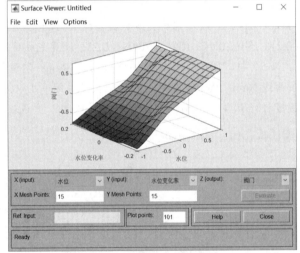

图 11-31 系统输入/输出特性曲面 1

（9）在隶属度函数编辑器中选择 File→Export→To Workspace 命令，可以打开如图 11-32 所示界面。将建立的模糊推理系统，以名称 tank 保存到 MATLAB 工作空间中的 tank.fis 模糊推理矩阵中。

（10）在模型窗口中，双击打开 Fuzzy Logic Controller 模糊逻辑控制器模块，在 FIS name 输入框中输入 tank，如图 11-33 所示。将 Simulink 模型仿真停止时间（Stop Time）设置为 100，运行模型，完成后可以得到模糊系统输出变化曲线如图 11-34 所示。

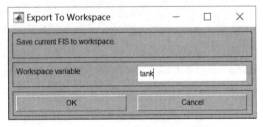

图 11-32 保存当前隶属度函数窗口

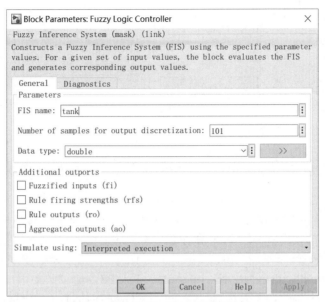

图 11-33　模糊逻辑控制器对话框

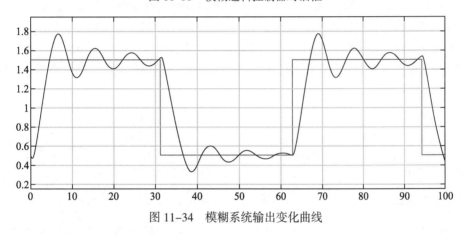

图 11-34　模糊系统输出变化曲线

11.4.2　模糊与 PID 控制器仿真设计

模糊 PID 控制器由传统 PID 控制器和模糊化模块两部分组成。PID 模糊控制的重要任务是找出 PID 的 3 个参数与误差 e 和误差变化率 ec 之间的模糊关系，在运行中不断检测 e 和 ec，根据确定的模糊控制规则对 3 个参数进行在线调整，满足不同 e 和 ec 时对 3 个参数的不同要求。

在控制系统中，控制器最常用的控制规律是 PID 控制。第 10 章已经对其进行了简单介绍，这里不再赘述。

1. 模糊推理控制器设计

模糊推理控制器采用二维模糊推理控制器，其结构如图 11-35 所示。模糊推理控制输入偏差 e 为给定输入信号与反馈信号之差，即 $e = r - y$。输入 ec 为偏差的变化率 $ec = \dfrac{de}{dt}$。输出 u 为控制量。k_e、k_{ec}、k_u 分别为偏差 e、偏差变化率 ec 及控制量 u 的量化因子。

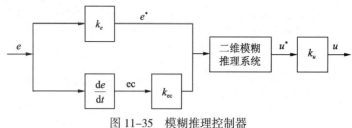

图 11-35　模糊推理控制器

设二维模糊推理系统输入变量为 e 和 ec，模糊论域为[-6, 6]，输出模糊语言变量为 U，模糊论域为[0,10]，实际偏差为 e。

在单位阶跃响应下，基本论域设定为[-0.5, 0.5]，实际偏差 ec 的基本论域为[-1, 1]，实际控制输出 u 的基本论域为[0, 10]。偏差 e 的量化因子 k_e=12；偏差变化率 ec 的量化因子 k_{ec}=6；控制量 u 的量化因子 k_u=1。

将模糊变量 e 设定为 6 个，即负大 NB、负中 NM、负小 NS、正小 PS、正中 PM、正大 PB；将输出变量 ec 设定为 5 个，即负大 NB、负小 NS、零、正小 PS、正大 PB。

（1）在 MATLAB 命令行窗口中输入 fuzzy，打开 Fuzzy Logic Designer（模糊推理系统编辑器）窗口。

（2）在 Fuzzy Logic Designer 窗口中选择 Edit→Add Variable→Input 命令，添加一条输入语言变量，并将两个输入语言和一个输出语言变量的名称分别定义为 e、ec、u，如图 11-36 所示。

（3）选择 Edit→Membership Functions 命令，将偏差 e 的 Range 和 Display Range 均设置为[-6, 6]，隶属度函数类型（Type）设置为 trimf，其包含的曲线 Name/Params 分别设置为 NB/[-15 -5.5 0]、NM/[-8.26 -3.46 1.34]、……，如图 11-37 所示。

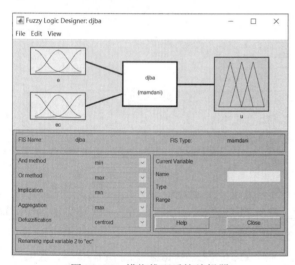

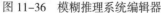

图 11-36　模糊推理系统编辑器

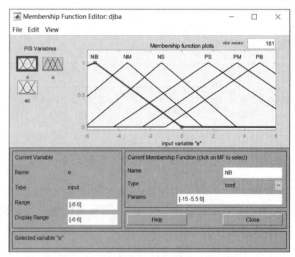

图 11-37　偏差 e 隶属度曲线

（4）将 ec 的 Range 和 Display Range 均设置为[-6, 6]，隶属度函数类型（Type）设置为 trimf，并对其所包含曲线的 Name/Params 分别进行设置，如图 11-38 所示。

（5）将 u 的 Range 和 Display Range 均设置为[0 10]，隶属度函数类型（Type）设置为 trimf，并对其包含的曲线 Name/Params 分别进行设置，如图 11-39 所示。

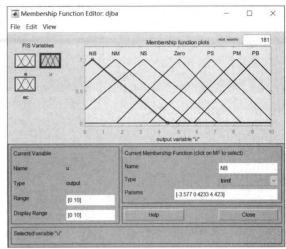

图 11-38　偏差变化率 ec 隶属度曲线　　　　　图 11-39　控制量 u 隶属度曲线

（6）打开模糊规则编辑器，编辑模糊规则，并将所有规则权重取值为 1，如图 11-40 所示。

考虑模糊系统设计规则，进而进行模糊规则设计，具体模糊规则如表 11-5 所示。if e =NB, and ec=NB, then DU = NB，依此类推。

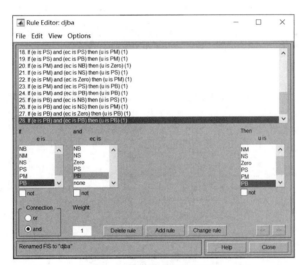

图 11-40　模糊规则编辑器 3

表 11-5　模糊规则

ec	DU					
	e=NB	e=NM	e=NS	e=PS	e=PM	e=PB
NB	NB	NB	NM	NS	Z	PS
NM	NB	NB	NS	Z	PS	PM
Z	NB	NM	NS	PS	PM	PB
PM	NM	NS	Z	PM	PB	PB
PB	NS	Z	PS	PB	PB	PB

（7）在模糊规则编辑器中，选择 View→Rules 命令，得到该模糊规则浏览器如图 11-41 所示。

（8）选择 View→Surface 命令，可以得到系统输入/输出特性曲面如图 11-42 所示。

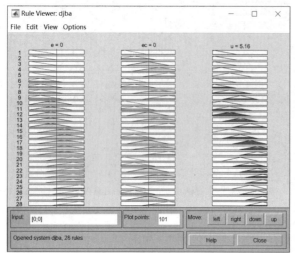

图 11-41　模糊规则浏览器 3

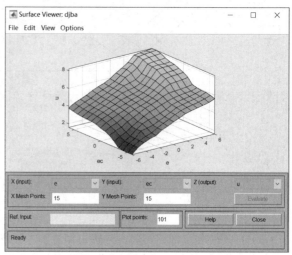

图 11-42　系统输入/输出特性曲面 2

（9）在隶属度函数编辑器中选择 File→Export→To Workspace 命令，可以打开如图 11-35 所示界面。将建立的模糊推理系统，以名称 djbaa 保存到 MATLAB 工作空间中的 djba.fis 模糊推理矩阵中。

下面开始针对设计好的模糊推理控制器进行模糊 PID 控制仿真。

2. 模糊与 PID 控制仿真

采用模糊与 PID 控制器设计，控制器原理如图 11-43 所示。其中，r 为输入，y 为输出，控制对象为 $\dfrac{1}{s^2 + 8s + 1}$，系统无滞后，仿真时间取 15s，k_e、k_{ec}、k_u 分别为偏差 e、偏差变化率 ec 及控制量 u 的量化因子。

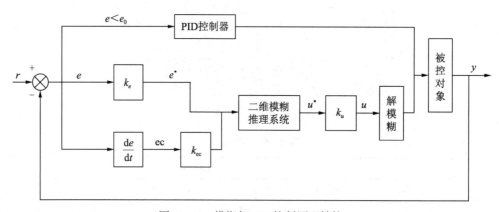

图 11-43　模糊与 PID 控制原理结构

打开 Simulink 仿真界面，搭建仿真模型进行模糊 PID 的控制仿真，模型如图 11-44 所示。

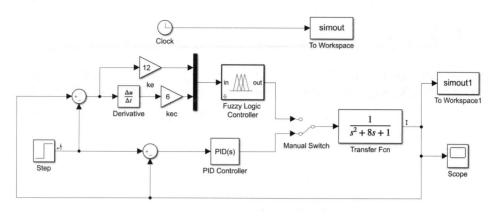

图 11-44 模糊 PID 的控制仿真

在模型窗口中，双击打开 Fuzzy Logic Controller 模糊逻辑控制器模块，在 FIS name 输入框中输入 readfis('djba.fis')，读入已经写好的 FIS 文件如图 11-45 所示。将 Simulink 模型仿真停止时间 Stop Time 设置为 50，运行模型。

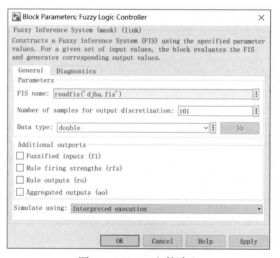

图 11-45 FIS 文件读入

由模糊控制得到的仿真结果如图 11-46 所示。将 PID 参数输入该系统仿真，得到仿真结果如图 11-47 所示。

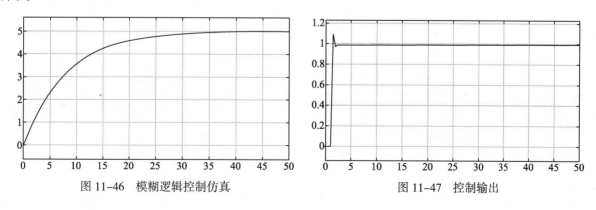

图 11-46 模糊逻辑控制仿真   图 11-47 控制输出

11.5　本章小结

本章主要介绍了模糊逻辑控制器的设计。模糊逻辑控制器模拟人的思维，能够适应大的、强非线性、大滞后的控制对象。应用模糊集合和模糊规则进行推理，实行模糊综合判断，控制器设计较复杂，但是控制器稳定，鲁棒性较强。通过本章的学习，读者应能够利用模糊逻辑工具解决实际问题。

第 12 章

电力系统仿真

Simulink 中的 Simscape/Electrical 模块库提供了常用的电力电子开关模块，包括各种整流、逆变电路模块及时序逻辑驱动模块等。为了真实再现实际电路的物理状态，MATLAB 对常用电力电子模块分别进行了建模，根据这些模块可以进行电力系统稳态仿真、电力系统电磁暂态仿真等。

本章学习目标包括：

（1）掌握 MATLAB 电力系统仿真等；

（2）熟练运用 MATLAB 对电力系统稳态仿真等；

（3）掌握使用 MATLAB 对电力系统电磁暂态仿真等。

12.1　电力系统模型环境模块

电力系统模型的环境模块 powergui 模块为电力系统稳态与暂态仿真提供了图形用户分析界面。通过 powergui 模块，可以对系统进行可变步长连续系统仿真、定步长离散系统仿真和相量法仿真。

MATLAB 提供的 powergui 模块位于 Simscape/ Electrical/ Specialized Power Systems/ Fundamental Blocks 路径下，如图 12-1 所示。

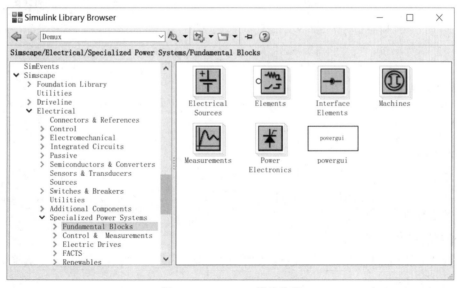

图 12-1　powergui 模块位置

12.1.1　模块功能及仿真类型

利用 powergui 模块可以实现以下功能：

（1）显示测量电压、测量电流和所有状态变量的稳态值；

（2）改变仿真初始状态；

（3）进行潮流计算并对包含三相电机的电路进行初始化设置；

（4）显示阻抗的依频特性图；

（5）显示 FFT 分析结果；

（6）生成状态-空间模型并打开"线性时不变系统"（LTI）时域和频域的视窗界面；

（7）生成报表，报表中包含测量模块、电源、非线性模块和电路状态变量的稳态值，并以扩展名.rep 保存；

（8）设计饱和变压器模块的磁滞特性。

双击 powergui 模块，将弹出如图所示的对话框，该对话框的 Solver 选项卡中可以设置 Simulation type（仿真类型），在 Tools 选项卡下包含各种分析参数设置工具，如图 12-2 所示。

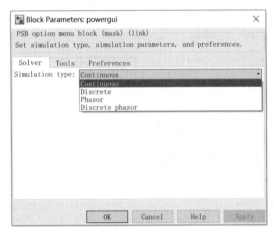

（a）Solver 选项卡　　　　　　　　　　（b）Tools 选项卡

图 12-2　模块参数对话框

1.　连续系统仿真

在 Solver 选项卡的 Simulation type 下拉列表框中选择 Continuous 选项（默认选项），表示采用连续算法分析系统。

2.　离散系统仿真

在 Solver 选项卡的 Simulation type 下拉列表框中选择 Discrete 选项，在 Sample time（采样时间）参数中指定采样时间（Ts>0），按指定的步长对离散化系统进行分析。若采样时间等于 0，表示不对数据进行离散化处理，采用连续算法分析系统。

3.　连续相量模拟

在 Solver 选项卡的 Simulation type 下拉列表框中选择 Phasor 选项。将以 Frequency（频率）参数指定的频率对模型进行连续相量模拟。

4. 离散相量模拟

在 Solver 选项卡的 Simulation type 下拉列表框中选择 Discrete phasor 选项，则可以在 Sample time（采样时间）参数指定的固定时间步长上，以 Frequency（频率）参数指定的频率执行相量模拟。离散相量解算器使用简化的机器模型，产生类似于暂态稳定分析软件的仿真结果。

12.1.2　分析工具

1. 稳态电压电流分析工具

在模块参数对话框的 Tools 选项卡中单击 Steady-State 按钮，将弹出如图 12-3 所示的稳态电压电流分析窗口，显示模型文件的稳态电压和电流。各选项参数含义如下。

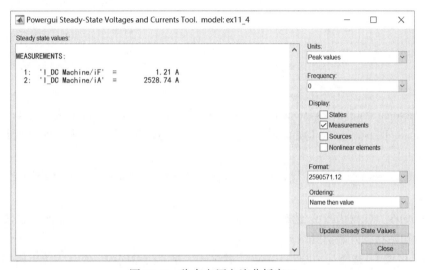

图 12-3　稳态电压电流分析窗口

（1）Steady state values（稳态值）：显示模型文件中指定的电压、电流稳态值。

（2）Units（单位）：选择将显示的电压、电流值是"峰值"（Peak）还是"有效值"（RMS）。

（3）Frequency（频率）：选择将显示的电压、电流相量的频率。该下拉列表框中会列出模型文件中电源的所有频率。

（4）States（状态）：显示稳态下电容电压和电感电流的相量值。默认为不选。

（5）Measurements（测量）：显示稳态下测量模块测量到的电压、电流相量值。默认为选中。

（6）Sources（电源）：显示稳态下电源的电压、电流相量值。默认为不选。

（7）Nonlinear elements（非线性元件）：显示稳态下非线性元件的电压、电流相量值。默认为不选中。

（8）Format（格式）：在下拉列表框中选择要观测的电压和电流的格式。floating point（浮点格式）以科学计数法显示 5 位有效数字；best of（最优格式）显示 4 位有效数字并在数值大于 9999 时以科学计数法表示；最后一个格式直接显示数值大小，小数点后保留两位数字。默认为浮点格式。

（9）Update Steady State Values（更新稳态值）：重新计算并显示稳态电压、电流值。

2. 初始状态设置

在模块参数对话框的 Tools 选项卡中单击 Initial States 按钮，可以打开初始状态设置窗口，显示初始状态，并允许对模型的初始电压和电流进行更改，如图 12-4 所示，各选项参数含义如下。

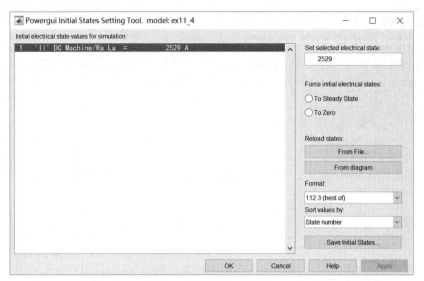

图 12-4　初始状态设置

（1）Initial electrical state values for simulation（初始状态）：显示模型文件中状态变量的名称和初始值。

（2）Set selected electrical state（设置到指定状态）：对"初始状态"下拉列表框中选中的状态变量进行初始值设置。

（3）Force initial electrical states（设置初始状态量）：选择从 To Steady State（稳态）或 To Zero（零初始状态）开始仿真。

（4）Reload states（加载状态）：选择从 From File（指定文件）中加载初始状态或直接以 From Diagram（从当前值）作为初始状态开始仿真。

（5）Format（格式）：选择观测的电压和电流的格式。格式类型同前，默认为浮点格式。

（6）Sort values by（分类）：选择初始状态值的显示顺序。Default order（默认顺序）表示按模块在电路中的顺序显示初始值；State number（状态序号）表示按状态空间模型中状态变量的序号显示初始值；Type（类型）表示按电容和电感分类显示初始值。

单击 Save Initial States（保存初始状态）按钮，将弹出 Save 对话框，利用该对话框可以将初始状态保存到指定的文件中。

3. 电机初始化工具

在模块参数对话框的 Tools 选项卡中单击 Machine Initialization 按钮，可以打开电机初始化窗口，不同的电机对应的参数并不相同，如图 12-5 所示。部分选项参数含义如下。

（1）Machines info（电机信息）：显示模型的简化同步电机、同步电机、异步电机和三相动态负载的名称。在 Machines list 下拉列表框中可以选择电极或负载并可以设置其参数。

（2）Machines list（电机列表）：显示简化同步电机、同步电机、非同步电机和三相动态负荷模块的名称。选中该列表框中的电机或负荷后，才能进行参数设置。

（3）Bus type（节点类型）：选择节点类型。对于 P&V Generator（PV 节点），可以设置电机的端口电压和有功功率；对于 P&Q Generator（PQ 节点），可以设置电机的有功和无功功率；对于 Swing Bus（平衡节点），可以设置终端电压 UAN 的有效值和相角，同时需要对有功功率进行预估。

如果选择了非同步电机模块，则仅需要输入电机的机械功率；如果选择了三相动态负荷模块，则需要设置该负荷消耗的有功和无功功率。

（4）Terminal voltage UAB（终端电压 UAB）：对选中电机的输出线电压进行设置（单位为 V）。

（5）Active power（有功功率）：设置选中的电机或负荷的有功功率（单位为 W）。

（6）Active power guess（预估的有功功率）：如果电机的节点类型为平衡节点，设置迭代起始时刻电机的有功功率。

（7）Reactive power（无功功率）：设置选中的电机或负荷的无功功率（单位为 var）。

（8）Phase of UAN voltage（电压 UAN 的相角）：当电机的节点类型为平衡节点时，该输入框被激活。指定选中电机 a 相相电压的相角。

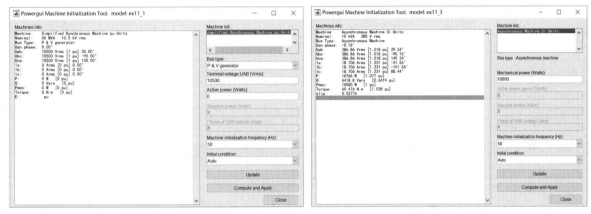

（a）标幺制同步电机参数　　　　　　　　　　　（b）异步电机参数

图 12-5　电机初始化

（9）Mechanical power（机械功率）：在电机模式下，指定鼠笼式感应电机产生的机械功率。在发电机模式下，将机器吸收的机械功率指定为负数。

（10）Machine initialization frequency（机器初始化频率）：指定计算中使用的频率（通常为 60 Hz 或 50 Hz）。

（11）Initial condition（初始条件）：通常采用默认设置 Auto（自动），以便在开始迭代之前自动调整初始条件。如果选择 Start from previous solution（从上一个解决方案开始），则将以与上一个解决方案对应的初始条件开始。如果在更改机器的功率和电压设置或电路参数后，潮流无法收敛，可尝试该选项。

（12）Update（更新）：如果在机器初始化工具打开时更改了型号，则更新机器列表、电压和电流相量以及电源。显示的新电压和功率通过使用从上次计算中获得的机器电流（存储在机器模块初始条件参数中的 3 个电流）进行计算。

（13）Compute and Apply（计算并应用）：执行给定机器参数的计算。

4. 阻抗依频特性测量工具

在模块参数对话框的 Tools 选项卡中单击 Impedance Measurement 按钮，可以打开阻抗依频特性测量工具窗口，如果模型文件中含阻抗测量模块，该窗口中将显示阻抗依频特性图，如图 12-6 所示。部分选项参数含义如下。

（1）图表：窗口左侧上方的坐标系表示阻抗–频率特性，左侧下方的坐标系表示相角–频率特性。

（2）Impedance Measurements（阻抗测量）：列出模型文件中的阻抗测量模块，可从中选择需要显示依频特性的阻抗测量模块。按住 Ctrl 键可选择多个阻抗显示在同一个坐标中。

（3）Range（范围）：指定频率范围（单位：Hz），该文本框中可以输入任意有效的 MATLAB 表达式。

（4）Logarithmic Impedance（对数阻抗）：坐标系纵坐标的阻抗以对数值形式表示。

（5）Linear Impedance（线性阻抗）：坐标系纵坐标的阻抗以线性形式表示。

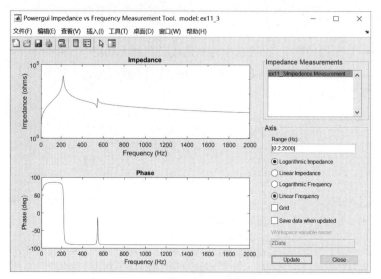

图 12-6　阻抗依频特性测量工具窗口

（6）Logarithmic Frequency（对数频率）：坐标系横坐标的频率以对数值形式表示。

（7）Linear Frequency（线性频率）：坐标系横坐标的频率以线性形式表示。

（8）Grid（网格）：选中该复选框，阻抗–频率特性图和相角–频率特性图上将出现网格。默认设置为无网格。

（9）Save data when updated（更新后保存数据）：选中该复选框后，该复选框下的 Workspace variable name（工作区变量名）输入框被激活，数据以该文本框中显示的变量名被保存在工作区中。复数阻抗和对应的频率保存在一起。其中频率保存在第 1 列，阻抗保存在第 2 列。默认设置为不保存。

单击 Update（更新）按钮，开始阻抗依频特性测量并显示结果，如果选中 Save data when updated 复选框，数据将保存到指定位置。

5. FFT分析器工具

在模块参数对话框的 Tools 选项卡中单击 FFT Analysis 按钮，可以打开 FFT 分析器工具窗口，如图 12-7 所示。部分选项参数含义如下。

（1）Signal（图表）：左侧上方的图形表示被分析信号的波形，左侧下方的图形表示该信号的 FFT 分析结果。

（2）Refresh（刷新）：刷新 Available signals（可用信号）列表中的模拟数据变量列表。可以在不关闭或重新打开该工具时刷新导入其他模拟信号。

（3）Name（名称）：列出工作区中存在的模拟数据变量。单击 Refresh（刷新）按钮可以刷新可用信号列表，利用该下拉列表框中可以选择要分析的变量。

（4）Input（输入变量）：列出被选中的结构变量中包含的输入变量名称，选择需要分析的输入变量。

（5）Signal number（信号路数）：列出被选中的输入变量中包含的各路信号的名称。例如，若要把 a、b、c 三相电压绘制在同一个坐标中，可以通过把这 3 个电压信号同时送入示波器的一个通道实现，这个通道就对应一个输入变量，该变量含有 3 路信号，分别为 a 相、b 相和 c 相电压。

（6）Display（显示）：选中 Signal（信号）单选按钮时，表示在上部绘图中显示通过名称、输入和信号编号参数选择的信号；选中 FFT window（FFT 窗口）单选按钮时，表示在图 12-7 中显示执行 FFT 分析的选定信号部分。

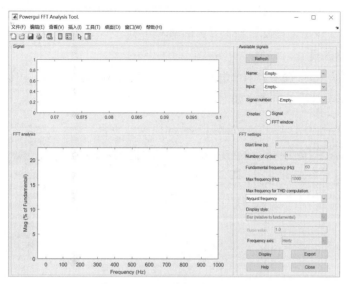

图 12-7　FFT 分析器工具窗口

（7）Start time（开始时间）：指定 FFT 分析的起始时间。FFT 分析在指定时间和指定周期数开始的信号部分执行。

（8）Number of cycles（周期个数）：指定需要进行 FFT 分析的波形的周期数。

（9）Fundamental frequency（基频）：指定 FFT 分析的基频（单位为 Hz）。

（10）Max Frequency（最大频率）：指定 FFT 分析的最大频率（单位为 Hz）。

（11）Max frequency for THD computation（THD 计算的最大频率）：选择 Nyquist frequency（奈奎斯特频率）时，表示将总谐波失真计算为等于奈奎斯特频率的最大频率。奈奎斯特频率是所选信号采样频率的一半；选择 Same as Max frequency（相同的最大频率值）时，表示计算 THD，使其达到最大频率，该频率等于最大频率参数中指定的频率。

（12）Display style（显示类型）：频谱的显示类型可以是以下几种。

① Bar(relative to fundamental)：条形图（相对于基频），表示将频谱显示为相对于基频的条形图。

② Bar(relative to specified base)：条形图（相对于指定的基准），表示将光谱显示为相对于基准值参数定义的基准的条形图。

③ Bar(relative to DC component)：条形图（相对于直流分量），表示将频谱显示为相对于信号直流分量的条形图。

④ List(relative to fundamental)：列表（相对于基波）表示将频谱显示为相对于基波或直流分量的百分比列表。

⑤ List(relative to specified base)：列表（相对于指定的基准），表示以相对于基准值参数定义的基准值的百分比显示频谱。

⑥ List(relative to DC component)：列表（相对于直流分量），表示将频谱显示为相对于信号直流分量的

列表。

（13）Base value（基准值）：当 Display style 下拉列表框中选择 Bar(relative to specified base)或 List(relative to specified base)时，该文本框被激活，此时输入谐波分析的基准值。

（14）Frequency axis（频率轴）：在下拉列表框中选择 Hertz（赫兹）使频谱的频率轴单位为 Hz，选择 Harmonic order（谐波次数）使频谱的频率轴单位为基频的整数次倍数。

单击 Display（显示）按钮，将显示 FFT 分析的结果。

6. 线性系统分析器工具

在模块参数对话框的 Tools 选项卡中单击 Use Linear System Analyzer 按钮，可以打开线性系统分析器窗口，如图 12-8 所示。部分选项参数含义如下。

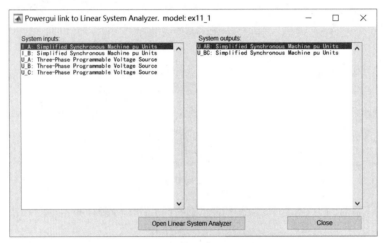

图 12-8　线性系统分析器窗口

（1）System inputs（系统输入）：列出电路状态空间模型中的输入变量，选择线性系统分析器需要用到的输入变量。

（2）System outputs（系统输出）：列出电路状态空间模型中的输出变量，选择线性系统分析器需要用到的输出变量。

单击 Open Linear System Analyzer（开放式线性系统分析器）按钮，产生电路的状态空间模型，并为选定的系统输入和输出打开线性系统分析器。

7. 生成报表

在模块参数对话框的 Tools 选项卡中单击 Generate Report 按钮，可以打开生成报表工具对话框，用于产生稳态计算的报表，如图 12-9 所示。部分选项参数含义如下。

（1）Items to include in the report（报表中包含的内容）：包括 Steady state（稳态）、Initial states（初始状态）和 Machine load flow（电机负荷潮流）复选框，这 3 个复选框可以任意组合。

（2）Frequencies（频率）：选择报表中包含的频率。可以是系统设置的频率（此处为 50Hz）或 All（全部），默认为系统设置的频率。

（3）Units（单位）：选择以 Peak（峰值）或 RMS（均方根值）显示数据。

（4）Format（格式）：与前面的相关内容相同。

（5）Generate the circuit netlist report（生成电路网表报告）：生成的电路网表存储在.net 文件中。该文件包自动生成节点编号及所有线性元素的参数值。

（6）Open the report(s) in Editor（在编辑器中打开报告）：用于编辑报告。

单击 Create Report（报表生成）按钮即可生成报表并保存。

8. 磁滞特性设计工具

在模块参数对话框的 Tools 选项卡中单击 Hysteresis Design 按钮，可以打开磁滞特性设计工具对话框，在该对话框中可以对饱和变压器模块和三相变压器模块的铁芯进行磁滞特性设计，如图 12-10 所示。部分选项参数含义如下。

（1）Hysteresis curve for file（磁滞曲线）图表：显示设计的磁滞曲线。

（2）Segments（分段）：将磁滞曲线做分段线性化处理，并设置磁滞回路第 1 象限和第 4 象限内曲线的分段数目。左侧曲线和右侧曲线关于原点对称。

（3）Remanent flux Fr（剩余磁通）：设置零电流对应的剩磁。

（4）Saturation flux Fs（饱和磁通）：设置饱和磁通。

（5）Saturation current Is（饱和电流）：设置饱和磁通对应的电流。

（6）Coercive current Ic（矫顽电流）：设置零磁通对应的电流。

（7）dF/dI at coercive current（矫顽电流处的斜率）：指定矫顽电流点的斜率。

图 12-9　报表生成工具

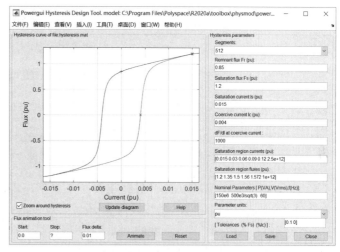

图 12-10　磁滞特性设计工具

（8）Saturation region currents（饱和区域电流）：设置磁饱和后磁化曲线上各点所对应的电流值，仅需设置第 1 象限值。注意，该电流向量的长度必须和"饱和区域磁通"的向量长度相同。

（9）Saturation region fluxes（饱和区域磁通）：设置磁饱和后磁化曲线上各点所对应的磁通值，仅需要设置第 1 象限值。注意，该向量的长度必须和"饱和区域电流"的向量长度相同。

（10）Nominal Parameters（额定参数）：指定额定功率（单位为 VA）、一次绕组的额定电压值（单位为V）和额定频率（单位为 Hz）。

（11）Parameter units（参数单位）：将磁滞特性曲线中电流和磁通的单位由国际单位制（SI）转换到标幺制（p.u.）或由标幺制转换到国际单位制。

（12）Zoom around hysteresis（放大磁滞区域）：选中该复选框，可以对磁滞曲线进行放大显示。默认设置为可放大显示。

9. RLC线路参数工具

在模块参数对话框的 Tools 选项卡中单击 RLC Line Parameters 按钮，可以打开 RLC 线路参数工具窗口，通过导线型号和杆塔结构计算架空输电线的 RLC 参数，如图 12-11 所示。在电子电路仿真中，系统仿真加载 powergui 模块，各模块参数自动初始化。部分选项参数含义如下。

（1）Units（单位）：选择 metric（米制）单位时，以厘米作为导线直径、几何平均半径 GMR 和分裂导线直径的单位，以米作为导线间距离的单位；选择 english（英制）单位时，以英寸作为导线直径、几何平均半径 GMR 和分裂导线直径的单位，以英尺作为导线间距离的单位。

（2）Frequency（频率）：指定 RLC 参数所用的频率（单位为 Hz）。

（3）Ground resistivity（大地电阻）：指定大地电阻（单位为 Ω·m）。设置为 0 表示大地为理想导体。

（4）Comments（注释）：输入关于电压等级、导线类型和特性等的注释。该注释将与线路参数一同被保存。

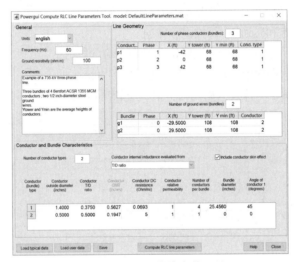

图 12-11　RLC 线路参数工具

（5）Number of phase conductors（导线相数）：设置线路的相数。

（6）Number of ground wires（地线数目）：设置大地导线的数目。

（7）导线结构参数表：输入导线的 Phase（相序）、X（水平挡距）、Y tower（垂直挡距）、Y min（挡距中央的高度）、Cond. Type（导线类型）共 5 个参数。

（8）Number of conductor types（导线类型的数量）：设置需要用到导线类型（单导线或分裂导线）的数量。假如需要用到架空导线和接地导线，该文本框中就要填 2。

（9）Conductor internal inductance evaluated from（导线内电感计算方法）：选择用 T/D ratio（直径/厚度）、Geometric Mean Radius(GMR)（几何平均半径）或 Reactance Xa at 1-foot spacing（1 英尺（米）间距的电抗）进行内电感计算。

（10）Include conductor skin effect（考虑导线集肤效应）：选中该复选框表示在计算导线交流电阻和电感时将考虑集肤效应的影响。若未选中，则电阻和电感均为常数。

（11）导线特性参数表：输入 Conductor Outside diameter（导线外径）、Conductor T/D ratio（导线 T/D）、Conductor GMR（导线 GMR）、Conductor DC resistance（直流电阻）、Conductor relative permeability（相对磁导率）、Number of conductors per bundle（分裂导线中的子导线数目）、Bundle diameter（分裂导线的直径）、Angle of conductor 1（分裂导线中 1 号子导线与水平面的夹角）共 8 个参数。

（12）Compute RLC line parameters（计算 RLC 参数）按钮：单击该按钮，将弹出 RLC 参数的计算结果窗口。

（13）Load typical data（加载典型数据）按钮：单击该按钮将弹出 Load line data 对话框，选择需要加载的线路参数信息到当前窗口。

（14）Load user data（加载用户数据）按钮：单击该按钮同样会弹出 Load line data 对话框，选择需要加载的用户自定义的线路参数信息加载到当前窗口。

单击 Save（保存）按钮，线路参数以及相关的 GUI 信息将被保存到拓展名为.mat 的文件中。

12.2　二极管与晶闸管

12.2.1　二极管

二极管模块的电路符号和静态伏安特性如图 12-12 所示。当二极管正向电压 V_{ak} 大于门槛电压 V_f 时，二极管导通；当二极管两端加以反向电压或流过管子的电流降到 0 时，二极管关断。

（a）电路符号　　　　　　　　　　（b）静态伏安特性

图 12-12　二极管模块的电路符号和静态伏安特性

Simscape/Electrical 模块库中提供的 Diode（二极管）模块及参数对话框如图 12-13 所示。该模块位于 Simscape/Electrical/Specialized Power Systems/Fundamental Blocks/Power Electronics 路径下。

二极管模块有两个电气接口和 1 个输出接口。两个电气接口（a，k）分别对应二极管的阳极和阴极。输出接口（m）输出二极管的电流和电压测量值[I_{ak}，V_{ak}]，其中电流单位为 A，电压单位为 V。

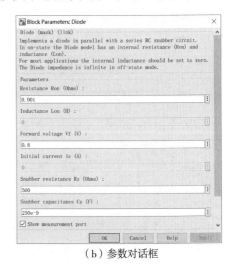

（a）二极管模块　　　　　　　　　　（b）参数对话框

图 12-13　二极管模块及参数对话框

双击二极管模块，将弹出该模块的参数对话框，该对话框中参数说明如下。

（1）Resistance Ron（导通电阻）：单位为 Ω，当电感值为 0 时，电阻值不能为 0。

（2）Inductance Lon（电感）：单位为 H，当电阻值为 0 时，电感值不能为 0。

（3）Forward voltage Vf（正向电压）：单位为 V，当二极管正向电压大于 V_f 后，二极管导通。

（4）Initial current Ic（初始电流）：单位为 A，设置仿真开始时的初始电流值。通常将初始电流值设为 0，表示仿真开始时二极管为关断状态。设置初始电流值大于 0，表示仿真开始时二极管为导通状态。如果初始电流值非 0，则必须设置该线性系统中所有状态变量的初值。对电力电子变换器中的所有状态变量设置初始值是很麻烦的事情，所以该选项只适用于简单电路。

（5）Snubber resistance Rs（缓冲电路阻值）：并联缓冲电路中的电阻值，单位为 Ω。缓冲电阻值设为 inf 时将取消缓冲电阻。

（6）Snubber capacitance Cs（缓冲电路电容值）：并联缓冲电路中的电容值，单位为 F。缓冲电容值设为 0 时，将取消缓冲电容；缓冲电容值设为 inf 时，缓冲电路为纯电阻性电路。

（7）Show measurement port（测量输出端）：选中该复选框，出现测量输出接口 m，可以观测二极管的电流和电压值。

【例 12-1】 构建简单的二极管整流电路，观测整流效果。其中电压源频率为 50Hz，幅值为 100V，电阻 R 为 1Ω，二极管模块采用默认参数。

解：（1）构建系统仿真模型。

根据要求构建如图 12-14 所示的系统仿真图。其中：

① 示波器模块 Scope 位于 Simulink/Sinks 路径下；

② 信号分离器模块 Bus Selector 位于 Simulink/Signal Routing 路径下；

③ 功率二极管模块（共 4 个）位于 Simscape / Electrical / Specialized Power Systems / Fundamental Blocks / Power Electronics 路径下；

④ 交流电压源模块位于 Simscape/Electrical/Specialized Power Systems/Fundamental Blocks/Electrical Sources 路径下；

⑤ 电流表（电流测量）模块与电压表（电压测量）模块位于 Simscape/Electrical/Specialized Power Systems/Fundamental Blocks/Measurements 路径下；

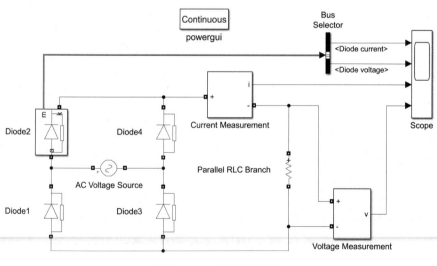

图 12-14　仿真电路图

⑥ 串联 RLC 支路模块位于 Simscape/Electrical/Specialized Power Systems/Fundamental Blocks/Elements 路径下;

⑦ 电力系统模型的环境模块 powergui 位于 Simscape/Electrical/Specialized Power Systems/Fundamental Blocks 路径下。

（2）设置模块参数。

① 交流电压源 V_S 的频率等于 50Hz，幅值等于 100V，参数设置如图 12-15 所示。

② 串联 RLC 支路为纯电阻电路，其中 $R=1\Omega$，参数设置如图 12-16 所示。

③ 二极管模块等均采用默认参数设置。

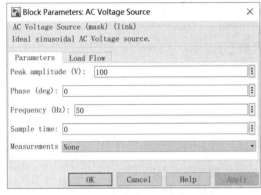

图 12-15　交流电压源参数设置

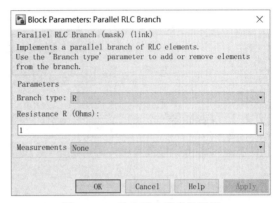

图 12-16　纯电阻电路参数设置

（3）设置仿真参数。

选择 MODELING 选项卡 SETUP 选项组中的 Model Settings 命令，在弹出的 Configuration Parameters 对话框左侧列表选中 Solver，在右侧参数设置栏 Solver options 选项组中 Type 下拉列表框中选择 Variable-step（变步长），Solver 下拉列表框中选择 ode23tb 算法，设置 Stop time 为 0.2，如图 12-17 所示。

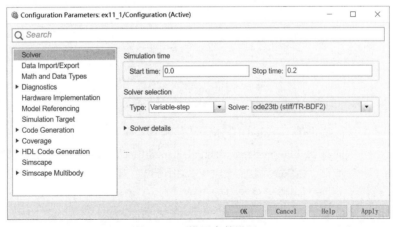

图 12-17　模型参数设置 1

（4）仿真及结果。

单击 ▶（Run）命令开始仿真，仿真结束后双击示波器模块，得到二极管 D_1 和电阻 R 上的电流电压如图 12-18 所示。图中波形从上向下依次为二极管电流、二极管电压、电阻电流和电阻电压。

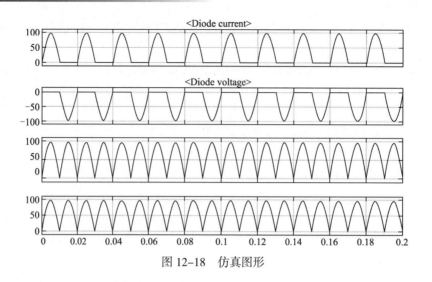

图 12-18　仿真图形

12.2.2　晶闸管

晶闸管是一种由门极信号触发导通的半导体器件，图 12-19 所示为晶闸管模块的电路符号和静态伏安特性。

当晶闸管承受正向电压（V_{ak}>0）且门极有正触发脉冲（g>0）时，晶闸管导通。触发脉冲必须足够宽，才能使阳极电流 I_{ak}>0 大于设定的晶闸管擎住电流 I_1，否则晶闸管仍将转向关断。

导通的晶闸管在阳极电流下降到 0（I_{ak}=0）或承受反向电压时关断，同样晶闸管承受反向电压的时间应大于设置的关断时间，否则，尽管门极信号为 0，晶闸管也可能导通。这是因为关断时间是表示晶闸管内载流子复合的时间，是晶闸管阳极电流降到 0 到晶闸管能重新施加正向电压而不会误导通的时间。

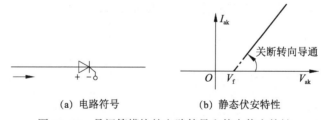

(a) 电路符号　　　　　(b) 静态伏安特性

图 12-19　晶闸管模块的电路符号和静态伏安特性

Simscape/Electrical 模块库提供的 Detailed Thyristor（晶闸管）模块及参数对话框如图 12-20 所示。该模块位于 Simscape/Electrical/Specialized Power Systems/Fundamental Blocks/Power Electronics 路径下。

晶闸管模块有两个电气接口、1 个输入接口和 1 个输出接口。两个电气接口（a，k）分别对应于晶闸管的阳极和阴极。输入接口（g）为门极逻辑信号。输出接口（m）输出晶闸管的电流和电压测量值[I_{ak}, V_{ak}]，其中电流单位为 A，电压单位为 V。

双击晶闸管模块，将弹出该模块的参数对话框，对该对话框中参数说明如下。

（1）Resistance Ron（导通电阻）：单位为 Ω，当电感值为 0 时，电阻值不能为 0。

（2）Inductance Lon（电感）：单位为 H，当电阻值为 0 时，电感值不能为 0。

（3）Forward voltage Vf（正向电压）：晶闸管的门槛电压 V_f，单位为 V。

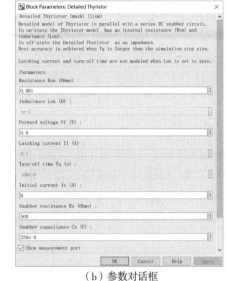

（a）晶闸管模块   （b）参数对话框

图 12-20　晶闸管模块及参数对话框

（4）Latching current I1（擎住电流）：单位为 A，简单模块没有该项。

（5）Turn-off time Tq（关断时间）：单位为 s，它包括阳极电流下降到 0 的时间和晶闸管正向阻断的时间。简单模块没有该项。

（6）Initial current Ic（初始电流）：单位为 A，当电感值大于 0 时，可以设置仿真开始时晶闸管的初始电流值，通常设为 0 表示仿真开始时晶闸管为关断状态。如果电流初始值非 0，则必须设置该线性系统中所有状态变量的初值。对电力电子变换器中的所有状态变量设置初始值是很麻烦的事情，所以该选项只适用于简单电路。

（7）Snubber resistance Rs（缓冲电路阻值）：并联缓冲电路中的电阻值，单位为 Ω。缓冲电阻值设为 inf 时将取消缓冲电阻。

（8）Snubber capacitance Cs（缓冲电路电容值）：并联缓冲电路中的电容值，单位为 F。缓冲电容值设为 0 时，将取消缓冲电容；缓冲电容值设为 inf 时，缓冲电路为纯电阻性电路。

（9）Show measurement port（测量输出端）：选中该复选框，将出现测量输出端口 m，可以观测晶闸管的电流和电压值。

【例 12-2】　构建单相桥式可控整流电路，观测整流效果。晶闸管模块采用默认参数。

解：（1）构建系统仿真模型。

根据要求构建如图 12-21 所示的系统仿真图。其中：

① 脉冲发生器模块 Pulse Generator 位于 Simulink/Sources 路径下；

② 示波器模块 Scope 位于 Simulink/Sinks 路径下；

③ 信号分离器模块 Bus Selector 位于 Simulink/Signal Routing 路径下；

④ 晶闸管模块（共 4 个）位于 Simscape/Electrical/Specialized Power Systems/Fundamental Blocks/Power Electronics 路径下；

⑤ 交流电压源模块位于 Simscape/Electrical/Specialized Power Systems/Fundamental Blocks/Electrical Sources 路径下；

⑥ 电流表（电流测量）模块与电压表（电压测量）模块位于 Simscape/Electrical/Specialized Power Systems/Fundamental Blocks/Measurements 路径下；

⑦ 串联 RLC 支路模块位于 Simscape/Electrical/Specialized Power Systems/Fundamental Blocks/Elements 路径下；

⑧ 电力系统模型的环境模块 powergui 位于 Simscape/Electrical/Specialized Power Systems/Fundamental Blocks 路径下。

（2）模块参数设置。

晶闸管的触发脉冲通过简单的 Pulse Generator（脉冲发生器）模块产生，脉冲发生器的脉冲周期取为 2 倍的系统频率，即 100Hz。晶闸管的控制角 α 以脉冲的延迟时间 t 表示，取 $\alpha=30°$，对应的时间 $t=0.02×30/360=0.017$s。脉冲宽度用脉冲周期的百分比表示，默认值为 50%。

① 双击脉冲发生器模块，按图 12-22 所示设置脉冲发生器的参数。

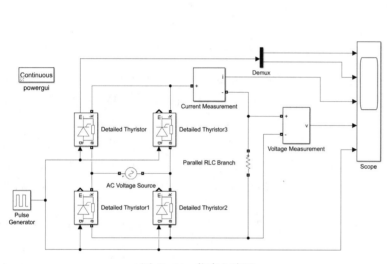

图 12-21　仿真电路图

图 12-22　脉冲发生器模块参数设置

② 晶闸管模块采用默认设置。

③ 交流电压源 V_S 的频率等于 50Hz、幅值等于 100V，参数设置如图 12-23 所示。

④ 串联 RLC 支路为纯电阻电路，其中 $R=1\Omega$，参数设置如图 12-24 所示。

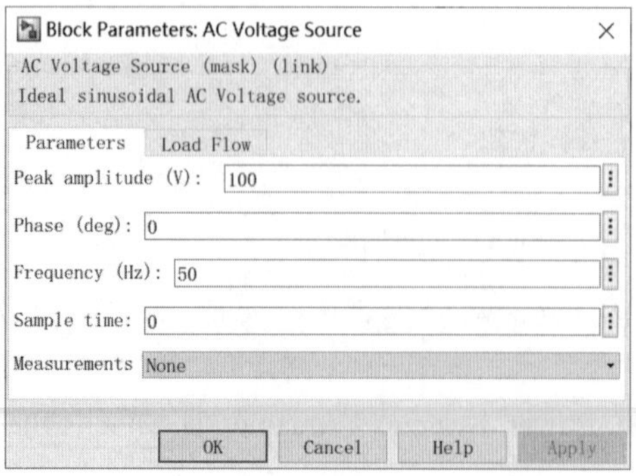

图 12-23　交流电压源参数设置

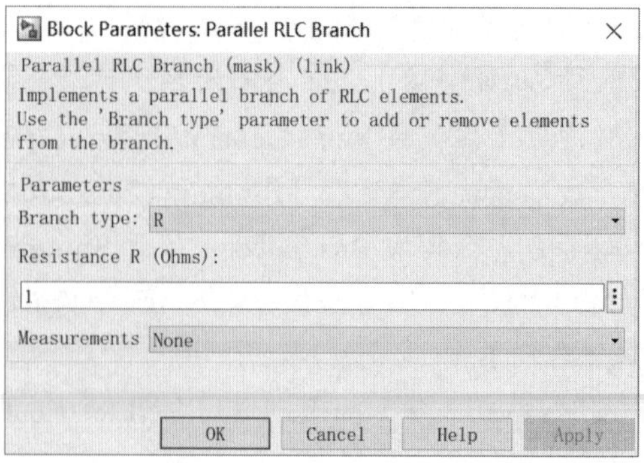

图 12-24　纯电阻电路

（3）仿真参数设置。

选择 MODELING 选项卡 SETUP 选项组中的 Model Settings 命令，在弹出的参数设置对话框左侧列表选中 Solver，在右侧参数设置栏 Solver selection 选项组中 Type 下拉列表框中选择 Variable-step（变步长），Solver 下拉列表框中选择 ode23tb（stiff/TR-BDF2）选项，设置 Stop time 为 0.2，如图 12-25 所示。

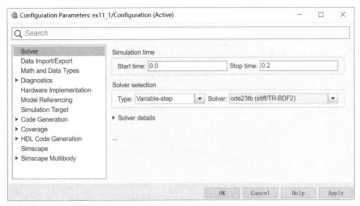

图 12-25　参数设置对话框

（4）仿真及结果。

单击 ▶（Run）命令开始仿真，仿真结束后双击示波器模块，得到晶闸管 1 和电阻上的电流、电压如图 12-26 所示。图中波形从上向下、从左到右依次为晶闸管电流、晶闸管电压、电阻电流、电阻电压和脉冲信号。

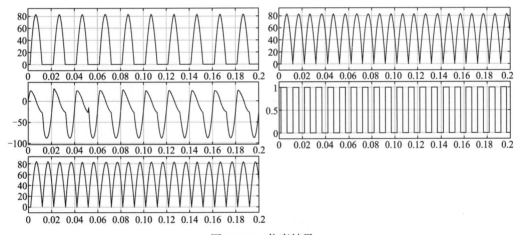

图 12-26　仿真结果

12.3　电力系统稳态仿真

稳态是电力系统运行的状态之一，稳态时系统的运行参量、电压、电流、功率等保持不变。在电网的实际运行中，理想的稳态很少存在。因此，工程中的稳态认为，电力系统的运行参量持续在某一平均值附近变化，且变化很小。工程中稳态波动范围用相对偏差表示，常见的偏差取值为 5%、2% 和 1% 等。

12.3.1 连续系统仿真

【例 12-3】一条 300kV、50Hz、300km 的输电线路，其 $z=(0.1+j05)\Omega/km$，$y=j3.2\times10^{-6}S/km$。分析用集总参数、多段 PI 型等效参数和分布参数表示的线路阻抗的频率特性。计算其潮流分布，并利用 powergui 模块实现连续系统的稳态分析。

解：（1）理论分析。

由已知，$L=0.0016H$、$C=0.0102\mu F$，可得该线路传播速度为

$$v = \frac{1}{\sqrt{LC}} = 247.54 \quad km/ms$$

300km 线路的传输时间为

$$T = \frac{300}{247.54} = 1.212ms$$

振荡频率为

$$f_{osc} = \frac{1}{T} = 825Hz$$

根据理论分析，第 1 次谐振发生在 $f_{osc}/4$，即频率 206Hz 处。之后，每 $206+n\times412$Hz $(n=1,2,\cdots)$，即 618、1031、1444，…处均发生谐振。

（2）构建仿真系统。

根据要求构建如图 12-27 所示的单相电路系统仿真图。其中：

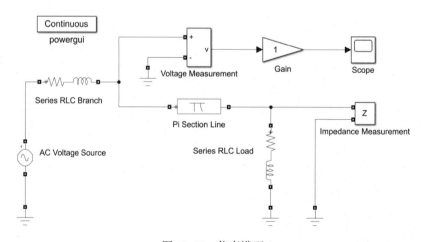

图 12-27　仿真模型 1

① 接地模块 Ground 位于 Simulink/Sources 路径下；

② 增益模块 Gain 位于 Simulink/Math Operations 路径下；

③ 示波器模块 Scope 位于 Simulink/Sinks 路径下；

④ 电力系统模型的环境模块 powergui 位于 Simscape/Electrical/Specialized Power Systems/Fundamental Blocks 路径下；

⑤ 交流电压源模块位于 Simscape/Electrical/Specialized Power Systems/Fundamental Blocks/Electrical Sources 路径下；

⑥ 电阻表（阻抗测量）模块与电压表（电压测量）模块位于 Simscape/Electrical/Specialized Power Systems/Fundamental Blocks/Measurements 路径下；

⑦ 串联 RLC 支路模块、串联 RLC 负荷模块、PI 等效电路模块位于 Simscape/Electrical/Specialized Power Systems/Fundamental Blocks/Elements 路径下；接地模块 Ground 也可以从该路径下找到。

⑧ 傅里叶分析模块 Fourier 位于 Simscape/Electrical/Specialized Power Systems/Fundamental Blocks/Measurements/Additional Measurements 路径下。

（3）模块参数设置。

① 双击交流电压模块，交流电压源 V_S 的频率为 50Hz，幅值为 $300 \times \sqrt{2}/\sqrt{3}$ kV，相角为 0°，参数设置如图 12-28 所示。

② 设置 Pi 输电线路参数，如图 12-29 所示，先后两次设置参数 Number of pi 的值为 1、10 分别求解。

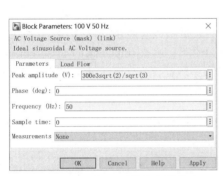

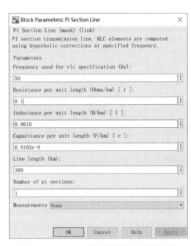

图 12-28　交流电压模块参数设置　　　　　　　图 12-29　Pi 输电线路参数设置

③ 串联 RLC 支路等效阻抗的电阻为 2.0Ω，电感为 20/(100π)H，参数设置如图 12-30 所示。

④ 串联 RLC 负荷大小为 0.37+j110MVA，额定电压有效值为 $300/\sqrt{3}$ kV，参数设置如图 12-31 所示。

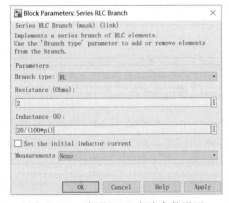

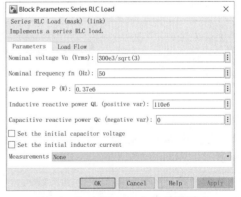

图 12-30　串联 RLC 支路参数设置　　　　　　　图 12-31　串联 RLC 负荷参数设置

（4）仿真参数设置。

选择 MODELING 选项卡 SETUP 选项组中的 Model Settings 命令，在弹出的参数设置对话框左侧列表选中 Solver，在右侧参数设置栏 Solver options 选项组中 Type 下拉列表框中选择 Variable–step（变步长），Solver 下拉列表框中选择 ode23tb（stiff/TR–BDF2）选项，设置 Stop time 为 0.2，如图 12–32 所示。

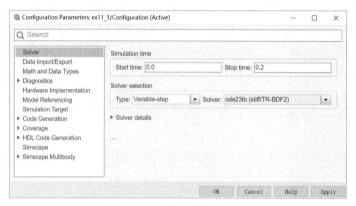

图 12–32　模型参数设置 2

（5）仿真及结果。

单击 ▶（Run）命令开始仿真，仿真结束后双击示波器模块，得到的电压波形如图 12–33 所示。

双击 powergui 模块，在打开的参数设置对话框的 Tools 选项卡下，单击 Impedance Measurement 按钮，打开阻抗依频特性测量对话框，可以得到如图 12–34 所示阻抗依频特性仿真结果，其中频率范围 Range 设置为[0:2:2000]，即 0～2000Hz，步长为 2Hz，纵坐标为对数坐标。

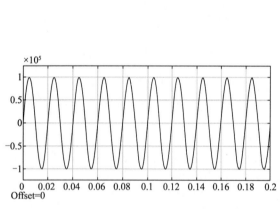

图 12–33　示波器输出图形

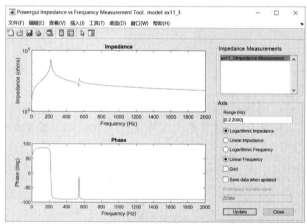

图 12–34　阻抗依频特性（1 段 PI 线路）

双击 PI 等效电路模块，在弹出的参数设置对话框中修改 Number of pi 的值为 10，单击 OK 按钮退出对话框。在阻抗依频特性测量对话框单击 Update 按钮，运行后可以得到如图 12–35 所示阻抗依频特性仿真结果。

（6）利用分布参数线路模块仿真及结果。

利用分布参数线路模块替代 PI 等效电路模块，此时的仿真系统如图 12–36 所示。运行仿真可以得到如图 12–37 所示阻抗依频特性仿真结果。

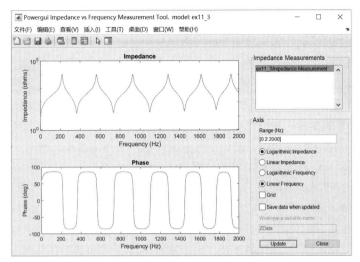

图 12-35　阻抗依频特性（10 段 PI 线路）

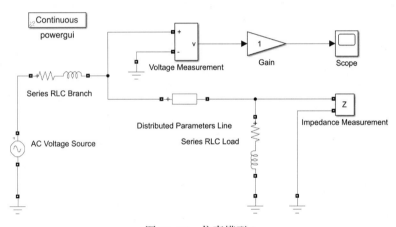

图 12-36　仿真模型 2

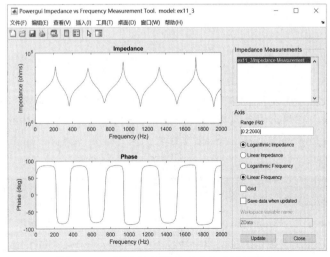

图 12-37　阻抗依频特性（分布参数线路）

由上可知，单段 PI 型电路模块在较低的频率范围内与分布参数模块的频率特性一致，而采用 10 段 PI 型电路构成的线路模型中，可以在更宽的频率范围内与分布参数模型频率特性保持一致。由此说明多个 PI 型电路可以更精确地反映线路的实际情况。

12.3.2 离散系统仿真

连续系统仿真通常采用变步长积分算法。对小系统而言，变步长算法通常比定步长算法快，但是对含大量状态变量或非线性模块（如电力电子开关）的系统而言，采用定步长离散算法的优越性更为明显。

对系统进行离散化时，仿真的步长决定了仿真的精确度。步长太大可能导致仿真精度不足，步长太小又可能大大增加仿真运行时间。判断步长是否合适的唯一方法就是用不同的步长试探并找到最大时间步长。对于 50Hz、60Hz 的系统，或带有整流电力电子设备的系统，通常 20~50μs 的时间步长都能得到较好地仿真结果。

对于含强迫换流电力电子开关器件的系统，由于这些器件通常都运行在高频下，因此需要适当减小时间步长。例如，对运行在 8kHz 左右的脉宽调制（PWM）逆变器的仿真，需要的时间步长为 1μs。

【例 12-4】 将例 12-3 中的 PI 型电路的段数改为 10，对系统进行离散化仿真并比较离散系统和连续系统的仿真结果。

解：（1）构建仿真系统。

重新搭建修改系统仿真图，如图 12-38 所示。各模块在模块库中的位置同前。

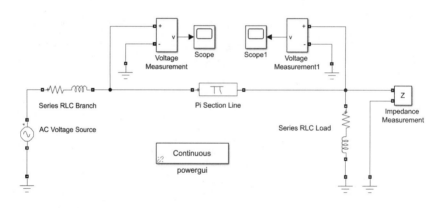

图 12-38 系统仿真图

（2）模块参数设置。

① 双击模型中的 PI 型电路模块，在打开的参数对话框中将分段数改为 10，如图 12-39 所示。

② 双击 Scope1 模块，在弹出的示波器窗口中单击 ◉ 按钮，将弹出 Configuration Properties 对话框，在 Logging 选项卡下选中 Log data to workspace 复选框，同时设置 Variable name 为 SimData，Save format 为 Array，如图 12-40 所示。

③ 除 Powergui 模块外，其余模块参数设置同前。

（3）获取连续系统仿真数据。

① 打开 Powergui 模块，在 Simulation type 中选择默认设置 Continuous（连续），进行连续系统仿真分析。

② 选择 MODELING 选项卡 SETUP 选项组中的 Model Settings 命令，弹出 Configuration Parameters 对话框，在左侧列表选中 Solver，在右侧参数设置栏 Solver selection 选项组中 Type 下拉列表框中选择 Variable-step（变

步长），Solver 下拉列表框中选择 ode23tb（stiff/TR–BDF2）选项，设置 Stop time 为 0.2，如图 12–41 所示。

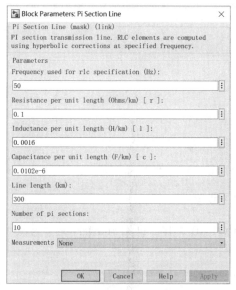

图 12-39　PI 型电路模块参数设置

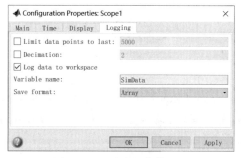

图 12-40　示波器参数设置

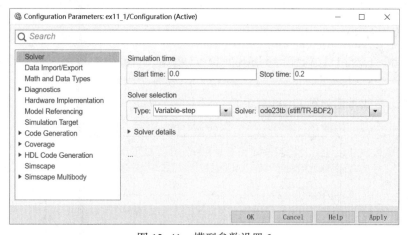

图 12-41　模型参数设置 3

③ 单击 ▶（Run）命令开始仿真，仿真结束后在 MATLAB 工作区将出现 SimData 变量，在命令行窗口中输入以下代码将连续仿真数据保存在变量 Vcontinuous 中：

```
Vcontinuous=SimData;
```

（4）获取离散系统仿真数据。

① 打开 Powergui 模块，在 Simulation type 中选择默认设置 Discrete（离散），进行离散系统仿真分析。设置 Sample time 为 25e–6，即取样时间为 25μs。

② 在 Configuration Parameters 对话框中设置求解类型 Type 为 Fixed–step（定步长），求解器 Solver 下选择 Auto 自动求解算法，设置 Fixed–step size 为 25e–6，如图 12–42 所示。

由于系统离散化了，在该系统中无连续的状态变量，所以不需要采用变步长的积分算法进行仿真。

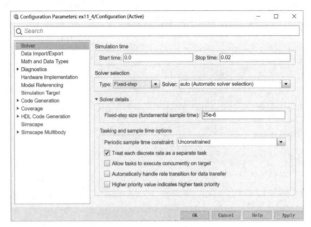

图 12-42　模型参数设置 4

③ 单击 ▶（Run）命令开始仿真，仿真结束后在 MATLAB 工作区出现 SimData 变量，在命令行窗口中输入以下代码将连续仿真数据保存在变量 Vdiscrete25 中：

```
Vdiscrete25=SimData;              %获取步长为 25μs 的数据
```

④ 利用上面的方法获取步长为 50μs 时离散系统的仿真数据，并将电压数据保存在 Vdiscrete50 中。

（5）仿真结果对比。

在 MATLAB 命令行窗口输入如下代码：

```
plot(Vcontinuous(:,1), Vcontinuous(:,2), Vdiscrete25(:,1), Vdiscrete25(:,2),...
    Vdiscrete50(:,1), Vdiscrete50(:,2))
```

（6）运行仿真，输出结果如图 12-43 所示。

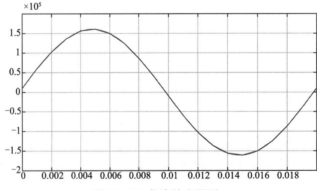

图 12-43　仿真输出图形 1

可以使用图形窗口中的放大功能，观察仿真结果差别。实际上在 25μs 下的仿真结果与 50μs 的仿真结果基本一致，连续系统的仿真结果除步长不同外，其他基本相同。

12.4　电力系统电磁暂态仿真

暂态是电力系统运行状态之一，由于受到扰动，系统运行参量将发生很大的变化，处于暂态过程。暂态过程有两种，一种是电力系统中的转动元件，如发电机和电动机，其暂态过程主要由机械转矩和电磁转矩（或功率）之间的不平衡引起，通常称为机电过程，即机电暂态；另一种出现在变压器、输电线等元件中，由于并不牵涉角位移、角速度等机械量，故其暂态过程称为电磁过程，即电磁暂态。

Simulink 中电力系统暂态仿真过程需要通过机械开关设备（如断路器）模块或电力电子设备的通断实现。

12.4.1　断路器模块

断路器模块可以对开关的投切进行仿真。断路器合闸后等效于电阻值为 R_{on} 的电阻元件。R_{on} 是很小的值，相对外电路可以忽略。断路器断开时等效于无穷大电阻，熄弧过程通过电流过零时断开断路器完成。开关的投切操作可以受外部或内部信号的控制。

采用外部控制方式时，断路器模块上出现一个输入端口，输入的控制信号必须为 0 或 1，其中 0 表示切断，1 表示投合；采用内部控制方式时，切断时间由模块对话框中的参数指定。如果断路器初始设置为 1（投合），SimPowerSystems 库自动将线性电路中的所有状态变量和断路器模块的电流进行初始化设置，这样仿真开始时电路处于稳定状态。断路器模块包含 R_s-C_s 缓冲电路。如果断路器模块和纯电感电路、电流源和空载电路串联，则必须使用缓冲电路。

带有断路器模块的系统进行仿真时需要采用刚性积分算法，如 ode23tb 和 ode15s，这样可以加快仿真速度。

单相断路器模块及参数对话框如图 12-44 所示。该对话框中参数含义如下。

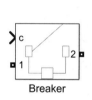

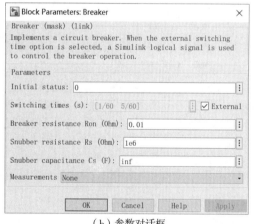

（a）单相断路器模块　　　　　　　　　　　　　（b）参数对话框

图 12-44　单相断路器模块及参数对话框

（1）Initial status（初始状态）：断路器初始状态。断路器为合闸状态，输入 1，对应的图标显示投合状态；输入 0，表示断路器为断开状态。

（2）Switching times（开关动作时间）：采用内部控制方式时，输入一个时间向量以控制开关动作时间。从开关初始状态开始，断路器在每个时间点动作一次。例如，初始状态为 0，在时间向量的第 1 个时间点，开关投合，第 2 个时间点，开关打开。如果选中外部控制方式，该输入框不可见。

（3）Breaker resistance Ron（断路器电阻）：断路器投合时的内部电阻（单位为 Ω）。断路器电阻不能为 0。

（4）Snubber resistance Rs（缓冲电阻）：并联缓冲电路中的电阻值（单位为 Ω）。缓冲电阻值设为 inf 时，将取消缓冲电阻。

（5）Snubber capacitance Cs（缓冲电容）：并联缓冲电路中的电容值（单位为 F）。缓冲电容值设为 0 时，将取消缓冲电容；缓冲电容值设为 inf 时，缓冲电路为纯电阻性电路。

（6）External（外部控制）：选中该复选框，断路器模块上将出现一个外部控制信号输入端。开关时间由外部逻辑信号（0 或 1）控制。

（7）Measurements（测量参数）：对以下变量进行测量。

① None（无）：不测量任何参数。

② Branch voltage（断路器电压）：测量断路器电压。

③ Branch current（断路器电流）：测量断路器电流，如果断路器带有缓冲电路，测量的电流仅为流过断路器器件的电流。

④ Branch voltage and current（所有变量）：测量断路器电压和电流。

12.4.2 三相断路器模块

三相断路器模块及参数对话框如图 12-45 所示。

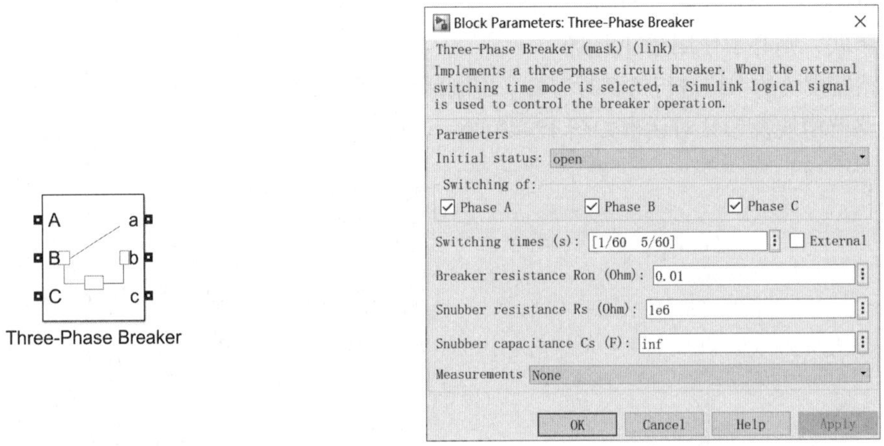

（a）三相断路器模块

（b）参数对话框

图 12-45 三相断路器模块及参数对话框

在三相断路器模块对话框中可设置以下参数：

（1）Initial status（初始状态）：断路器三相的初始状态相同，选择初始状态后，图标会显示相应的切断或投合状态。

（2）Switching of（开关）：选中 Phase A（A 相）复选框表示允许 A 相断路器动作，否则 A 相断路器将保持初始状态。Phase B（B 相）与 Phase C（C 相）含义同 Phase A。

（3）Switching times（切换时间）：采用内部控制方式时，输入一个时间向量以控制开关动作时间。如果选中外部控制方式，该输入框不可见。

（4）External（外部）：选中该复选框，断路器模块上将出现一个外部控制信号输入口。开关时间由外部逻辑信号（0 或 1）控制。

（5）Breaker resistance Ron（断路器电阻）：断路器投合时内部电阻（单位为 W）。断路器电阻不能为 0。

（6）Snubber resistance Rs（缓冲电阻）：并联的缓冲电路中的电阻值（单位为 Ω）。缓冲电阻值设为 inf 时，将取消缓冲电阻。

（7）Snubber capacitance Cs（缓冲电容）：并联的缓冲电路中的电容值（单位为 F）。缓冲电容值设为 0 时，将取消缓冲电容；缓冲电容值设为 inf 时，缓冲电路为纯电阻性电路。

（8）Measurements（测量参数）：对以下变量进行测量。

① None（无）：不测量任何参数。

② Branch voltages（断路器电压）：测量断路器的三相终端电压。

③ Branch currents（断路器电流）：测量流过断路器内部的三相电流，如果断路器带有缓冲电路，测量的电流仅为流过断路器器件的电流。

④ Branch voltages and currents（所有变量）：测量断路器电压和电流。

选中的测量变量需要通过万用表模块进行观察。测量变量由"标签"加"模块名"加"相序"构成，例如断路器模块名称为 B1 时，测量变量符号如表 12-1 所示。

表 12-1　三相断路器测量变量符号

测量内容	符　号	解　释
电压	Ub：B1/Breaker A	断路器B1的A相电压
	Ub：B1/Breaker B	断路器B1的B相电压
	Ub：B1/Breaker C	断路器B1的C相电压
电流	Ib：B1/Breaker A	断路器B1的A相电流
	Ib：B1/Breaker B	断路器B1的B相电流
	Ib：B1/Breaker C	断路器B1的C相电流

12.4.3　三相故障模块

三相故障模块是由 3 个独立的断路器组成的、能对相-相故障和相-地故障进行模拟的模块。该模块的等效电路如图 12-46 所示。

三相故障模块及参数对话框如图 12-47 所示。在该对话框中可设置以下参数：

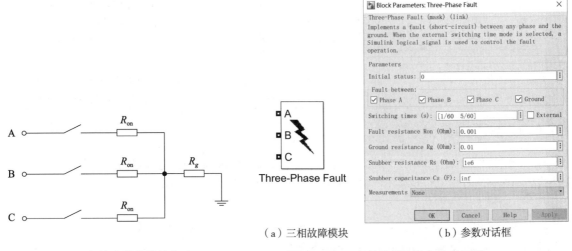

（a）三相故障模块　　　（b）参数对话框

图 12-46　三相故障模块等效电路　　图 12-47　三相故障模块及参数对话框

（1）Initial status（初始状态）：设置断路器的初始状态，默认值为 0（开路）。

（2）Fault between（故障）：选中 Phase A（A 相）复选框表示允许 A 相断路器动作，否则 A 相断路器将保持初始状态。Phase B（B 相）、Phase C（C 相）、Ground（地）含义同 Phase A。

（3）Switching times（切换时间）：设置断路器的动作时间，断路器按照设置的时间进行切换。如果选择了外部参数，则该参数不可用。默认值为[1/60 5/60]。

（4）External（外部）：选中该复选框，三相故障模块上将增加一个外部控制信号输入端。开关时间由外部逻辑信号（0 或 1）控制。

（5）Fault resistances Ron（故障电阻）：断路器投合时的内部电阻（单位为 Ω）。故障电阻不能为 0。

（6）Ground resistance Rg（大地电阻）：接地故障时的大地电阻（单位为 Ω）。大地电阻不能为 0。选中接地故障复选框后，该输入框可见。

（7）Snubber resistance Rs（缓冲电阻）：并联的缓冲电路中的电阻值（单位为 Ω）。缓冲电阻值设为 inf 时，将取消缓冲电阻。

（8）Snubber capacitance Cs（缓冲电容）：并联的缓冲电路中的电容值（单位为 F）。缓冲电容值设为 0 时，将取消缓冲电容；缓冲电容值设为 inf 时，缓冲电路为纯电阻性电路。

（9）Measurements（测量参数）：对以下变量进行测量。

① None（无）：不测量任何参数。

② Branch voltages（故障电压）：测量 3 个内部故障断路器端子之间的电压。

③ Branch currents（故障电流）：测量流过断路器的三相电流，如果断路器带有缓冲电路，测量的电流仅为流过断路器器件的电流。

④ Branch voltages and currents（所有变量）：测量断路器电压和电流。

选中的测量变量需要通过万用表模块进行观察。测量变量由"标签"加"模块名"加"相序"构成，例如三相故障模块名称为 F1 时，测量变量符号如表 12-2 所示。

表 12-2　三相故障模块测量变量符号

测量内容	符　　号	解　　释
电压	Ub：F1/Fault A	三相故障模块F1的A相电压
	Ub：F1/ Fault B	三相故障模块F1的B相电压
	Ub：F1/ Fault C	三相故障模块F1的C相电压
电流	Ib：F1/ Fault A	三相故障模块F1的A相电流
	Ib：F1/ Fault B	三相故障模块F1的B相电流
	Ib：F1/Fault C	三相故障模块F1的C相电流

12.4.4　暂态仿真分析

【例 12-5】　线电压为 300kV 的电压源经过一个断路器和 300km 的输电线路向负荷供电。搭建电路对该系统的高频振荡进行仿真，观察不同输电线路模型和仿真类型的精度差别。

解：（1）构建系统仿真模型。

根据要求构建如图 12-48 所示的单相电路仿真系统。其中：

① 接地模块 Ground 位于 Simulink/Sources 路径下；

② 增益模块 Gain 位于 Simulink/Math Operations 路径下；

③ 示波器模块 Scope 位于 Simulink/Sinks 路径下；

④ 电力系统模型的环境模块 powergui 位于 Simscape/Electrical/Specialized Power Systems/Fundamental Blocks 路径下；

⑤ 交流电压源模块位于 Simscape/Electrical/Specialized Power Systems/Fundamental Blocks/Electrical Sources 路径下；

⑥ 电阻表（阻抗测量）模块与电压表（电压测量）模块位于 Simscape/Electrical/Specialized Power Systems/Fundamental Blocks/Measurements 路径下；

⑦ 串联 RLC 支路模块、并联 RLC 支路、串联 RLC 负荷模块、PI 等效电路模块、断路器模块 Breaker 位于 Simscape/Electrical/Specialized Power Systems/Fundamental Blocks/Elements 路径下；接地模块 Ground 也可以从该路径下找到；

⑧ 傅里叶分析模块 Fourier 位于 Simscape/Electrical/Specialized Power Systems/Fundamental Blocks/Measurements/Additional Measurements 路径下。

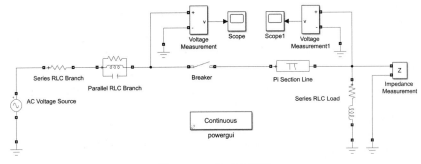

图 12-48　仿真电路图

（2）模块参数设置。

① 双击模型中的 PI 型电路模块，在打开的参数设置对话框中将分段数改为 10，如图 12-49 所示。

② 双击 Scope1 模块，在弹出的示波器窗口中单击 ⚙ 按钮，此时会弹出示波器参数对话框，在 Logging 选项卡下选中 Log data to workspace 复选框，同时设置 Variable name 为 SimData，设置 Save format 为 Array，如图 12-50 所示。

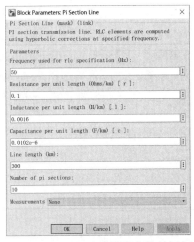

图 12-49　PI 型电路模块参数对话框

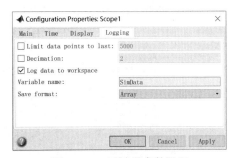

图 12-50　示波器参数设置

③ 并联 RLC 模块 Parallel RLC Branch 参数设置如图 12-51 所示。断路器模块 Breaker 的参数设置如图 12-52 所示。

④ 串联 RLC 模块 Series RLC Branch 参数设置如图 12-53 所示。串联 RLC 负荷模块 Series RLC Road 的参数设置如图 12-54 所示。

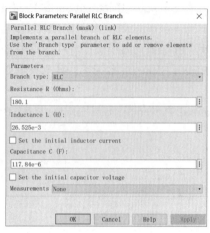

图 12-51　并联 RLC 模块参数设置

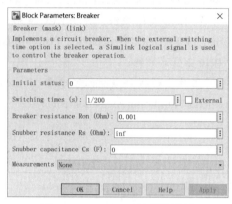

图 12-52　Breaker 的参数设置

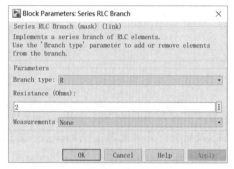

图 12-53　串联 RLC 模块参数设置

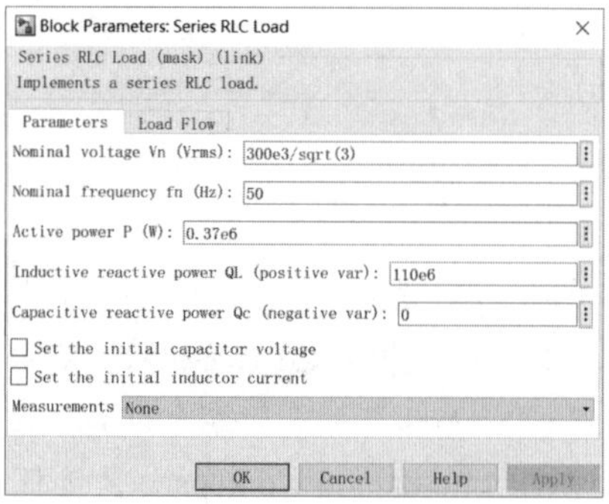

图 12-54　串联 RLC 负荷模块

（3）获取连续系统仿真数据。

① 打开 Powergui 模块，在 Simulation type 中选择默认设置 Continuous（连续），进行连续系统仿真分析。

② 选择 MODELING 选项卡 SETUP 面板下的 Model Settings 命令，将弹出 Configuration Parameters 对话框，在左侧列表选中 Solver，在右侧参数设置栏 Solver options 选项组中 Type 下选择 Variable-step（变步长），Solver 下拉列表框中选择 ode23tb（stiff/TR-BDF2）选项，设置 Stop time 为 0.02，如图 12-55 所示。

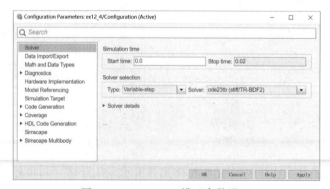

图 12-55　Simulink 模型参数设置

③ 单击 ⏵（Run）命令开始仿真，仿真结束后在 MATLAB 工作区将出现 SimData 变量，在命令行窗口中输入以下代码将连续仿真数据保存在变量 Vcontinuous 中：

```
Vcontinuous=SimData;
```

双击 Scope1 示波器模块，可以看到仿真得到的电压波形图如图 12-56 所示。

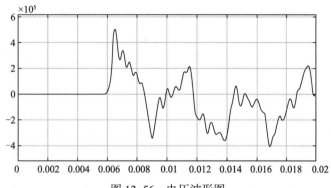

图 12-56　电压波形图

（4）获取离散系统仿真数据。

① 打开 Powergui 模块，在 Simulation type 中选择默认设置 Discrete（离散），进行连续系统仿真分析。设置 Sample time 为 25e-6，即取样时间为 25μs。

② 在 Configuration Parameters 对话框中设置求解类型 Type 为 Fixed-step（定步长），求解器 Solver 下选择 Auto 自动求解算法，设置 Fixed-step size 为 25e-6，如图 12-57 所示。

由于系统离散化，在该系统中无连续的状态变量，所以不需要采用变步长的积分算法进行仿真。

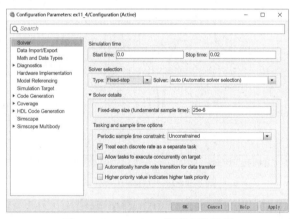

图 12-57　Simulink 模型参数设置

③ 单击 ⏵（Run）命令开始仿真，仿真结束后在 MATLAB 工作区出现 SimData 变量，在命令行窗口中输入以下代码将连续仿真数据保存在变量 Vdiscrete25 中：

```
Vdiscrete25=SimData;                      %获取步长为25μs的数据
```

双击 Scope1 示波器模块，可以看到仿真得到的电压波形图如图 12-58 所示。

④ 利用上面的方法获取步长为 50μs 时离散系统的仿真数据，并将电压数据保存在 Vdiscrete50 中。双击 Scope1 示波器模块，可以看到仿真得到的电压波形图如图 12-59 所示。

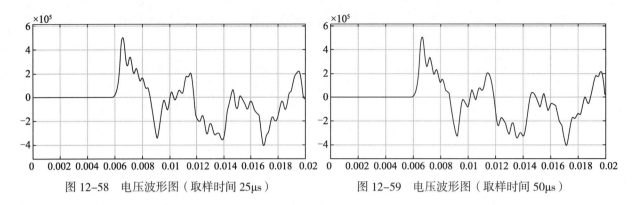

图 12-58　电压波形图（取样时间 25μs）　　图 12-59　电压波形图（取样时间 50μs）

（5）仿真结果对比。

从示波器显示的图形看，3 种情况下的仿真结果趋势基本一致。下面将上述计算结果放到一张图形中进行分析。在 MATLAB 命令行窗口输入如下代码：

```
plot(Vcontinuous(:,1), Vcontinuous(:,2), Vdiscrete25(:,1), Vdiscrete25(:,2),...
    Vdiscrete50(:,1), Vdiscrete50(:,2))
>> legend('Continuous','Discrete25','Discrete50')
```

运行仿真，输出结果如图 12-60 所示。由图可知，25μs 步长下的仿真结果与连续系统的结果基本重合，而 50μs 步长下的仿真结果偏离连续仿真结果，存在部分误差。

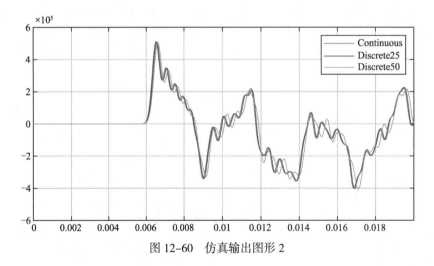

图 12-60　仿真输出图形 2

12.5　本章小结

利用 Simulink 的 Simscape/Electrical 模块库提供的电力电子开关模块，整流、逆变电路模块以及时序逻辑驱动模块可以对电力电子系统进行模拟仿真。本章在介绍了几种基本元件的功能后，主要针对电力系统进行稳态和暂态仿真分析。基于本章的学习，读者可以初步掌握利用 Simulink 进行电力系统仿真设计与分析的方法。

第 13 章

机电系统仿真

在工程实际中，机电系统应用较广泛，特别是机电一体化控制、高压输电线控制等领域，利用 Simulink 提供的电力电子仿真模块库，可以根据计算参数进行模型搭建。机电系统中应用较多的为同步电机模块、异步电机模块、直流电机模块等，本章重点介绍这些内容，引导读者逐步掌握 Simulink 在电力系统应用。

本章学习目标包括：

（1）掌握 MATLAB 机电系统常用模块；

（2）掌握 MATLAB 机电系统建模；

（3）掌握 MATLAB 机电系统仿真。

13.1　同步电机

同步电机就是转子的转速与定子旋转磁场转速相同的电机。作为电动机使用的同步电机称同步电动机，可将电能转化为机械能；作为发电机使用的同步电机称为同步发电机，可将机械能转化为电能。

13.1.1　同步发电机原理分析

同步发电机是一种转子转速与定子旋转磁场的转速相同的交流发电机。当它的磁极对数为 p、转子转速为 n 时，输出电流频率 $f=np/60$（赫兹）。

在 MATLAB/Simulink 中，同步发电机模型考虑了定子、励磁和阻尼绕组的动态行为，经过 Park 变换后的等值电路如图 13-1 所示。

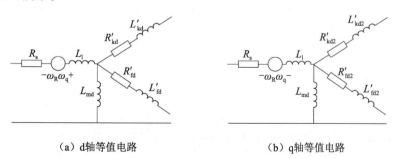

（a）d轴等值电路　　　　　　　　（b）q轴等值电路

图 13-1　同步发电机等值电路

该等值电路中，所有参数均归算到定子侧，各变量下标的含义如表 13-1 所示。

因此，图 13-1 中，R_s、L_l 为定子绕组的电阻和漏感，R'_{fd}、L'_{lfd} 为励磁绕组的电阻和漏感，R'_{kd}、L'_{lkd} 为

d轴阻尼绕组的电阻和漏感，R'_{kq1}、L'_{lkq1} 为 q 轴阻尼绕组的电阻和漏感，R'_{kq2}、L'_{lkq2} 为考虑转子棒和大电机深处转子棒的涡流或小电机中双鼠笼转子时 q 轴阻尼绕组的电阻和漏感，L_{md} 和 L_{mq} 为 d 轴和 q 轴励磁电感，$\omega_R \varphi_q$ 和 $\omega_R \varphi_d$ 为 d 轴和 q 轴的发电机电势。

表 13-1 同步发电机等值电路各变量下标含义

下　标	含　义	下　标	含　义
d、q	d轴和q轴分量	l、m	漏感和励磁电感分量
r、s	转子和定子分量	f、k	励磁和阻尼绕组分量

13.1.2　简化同步电机模块使用

简化同步电机模块忽略电枢反应电感、励磁和阻尼绕组的漏感，仅由理想电压源串联 RL 线路构成，其中 R 值和 L 值为电机的内部阻抗。

Specialized Power Systems 模块库中提供了两种简化同步电机模块，如图 13-2 所示。位于 Simscape/Electrical/Specialized Power Systems/Fundamental Blocks/Machines 路径下。

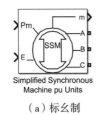

（a）标幺制 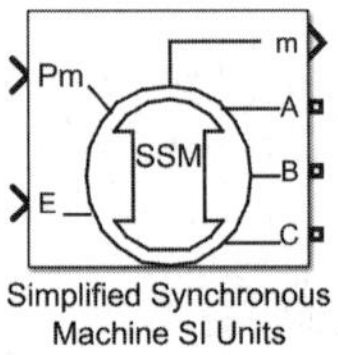　　　　　　　　　（b）国际单位制

图 13-2　简化同步电机模块

简化同步电机的两种模块本质上是一致的，唯一的不同在于参数所选用的单位。简化同步电机模块有两个输入端子，1 个输出端子和 3 个电气连接端子。

（1）模块的第 1 个输入端子（Pm）输入电机的机械功率，可以是常数，也可以是水轮机和调节器模块的输出。

（2）模块的第 2 个输入端子（E）为电机内部电压源的电压，可以是常数，也可以直接与电压调节器的输出相连。

（3）模块的 3 个电气连接端子（A，B，C）为定子输出电压。输出端子（m）输出一系列电机的内部信号，共由 12 路信号组成，如表 13-2 所示。

表 13-2　电机的内部信号

输　出	符　号	端　口	定　义	单　位
1～3	i_{sa}，i_{sb}，i_{sc}	is_abc	流出电机的定子三相电流	A或pu
4～6	V_a，V_b，V_c	vs_abc	定子三相输出电压	V或pu
7～9	E_a，E_b，E_c	e_abc	电机内部电源电压	V或pu
10	θ	Thetam	机械角度	Rad
11	ω_N	wm	转子转速	rad/s或pu
12	P_e	Pe	电磁功率	W

通过电机测量信号分离器（Machines Measurement Demux）模块可以将输出端子 m 中的各路信号分离出来，典型接线如图 13-3 所示。

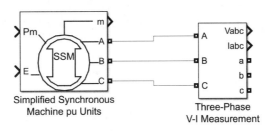

图 13-3　简化同步电机输出信号典型分离接线

双击简化同步电机模块，将弹出该模块的参数对话框，如图 13-4 所示。

（a）Configuration 选项卡

图 13-4　简化同步电机模块参数对话框

在该对话框中可设置以下参数：

（1）Connection type（连接类型）：定义电机的连接类型，分为 3 线 Y 型连接和 4 线 Y 型连接（即中线可见）两种。

（2）Nominal power, line-to-line voltage, and frequency（额定参数）：设置三相额定视在功率 P_n（VA）、额定线电压有效值 V_n（Vrms）、额定频率 f_n（Hz）。

（3）Inertia, damping factor and pairs of poles（机械参数）：设置惯性时间常数 H（sec）或转动惯量 J（kg,m^2）、阻尼系数 K_d（pu_T/pu_w）、极对数 p。

（4）Internal impedance（内部阻抗）：单相电阻 R（pu，标幺值）或 R（ohm）、X（pu）或电感 L（H）。R 和 L 为电机内部阻抗，设置时允许 R 等于 0，但 L 必须大于 0。

（5）Initial conditions（初始条件）：初始角速度偏移 dω（单位为%），转子初始角位移 θ_e（单位为°），

线电流幅值 i_a、i_b、i_c（单位为 A 或 pu），相角 ph_a、ph_b、ph_c（单位为°）。初始条件可以由 Powergui 模块自动获取。

【例 13-1】 额定值为 50MVA、10.5kV 的两对极隐极同步发电机与 10.5kV 无穷大系统相连。隐极机的电阻 $R=0.005$pu，电感 $L=0.9$pu，发电机供给的电磁功率为 0.8pu。求稳态运行时的发电机的转速、功率角和电磁功率。

解：（1）理论分析。

由已知，得稳态运行时发电机的转速 n 为

$$n = \frac{60f}{p} = 1500\text{r/min}$$

其中，f 为系统频率，按我国标准取为 50Hz；p 为隐极机的极对数，此处取 2。

电磁功率 $P_e=0.8$pu，功率角 δ 为

$$\delta = \arcsin\frac{P_e X}{EV} = \arcsin\frac{0.8 \times 0.9}{1 \times 1} = 46.05°$$

其中，V 为无穷大系统母线电压；E 为发电机电势；X 为隐极机电抗。

（2）构建仿真系统。

根据要求构建如图 13-5 所示的系统仿真图。其中：

① 常数模块 Constant、接地模块 Ground 位于 Simulink/Sources 路径下；

② 增益模块 Gain、求和模块 Add 位于 Simulink/Math Operations 路径下；

③ 示波器模块 Scope、信号终结模块 Terminator 位于 Simulink/Sinks 路径下；

④ 选择器模块 Selector、信号分离器模块 Bus Selector 位于 Simulink/Signal Routing 路径下；

⑤ 简化同步电机 SSM 位于 Simscape/Electrical/Specialized Power Systems/Fundamental Blocks/Machines 路径下；

⑥ 傅里叶分析模块 Fourier 位于 Simscape/Electrical/Specialized Power Systems/Fundamental Blocks/Measurements/Additional Measurements 路径下；

⑦ 三相交流电压源位于 Simscape/Electrical/ Specialized Power Systems/ Fundamental Blocks/ Electrical Sources 路径下；

⑧ 电力系统模型的环境模块 powergui 位于 Simscape/Electrical/Specialized Power Systems/ Fundamental Blocks 路径下。

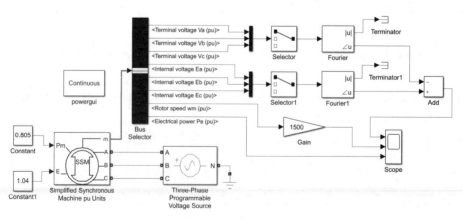

图 13-5　仿真图

（3）模块参数设置。

① 双击简化同步电机模块，设置电机参数如图 13-6 所示。

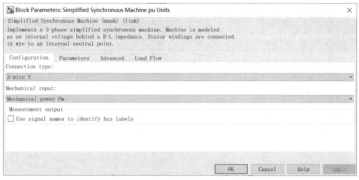

（a）Configuration 选项卡

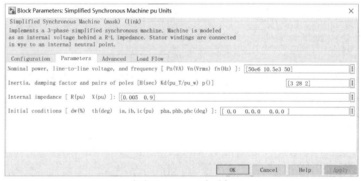

（b）Parameters 选项卡

图 13-6　同步电机参数设置

② 在常数 Constant 模块（PM）的对话框中输入 0.805，在常数 Constant1 模块（E）的对话框中输入 1.04（由 Powergui 计算得到的初始参数）。

③ 利用电机信号分离器 Bus Selector 分离第 4～9、第 11、第 12 路信号，如图 13-7 所示。

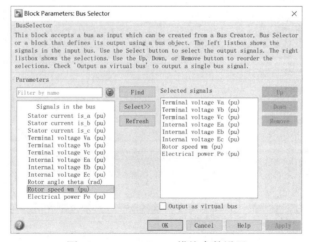

图 13-7　Bus Selector 模块参数设置

④ 由于电机模块输出的转速为标幺值，因此使用了一个增益模块 Gain 将标幺值表示的转速转换为由单位 r/min 表示的转速，增益系数为 $k=n=1500$。

⑤ 两个傅里叶分析模块 Fourier 均提取 50Hz 的基频分量，如图 13-8 所示。

⑥ 交流电压源 V_a、V_b 和 V_c 为频率 50Hz、幅值 $10.5\times\sqrt{2}/\sqrt{3}$ kV、相角相差 120° 的正序三相电压。三相电压电流测量模块仅用作电路连接，因此内部无须选择任何变量。参数设置如图 13-9 所示。

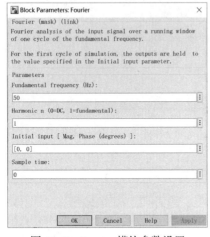

图 13-8　Fourier 模块参数设置

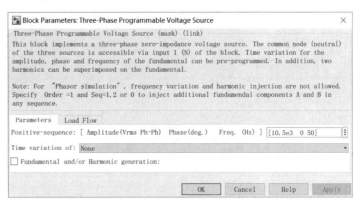

图 13-9　交流电压源参数设置

（4）仿真参数设置。

选择 MODELING 选项卡 SETUP 选项组的 Model Settings 命令，在弹出的 Configuration Parameters 对话框左侧列表选中 Solver，在右侧参数设置栏 Solver options 选项组中 Type 下拉列表框中选择 Variable-step（变步长），Solver 下拉列表框中选择 ode15s（stiff/NDF）（刚性积分算法）选项，设置 Stop time 为 5，如图 13-10 所示。仿真时间也可以在 SIMULATE 选项卡下的 Stop time 文本框中设置。

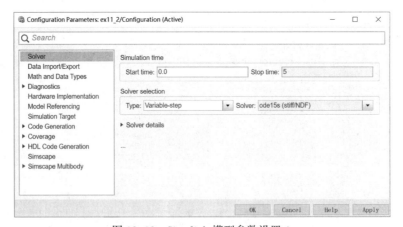

图 13-10　Simulink 模型参数设置 1

（5）仿真及结果。

单击 SIMULATE 选项卡下的 ▶（Run）命令开始仿真，观察电机的转速、功率和转子角，波形如图 13-11 所示。由图可知：

① 仿真开始时，发电机输出的电磁功率由 0 逐步增大，机械功率大于电磁功率；

② 发电机在加速性过剩功率的作用下，转速迅速增大，随着功角 d 的增大，发电机的电磁功率也增大，使得过剩功率减小；

③ 当 t=0.18s 时，在阻尼作用下，过剩功率成为减速性功率，转子转速开始下降，但转速仍大于 1500r/min，因此功角 d 继续增大，直到转速小于 1500r/min 后（$t \approx 0.5$s），功角开始减小，电磁功率也减小；

④ $t \approx 1.5$s 后，在电机的阻尼作用下，转速稳定在 1500r/min，功率稳定在 0.8pu，功角为 44°；仿真结果与理论计算一致。

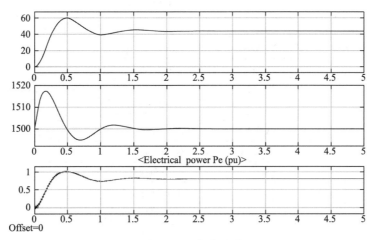

图 13-11 仿真波形

13.1.3 同步电机模块使用

Specialized Power Systems 模块库中提供了 3 种同步电机模块，用于对三相隐极和凸极同步电机进行动态建模，其图标如图 13-12 所示。位于 Simscape/Electrical/Specialized Power Systems/Fundamental Blocks/Machines 路径下。

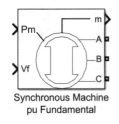

（a）标幺制（pu）基本同步电机

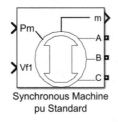

（b）标幺制（pu）标准同步电机

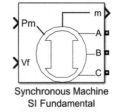

（c）国际单位制（SI）基本同步电机

图 13-12 同步电机模块

同步电机模块有两个输入端子、1 个输出端子和 3 个电气连接端子。

（1）模块的第 1 个输入端子（P_m）为电机的机械功率。

当机械功率为正时，表示同步电机运行方式为发电机模式；当机械功率为负时，表示同步电机运行方式为电动机模式。

在发电机模式下，输入可以是一个正的常数，也可以是一个函数或原动机模块的输出；在电动机模式下，输入通常是一个负的常数或函数。

（2）模块的第 2 个输入端子（V_f）是励磁电压，在发电机模式下可以由励磁模块提供，在电动机模式下为一常数。

（3）模块的第 3 个电气连接端子（A, B, C）为定子电压输出。输出端子（m）输出一系列电机的内部信号，共由 22 路信号组成，如表 13-3 所示。

表 13-3　同步电机输出信号

输　　出	符　　号	端　　口	定　　义	单　　位
1~3	i_{sa}, i_{sb}, i_{sc}	is_abc	定子三相电流	A或pu
4~5	i_{sq}, i_{sd}	is_qd	q轴和d轴定子电流	A或pu
6~9	i_{fd}, i_{kq1}, i_{kq2}, i_{kd}	ik_qd	励磁电流、q轴和d轴阻尼绕组电流	A或pu
10~11	φ_{mq}, φ_{md}	phim_qd	q轴和d轴磁通量	Vs或pu
12~13	V_q, V_d	vs_qd	q轴和d轴定子电压	V或pu
14	$\Delta\theta$	d_theta	转子角偏移量	rad
15	ω_m	wm	转子角速度	rad/s
16	P_e	Pe	电磁功率	VA或pu
17	$\Delta\omega$	dw	转子角速度偏移	rad/s
18	θ	theta	转子机械角	rad
19	T_e	Te	电磁转矩	N.m或pu
20	δ	Delta	功率角	rad
21，22	P_{eo}, Q_{eo}	Peo, Qeo	输出有功和无功功率	rad

使用电机测量信号分离器（Bus Selector）模块可以将输出端子 m 中的各路信号分离出来，典型接线如图 13-13 所示。

同步电机输入和输出参数的单位与选用的同步电机模块有关。如果选用 SI 制下的同步电机模块，则输入和输出为国际单位制下的有名值（除转子角速度偏移量 $\Delta\omega$ 以标幺值、转子角位移 θ 以弧度表示外）。如果选用 PU 制下的同步电机模块，输入和输出为标幺值。双击同步电机模块，将弹出该模块的参数对话框，下面将按模块逐一介绍。

1. 国际单位制（SI）基本同步电机模块

国际单位制（SI）基本同步电机模块的参数对话框如图 13-14 所示。

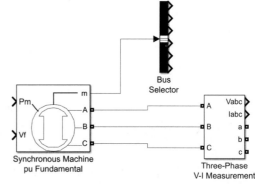

图 13-13　同步电机输出信号典型分离接线

该对话框中部分参数含义如下。

（1）Preset model（预设模型）：用于选择系统设置的内部模型后，同步电机自动获取各项数据，如果不希望使用系统给定的参数，则选择 No。

（2）Rotor type（绕组类型）：用于定义电机的类型，分为 Round（隐极式）和凸极式（Salient-pole）两种。

（3）Nominal power, voltage, frequency, field current（额定参数）：用于设置三相额定视在功率 P_n（单位为 VA）、额定线电压有效值 V_n（单位为 V）、额定频率 f_n（单位为 Hz）和额定励磁电流 i_{fn}（单位为 A）。

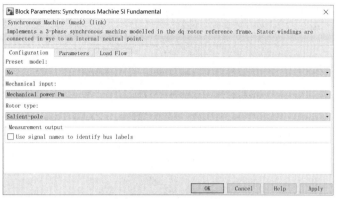

（a）Configuration 选项卡

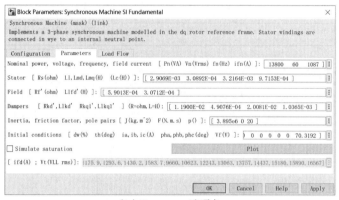

（b）Parameters 选项卡

图 13-14 国际单位制（SI）基本同步电机模块参数对话框

（4）Stator（定子参数）：用于设置定子电阻 R_s（单位为 W），漏感 L_1（单位为 H），d 轴电枢反应电感 L_{md}（单位为 H）和 q 轴电枢反应电感 L_{mq}（单位为 H）。

（5）Field（励磁参数）：用于设置励磁电阻（单位为 W）和励磁漏感（单位为 H）。

（6）Dampers（阻尼绕组参数）：用于设置 d 轴阻尼电阻 R'_{kd}（单位为 W）、d 轴漏感（单位为 H）、q 轴阻尼电阻（单位为 W）和 q 轴漏感（单位为 H），对于实心转子，还需要输入反映大电机深处转子棒涡流损耗的阻尼电阻（单位为 W）和漏感（单位为 H）。

（7）Inertia, friction factor, pole pairs（机械参数）：用于设置转矩 J（单位为 N·m）、衰减系数 F（单位为 N·m·s/rad）和极对数 p。

（8）Initial conditions（初始条件）：用于设置初始角速度偏移 dω（单位为%），转子初始角位移 th（单位为°），线电流幅值 i_a、i_b、i_c（单位为 A），相角 ph_a、ph_b、ph_c（单位为°）和初始励磁电压 V_f（单位为 V）。

（9）Simulate saturation（饱和仿真）：该复选框用于设置定子和转子铁芯是否饱和。若需要考虑定子和转子的饱和情况，则选中该复选框，会激活其后的输入框。在输入框中可以输入代表空载饱和特性的矩阵。输入时，先输入饱和后的励磁电流值，再输入饱和后的定子输出电压值，相邻两个电流/电压值之间用空格或“,”分隔，电流和电压值之间用“;”分隔。

如输入矩阵如下：

[0.6404,0.7127,0.8441,0.9214,0.9956,1.082,1.19,1.316,1.457;0.7,0.7698,0.8872,0.9466,
0.9969,1.046,1.1,1.151,1.201]

将得到如图 13-15 所示的饱和特性曲线，曲线上的"*"点对应输入框中的一对 $\left[i_{fd},V_{t}\right]$。

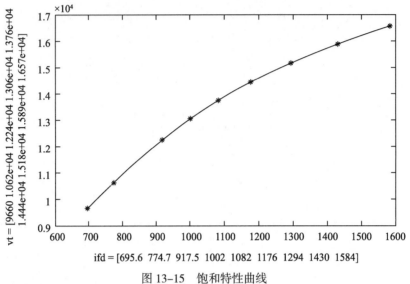

图 13-15　饱和特性曲线

2. 标幺制（pu）基本同步电机模块

标幺制（pu）基本同步电机模块的参数对话框如图 13-16 所示。

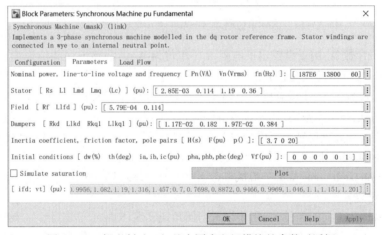

图 13-16　标幺制（pu）基本同步电机模块的参数对话框

该对话框结构与 SI 基本同步电机模块的对话框结构相似，不同之处有以下几点。

（1）Nominal power，line-to-line voltage and frequency（额定参数）：与 SI 基本同步电机模块相比，该项中不含励磁电流。

（2）Stator（定子参数）：与 SI 基本同步电机模块相比，该项参数为归算到定子侧的标幺值。

（3）Field（励磁参数）：与 SI 基本同步电机模块相比，该项参数为归算到定子侧的标幺值。

（4）Dampers（阻尼绕组参数）：与 SI 基本同步电机模块相比，该项参数为归算到定子侧的标幺值。

（5）Inertia coefficient, friction factor, pole pairs（机械参数）：用于设置惯性时间常数 H（单位为 s）、衰减系数 F（单位为 pu）和极对数 p。

（6）Simulate saturation（饱和仿真）：该复选框含义与 SI 基本同步电机模块类似，其中的励磁电流和定子输出电压均为标幺值，电压的基准值为额定线电压有效值，电流的基准值为额定励磁电流。例如有如下参数：

$$i_{fn} = 1087A ; \quad V_n = 13800$$
$$i_{fd} = [695.64, 774.7, 917.5, 1001.6, 1082.2, 1175.9, 1293.6, 1430.2, 1583.7] \text{ A}$$
$$V_t = [9660, 10623, 12243, 13063, 13757, 14437, 15180, 15890, 16567] \text{ V}$$

变换后，标幺值如下：

$$i_{fd'} = [0.6397, 0.7127, 0.8441, 0.9214, 0.9956, 1.082, 1.19, 1.316, 1.457] \text{ A}$$
$$V_{t'} = [0.7, 0.7698, 0.8872, 0.9466, 0.9969, 1.046, 1.1, 1.151, 1.201] \text{ V}$$

3. 标幺制（pu）标准同步电机模块

标幺制（pu）标准同步电机模块的参数对话框如图 13-17 所示。

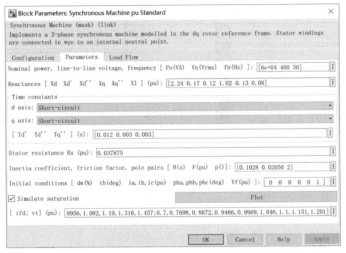

图 13-17　标幺制（pu）标准同步电机模块的参数对话框

（1）Reactances（电抗）：用于设置 d 轴同步电抗 X_d、暂态电抗 X'_d、次暂态电抗 X''_d，q 轴同步电抗 X_q、暂态电抗 X'_q（对于实心转子）、次暂态电抗 X''_q，漏抗 X_l，所有参数均为标幺值。

（2）Time constants（时间常数）：其下包括 d axis（直轴）和 q axis（交轴）两个选项，分别定义 d 轴和 q 轴的时间常数类型，分为开路和短路两种。文本框用于设置 d 轴和 q 轴的时间常数（单位为 s），包括 d 轴开路暂态时间常数 T'_{do}/短路暂态时间常数 T'_d，d 轴开路次暂态时间常数 T''_{do}/短路次暂态时间常数 T''_d，q 轴开路时间常数 T'_{qo}/短路暂态时间常数 T'_q，q 轴开路次暂态开路时间常数 T''_{qo}/短路次暂态时间常数 T''_q，这些时间常数和时间常数列表框中的定义必须一致。

（3）Stator resistance（定子电阻）：用于设置定子电阻 R_5（单位为 pu）。

【例 13-2】　额定值为 50MVA、10.5kV 的有阻尼绕组同步发电机与 10.5kV 无穷大系统相连。发电机定子侧参数为 $R_s=0.003$，$L_1=0.19837$，$L_{md}=0.91763$，$L_{mq}=0.21763$；转子侧参数为 $R_f=0.0064$，$L_{1fd}=0.16537$；阻尼绕组参数为 $R_{kd}=0.00465$，$L_{lkd}=0.00392$，$R_{kq1}=0.00684$，$L_{lkq1}=0.001454$。各参数均为标幺值，极对数 $p=32$。稳态运行时，发电机供给的电磁功率由 0.8pu 变为 0.6pu，求发电机转速、功率角和电磁功率的变化。

解：（1）理论分析。

由已知，稳态运行时发电机的转速为

$$n = \frac{60f}{p} = 93.75$$

利用凸极式发电机的功率特性方程

$$P_e = \frac{E_q V}{x_{d\Sigma}} \sin\delta + \frac{V^2}{2} \frac{x_{d\Sigma} - x_{q\Sigma}}{x_{d\Sigma} x_{q\Sigma}} \sin 2\delta$$

做近似估算。其中凸极式发电机电势 $E_q = 1.233$，无穷大母线电压 $V=1$，系统纵轴总电抗 $x_{d\Sigma} = L_1 + L_{md} = 1.116$，系统横轴总电抗 $x_{q\Sigma} = L_1 + L_{mq} = 0.416$。

电磁功率为 $P_e = 0.8$pu 时，通过功率特性方程可以计算得到功率角 δ 为 18.35°；当电磁功率变为 0.6pu 并重新进入稳态后，计算得到功率角 δ 为 13.46°。

（2）构建系统仿真模型。

根据要求构建如图 13-18 所示的仿真电路图。其中：

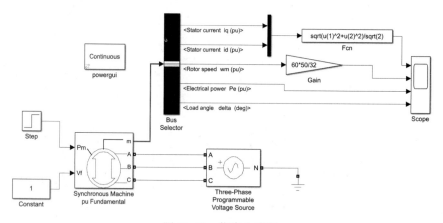

图 13-18 仿真电路图

① 常数模块 Constant、阶跃函数模块 Step、接地模块 Ground 位于 Simulink/Sources 路径下；

② 增益模块 Gain、求和模块 Add 位于 Simulink/Math Operations 路径下；

③ 自定义函数模块 Fcn 位于 Simulink/User-Defined Functions 路径下；

④ 示波器模块 Scope、信号终结模块 Terminator 位于 Simulink/Sinks 路径下；

⑤ 信号分离器模块 Bus Selector 位于 Simulink/Signal Routing 路径下；

⑥ 标幺制（pu）标准同步电机位于 Simscape/Electrical/Specialized Power Systems/Fundamental Blocks/Machines 路径下；

⑦ 傅里叶分析模块 Fourier 位于 Simscape/Electrical/Specialized Power Systems/Fundamental Blocks/Measurements/Ddditional Measurements 路径下；

⑧ 三相交流电压源位于 Simscape/Electrical/Specialized Power Systems/Fundamental Blocks/Electrical Sources 路径下；

⑨ 电力系统模型的环境模块 powergui 位于 Simscape/Electrical/Specialized Power Systems/ Fundamental Blocks 路径下。

（3）设置模块参数。

① 双击标幺制（pu）标准同步电机模块，设置电机参数如图 13-19 所示。

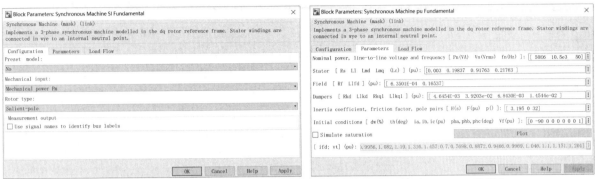

　　（a）Configuration 选项卡　　　　　　　　　　（b）Parameters 选项卡

图 13-19　同步电机参数设置

② 在常数模块 Constant 的参数设置对话框中输入 1.23304（由 Powergui 计算得到的初始参数）。

③ 将阶跃函数模块 Step 的初始值设为 0.8，然后在 0.6 s 时刻变为 0.6，如图 13-20 所示。

④ 设置电机信号分离器 Bus Selector 分离第 4、5、15、16、20 路信号，如图 13-21 所示。

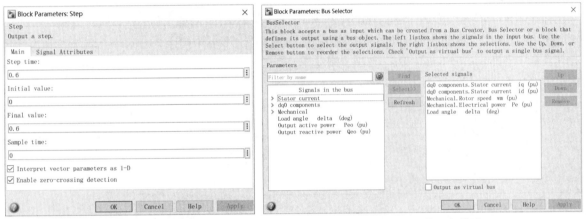

图 13-20　Step 模块参数设置 1　　　　　　　　图 13-21　Step 模块参数设置 2

　　⑤ 由于电机模块输出的转速为标幺值，因此使用了一个增益模块将标幺值表示的转速转换为有名单位 r/min 表示的转速，增益系数为 $k=n=93.75$。

　　⑥ 交流电压源 V_a、V_b 和 V_c 为频率是 50Hz、幅值是 $10.5 \times \sqrt{2} / \sqrt{3}$ kV 相角相差 120° 的正序三相电压。三相电压电流测量表模块仅用作电路连接，因此内部无须选择任何变量。

　　⑦ 双击电力系统模型的环境模块 powergui，在弹出的对话框中单击 Tools 选项卡下的 Machine Initialization 按钮，如图 13-22 所示。此时弹出 Powergui Machine Initialization Tool，在右侧的参数栏中设置 Active power 中设置为 4e7（有功功率初始值为 0.8pu，即 40MW），如图 13-23 所示，单击 Compute and Apply 按钮，此

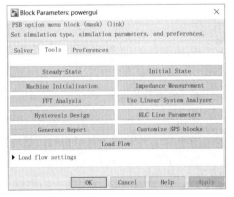

图 13-22　powergui 对话框

时初始条件设置工具界面变为图 13-24 所示，单击 Close 按钮，关闭工具。

图 13-23　Powergui Machine Initialization Tool 参数设置

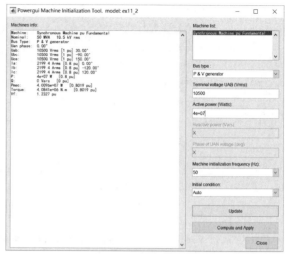

图 13-24　计算后的界面

4. 设置仿真参数

选择 MODELING 选项卡 SETUP 选项组中的 Model Settings 命令，在弹出的参数设置对话框左侧列表选中 Solver，在右侧参数设置栏 Solver options 选项组中 Type 下拉列表框中选择 Variable-step（变步长），Solver 下拉列表框中选择 ode15s（stiff/NDF）选项（刚性积分算法），设置 Stop time 为 5，如图 13-25 所示。仿真时间也可以在 SIMULATE 选项卡下的 Stop time 文本框中设置。

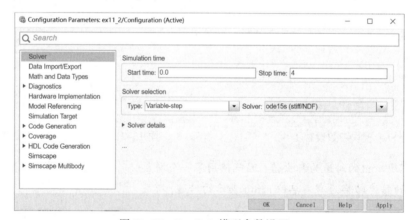

图 13-25　Simulink 模型参数设置 2

5. 仿真及结果

单击 ▶（Run）命令开始仿真，观察电机的转速、功率和转子角，波形如图 13-26 所示。由图可知：

（1）仿真开始时，发电机处于稳定状态，转速约为 93.75r/min，功率为 0.8pu，功率角约为 18.35°。输出的电磁功率由 0 逐步增大，机械功率大于电磁功率。

（2）当 t=0.6s 时，发电机上的机械功率突降到 0.6pu，使得电磁功率瞬时大于机械功率，转速迅速降低，于是功率角减小，发电机的电磁功率减小。

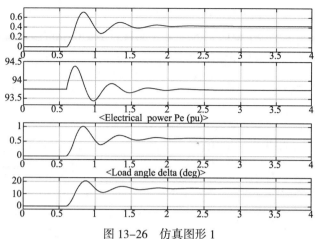

图 13-26　仿真图形 1

（3）在 $t \approx 0.72s$ 时，电磁功率小于 0.6pu，产生加速性的过剩功率，转速开始增大，功率角 d 在转子的惯性作用下继续减小，直到转速大于 93.75r/min 后，功率角才开始增大，电磁功率也增大。

（4）最终，在电机阻尼作用下，转速趋于稳定在 93.75r/min，功率稳定在 0.6pu，功角为 13.46°。仿真结果与理论计算一致。

（5）如果不对电力系统模型的环境模块 powergui 进行设置，即采用默认值，则仿真结果如图 13-27 所示，注意观察设置前后仿真结果的不同。

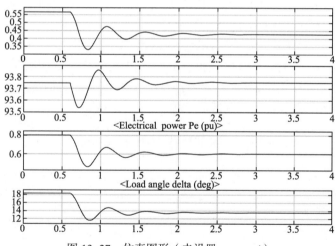

图 13-27　仿真图形（未设置 powergui）

13.2　负荷模型

电力系统的负荷相当复杂，不但数量大、分布广、种类多，且其工作状态带有很大的随机性和时变性，连接各类用电设备的配电网结构也可能发生变化。

通常负荷模型分为静态模型和动态模型，其中静态模型表示稳态下负荷功率与电压和频率的关系，动态模型反映电压和频率急剧变化时负荷功率随时间的变化。常用的负荷等效电路有含源等效阻抗支路、恒定阻抗支路和异步电动机等效电路。

负荷模型的选择对分析电力系统动态过程和稳定问题都有很大的影响。在潮流计算中，负荷常用恒定功率表示，必要时也可以采用线性化的静态特性。在短路计算中，负荷可表示为含源阻抗支路或恒定阻抗支路。稳定计算中，综合负荷可表示为恒定阻抗或不同比例的恒定阻抗和异步电动机的组合。

13.2.1 静态负荷模块

Specialized Power Systems 模块库中提供了 4 种静态负荷模块，分别为 Series RLC Load（单相串联 RLC 负荷）、Parallel RLC Load（单相并联 RLC 负荷）、Three-Phase Series RLC Load（三相串联 RLC 负荷）和 Three-Phase Parallel RLC Load（三相并联 RLC 负荷），如图 13-28 所示。位于 Simscape/ Electrical/ Specialized Power Systems/ Fundamental Blocks/ Elements 路径下。

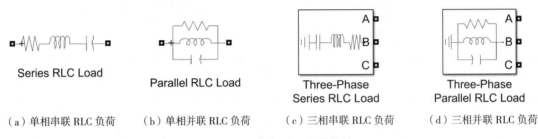

| Series RLC Load | Parallel RLC Load | Three-Phase Series RLC Load | Three-Phase Parallel RLC Load |

（a）单相串联 RLC 负荷　　（b）单相并联 RLC 负荷　　（c）三相串联 RLC 负荷　　（d）三相并联 RLC 负荷

图 13-28　静态 RLC 负荷模块

单相串联 RLC 负荷和单相并联 RLC 负荷模块分别对串联和并联的线性 RLC 负荷进行模拟。在指定频率下，负荷阻抗为常数，负荷吸收的有功和无功功率与电压的平方成正比。

三相串联 RLC 负荷和三相并联 RLC 负荷模块分别对串联和并联的三相平衡 RLC 负荷进行模拟。在指定频率下，负荷阻抗为常数，负荷吸收的有功和无功功率与电压的平方成正比。

静态负荷模块的参数对话框比较简单，这里不再展开说明。需要注意的是，在三相串联 RLC 负荷模块中，有一个用于三相负荷结构选择的下拉列表框，说明见表 13-4。

表 13-4　三相串联RLC负荷模块内部结构

结　　构	解　　释
Y（grounded）	Y 型连接，中性点内部接地
Y（floating）	Y 型连接，中性点内部悬空
Y（neutral）	Y 型连接，中性点可见
Delta	△型连接

13.2.2 三相动态负荷模块

Specialized Power Systems 模块库中提供 Three-Phase Dynamic Load（三相动态负荷）模块，其图标如图 13-29 所示。

三相动态负荷模块是对三相动态负荷的建模，其中有功和无功功率可以表示为正序电压的函数或直接受外部信号的控制。由于不考虑负序和零序电流，因此即使在负荷电压不平衡的条件下，三相负荷电流仍然是平衡的。

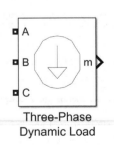

Three-Phase Dynamic Load

图 13-29　三相动态负荷模块图标

三相动态负荷模块有 3 个电气连接端子和 1 个输出端子。3 个电气连接端子（A、B、C）分别与外电路的三相相连。如果该模块的功率受外部信号控制，该模块上还将出现第 4 个输入端子，用于外部控制有功和无功功率。输出端子（m）输出 3 个内部信号，分别是正序电压 V（单位：pu）、有功功率 P（单位：W）和无功功率 Q（单位：Var）。

当负荷电压小于某一指定值 $V_{\min}$ 时，负荷阻抗为常数。如果负荷电压大于该指定值 $V_{\min}$，有功和无功功率按以下公式计算

$$
\begin{cases}
P(s) = P_0 \left(\dfrac{V}{V_0} \right)^{n_P} \dfrac{1 + T_{P1}s}{1 + T_{P2}s} \\[4mm]
Q(s) = Q_0 \left(\dfrac{V}{V_0} \right)^{n_Q} \dfrac{1 + T_{Q1}s}{1 + T_{Q2}s}
\end{cases}
$$

其中，V_0 为初始正序电压；P_0、Q_0 为与 V_0 对应的有功和无功功率；V 为正序电压；n_P、n_Q 为控制负荷特性的指数（通常为 1 ~ 3）；T_{P1}、T_{P2} 为控制有功功率的时间常数；T_{Q1}、T_{Q2} 为控制无功功率的时间常数。

对于电流恒定的负荷，设置 $n_P=1$，$n_Q=1$；对于阻抗恒定的负荷，设置 $n_P=2$，$n_Q=2$。初始值 V_0、P_0 和 Q_0 可以通过 Powergui 模块计算得到。

13.3 异步电机

异步电机是一种交流电机，其定子旋转磁场转速和转子转速不同。

13.3.1 异步电动机等效电路

异步电动机又称感应电动机，是由气隙旋转磁场与转子绕组感应电流相互作用产生电磁转矩，从而实现机电能量转换为机械能量的一种交流电机。

MATLAB/Simulink 中，异步电动机模块用四阶状态方程描述电动机的电气部分，其等效电路如图 13–30所示。

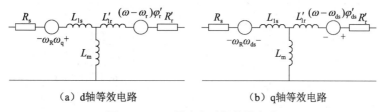

（a）d轴等效电路　　　　　（b）q轴等效电路

图 13–30W　异步电动机等效电路

该等效电路中，所有参数均归算到定子侧，其中，R_s、L_{1s} 为定子绕组的电阻和漏感；R'_r、L'_{1r} 为转子绕组的电阻和漏感；L_m 为励磁电感；φ_{ds}、φ_{qs} 为定子绕组 d 轴和 q 轴磁通分量；ϕ'_{dr}、ϕ'_{qr} 为转子绕组 d 轴和 q 轴磁通分量。

转子运动方程为

$$
\begin{cases}
\dfrac{\mathrm{d}\omega_{\mathrm{m}}}{\mathrm{d}t} = \dfrac{1}{2H}(T_{\mathrm{e}} - F\omega_{\mathrm{m}} - T_{\mathrm{m}}) \\[4mm]
\dfrac{\mathrm{d}\theta_{\mathrm{m}}}{\mathrm{d}t} = \omega_{\mathrm{m}}
\end{cases}
$$

其中，T_m 为加在电动机轴上的机械力矩；T_e 为电磁力矩；θ_e 为转子机械角位移；ω_m 为转子机械角速度；H 为机组惯性时间常数；F 为考虑 d、q 绕组在动态过程中的阻尼作用以及转子运动中的机械阻尼后的定常阻尼系数。

13.3.2　异步电机模块

Specialized Power Systems 模块库中异步电机模块分为标幺制（pu）下和国际单位制（SI）下的两种模块，如图 13-31 所示。

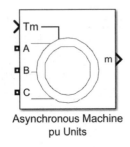

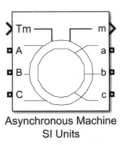

（a）标幺制下的模块　　　　　　　　　　　　（b）国标单位制下的模块

图 13-31　异步电机模块

异步电机模块有 1 个输入端子、1 个输出端子和 6 个电气连接端子。

（1）输入端子 Tm 为转子轴上的机械转矩，可直接连接 Simulink 信号。机械转矩为正，表示异步电机运行方式为电动机模式；机械转矩为负，表示异步电机运行方式为发电机模式。

（2）输出端子 m 输出一系列电机的内部信号，由 21 路信号组成，其构成如表 13-5 所示。

（3）电气连接端子（A、B、C）为电机的定子电压输入，可直接连接三相电压；电气连接端子（a、b、c）为转子电压输出，一般短接在一起或连接到其他附加电路中。

表 13-5　异步电机输出信号

输　出	符　号	端　口	定　义	单　位
1~3	i_{ra}, i_{rb}, i_{rc}	ir_abc	转子电流	A或pu
4~5	i_d, i_q	ir_qd	q轴和d轴转子电流	A或pu
6~7	φ_{rq}, φ_{rd}	phir_qd	q轴和d轴转子磁通	
8~9	V_{rq}, V_{rd}	vr_qd	q轴和d轴转子电压	V或pu
10~12	i_{sa}, i_{sb}, i_{sc}	is_abc	定子电流	A或pu
13~14	i_{sd}, i_{sq}	is_qd	q轴和d轴定子电流	A或pu
15~16	φ_{sq}, φ_{sd}	phis_qd	q轴和d轴定子磁通	V · s或pu
17~18	V_{sq}, V_{sd}	vs_qd	q轴和d轴定子电压	V或pu
19	ω_m	wm	转子角速度	rad/s
20	T_e	Te	电磁转矩	N · m或pu
21	θ_m	Thetam	转了角位移	rad

通过 Bus Selector（电机测量信号分离器）模块可以将输出端子中的各路信号分离出来，典型接线方式如图 13-32 所示。

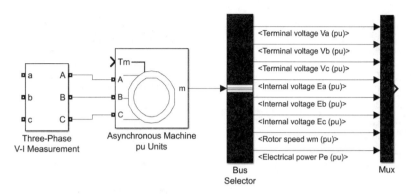

图 13-32　异步电机输出信号分离接线

双击异步电机模块，将弹出该模块的参数对话框，如图 13-33 所示。该对话框中部分参数含义如下。

（1）Rotor type（绕组类型）：用于定义转子结构，分为 Wound（绕线式）、Squirrel-cage（鼠笼式）及 Double Squirrel-cage（双鼠笼式）3 种。鼠笼式的输出端 a、b、c 由于直接在模块内部短接，因此图标上不可见。

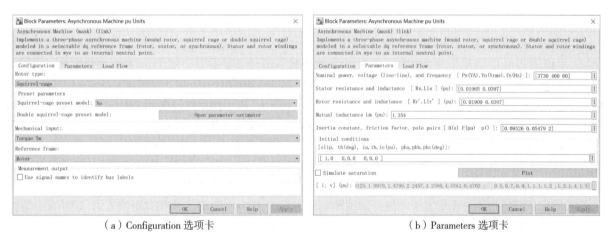

（a）Configuration 选项卡　　　　　　　　（b）Parameters 选项卡

图 13-33　异步电机模块参数

（2）Open parameter estimator（详细参数）：单击该按钮，会弹出如图 13-34 所示的对话框，可以浏览并修改电机参数。

（3）Reference frame（参考系）：用于定义该模块的参考系，决定将输入电压从 abc 系统变换到指定参考系下，将输出电流从指定参考系下变换到 abc 系统。可以选择以下 3 种变换方式。

① Rotor（转子参考系）：Park 变换。

② Stationary（固定参考系）：Clarke 变换或 α-β 变换。

③ Synchronous（同步旋转系）：同步旋转。

（4）Nominal power, voltage(line-line), and frequency（额定参数）：用于设置额定视在功率 P_n（单位为 VA）、

线电压有效值 V_n（单位为 V）、频率 f_n（单位为 Hz）。

图 13-34　浏览并修改详细参数

（5）Stator resistance and inductance（定子参数）：用于设置定子电阻 R_s（单位为 Ω 或 pu）和漏感 L_{1s}（单位为 H 或 pu）。

（6）Rotor resistance and inductance（转子参数）：用于设置转子电阻（单位为 Ω 或 pu）和漏感（单位为 H 或 pu）。

（7）Mutual inductance（互感）：用于设置互感参数 Lm（单位为 H 或 pu）。

（8）Inertia constant, friction factor, pole pairs（机械参数）：对于 SI 异步电机模块，该项参数包括转动惯量 J（单位为 N·m）、阻尼系数 F（单位为 N·m·s）和极对数 p 等 3 个参数；对于 pu 异步电机模块，该项参数包括惯性时间常数 H（单位为 s）、阻尼系数 F（单位为 pu）和极对数 p 这 3 个参数。

（9）Initial conditions（初始条件）：用于设置初始转差率 s、转子初始角位移 th（单位为°）、定子电流幅值 i_{as}、i_{bs}、i_{cs}（单位为 A 或 pu）和相角 phaseas、phasebs、phasecs（单位为°）。

【例 13-3】　一台三相四极鼠笼型转子异步电动机，额定功率 P_n=10kW，额定电压 V_{1n}=380V，额定转速 n_n=1455r/min，额定频率 f_n=50Hz。已知定子每相电阻 R_s=0.458Ω，漏抗 X_{1s}=0.81Ω，转子每相电阻 R=0.349Ω，漏抗 X_L=1.467Ω，励磁电抗 X_m=27.53Ω。

求额定负载运行状态下的定子电流、转速和电磁力矩。当 t = 0.2s 时，负载力矩增大到 100N·m，求变化后的定子电流、转速和电磁力矩。

解：（1）理论分析。

采用异步电动机的 T 形等效电路进行计算，等效电路如图 13-35 所示。图中，R_s+X_{1s} 为定子绕组的漏阻抗；X_m 为励磁电抗；$\dfrac{R'_r(1-s)}{s}$ 为折算后转子绕组的漏阻抗；s 为转差率。

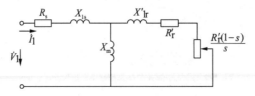

图 13-35　异步电动机 T 形等效电路

由题意可得转差率 s 为

$$s = \frac{n_1 - n_n}{n_1} = \frac{1500 - 1455}{1500} = 0.03$$

式中，同步转速 $n_1 = 60 f_n / p = 1500 \text{r/min}$。

定子额定相电流为

$$\dot{I}_1 = \frac{\dot{V}_1}{R_s + jX_{1s} + \dfrac{jX_m \times (R_r' + R_r'(1-s)/s + jX_{1r}')}{jX_m + (R_r' + R_r'(1-s)/s + jX_{1r}')}}$$

$$= \frac{380\angle 0^\circ / \sqrt{3}}{0.458 + j0.81 + \dfrac{j27.53 \times (0.349/0.03 + j1.467)}{j27.53 + 0.349/0.03 + j1.467}}$$

$$= 19.68\angle -31.5^\circ \text{A}$$

此时额定输入功率为

$$P_1 = \sqrt{3} \times 380 \times 19.68 \times \cos 31.5 = 11\,044\text{W}$$

定子铜耗为

$$P_{Cu} = 3 \times 19.68^2 \times 0.349 = 405\text{W}$$

对应的电磁转矩为

$$T_e = \frac{P_1 - P_{Cu}}{\Omega} = \frac{(11\,044 - 405) \times 60}{2\pi \times 1500} = 67.7 \text{N·m}$$

当负荷转矩增大到 100 N·m 时，定子侧电流增大，电机转速下降以满足电磁转矩增加到 100 N·m。简化计算可得变化后的定子侧相电流为

$$I = \frac{T_e \times \Omega + P_{Cu}}{\sqrt{3}V_1 \times \cos 31.5} = 28.7\text{A}$$

（2）构建系统仿真模型。

根据要求构建如图 13-36 所示的仿真电路图。其中：

① 阶跃模块 Step 位于 Simulink/Sources 路径下；

② 增益模块 Gain 位于 Simulink/Math Operations 路径下；

③ 示波器模块 Scope 位于 Simulink/Sinks 路径下；

④ 信号汇集器模块 Mux、信号分离器模块 Bus Selector 位于 Simulink/Signal Routing 路径下；

⑤ 国际单位制（SI）标准异步电机模块位于 Simscape/Electrical/Specialized Power Systems/Fundamental Blocks/Machines 路径下；

⑥ 傅里叶分析模块 Fourier 位于 Simscape/ Electrical/Specialized Power Systems/Fundamental Blocks/Measurements/Additional Measurements 路径下；

⑦ 三相交流电压源位于 Simscape/Electrical/Specialized Power Systems/Fundamental Blocks/Electrical Sources 路径下；

⑧ 三相电压电流测量表 V-I M 位于 Simscape/Electrical/Specialized Power Systems/Fundamental Blocks/

Measurements 路径下；

⑨ 三相双绕组变压器位于 Simscape/Electrical/Specialized Power Systems/Fundamental Blocks/Elements 路径下；

⑩ 三相电压源位于 Simscape/Electrical/Specialized Power Systems/Fundamental Blocks/Electrical Sources 路径下；

⑪ 电力系统模型的环境模块 powergui 位于 Simscape/Electrical/Specialized Power Systems/Fundamental Blocks 路径下。

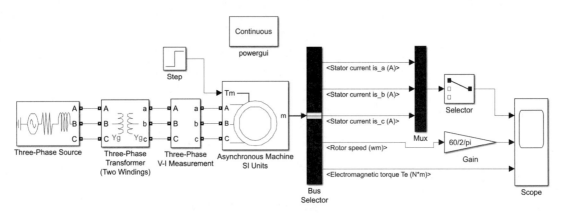

图 13-36 仿真电路图

（3）模块参数设置。

① 双击国际单位制（SI）下的标准异步电机模块，设置电机参数如图 13-37 所示。

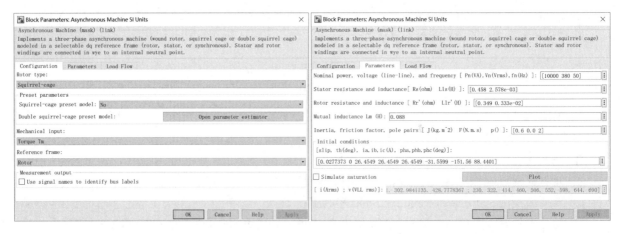

（a）Configuration 选项卡 　　　　（b）Parameters 选项卡

图 13-37 异步电机参数设置

② 双击三相电压源模块，设置电源参数如图 13-38 所示。

③ 双击双绕组变压器模块，设置变压器参数如图 13-39 所示。

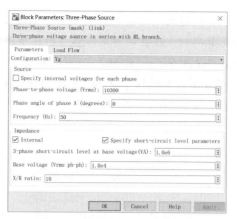

图 13-38　三相电压源参数设置

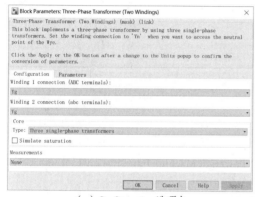

（a）Configuration 选项卡

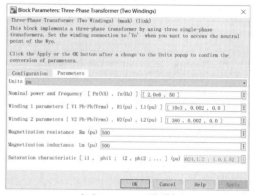

（b）Parameters 选项卡

图 13-39　变压器参数设置

④ 将阶跃函数模块的初始值设为 67.7642，0.2s 时变为 100。

⑤ 由于电机模块输出的转速单位为 rad/s，因此使用了一个增益模块将有名单位 rad/s 转换为习惯的有名单位 r/min，增益系数为 $K=60/(2\pi)$。

⑥ 电机测量信号分离器分离第 10～12 路、第 19 路和第 20 路信号，如图 13-40 所示。选择器模块选择 a 相电流，如图 13-41 所示。

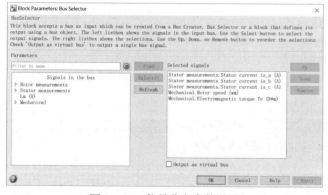

图 13-40　信号分离参数设置

图 13-41　分离器参数设置

⑦ 三相电压电流测量表 V-I M 仅用作电路链接，无须进行参数设置。

⑧ 初始条件 powergui 模块计算得到。双击电力系统模型的环境模块 powergui，在弹出的对话框中单击 Tools 选项卡下的 Machine Initialization 按钮，如图 13-42 所示。将弹出 Powergui Machine Initialization Tool 对话框，在对话框右侧的参数栏中将 Mechanical power 设置为 10000，单击 Compute and Apply 按钮，此时 Powergui Machine Initialization Tool. model: ex11_3 对话框界面变为图 13-43 所示，单击 Close 按钮关闭对话框。

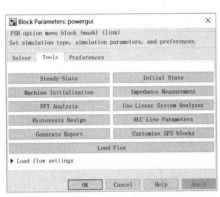

图 13-42　powergui 对话框

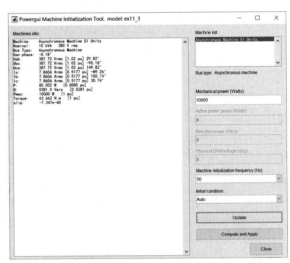

图 13-43　Powergui Machine Initialization Tool. model: ex11_3

（4）仿真参数设置。

选择 MODELING 选项卡 SETUP 选项组中的 Model Settings 命令，在弹出的参数设置对话框左侧列表选中 Solver，在右侧参数设置栏 Solver options 选项组中 Type 下拉列表框中选择 Variable-step（变步长），Solver 下拉列表框中选择 ode15s（stiff/NDF）（刚性积分算法），设置 Stop time 为 2，如图 13-44 所示。仿真时间也可以在 SIMULATE 选项卡中的 Stop time 文本框中设置。

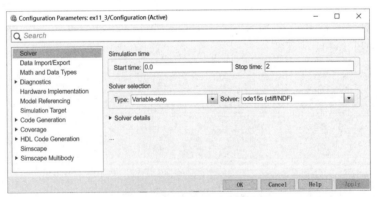

图 13-44　Simulink 模型参数设置 3

（5）仿真及结果。

单击 ▶（Run）命令开始仿真，观察观察定子电流、转速和电磁力矩的波形，如图 13-45 所示。由图可知：

① 电机开始运行在稳态，电磁力矩约为 67.7N·m，转速约为 1455r/min，定子额定电流有效值为 27.8/1.414=19.66A；

② 在 *t*=0.2s 时，负荷力矩增大，经过约 0.3s 后，系统重新进入稳定状态，电磁力矩增大到约 100 N·m，电机专属下降到约 1428r/min，定子相电流有效值约为 40.6/1.414=28.71A。该结果与理论分析结果基本一致。

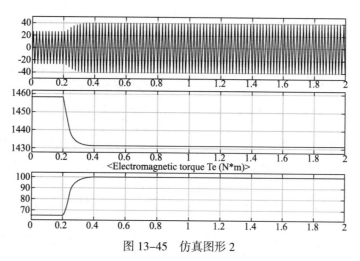

图 13-45　仿真图形 2

13.4　直流电机模块

直流电机是指能将直流电能转换成机械能（即直流电动机）或将机械能转换成直流电能（即直流发电机）的旋转电机。它是能实现直流电能和机械能互相转换的电机。直流电机的结构由定子和转子两大部分组成。MATLAB/Simulink 中，直流电机模块如图 13-46 所示。

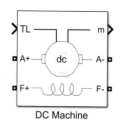

图 13-46　直流电机模块

直流电机模块有 1 个输入端子、1 个输出端子和 4 个电气连接端子。电气连接端子 F+ 和 F- 与直流电机励磁绕组相连。A+ 和 A- 与电机电枢绕组相连。输入端子（TL）是电机负载转矩的输入端。输出端子（m）输出一系列的电机内部信号，由 4 路信号组成，如表 13-6 所示。通过 Signal Routing（信号数据流模块库）中的 Demux（信号分离）模块可以将输出端子 m 中的各路信号分离出来。

表 13-6　直流电机输出信号

输　　出	符　　号	定　　义	单　　位
1	ω_m	电机转速	rad/s
2	i_a	电枢电流	A
3	i_f	励磁电流	A
4	T_e	电磁转矩	N·m

直流电机模块是建立在他励直流电机基础上的，可以通过励磁和电枢绕组的并联和串联组成并励或串励电机。直流电机模块可以处于电动机模式，也可以处于发电机模式，这完全由电机的转矩方向确定。

双击直流电机模块，将弹出如图 13-47 所示的模块参数设置对话框，该对话框中部分参数的含义如下。

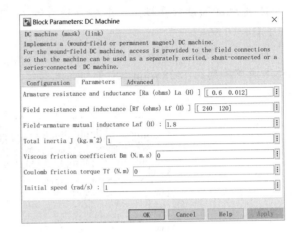

（a）Configuration 选项卡　　　　　　　（b）Parameters 选项卡

图 13-47　直流电机模块参数对话框

（1）Preset model（预设模型）：选择系统设置的内部模型，电机将自动获取各项参数。如果不希望使用系统给定的参数，则选择 No。

（2）Armature resistance and inductance（电枢电阻和电感）：用于设置电枢电阻 R_a（单位为 Ω）和电枢电感 L_a（单位为 H）。

（3）Field resistance and inductance（励磁电阻和电感）：用于设置励磁电阻 R_f（单位为 Ω）和励磁电感 L_f（单位为 H）。

（4）Field-armature mutual inductance（励磁和电枢互感）：用于设置互感 L_{af}（单位为 H）。

（5）Total inertia（转动惯量）：用于设置转动惯量 J（单位为 kg·m）。

（6）Viscous friction coefficient Bm（粘滞摩擦系数）：用于设置直流电机的总摩擦系数 B_m（单位为 N·m·s）。

（7）Coulomb friction torque Tf（干摩擦矩阵）：用于设置直流电机的干摩擦矩阵常数 T_f（单位为 N·m）。

（8）Initial speed（初始角速度）：指定仿真开始时直流电机的初始速度（单位为 rad/s）。

【例 13-4】　一台直流并励电动机，铭牌额定参数为：额定功率 P_n=17kW，额定电压 V_n=220V，额定电流 I_n=88.9A，额定转速 n_n=3000r/min，电枢回路总电阻 R_a=0.087Ω，励磁回路总电阻 R_f=181.5Ω。电动机转动惯量 J=0.76kg·m^2。试对该电动机的直接启动过程进行仿真。

解：（1）理论分析。

计算电动机参数。励磁电流 I_f 为

$$I_f = \frac{V_n}{R_f} = \frac{220}{185.1} = 1.21\text{A}$$

励磁电感在恒定磁场控制时可取为零，则电枢电阻 R_a=0.087 Ω，电枢电感估算为

$$L_a = 19.1 \times \frac{CV_n}{2pn_nI_n} = 19.1 \times \frac{0.4 \times 220}{2 \times 1 \times 3000 \times 88.9} = 0.0032\text{H}$$

其中，p 为极对数；C 为计算系数，补偿电机 C=0.1，无补偿电机 C=0.4。

因为电动势常数 C_e 为

$$C_e = \frac{V_n - R_aI_n}{n_n} = \frac{220 - 0.087 \times 88.9}{3000} = 0.0708\text{V} \cdot \text{min/r}$$

转矩常数 K_E 为

$$K_E = \frac{60}{2\pi} C_e = \frac{60}{2\pi} \times 0.0708 = 0.676 \text{V} \cdot \text{s}$$

因此有电枢互感 L_{af} 为

$$L_{af} = \frac{K_E}{I_f} = \frac{0.676}{1.21} = 0.56 \text{H}$$

额定负载转矩 T_L 为

$$T_L = 9.55 C_e I_N = 9.55 \times 0.0708 \times 88.9 = 60.1 \text{N} \cdot \text{m}$$

（2）构建系统仿真图。

根据要求构建如图 13-48 所示的系统仿真图。其中：

① 常数模块 Constant 位于 Simulink/Sources 路径下；

② 增益模块 Gain 位于 Simulink/Math Operations 路径下；

③ 示波器模块 Scope 位于 Simulink/Sinks 路径下；

④ 信号分离器模块 Bus Selector 位于 Simulink/Signal Routing 路径下；

⑤ 直流电机位于 Simscape/Electrical/Specialized Power Systems/Fundamental Blocks/Machines 路径下；

⑥ 三相双绕组变压器位于 Simscape/Electrical/Specialized Power Systems/Fundamental Blocks/Elements 路径下；

⑦ 直流电压源位于 Simscape/Electrical/Specialized Power Systems/Fundamental Blocks/Electrical Sources 路径下；

⑧ 电力系统模型的环境模块 powergui 位于 Simscape/Electrical/Specialized Power Systems/Fundamental Blocks 路径下。

构建的系统仿真图如图 13-49 所示。

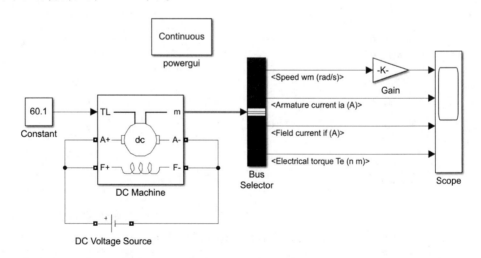

图 13-48　系统仿真图

（3）设置模块参数。

① 双击直流电机模块，设置电机参数如图 13-50 所示。

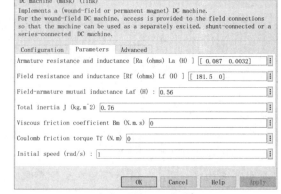

（a）Configuration 选项卡　　　　　　　（b）Parameters 选项卡

图 13-49　直流电机参数设置

② 双击直流电压源模块，在电源 VDC 模块对话框中将参数 Amplitude 设置为 220，如图 13-50 所示。

③ 在常数模块 Cons 对话框中输入 60.1。

（4）设置仿真参数。

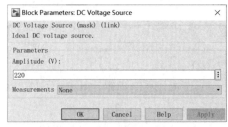

图 13-50　直流电压设置

选择 MODELING 选项卡 SETUP 选项组中的 Model Settings 命令，在弹出的参数设置对话框左侧列表选中 Solver，在右侧参数设置栏 Solver options 选项组中的 Type 下拉列表框中选择 Variable-step（变步长），Solver 下拉列表框中选择 ode45（刚性积分算法），设置 Stop time 为 1，如图 13-51 所示。仿真时间也可以在 SIMULATE 选项卡中的 Stop time 文本框中设置。

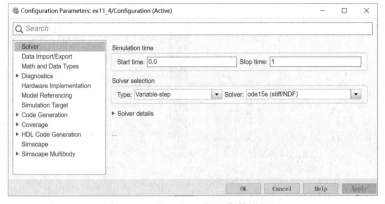

图 13-51　Simulink 模型参数设置 4

（5）仿真及结果。

单击 ▶（Run）命令开始仿真，观察定子电流、转速和电磁力矩，波形如图 13-52 所示。

图中波形依次为电机转速、电枢电流、励磁电流和电磁转矩。可见，电机带负荷启动时启动电流很大，最大可达 2500A。在启动 0.4s 后，转速达到 3000r/min，电流下降为额定值 89A 左右。

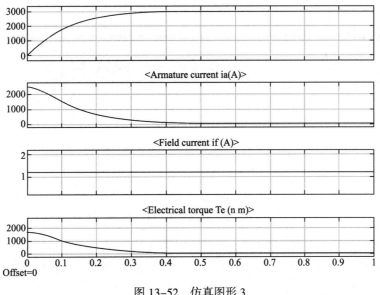

图 13-52 仿真图形 3

13.5 本章小结

本章主要围绕 Simulink 提供的同步电机模块、异步电机模块、直流电机模块等进行仿真分析,针对每一个模块均对各参数进行了详细的阐述,并附有仿真模型,帮助读者掌握 Simulink 在电力系统中的仿真应用。

第 14 章

CHAPTER 14

通信系统仿真

通信系统一般由信源（发端设备）、信宿（收端设备）和信道（传输媒介）等组成，称为通信的三要素。本章在掌握 MATLAB 语言的基础上，讲述通信系统建模与仿真的作用、方法和实例。基于通信系统的仿真设计以通信系统的模块化构造为主线，介绍数字通信系统的基本模型和相应的建模方法，并介绍 MATLAB 自带的通信工具箱的使用。

本章学习目标包括：

（1）熟悉通信系统的仿真模型；

（2）掌握 MATLAB 滤波器设计方法；

（3）掌握 Simulink 中调制和解调模块的使用。

14.1 通信系统仿真概述

通信系统是用于完成信息传输过程的技术系统的总称。现代通信系统主要借助电磁波在自由空间的传播或在导引媒体中的传输机理实现，前者称为无线通信系统，后者称为有线通信系统。当电磁波的波长达到光波范围时，这样的通信系统称为光通信系统；其他电磁波范围的通信系统则称为电磁通信系统，简称为电信系统。

由于光的导引媒体采用特制的玻璃纤维，因此有线光通信系统又称光纤通信系统。一般电磁波的导引媒体是导线，按其具体结构可分为电缆通信系统和明线通信系统；无线通信系统按其电磁波的波长可分为微波通信系统与短波通信系统。另一方面，按照通信业务的不同，通信系统又可分为电话通信系统、数据通信系统、传真通信系统和图像通信系统等。

由于人们对通信的容量要求越来越高，对通信的业务要求越来越多样化，所以通信系统正迅速向宽带化方向发展，而光纤通信系统将在通信网中发挥越来越重要的作用。

数字通信系统的模块化模型如图 14-1 所示。

1. 信源和信宿

信源是信息的来源。信源发出的信息可以是离散信号，也可以是模拟信号。信宿是信息的接收者。信源在仿真中可用随机序列发生器生成。

2. 信源编码器和译码器

信源编码的作用有两个：首先是模数转换，即将信源发出的模拟信号转化成数字信号，以实现模拟信号的数字化传输；其次是数据压缩，即通过降低冗余度减少码元数目和降低码元速率。常见的信源压缩编码方式有 Huffman 编码、算术编码、L–Z 编码等。信源译码器完成数模转换和数据压缩编码的译码。

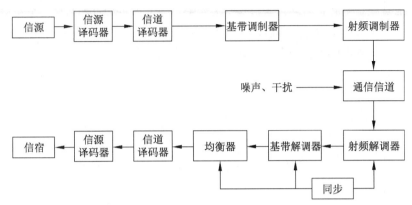

图 14–1　通信系统的模块化模型

3. 信道编码器和译码器

信道编码器对数码流进行相应的处理，使系统具有一定的纠错能力和抗干扰能力。信道编码的处理技术有差错控制码、交织编码器等。差错控制码有线性差错控制码（汉明码、线性循环码等）、Reed–Solomon 码、卷积码、Turbo 码、LDPC 码等。信道译码器完成信道编码的译码。交织编码技术可离散化并纠正信号衰落引起的突发性差错，改善信道的传输特性。

4. 基带调制器和解调器

基带调制器把输入码元映射为基带波形。一般通过线路编码和发送滤波器形成特定频谱和统计特征的脉冲波形。对于数据传输的脉冲成形波形，通常选择满足奈奎斯特准则的零符号间干扰属性的脉冲波形，如升余弦脉冲。升余弦脉冲的频域表达如下

$$P(f)=\begin{cases}T, & 0\leqslant |f|\leqslant \dfrac{1-\beta}{2T}\\[2mm] \dfrac{T}{2}\left[1+\cos\dfrac{\pi T}{\beta}\left(|f|-\dfrac{1-\beta}{2T}\right)\right], & \dfrac{1-\beta}{2T}<|f|\leqslant \dfrac{1+\beta}{2T}\\[2mm] 0, & |f|>\dfrac{1-\beta}{2T}\end{cases}$$

其中，T 为脉冲周期或为符号周期；β 为升余弦脉冲的滚降系数。

对 $P(f)$ 进行傅里叶反变换得到升余弦脉冲波形如下

$$p(t)=\dfrac{\sin\dfrac{\pi t}{T}}{\dfrac{\pi t}{T}}\cdot\dfrac{\cos\left(\dfrac{\pi t}{T}\beta\right)}{1-4\dfrac{t^2}{T^2}\beta^2}$$

通常将这个符号脉冲截断到符号周期的整数倍 $2mT$，m 的取值应该在速度和精度要求之间进行折中。然后在每个符号周期内进行 k 点采样，使得 $T=kT_s$，这里 T_s 为采样周期。滤波器冲激响应的持续时间通常选择 8 ~ 16 个符号，即 $m=4$ 或 $m=8$。在许多系统设计中，升余弦脉冲的频域表达式 $P(f)$ 的传递函数通常通过两个分别在发射端和接收端滤波器的级联而实现。这两个滤波器传递函数均为 $\sqrt{P(f)}$，称为平方根升余弦脉冲（SQRC）滤波器。基本的滤波器可以分成 IIR 和 FIR 两类。

5. 射频调制器和解调器

射频调制过程是将一个低通信号通过载波转化成带通信号，而解调过程是将一个带通信号还原成一个低通信号。带通信号在仿真时可以通过其低通复包络代替。首先介绍代替带通信号的低通复包络表示。

一般的带通信号，如在调制器的输出端所看到的，可表示如下：

$$x(t) = A(t)\cos[2\pi f_0 t + \varphi(t)]$$

其中，$A(t)$ 是信号的幅值或实包络；$\varphi(t)$ 是相对于 $2\pi f_0 t$ 的相位偏移；f_0 是载波频率。

上式还可表示为

$$x(t) = \mathrm{Re}\{A(t)\exp[j\varphi(t)]\exp[j2\pi f_0 t]\}$$
$$x(t) = \mathrm{Re}\{\tilde{x}(t)\exp[j2\varphi f_0 t]\}$$

其中，$\tilde{x}(t) = A(t)\exp[j\varphi(t)]$ 是实信号 $x(t)$ 的低通复包络。

6. 均衡器

均衡器在通信系统中可以用来减小码间干扰的影响，有频域均衡和时域均衡两种方式。时域均衡直接从时间响应角度考虑，使包括均衡器在内的整个传输系统的冲激响应满足无码间干扰条件。最常用的均衡器结构是线性横向均衡器，它由若干个抽头延迟线组成，延时时间间隔等于码元间隔。

非线性均衡器的种类较多，包括判决反馈均衡器（DFE）、最大似然（ML）符号检测器和最大似然序列估计等。因为很多数字通信系统的信道（例如无线移动通信信道）特性是未知和时变的，要求接收端的均衡器必须具有自适应的能力。

均衡器可采用自适应信号处理的相关算法（如最小均方自适应算法 LMS、最小二乘自适应算法 RLS 等），以实现高性能的信道均衡。

7. 同步

同步是在接收端产生载波和定时信号的过程以实现相干解调。当同步子系统是研究的目标时，同步子系统的工作过程必须仿真从而能反映其瞬态响应，如捕获时间和捕获范围等。

如果仅对系统级性能指标（如 BER）感兴趣，在仿真中可仅考虑同步子系统的稳态特性，如相位和定时的偏移和抖动。

8. 信道

信道是信号的传输通道。根据传输介质的不同可分为有线信道和无线信道。无线信道的信道状况比较复杂。无线通信基于电磁波在空间开放传播，接收环境也比较复杂。

电磁波传播特性在高楼林立的城市繁华区、以一般性建筑物为主的近郊区和以山丘、湖泊、平原为主的农村及远郊区各不相同。同时，通信用户可能具有移动性，如准静态的室内用户，慢速步行用户和高速车载用户。这样，接收端接收到的信号是发射电磁波经过信道的直射、反射、绕射和散射等作用后多条路径的合成结果。

信号强度和相位在多径信道的起伏变化称为衰落。衰落信道从传播效应上分为大尺度衰落（包括路径损耗和阴影衰落）和小尺度衰落（多径衰落）。

阴影衰落由障碍物阻挡造成。阻挡物的数量和类型随机性会造成衰落信号的随机性。信号发射功率和接收功率的比值一般服从对数正态分布。小尺度衰落可建模为统计多径模型。

多径效应使接收信号脉冲宽度扩展的现象称为时延扩展。当时延扩展大于符号间隔时会引起码间干扰，这称为频率选择性衰落。这时，多径是可分辨的，故又称宽带衰落信道；当时延扩展小于符号间隔时不会引起码间干扰，称为平坦衰落。这时，多径是不可分辨的，故又称窄带衰落信道。

瑞利分布是最常见的用于描述平坦衰落信号接收包络或独立多径分量接收包络统计时变特性的一种分布类型。另外，通信双方的相对运动会引起信号的多普勒频移，再加上多径效应后会产生的信号的多普勒扩展，从而造成时间选择性衰落。如果信号在一个符号的时间里变化不大，则认为是慢衰落。反之，如果信号在一个符号的时间里有明显变化，则认为是快衰落。

14.2　信源与信道模型

信源是信息的来源。信源发出的信息可以是离散信号，也可以是模拟信号。信道是信号的传输通道。根据传输介质的不同可分为有线信道和无线信道。信宿是信息的接收者，可以是人也可以是机器，如收音机、电视机等。信息传播过程简单地描述为：信源→信道→信宿。

14.2.1　随机整数发生器

随机整数发生器用于产生[0,M-1]的具有均匀分布的随机整数。例如在 MATLAB 命令行窗口中输入：

```
>> randi(4,4)
ans=
    2    2    2    1
    3    3    1    4
    1    3    1    3
    3    3    4    4
```

在 Simulink 中，提供了随机整数发生器模块（位于 Communications Toolbox/Comm Sources/Random Data Sources 路径下），模块及参数对话框如图 14-2 所示。各参数的含义如下。

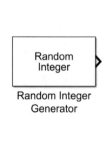

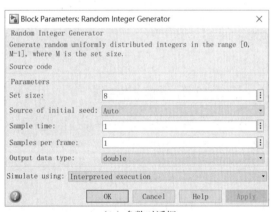

（a）随机整数发生器模块　　　　　　　　　　　　（b）参数对话框

图 14-2　随机整数发生器模块及参数对话框

（1）Set size：输入一个随机数（正整数或正整数矢量），从而设定整数输出范围，例如输入的为 M，随机整数发生器输出整数的范围将为[0,M-1]。

（2）Source of initial seed：用于设置随机整数发生器的随机种子，包括 Auto（自动）与 Parameter（参数）两个可选项。选择 Parameter 参数时，会出现 Initial seed 选项，用于设置初始种子。当使用相同的随机种子时，随机整数发生器每次都会产生相同的二进制序列，不同的随机数种子产生不同的序列。当随机数种子的维数大于 1 时，输出信号的维数也大于 1。

（3）Sample time：输出序列的采用时间，一般采用默认设置。

（4）Samples per frame：指定为正整数，表示输出数据的一个通道中每帧的采样数。

（5）Output data type：决定模块输出数据类型，包括 single、int8、uint8、int16、uint16 等，默认为 double 双精度类型，根据需要进行设定输出数据类型。如果要输出 boolean 型，Set size 选项必须是 2。

（6）Simulate using：指定要运行的模拟类型。其中两个参数如下。

① Code generation：使用生成的 C 代码模拟模型。第一次运行模拟时，Simulink 会为块生成 C 代码。只要模型不变，C 代码就可以在后续模拟中调用。

② Interpreted execution：使用 MATLAB 解释器模拟模型。该选项可以缩短启动时间。在解释执行模式下，可以调试块的源代码。

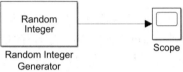

图 14-3　随机整数发生器模型

搭建如图 14-3 所示的随机整数发生器模型。

（1）当 Set size 设置为 8，其余采用默认设置。运行仿真文件，输出图形如图 14-4（a）所示。

（2）当 Set size 设置为 12，Source of initial seed 选择 Parameter，然后将 Initial seed 设置为 2，运行仿真文件，输出图形如图 14-4（b）所示。

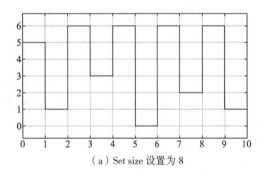

（a）Set size 设置为 8

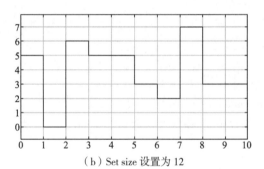

（b）Set size 设置为 12

图 14-4　随机整数输出图形

14.2.2　泊松分布整数发生器

泊松分布整数发生器产生服从泊松分布的整数序列。假设 x 是一个服从泊松分布的随机变量，那么 x 等于非负整数 k 的概率表示如下

$$P_r(k) = \frac{\lambda^k e^{-k}}{k!}, \quad k = 0, 1, 2, \cdots$$

式中，λ 为一个正数，称为泊松参数。泊松随机过程的均值和方差均等于 λ。

利用泊松分布整数发生器可以在双传输通道中产生噪声，这种情况下泊松参数 λ 应小于 1，通常远小于 1。泊松分布参数发生器的输出信号，可以是基于帧的矩阵、基于采用的行向量或列向量，当然也可以是基于采样的一维序列。

在 Simulink 中，提供了泊松分布整数发生器模块，模块及参数对话框如图 14-5 所示。各参数的含义如下。

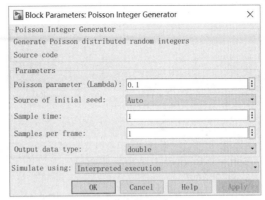

（a）泊松分布整数发生器模块　　　　　　　（b）参数对话框

图 14-5　泊松分布整数发生器模块及参数对话框

（1）Poisson parameter (Lambda)：泊松参数 λ，如果输入一个标量，那么输出矢量的每一个元素共享相同的泊松参数。

（2）Source of initial seed：泊松分布整数发生器的随机种子，包括 Auto（自动）与 Parameter（参数）两个可选项。含义同随机整数发生器。

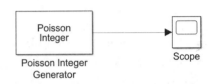

图 14-6　泊松分布整数发生器模型

其余参数同含义同随机整数发生器。

搭建如图 14-6 所示的泊松分布整数发生器模型。采用默认输入，运行仿真文件，输出图形如图 14-7（a）所示。设置 Lambda 值为 1，运行仿真文件，输出图形如图 14-7（b）所示。

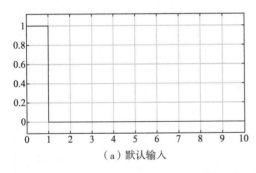

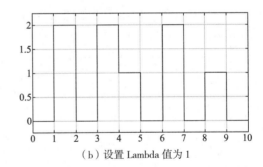

（a）默认输入　　　　　　　　　　　　　（b）设置 Lambda 值为 1

图 14-7　泊松分布仿真结果

14.2.3　伯努利二进制信号发生器

伯努利二进制信号发生器产生随机的二进制数据，且这个二进制序列中的 0 和 1 满足伯努利分布，即

$$P_{\mathrm{r}}(x)=\begin{cases}p, & x=0 \\ 1-p, & x=1\end{cases}$$

伯努利二进制信号发生器产生的序列里，产生 0 的概率为 p，产生 1 的概率为 $1-p$，根据伯努利序列的性质可知，输出信号的均值均为 $1-p$，方差为 $p(1-p)$。

Simulink 中提供了伯努利二进制信号发生器模块，模块及参数对话框如图 14-8 所示。各参数的含义如下。

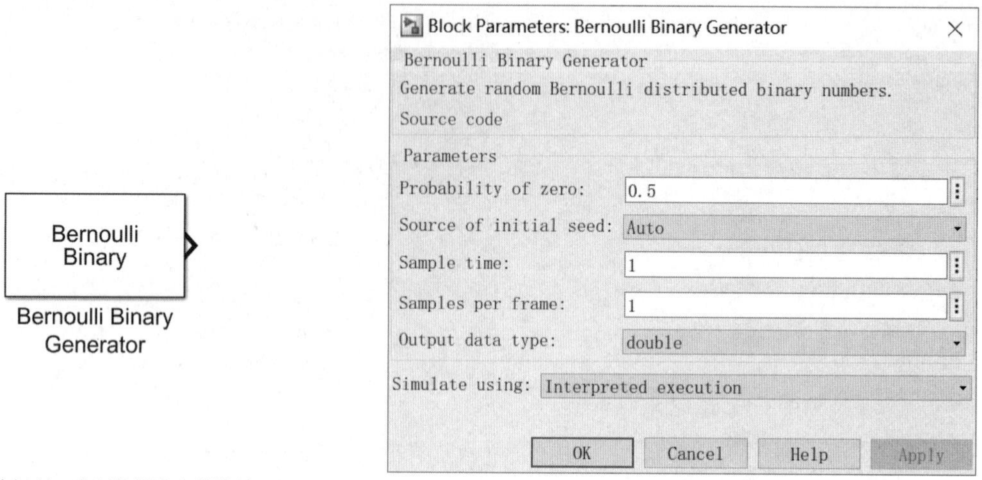

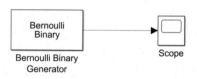

（a）伯努利二进制信号发生器模块　　　　　　（b）参数对话框

图 14-8　伯努利二进制信号发生器模块及参数对话框

（1）Probability of zero：伯努利二进制信号发生器输出 0 的概率值 p，为 0～1 的某个实数。

（2）Source of initial seed：伯努利二进制信号发生器的随机种子，包括 Auto（自动）与 Parameter（参数）两个可选项。含义同随机整数发生器。

其余参数同含义同随机整数发生器。

搭建伯努利二进制信号发生器模型，如图 14-9 所示。采用默认输入，运行仿真文件，输出图形如图 14-10（a）所示。设置 Probability of zero 值为 0.1，运行仿真文件，输出图形如图 11-16（b）所示。

图 14-9　伯努利二进制信号发生器模型

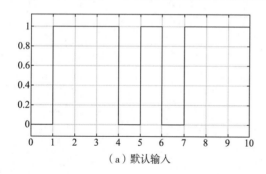

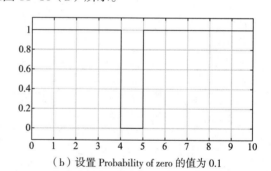

（a）默认输入　　　　　　（b）设置 Probability of zero 的值为 0.1

图 14-10　伯努利二进制信号发生器仿真结果

14.3　滤波器

滤波器是一种对信号有处理作用的器件或电路。随着电子市场的不断发展，滤波器也越来越被广泛生产和使用。滤波器主要分为有源滤波器和无源滤波器。主要作用是让有用信号尽可能无衰减地通过，对无用信号尽可能大地反射。

滤波器的功能就是允许某一部分频率的信号顺利通过，而另外一部分频率的信号则受到较大的抑制，它实质上是一个选频电路。滤波器中，把信号能够通过的频率范围称为通频带或通带；反之，信号受到很大衰减或完全被抑制的频率范围称为阻带；通带和阻带之间的分界频率称为截止频率。滤波器是由电感器和电容器构成的网路，可使混合的交直流电流分开。

一个单输入单输出的滤波器通常用传递函数或冲激响应表示。如果滤波器的冲激响应是一个时间连续函数 $h(t)$，那么就称为模拟滤波器，其传递函数用拉普拉斯变换 $H(t)$ 表示。

如果滤波器的冲激响应是一个离散时间序列 $h(k)$，则称该滤波器为数字滤波器，其传递函数用 z 变换 $H(Z)$ 表示。

14.3.1　滤波器相关函数

1. 滤波器设计函数

MATLAB 提供了 buffer、cheb1ord、cheb2ord、ellipord 这 4 个函数用于滤波器设计，它们的调用格式为：

```
[n, Wn]=buttord(Wp,Ws,Rp,Rs);          %巴特沃斯数字滤波器
[n, Wn]=buttord(Wp,Ws,Rp,Rs,'s');      %巴特沃斯模拟滤波器
[n, Wp]=cheb1ord (Wp,Ws,Rp,Rs);        %切比雪夫Ⅰ型数字滤波器
[n, Wp]=cheb1ord (Wp,Ws,Rp,Rs,'s');    %切比雪夫Ⅰ型模拟滤波器
[n, Wp]=cheb2ord (Wp,Ws,Rp,Rs);        %切比雪夫Ⅱ型数字滤波器
[n, Wp]=cheb2ord (Wp,Ws,Rp,Rs,'s');    %切比雪夫Ⅱ型模拟滤波器
[n, Wp]=ellipord (Wp,Ws,Rp,Rs);        %椭圆型数字滤波器
[n,Wp]=ellipord (Wp,Ws,Rp,Rs,'s');     %椭圆型模拟滤波器
```

（1）对于数字滤波器设计，输入参数 Wp、Ws 分别为归一化的频率；对于模拟滤波器设计，输入参数 Wp、Ws 无须归一化处理。Rp、Rs 是以分贝为单位的通带内波动和阻带内最小衰减。

（2）返回值 n 为达到设计指标的最低系统阶数；对于数字滤波器，返回值 Wn 为 3dB 归一化截止频率，对于模拟滤波器，Wn 为 3dB 截止频率。

（3）各滤波器的参数取值范围如下。

① 低通数字滤波器：Wp<Ws，通带为 0～Wp，阻带为 Ws～1。
② 低通模拟滤波器：Wp<Ws，通带为 0～Wp，阻带为 Ws～∞。
③ 高通数字滤波器：Wp>Ws，通带为 0～Ws，阻带为 Wp～∞。
④ 高通模拟滤波器：Wp>Ws，通带为 0～Ws，阻带为 Wp～∞。
⑤ 带通数字滤波器：Ws(1)<Wp(1)<Wp(2)<Ws(2)，阻带为 0～Ws(1)及 Ws(2)～1，通带为 Wp(1)～Wp(2)。
⑥ 带通模拟滤波器：Ws(1)<Wp(1)<Wp(2)<Ws(2)，阻带为 0～Ws(1)及 Ws(2)～∞，通带为 Wp(1)～Wp(2)。
⑦ 带阻数字滤波器：Ws(1)<Wp(1)<Wp(2)<Ws(2)，阻带为 0～Wp(1)及 Wp(2)～1，通带为 Ws(1)～Ws(2)。
⑧ 带阻模拟滤波器：Ws(1)<Wp(1)<Wp(2)<Ws(2)，阻带为 0～Wp(1)及 Wp(2)～∞，通带为 Ws(1)～Ws(2)。

2. 系统模型转换

系统模型可以用系统的状态方程描述，对于单输入和单输出的系统，还可以用其输入和输出之间的传递函数完成，根据传递函数的形式不同，又可以分为分子分母为多项式描述的形式、零极点描述形式、部分分式展开（留数）形式等。为了方便这些等价描述之间的转换，MATLAB 提供了丰富的函数，它们的调用格式为：

```
[b,a]=ss2tf(A,B,C,D,iu)      %将 A、B、C、D 矩阵确定的状态方程转换为第 iu 个输入到输出的传递函
                            %数的分子系数向量 b 和分母系数向量 a
```

```
[A,B,C,D]=tf2ss(b,a)              %将传递函数转换为状态方程
[z,p,k]=tt2zp(b,a)               %将传递函数转换为零极点形式
[b,a]=zp2tf(z,p,k)               %将零极点形式转换为传递函数形式
[r,p,k]=residue(b,a)             %将传递函数转换为部分分式形式
[b,a]=residue(r,p,k)             %将部分分式形式转换为传递函数形式
```

3. 线性滤波器常用命令

MATLAB 提供了一系列命令计算线性系统的时间响应，常用的有以下几个。

（1）impulse：计算动态系统模型的单位脉冲响应，给出系统的脉冲响应图。

（2）step：计算连续（离散）系统的节约阶跃响应。

（3）initial：计算连续（离散）系统的零输入响应。

同理，MATLAB 还提供了计算线性系统的频率响应命令，格式调用为：

```
h=freqs(b,a,w)
[h,w]=freqs(b,a,n)
```

（1）输入参数 b 为传递函数 H(s)的分子多项式系数向量，a 为分母多项式系数向量；w 是指定计算频率点序列；返回值 h 是对应于频率点序列 w 的复频率响应。

（2）输入参数 n 指定计算频率的指数。

（3）如果 w 省略则自动选取 200 个频率点做计算，如果无输出变量 h，则自动作出幅值响应和相频响应图。

【例 14-1】 绘制巴特沃斯低通模拟原型滤波器的幅频平方响应曲线，阶数分别为 2、5、10、50。

解： 在 MATLAB 编辑器窗口中编写程序，代码如下。

```
clc,clear,close all
n = 0:0.01:2;
for i=1:4
    switch i
        case 1,N=2;
        case 2,N=5;
        case 3,N=10;
        case 4,N=20;
    end
    [z,p,k]=buttap(N);
    [b,a]=zp2tf(z,p,k);
    [H,w]=freqs(b,a,n);
    magH2=(abs(H).^2);                              %传递函数幅值平方
    hold on
    plot(w,magH2)
end
xlabel('w/wc');ylabel('|H(jw)|^2');title('巴特沃斯低通模拟原型滤波器')
text(1.5,0.18,'N=2');text(1.3,0.08,'N=5');
text(1.16,0.08,'N=10');text(0.93,0.98,'N=20');
grid on
```

运行程序可得如图 14-11 所示的巴特沃斯低通模拟原型滤波器。

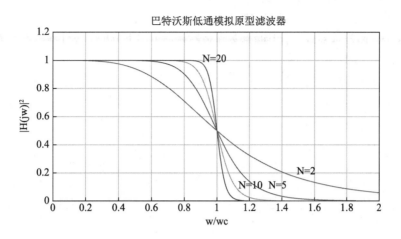

图 14-11　巴特沃斯低通模拟原型滤波器

14.3.2　滤波器分析与设计工具

MATLAB 提供了便捷的滤波器设计工具 FDATool，方便用户开展滤波器的设计。在 MATLAB 命令窗口输入 fdatool（旧版本）或 filterDesigner（新版本）命令，即可打开如图 14-12 所示的 FDATool 工具箱。

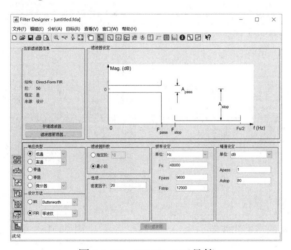

图 14-12　FDATool 工具箱

（1）依次选中"设计方法"选项组中的 IIR 单选按钮、"响应类型"选项组中的"低通"单选按钮，即可进行基于 IIR 的低通滤波器设计，其余参数保持默认。单击下方的"设计滤波器"按钮，则基于 IIR 的低通滤波器设计结果如图 14-13 所示。

（2）依次选中"设计方法"选项组中的 IIR 单选按钮、"响应类型"选项组中的"高通"单选按钮，即可进行基于 IIR 的高通滤波器设计，其余参数保持默认。单击下方的"设计滤波器"按钮，则基于 IIR 的高通滤波器设计结果如图 14-14 所示。

（3）依次选中"设计方法"选项组中的 IIR 单选按钮、"响应类型"选项组中的"带通"单选按钮，即可进行基于 IIR 的带通滤波器设计，其余参数保持默认。单击下方的"设计滤波器"按钮，则基于 IIR 的带通滤波器设计结果如图 14-15 所示。

（4）依次选中"设计方法"选项组中的 IIR 单选按钮、"响应类型"选项组中的"带阻"单选按钮，即可进行基于 IIR 的带阻滤波器设计，其余参数保持默认。单击下方的"设计滤波器"按钮，则基于 IIR 的带阻滤波器设计结果如图 14-16 所示。

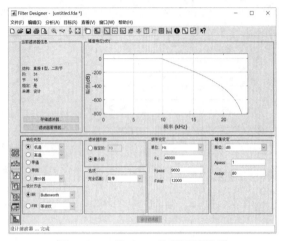

图 14-13　基于 IIR 的低通滤波器

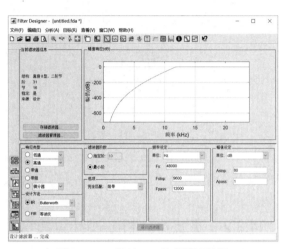

图 14-14　基于 IIR 的高通滤波器

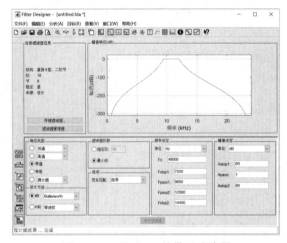

图 14-15　基于 IIR 的带通滤波器

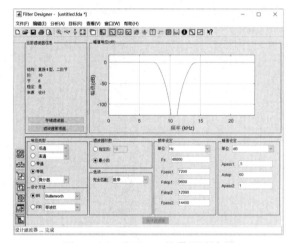

图 14-16　基于 IIR 的带阻滤波器

（5）依次选中"设计方法"选项组中的 FIR 单选按钮、"响应类型"选项组中的"低通"单选按钮，即可进行基于 FIR 的低通滤波器设计，其余参数保持默认。单击下方的"设计滤波器"按钮，则基于 FIR 的低通滤波器设计结果如图 14-17 所示。

（6）依次选中"设计方法"选项组中的 FIR 单选按钮、"响应类型"选项组中的"高通"单选按钮，即可进行基于 FIR 的高通滤波器设计，其余参数保持默认。单击下方的"设计滤波器"按钮，则基于 FIR 的高通滤波器设计结果如图 14-18 所示。

（7）依次选中"设计方法"选项组中的 FIR 单选按钮、"响应类型"选项组中的"带通"单选按钮，即可进行基于 FIR 的带通滤波器设计，其余参数保持默认。单击下方的"设计滤波器"按钮，则基于 FIR 的带通滤波器设计结果如图 14-19 所示。

（8）依次选中"设计方法"选项组中的 FIR 单选按钮、"响应类型"选项组中的"带阻"单选按钮，即可进行基于 FIR 的带阻滤波器设计，其余参数保持默认。单击下方的"设计滤波器"按钮，则基于 FIR 的带阻滤波器设计结果如图 14-20 所示。

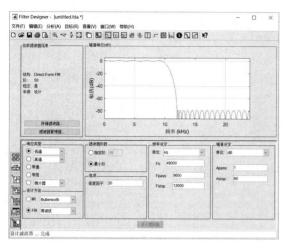

图 14-17　基于 FIR 的低通滤波器

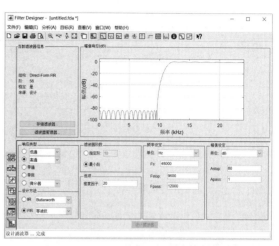

图 14-18　基于 FIR 的高通滤波器

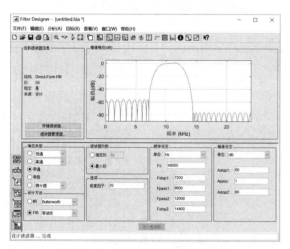

图 14-19　基于 FIR 的带通滤波器

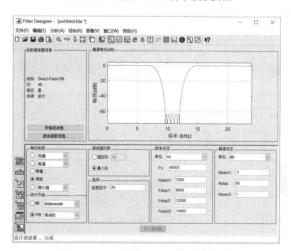

图 14-20　基于 FIR 的带阻滤波器

14.3.3　滤波器设计模块

1. 模拟滤波器设计模块

Simulink 中提供了模拟滤波器设计模块（位于 DSP System Toolbox/Filtering/Filter Implementations 路径下），模块及参数对话框如图 14-21 所示。各参数的含义如下。

（1）Design method：用于设置模拟滤波器的设计方法，包括 Butterworth（默认）、Chebyshev I、Chebyshev II、Elliptic、Bessel 这 5 种。

（2）Filter type：用于设置模拟滤波器的设计类型，包括 Lowpass（默认）、Highpass、Bandpass、Bandstop 这 4 种。

（3）Filter order：用于设置模拟滤波器的阶数。当为 Lowpass、Highpass 时，阶数为设置值；当为 Bandpass、Bandstop 时，阶数为设置值的 2 倍。

（4）Passband edge frequency：设置通带边缘频率，单位为 rad/s。

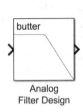

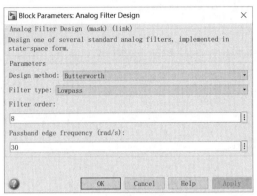

（a）模拟滤波器设计模块　　　　　　　　　　（b）参数对话框

图 14-21　模拟滤波器设计模块及参数对话框

2. 数字滤波器设计模块

Simulink 中提供了数字滤波器设计模块，如图 14-22 所示。双击该模块将弹出滤波器设计工具 FDATool，利用该工具可以进行滤波器的设计。

【例 14-2】　基于数字滤波器设计模块搭建数字滤波系统，采用正弦信号作为输入信号，设计的滤波器指定阶数为 20，设计仿真系统图如图 14-23 所示。

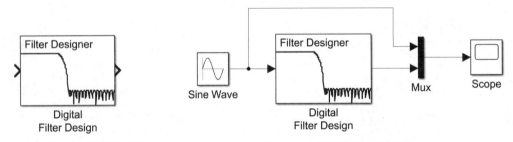

图 14-22　数字滤波器设计模块　　　　　　图 14-23　滤波器信号分析系统

解：（1）将滤波器设计为 FIR 低通滤波器，运行仿真文件，输出图形如图 14-24 所示。

（2）将滤波器设计为 FIR 高通滤波器，运行仿真文件，输出图形如图 14-25 所示。

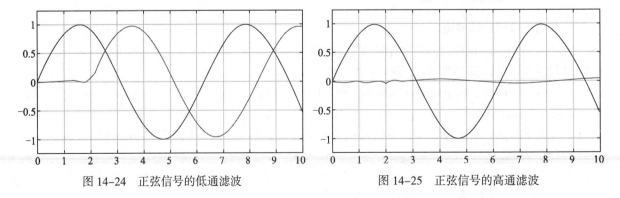

图 14-24　正弦信号的低通滤波　　　　　　图 14-25　正弦信号的高通滤波

（3）将滤波器设计为 FIR 带通滤波器，运行仿真文件，输出图形如图 14-26 所示。

（4）将滤波器设计为 FIR 带阻滤波器，运行仿真文件，输出图形如图 14-27 所示。

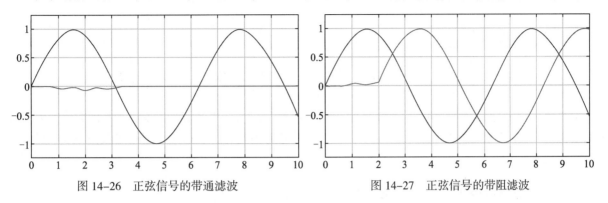

图 14-26　正弦信号的带通滤波　　　　　　图 14-27　正弦信号的带阻滤波

14.4　调制与解调

调制是将各种数字基带信号转换成适合信道传输的数字调制信号（已调信号或频带信号）；解调是将在接收端将收到的数字频带信号还原成数字基带信号。

（1）调制时域是用基带信号去控制载波信号的某一个或几个参量的变化，将信息荷载在其上形成已调信号传输，而解调是调制的反过程，从已调信号的参量变化中恢复原始的基带信号。

（2）调制频域是将基带信号的频谱搬移到信道通带或其中的某个频段的过程；而解调是将信道中来的频带信号恢复为基带信号的过程，是调制的反过程。

根据所控制的信号参量的不同，调制可分为：

① 调幅，使载波的幅度随着调制信号的大小变化而变化的调制方式；

② 调频，使载波的瞬时频率随着调制信号的大小而变，而幅度保持不变的调制方式；

③ 调相，利用原始信号控制载波信号的相位。

调制的目的是把要传输的模拟信号或数字信号变换为适合信道传输的信号，这就意味着把基带信号（信源）转变为一个相对基带频率而言频率非常高的带通信号。该信号称为已调信号，而基带信号称为调制信号。

调制可以通过使高频载波随信号幅度的变化而改变载波的幅度、相位或频率实现。调制过程用于通信系统的发端。在接收端需将已调信号还原成要传输的原始信号，也就是将基带信号从载波中提取出来，以便预定的接收者（信宿）处理和理解。该过程称为调制解调。

14.4.1　基带模型与调制通带分析

调制输出信号的频谱能量一般集中在调制载波频率附近区域。直接由调制函数建立的仿真模型称为通带调制模型。调制载波频率往往很高，在仿真中为了保证信号无失真，必须采用很高的系统仿真采样率，这样仿真步长将很小，于是系统仿真计算量和存储量将大大增加，从而影响系统仿真执行效率。

改进的方法将调制信号用等效的复低通信号表示。由于等效复低通信号的最高频率远远小于调制载波频率，相应地系统仿真采样率也就大大下降了。等效复低通信号分析采用复包络方法，相应调制器等效低通模型为调制器基带模型。

设任意正弦波调制输出信号为 $x(t)$，用复函数形式表达为

$$x(t) = r(t)\cos\left[2\pi f_c + \varphi(t)\right]$$
$$= \mathrm{Re}\left[r(t)e^{j(2\pi f_c t + \varphi(t))}\right]$$
$$= \mathrm{Re}\left[r(t)e^{j\varphi(t)}e^{j2\pi f_c t}\right]$$
$$= \mathrm{Re}\left[\tilde{x}(t)e^{j2\pi f_c t}\right]$$

式中，$r(t)$ 是幅度调制部分，$\varphi(t)$ 是相位调制部分，f_c 是载波频率，$\tilde{x}(t)$ 为复信号

$$\tilde{x}(t) = r(t)e^{j\varphi(t)}$$

复信号包含了与被调信号相关的全部变量，而调制方式的数学性能本质上与载波频率的数值无关，因此具有低通属性的复信号可以用来表达调制过程。复信号被称为调制信号 $x(t)$ 的复低通等效信号或调制信号的复包络信号。

14.4.2　模拟调制与解调器模块

MATLAB 提供了很多调制与解调模块。通常情况下，模块的载波频率 f_c 要比信号的最高频率高很多，根据莱奎斯特采样理论，模型中采样时间的倒数必须大于载波频率 f_c 的两倍。

1.　DSB AM调制模块

DSB AM 调制模块对输入信号进行双边带幅度调制。输出为通带表示的调制信号，输入和输出信号都是基于采样的实数标量信号。

模块中，如果输入一个时间函数 $u(t)$，则输出为 $(u(t)+k)\cos(2\pi f_c t + \theta)$。其中，$k$ 为 Input signal offset 参数，f_c 为 Carrier frequency 参数，θ 为 Initial phase 参数。通常设定 k 为输入信号 $u(t)$ 的负值部分最小值的绝对值。

Simulink 中 DSB AM 调制模块及参数对话框如图 14-28 所示。各参数的含义如下。

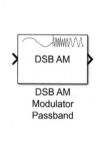

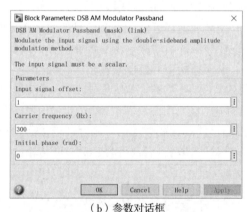

（a）DSB AM 调制模块　　　　　　　　　　（b）参数对话框

图 14-28　DSB AM 调制模块及参数对话框

（1）Input signal offset：设定补偿因子 k，应大于或等于输入信号最小值的绝对值。

（2）Carrier frequency：设定调制信号的载波频率。

（3）Initial phase：设定载波频率初始化相位。

搭建 DSB AM 调制模块模型，如图 14-29 所示。Input signal offset 值前后分别为 1、10，Initial phase 值前后分别为 0、pi/3，

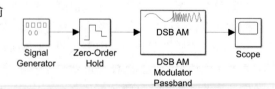

图 14-29　DSB AM 调制模块模型

其余采用默认设置。运行仿真文件，两次设置输出图形如图 14-30 所示。

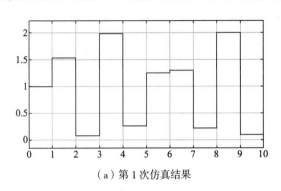

（a）第 1 次仿真结果

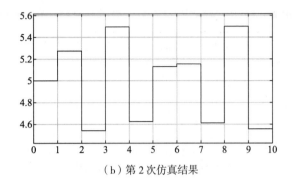

（b）第 2 次仿真结果

图 14-30　DSB AM 调制模块模型仿真结果

2．DSB AM解调模块

DSB AM 解调模块对双边带幅度调制的信号进行解调。输入信号为通带表示的调制信号，输入和输出信号都是基于采样的实数标量信号。在解调过程中，DSB AM 解调模块便成为低通滤波器。

Simulink 中 DSB AM 解调模块及参数对话框如图 14-31 所示。各参数的含义如下。

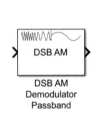

（a）DSB AM 解调模块

（b）参数对话框

图 14-31　DSB AM 解调模块及参数对话框

（1）Input signal offset：设定输出信号偏移，模块中的所有解调信号都将减去这个偏移量，从而得到输出数据。

（2）Carrier frequency：设定调制信号的载波频率。

（3）Initial phase：设定载波频率初始化相位。

（4）Lowpass filter design method：滤波器的产生方法，包括 Butterworth、Chebyshev1、Chebyshev2、Elliptic 等。

（5）Filter order：设定滤波器阶数。

（6）Cutoff frequency：设定滤波器截止频率。

搭建 DSB AM 解调模块模型，如图 14-32 所示。Cutoff

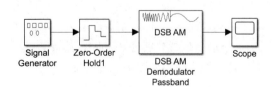

图 14-32　DSB AM 解调模块模型

frequency 设定为 0.1，Filter order 值前后分别设置为 4、6，其余采用默认设置。运行仿真文件，输出图形如图 14-33 所示。

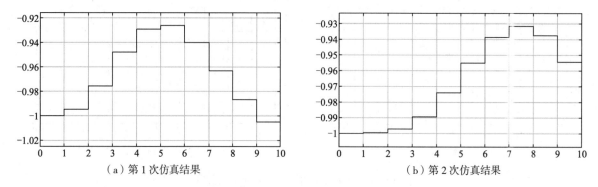

（a）第1次仿真结果　　　　　　　　（b）第2次仿真结果

图 14-33　DSB AM 解调模块模型仿真结果

3. DSBSC AM 调制模块

DSBSC AM 调制模块对双边带幅度调制的信号进行调制。输出信号为通带表示的调制信号，输入和输出信号都是基于采样的实数标量信号。

模块中，如果输入一个时间函数 $u(t)$，则输出为 $u(t)\cos(f_c t + \theta)$，其中 f_c 为 Carrier frequency 参数，θ 为 Initial phase 参数。

Simulink 中 DSBSC AM 调制模块及参数对话框如图 14-34 所示。各参数的含义如下。

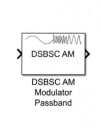

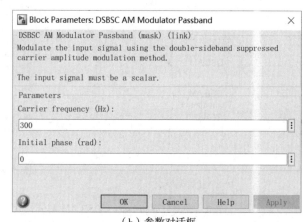

（a）DSBSC AM 调制模块　　　　　　　　（b）参数对话框

图 14-34　DSBSC AM 调制模块及参数对话框

（1）Carrier frequency：设定调制信号的载波频率。

（2）Initial phase：设定载波频率初始化相位。

搭建 DSBSC AM 调制模块模型，如图 14-35 所示。Initial phase 值前后设置分别为 0、pi/3，其余采用默认设置。运行仿真文件，输出图形如图 14-36 所示。

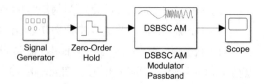

图 14-35　DSBSC AM 调制模块模型

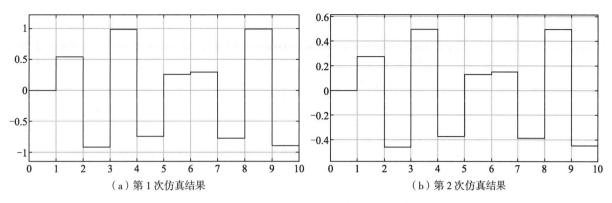

(a) 第 1 次仿真结果　　　　　　　　　(b) 第 2 次仿真结果

图 14-36　DSBSC AM 调制模块模型仿真结果

4. DSBSC AM解调模块

DSBSC AM 调制模块对双边带幅度调制的信号进行解调。输入信号为通带表示的调制信号，输入和输出信号都是基于采样的实数标量信号。

Simulink 中 DSBSC AM 解调模块及参数对话框如图 14-37 所示。各参数的含义如下。

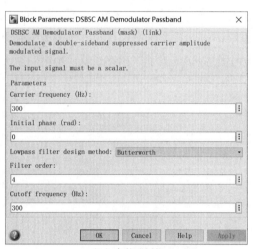

(a) DSBSC AM 解调模块　　　　　　　　　　　(b) 参数对话框

图 14-37　DSBSC AM 解调模块及参数对话框

（1）Carrier frequency：设定调制信号的载波频率。

（2）Initial phase：设定载波频率初始化相位。

（3）Lowpass filter design method：滤波器的产生方法，包括 Butterworth、Chebyshev1、Chebyshev2、Elliptic 等。

（4）Filter order：设定滤波器阶数。

（5）Cutoff frequency：设定滤波器截止频率。

搭建 DSBSC AM 解调模块模型，如图 14-38 所示。Cutoff frequency 设定为 0.1，Filter order 值前后分别设定为 4、2，其余采用默认设置。运行仿真文件，前后输出图形如图 14-39 所示。

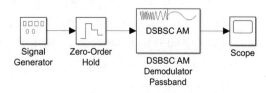

图 14-38　DSBSC AM 解调模块模型

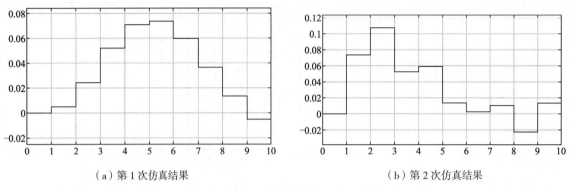

（a）第1次仿真结果 （b）第2次仿真结果

图 14-39　DSBSC AM 解调模块模型仿真结果

5. SSB AM调制模块

SSB AM 调制模块使用希尔伯特滤波器进行单边幅度调制。输出为通常形式的调制信号。输入和输出均为基于采样的实数标量信号。

模块中，如果输入一个时间函数 $u(t)$，则输出为 $(u(t))\cos(f_c t+\theta)\mp u(\hat{t})\sin(f_c t+\theta)$，其中，$f_c$ 为 Carrier frequency 参数，θ 为 Initial phase 参数。$u(\hat{t})$ 表示输入信号 $u(t)$ 的希尔伯特变换，式中减号表示上边带，加号代表下边带。

Simulink 中 SSB AM 调制模块及参数对话框如图 14-40 所示。各参数的含义如下。

（a）SSB AM 调制模块 （b）参数对话框

图 14-40　SSB AM 调制模块及参数对话框

（1）Carrier frequency：设定调制信号的载波频率。

（2）Initial phase：设定载波频率初始化相位。

（3）Sideband to modulate：传输方式设定项，有 upper 和 lower 两种，分别为上边带传输和下边带传输。

（4）Hilbert transform filter order：设定用于希尔伯特转化的 FIR 滤波器的长度。

搭建 SSBSC AM 调制模块模型，如图 14-41 所示。Sideband

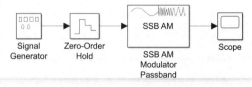

图 14-41　SSBSC AM 调制模块模型

to modulate 前后分别设定为 upper、lower，Hilbert Transform filter order 为 4、6，其余采用默认设置。运行仿真文件，输出图形如图 14-42 所示。

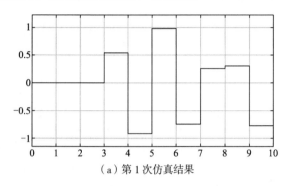
（a）第 1 次仿真结果

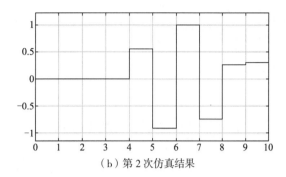
（b）第 2 次仿真结果

图 14-42　SSBSC AM 调制模块模型仿真结果

6. SSB AM解调模块

SSBSC AM 解调模块对单边带幅度调制的信号进行解调。输入信号为通带表示的调制信号，输入和输出信号都是基于采样的实数标量信号。

Simulink 中 SSB AM 解调模块及参数对话框如图 14-43 所示。各参数的含义如下。

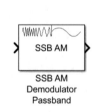
（a）SSB AM 解调模块

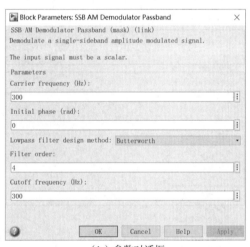
（b）参数对话框

图 14-43　SSB AM 解调模块及参数对话框

（1）Carrier frequency：设定调制信号的载波频率。

（2）Initial phase：设定载波频率初始化相位。

（3）Lowpass filter design method：设定滤波器的产生方法，包括 Butterworth、Chebyshev1、Chebyshev2、Elliptic 等。

（4）Filter order：设定滤波器阶数。

（5）Cutoff frequency：设定滤波器截止频率。

搭建 SSBSC AM 解调模块模型，如图 14-44 所示。Filter order 值前后分别设定为 4、6，Cutoff frequency 设定为 0.1，

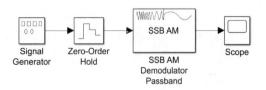

图 14-44　SSBSC AM 解调模块模型

其余采用默认设置。运行仿真文件，输出图形如图 14-45 所示。

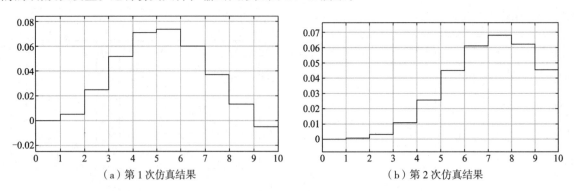

（a）第 1 次仿真结果　　　　　　　　　（b）第 2 次仿真结果

图 14-45　SSBSC AM 解调模块模型仿真结果

7. PM 调制模块

PM 调制模块进行通带相位调制。输出为通带表示的调制信号。输入和输出均为基于采样的实数标量信号。

模块中，如果输入一个时间函数 $u(t)$，则输出为 $\cos\left(2\pi f_c t + K_c u(t) + \theta\right)$。其中，$f_c$ 为 Carrier frequency 参数，θ 为 Initial phase 参数，K_c 为 Modulation constant 参数。

Simulink 中 PM 调制模块及参数对话框如图 14-46 所示。各参数的含义如下。

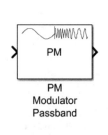

（a）PM 调制模块

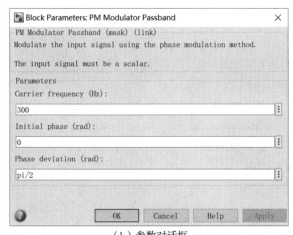

（b）参数对话框

图 14-46　PM 调制模块及参数对话框

（1）Carrier frequency：设定调制信号的载波频率。

（2）Initial phase：设定载波频率初始化相位。

（3）Phase deviation：设定载波频率相位偏移量。

搭建 PM 调制模块模型，如图 14-47 所示。phase deviation 为 pi/2，Initial phase 前后分别设定为 pi/2，运行仿真文件，输出图形如图 14-48 所示。

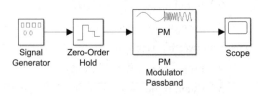

图 14-47　PM 调制模块模型

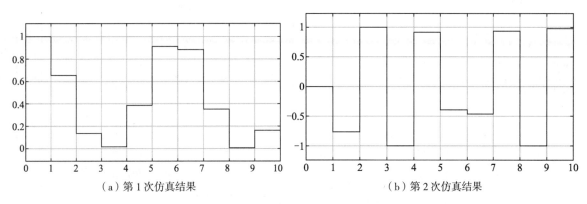

（a）第 1 次仿真结果　　　　　　　　　　（b）第 2 次仿真结果

图 14-48　PM 调制模块模型仿真结果

8．PM解调模块

PM 解调模块对通带相位调制的信号进行解调。输入信号为通带表示的调制信号，输入和输出信号都是基于采样的实数标量信号。

在解调的过程中，模块要使用一个滤波器，为了执行滤波器的希尔伯特转换，载波频率最好大于输入信号采样时间的 10%。

Simulink 中 PM 解调模块及参数对话框如图 14-49 所示。各参数的含义如下。

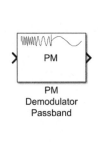

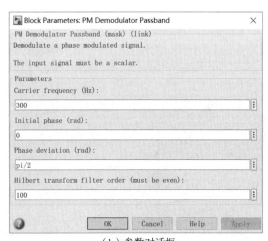

（a）PM 解调模块　　　　　　　　　　　（b）参数对话框

图 14-49　PM 解调模块及参数对话框

（1）Carrier frequency：设定调制信号的载波频率。

（2）Initial phase：设定载波频率初始化相位。

（3）Phase deviation：设定载波信号相位偏移。

（4）Hilbert transform filter order：表示用于希尔伯特转化的 FIR 滤波器的长度。

搭建 PM 解调模块模型，如图 14-50 所示。采用默认输入，Hilbert transform filter order 值设前后分别设定为 4、8，运行仿真文件，输出图形如图 14-51 所示。

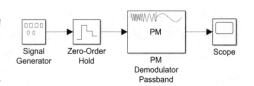

图 14-50　PM 解调模块模型

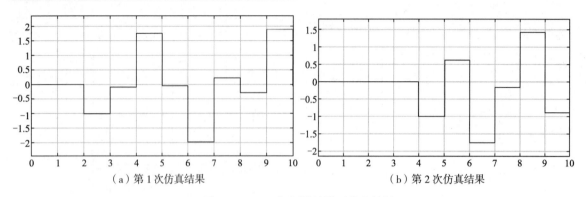

（a）第 1 次仿真结果　　　　　　　　　　（b）第 2 次仿真结果

图 14-51　PM 解调模块模型仿真结果

9. FM调制模块

FM 调制模块用于频率调制。输出为通常形式的调制信号。输出信号的频率随着输入信号的幅度变化而变化，输入和输出均为基于采样的实数标量信号。

模块中，如果输入一个时间函数 $u(t)$，则输出为 $\cos\left(2\pi f_c t + 2\pi K_c \int_0^t u(\tau)\mathrm{d}\tau + \theta\right)$。其中，$f_c$ 为 Carrier frequency 参数，θ 为 Initial phase 参数，K_c 为 Modulation constant 参数。

Simulink 中 FM 调制模块及参数对话框如图 14-52 所示。各参数的含义如下。

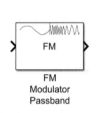

（a）FM 调制模块

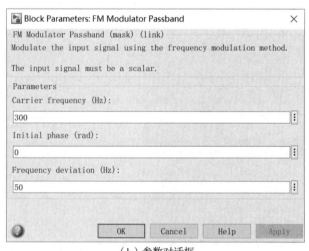

（b）参数对话框

图 14-52　FM 调制模块及参数对话框

（1）Carrier frequency：设定调制信号的载波频率。

（2）Initial phase：设定载波频率初始化相位。

（3）Frequency deviation：设定载波信号的频率偏移。

搭建 FM 调制模块模型，如图 14-53 所示。Initial phase 前后分别设定为 0、pi，运行仿真文件，输出图形如图 14-54 所示。

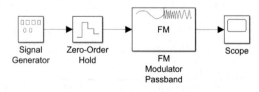

图 14-53　FM 调制模块模型

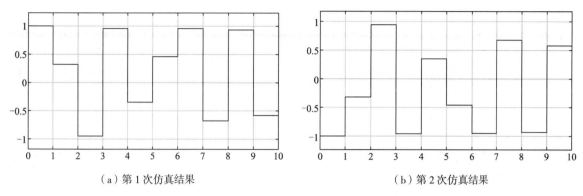

（a）第 1 次仿真结果　　　　　　　　　　（b）第 2 次仿真结果

图 14-54　FM 调制模块模型仿真结果

10. FM解调模块

FM 解调模块对单边带幅度调制的信号进行解调。输入信号为通带表示的调制信号，输入和输出信号都是基于采样的实数标量信号。

Simulink 中 FM 解调模块及参数对话框如图 14-55 所示。各参数的含义如下。

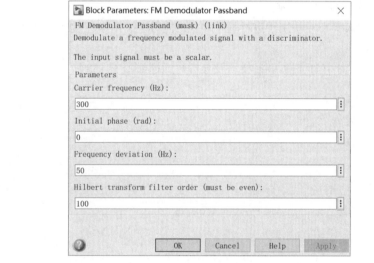

（a）FM 解调模块　　　　　　　　　　　　（b）参数对话框

图 14-55　FM 解调模块及参数对话框

（1）Carrier frequency：设定调制信号的载波频率。

（2）Initial phase：设定载波频率初始化相位。

（3）Frequency deviation：设定载波信号的频率偏移。

（4）Hilbert transform filter order：表示用于希尔伯特转换的 FIR 滤波器的长度。

搭建 FM 解调模块模型，如图 14-56 所示。Hilbert transform filter order 值前后分别设定为 4、6，其余参数采用默认设置。运行仿真文件，输出图形如图 14-57 所示。

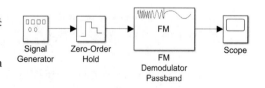

图 14-56　FM 解调模块模型

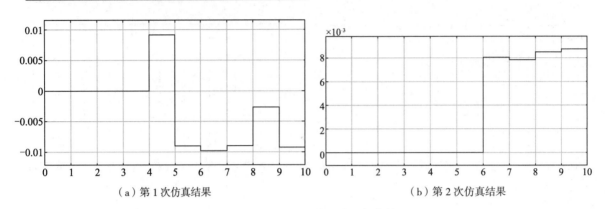

（a）第1次仿真结果　　　　　　　　　　　　（b）第2次仿真结果

图 14-57　FM 解调模块模型仿真结果

14.4.3　数字调制解调器模块

MATLAB 提供了很多数字调制解调器模块，用于数字基带（包括幅度、频率、相位）的调制解调。下面选择几个重要的进行介绍。

1. M-FSK调制模块

M-FSK 调制模块用于进行基带 M 元频移键控调制。输出为基带形式的已调信号。其输入和输出均为离散信号。

Simulink 中 M-FSK 调制模块及参数对话框如图 14-58 所示。各参数的含义如下。

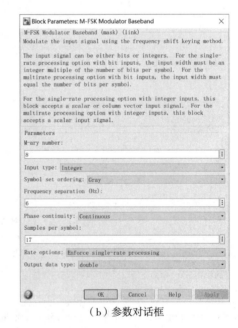

（a）M-FSK 调制模块　　　　　　　　　　　　（b）参数对话框

图 14-58　M-FSK 调制模块及参数对话框

（1）M-ary number：调制信号中的频率数（信号星座图的点数），必须为一个偶数。

（2）Input type：表示输入由整数组成还是由位组成，即接收 0～M-1 的整数还是二进制形式的整数。如果设为 Bit，那么参数 M-ary number 必须为 2^K，K 为正整数。

如果设为 Integer，则接收整数输入，输入可以是标量，也可以是基于帧的列向量。如果为 Bit，则接收 K bit 的组称为二进制字，输入可以是长度为 K 得到的列向量或者为基于帧的列向量（长度为 K 的整数倍）。

（3）Symbol set ordering：设定模块如何将每一个输入位组映射到相应的整数。

（4）Frequency separation：表示已调信号中相邻频率之间的间隔。

（5）Phase continuity：决定已调制信号的相位是连续的还是非连续的。设为 continuous 表示即使频率发生变化，调制信号的相位仍然维持不变；设为 Discontinuous 表示调制信号由不同频率的 M 正弦曲线部分构成，若输入值发生变化；调制信号的相位也会随之改变。

（6）Samples per symbol：对每个输入的整数或二进制字生成的输出采样个数。

（7）Rate options：选择模块的速率处理选项。包括以下两个选项：

① Enforce single-rate processing：表示输入和输出信号具有相同的端口采样时间。当与输入进行比较时，模块通过在输出处更改大小实现速率更改。输出宽度等于符号数与 Samples per symbol 参数值的乘积。

② Allow multirate processing：表示输入和输出信号具有不同的端口采样时间。输出采样时间等于符号周期除以 Samples per symbol 参数值。

（8）Output data type：设定模型的输出数据类型，可以为 double 或 single，默认为 double 型。

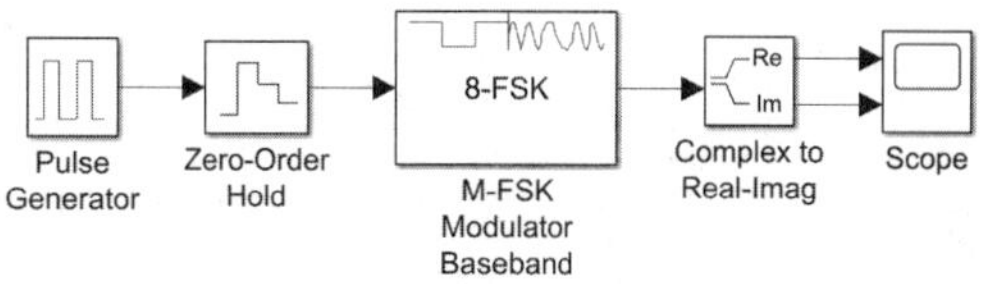

搭建 M-FSK 调制模块模型，如图 14-59 所示。采用系

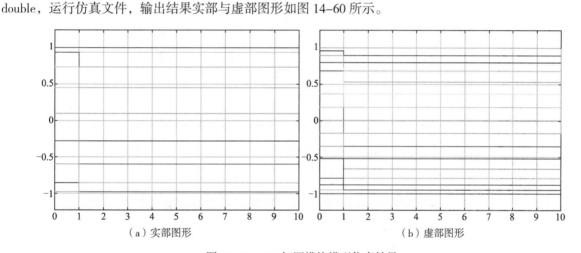

图 14-59 M-FSK 调制模块模型

统默认输入，即 M-ary number 为 8，Frequency separation 为 6，Samples per symbol 为 17，Output data type 为 double，运行仿真文件，输出结果实部与虚部图形如图 14-60 所示。

（a）实部图形　　　　　　　　　　　　　　（b）虚部图形

图 14-60 FM 解调模块模型仿真结果

2. M-FSK解调模块

M-FSK 解调模块进行基带 M 元频移键控解调。输入为标量或基于采样的向量。其输入和输出为离散信号。

Simulink 中 M-FSK 解调模块及参数对话框如图 14-61 所示。各参数的含义同 M-FSK 调制模块。

搭建 M-FSK 解调模块模型，如图 14-62 所示。采用系统默认输入，设定 M-ary number 为 8，Output type 为 Bit，Frequency separation 为 1，Samples per symbol 为 2，Output data type 为 double，Rate options 选择 Allow multirate processing，运行仿真文件，输出结果实部与虚部图形如图 14-63 所示。

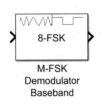

（a）M-FSK 解调模块

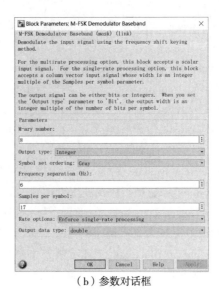

（b）参数对话框

图 14-61　M-FSK 解调模块及参数对话框

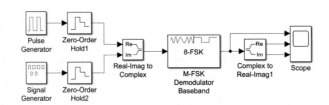

图 14-62　M-FSK 解调模块模型

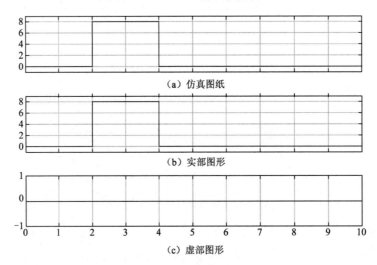

（a）仿真图纸

（b）实部图形

（c）虚部图形

图 14-63　M-FSK 解调模块模型仿真结果

3. M-PSK调制

M-PSK 调制模块进行基带 M 元相移键控调制。输出为基带形式的已调信号。模块的输入和输出为离散信号。

Simulink 中 M-PSK 调制模块及参数对话框如图 16-64 所示。各参数的含义如下。

（1）M-ary number：调制信号中的频率数（信号星座图的点数），必须为一个偶数，默认为 8。

（2）Input type：表示输入由整数组成还是由位组成，即接收 0 ~ M-1 的整数还是二进制形式的整数。如果设为 Bit，那么参数 M-ary number 必须为 2^K，K 为正整数。

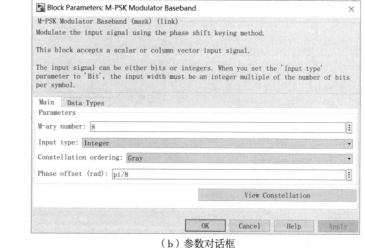

（a）M-PSK 调制模块　　　　　　　（b）参数对话框

图 14-64　M-PSK 调制模块及参数对话框

设为 Integer 表示接收整数输入，输入可以是标量，也可以是基于帧的列向量。设为 Bit 表示接收 K Bit 的组称为二进制字，输入可以是长度为 K 得到的列向量或者为基于帧的列向量（长度为 K 的整数倍）。

（3）Phase offset：表示信号星座图中的零点位置。

（4）Constellation ordering：星座图编码方式，决定如何将二进制字分配到星座图的点上。设为 Binary，表示把输入的 K 个二进制符号当作一个自然二进制序列；设为 Gray 表示把输入的 K 个二进制符号当作一个 Gray 码。

搭建 M-PSK 调制模块模型，如图 14-65 所示。采用默认输入，设定 M-ary number 为 8，Phase offset 为 pi/8，Constellation ordering 为 Binary，Input type 为 Integer。运行仿真文件，输出结果实部与虚部图形如图 14-66 所示。

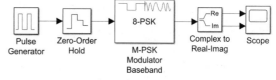

图 14-65　M-PSK 调制模块模型

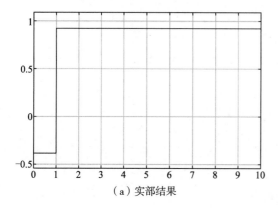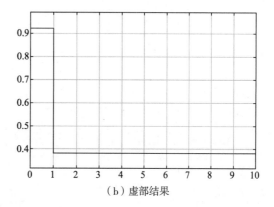

（a）实部结果　　　　　　　　　（b）虚部结果

图 14-66　M-PSK 调制模块模型仿真结果

4. M-PSK解调模块

M-PSK 解调模块进行基带 M 元相移键控制解调。输入为标量或基于采样的向量。模块的输入和输出为离散信号。

Simulink 中 M-PSK 解调模块及参数对话框如图 14-67 所示。各参数的含义同 M-PSK 调制模块。

（a）M-PSK 解调模块　　　　　　　　　（b）参数对话框

图 14-67　M-PSK 解调模块及参数对话框

搭建 M-PSK 解调模块模型，如图 14-68 所示。采用默认输入，设定 M-ary number 为 8，Phase offset 为 pi/8，Constellation ordering 为 Gray，Output data type 为 Integer。运行仿真文件，输出结果实部与虚部图形如图 14-69 所示。

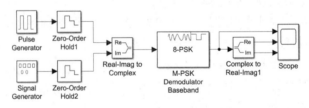

图 14-68　M-PSK 解调模块模型

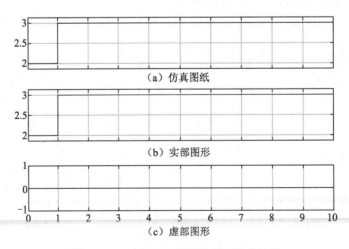

（a）仿真图纸

（b）实部图形

（c）虚部图形

图 14-69　M-PSK 解调模块模型仿真结果

5．M-PAM调制模块

MATLAB 对数字幅度调制提供了多个模块，包括 General QAM Modulator Baseband、M-PAM Modulator Baseband、Rectangular QAM Modulator Baseband 等，下面具体介绍 M-PAM 调制功能。

M-PAM Modulator Baseband 称为 M 相基带幅度调制模块，用于基带 M 元脉冲的幅度调制。模块的输出为基带形式的已调制的信号。模块的输入和输出为离散信号。

Simulink 中 M-PAM 调制模块及参数对话框如图 14-70 所示。各参数的含义如下。

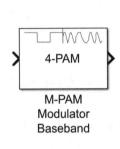

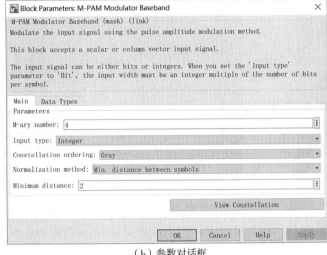

（a）M-PAM 调制模块　　　　　　　　　　　　　　（b）参数对话框

图 14-70　M-PAM 调制模块及参数对话框

（1）M-ary number：调制信号中的频率数（信号星座图的点数），必须为一个偶数，默认为 8。

（2）Input type：表示输入由整数组成还是由位组成，即接收 $0 \sim M-1$ 的整数还是二进制形式的整数。如果设为 Bit，那么参数 M-ary number 必须为 2^K，K 为正整数。

设为 Integer 表示接收整数输入，输入可以是标量，也可以是基于帧的列向量。设为 Bit 表示接收 Kbit 的组称为二进制字，输入可以是长度为 K 得到的列向量或者为基于帧的列向量（长度为 K 的整数倍）。

（3）Constellation ordering：星座图编码方式，决定如何将二进制字分配到星座图的点上。设为 Binary 表示把输入的 K 个二进制符号当作一个自然二进制序列；设为 Gray 表示把输入的 K 个二进制符号当作一个 Gray 码。

（4）Normalization method：该复选框决定如何测量信号的星座图，有 Min.distance between symbols、Average Power 和 Peak Power 等可选项。

（5）Minimum distance：表示星座图中两个距离最近点之间的距离。当 Normalization method 选为 Min.distance between symbols 时有效，默认为 2。

搭建 M-PAM 调制模块模型，如图 14-71 所示。采用默认输入，设定 M-ary number 为 32，Constellation ordering 为 Gray，Input type 为 Integer。运行仿真文件，输出结果实部及虚部图形如图 14-72 所示。

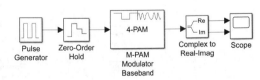

图 14-71　M-PAM 调制模块模型

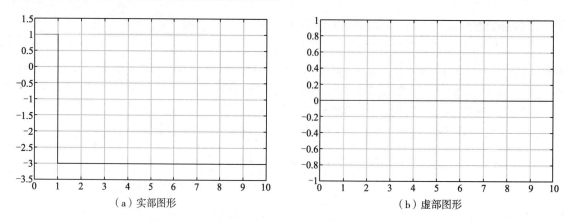

（a）实部图形　　　　　　　　　　　　（b）虚部图形

图 14-72　M-PAM 调制模块模型仿真结果

6. M-PAM解调模块

M-PAM Demodulator Baseband 称为 M 相基带幅度调制模块，该模块用于基带 M 元脉冲的幅度调制。模块的输出为基带形式的已调制的信号。模块的输入和输出为离散信号。

Simulink 中 M-PAM 解调模块及参数对话框如图 14-73 所示。各参数的含义同 M-PAM 调制模块。

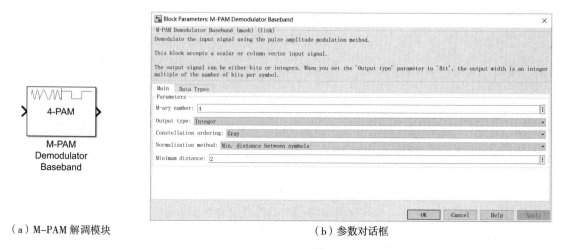

（a）M-PAM 解调模块　　　　　　　　　　　　（b）参数对话框

图 14-73　M-PAM 解调模块及参数对话框

搭建 M-PAM 解调模块模型，如图 14-74 所示。采用默认输入，设定 M-ary number 为 4，Constellation ordering 为 Gray，Output type 为 Integer。运行仿真文件，输出结果实部与虚部图形如图 14-75 所示。

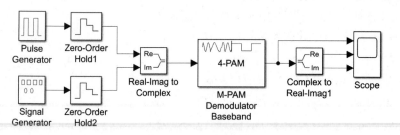

图 14-74　M-PAM 解调模块模型

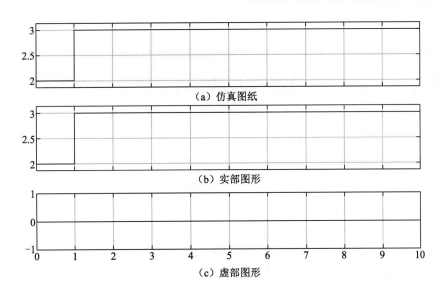

图 14-75　M-PAM 解调模块模型仿真结果

14.5　本章小结

通信系统是用于完成信息传输过程的技术系统的总称。本章主要围绕通信系统进行仿真设计，主要分为通信系统仿真概述、信源与信道模型、随机数发生器、泊松分布发生器、伯努利二进制信号发生器以及加性噪声发生器模型、滤波器设计、通信信号的调制和解调，包括基带模型与调制通带分析、解调与模拟调制模型分析及数字调制解调模型分析等内容。本章整体基本涵盖通信系统设计，能够使读者真正地掌握和学习通信系统设计的基本框架知识。

第 15 章
CHAPTER 15

神经网络控制仿真

人工神经网络是模仿生物神经网络功能的一种经验模型。神经网络是由大量的处理单元（神经元）互相连接而成的网络。本章介绍 MATLAB 在神经网络中的应用，包括 BP 神经网络的 PID 控制、基于 Simulink 的神经网络模型预测控制系统、反馈线性化控制系统典型神经网络控制系统等内容。

本章学习目标包括：

（1）了解神经网络的学习规则；

（2）掌握常用神经网络函数；

（3）掌握神经网络控制系统仿真。

15.1 神经网络简介

人工神经网络（Artificial Neural Network, ANN）是模仿生物神经网络功能的一种经验模型。生物神经元受到输入信号的刺激，其反应又从输出端传到相连的其他神经元，输入和输出之间的变换关系一般是非线性的。

神经网络是由若干简单（通常是自适应的）元件及其层次组织，以大规模并行连接方式构造而成的网络，按照生物神经网络类似的方式处理输入的信息。模仿生物神经网络而建立的人工神经网络，对输入信号有功能强大的反应和处理能力。

神经网络是由大量的处理单元（神经元）互相连接而成的网络。为了模拟大脑的基本特性，在神经科学研究的基础上，提出了神经网络的模型。但是，实际上神经网络并没有完全反映大脑的功能，只是对生物神经网络进行了某种抽象、简化和模拟。

神经网络的信息处理通过神经元的互相作用实现，知识与信息的存储表现为网络元件互相分布式的物理联系。神经网络的学习和识别取决于各种神经元连接权系数的动态演化过程。

若干神经元连接成网络，其中的一个神经元可以接收多个输入信号，按照一定的规则转换为输出信号。由于神经网络中神经元间复杂的连接关系和各神经元传递信号的非线性方式，输入和输出信号间可以构建出各种各样的关系，因此可以用来作为黑箱模型，表达那些用机理模型还无法精确描述、但输入和输出之间确有客观的、确定性的或模糊性的规律的问题。因此，人工神经网络作为经验模型的一种，在生产、研究和开发中得到了越来越多的应用。

15.1.1 人工神经元模型

人工神经网络基本单元的神经元模型如图 15-1 所示，它有 3 个基本要素。

（1）一组连接（对应于生物神经元的突触），连接强度由各连接上的权值表示，权值为正表示激活，为负表示抑制。

（2）一个求和单元，用于求取各输入信号的加权和（线性组合）。

（3）一个非线性激活函数，起非线性映射作用并将神经元输出幅度限制在一定范围内（一般限制在(0,1)或(-1,1)）。

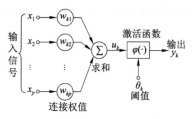

图 15-1 人工神经网络模型

此外还有一个阈值 θ_k（或偏置 $b_k = -\theta_k$）。

以上作用可分别以数学式表达出来

$$u_k = \sum_{j=1}^{p} w_{kj}x_j , \quad v_k = u_k - \theta_k , \quad y_k = \varphi(v_k)$$

其中，$x_1, x_2, \cdots, x_p$ 为输入信号，$w_{k1}, w_{k2}, \cdots, w_{kp}$ 为神经元 k 之权值，u_k 为线性组合结果，θ_k 为阈值，$\varphi(\cdot)$ 为激活函数，y_k 为神经元 k 的输出。

若把输入的维数增加一维，则可把阈值 θ_k 包括进去，具体如下

$$v_k = \sum_{j=0}^{p} w_{kj}x_j , \quad y_k = \varphi(u_k)$$

其输入为 $x_0 = -1$（或 $+1$），权值为 $w_{k0} = \theta_k$（或 b_k），如图 15-2 所示。

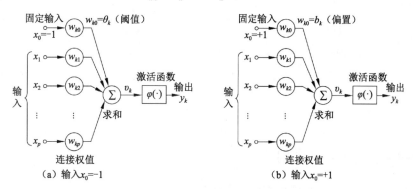

（a）输入 $x_0 = -1$ （b）输入 $x_0 = +1$

图 15-2 复杂人工神经网络模型

激活函数 $\varphi(\cdot)$ 可以有以下几种。

（1）阈值函数

$$\varphi(v) = \begin{cases} 1, & v \geqslant 0 \\ 0, & v < 0 \end{cases}$$

即阶梯函数，这时相应的输出 y_k 为

$$y_k = \begin{cases} 1, & v_k \geqslant 0 \\ 0, & v_k < 0 \end{cases}$$

其中，$v_k = \sum_{j=1}^{p} w_{kj}x_j - \theta_k$，常称此种神经元为 M-P 模型。

（2）分段线性函数

$$\varphi(v) = \begin{cases} 1, & v \geqslant 1 \\ \dfrac{1}{2}(1+v), & -1 < v < 1 \\ 0, & v \leqslant -1 \end{cases}$$

类似于一个放大系数为 1 的非线性放大器，当工作于线性区时它是一个线性组合器，放大系数趋于无穷大时变成一个阈值单元。

（3）sigmoid 函数

最常用的函数形式为

$$\varphi(v) = \frac{1}{1 + \exp(-\alpha v)}$$

参数 $\alpha > 0$ 可控制其斜率。

另一种常用的是双曲正切函数

$$\varphi(v) = \tanh\left(\frac{v}{2}\right) = \frac{1 - \exp(-v)}{1 + \exp(-v)}$$

这类函数具有平滑和渐近性，并保持单调性。

MATLAB 神经网络工具箱中的激活（传递）函数如表 15-1 所示。

表 15-1 传递函数

函　数　名	功　　能	函　数　名	功　　能
purelin	线性传递函数	logsig	对数S形传递函数
hardlim	硬限幅传递函数	tansig	正切S形传递函数
hardlims	对称硬限幅传递函数	radbas	径向基传递函数
satlin	饱和线性传递函数	compet	竞争层传递函数
satlins	对称饱和线性传递函数		

15.1.2　神经网络的学习规则

神经网络通常采用的网络学习规则包括以下 3 种。

1. 误差纠正学习规则

令 $y_k(n)$ 是输入 $x_k(n)$ 时神经元 k 在 n 时刻的实际输出，$d_k(n)$ 表示应有的输出（可由训练样本给出），则误差信号可写为

$$e_k(n) = d_k(n) - y_k(n)$$

误差纠正学习的最终目的是使某一基于 $e_k(n)$ 的目标函数达到要求，以使网络中每个输出单元的实际输出在某种统计意义上逼近应有输出。

一旦选定了目标函数形式，误差纠正学习就变成了一个典型的最优化问题，最常用的目标函数是均方误差判据，定义为误差平方和的均值，即

$$J = E\left[\frac{1}{2}\sum_k e_k^2(n)\right]$$

其中，E 为期望算子。

上式的前提是学习的过程是平稳的，具体方法可用最优梯度下降法。直接用 J 作为目标函数时需要知道整个过程的统计特性，为解决这一问题，通常用 J 在时刻 n 的瞬时值代替 J，即

$$E = \frac{1}{2}\sum_k e_k^2(n)$$

问题变为求 E 对权值 w 的极小值，据梯度下降法可得

$$\Delta w_{kj} = \eta e_k(n) x_j(n)$$

其中，η 为学习步长。这就是通常所说的误差纠正学习规则。

2. Hebb学习规则

由神经心理学家 Hebb 提出。可归纳为"当某一突触连接两端的神经元同时处于激活状态（或同为抑制）时，该连接的强度应增加，反之应减弱"。用数学方式可描述为

$$\Delta w_{kj} = \eta y_k(n) y_j(n)$$

由于 Δw_{kj} 与 $y_k(n)$、$y_j(n)$ 的相关成比例，有时称为相关学习规则。

3. 竞争学习规则

顾名思义，在竞争学习时，网络各输出单元互相竞争，最后只有一个最强者激活。最常见的一种情况是输出神经元之间有侧向抑制性连接，这样原输出单元中如有某一单元较强，则它将获胜并抑制其他单元，最后只有此强者处于激活状态。最常用的竞争学习规则可写为

$$\Delta w_{kj} = \begin{cases} \eta(y_k - w_{jk}), & \text{神经元竞争获胜} \\ 0, & \text{神经元竞争失败} \end{cases}$$

15.1.3　神经网络函数

MATLAB 中提供的神经网络函数主要分为通用函数与专用函数两大部分。通用函数几乎可以用于所有类型的神经网络，如神经网络的初始化函数 init、训练函数 train 和仿真函数 sim 等；专用函数只能用于某一种类型的神经网络，如建立感知机神经网络的函数 simup 等。

主要的神经网络函数如表 15-2 所示。

表 15-2　主要的神经网络函数

函 数 名	功　　能	函 数 名	功　　能
init	初始化一个神经网络	concur	结构一致函数
initlay	层–层结构神经网络的初始化函数	sse	误差平方和性能函数
initwb	神经网络某一层的权值和偏值初始化函数	mae	平均绝对误差性能函数
initzero	将权值设置为零的初始化函数	trainp	训练感知机神经网络的权值和偏值
train	神经网络训练函数	trainpn	训练标准化感知机的权值和偏值
adapt	神经网络自适应训练函数	simup	对感知机神经网络进行仿真
sim	神经网络仿真函数	learnp	感知机的学习函数
dotprod	权值点积函数	learnpn	标准化感知机的学习函数
normprod	规范点积权值函数	newp	生成一个感知机
netsum	输入求和函数	solvelin	设计一个线性神经网络
netprod	网络输入的积函数	adaptwh	对线性神经网络进行在线自适应训练

1. 初始化神经网络函数

利用初始化神经网络函数 init 可以对一个已存在的神经网络进行初始化修正，该网络的权值和偏值按照网络初始化函数进行修正。其调用格式如下：

```
net=init(NET)                         %NET 为神经网络结构体
```

2. 神经网络某一层的初始化函数

初始化函数 initlay 特别适用于层–层结构神经网络的初始化，该网络的权值和偏值按照网络初始化函数进行修正。其调用格式如下：

```
net=initlay(NET)
```

3. 神经网络某一层的权值和偏值初始化函数

利用初始化函数 initwb 可以对一个已存在的神经网络的 NET 某一层 i 的权值和偏值进行初始化修正，该网络对每层的权值和偏值按照设定的每层的初始化函数进行修正。其调用格式如下：

```
net=initwb(NET,i)              %NET 为神经网络结构体；i 为神经网络结构中某一层网络
```

4. 神经网络训练函数

利用 train 函数可以训练一个神经网络。网络训练函数是一种通用的学习函数，训练函数重复地把一组输入向量应用到一个网络上，每次都更新网络，直到符合某种准则。停止准则可能是最大的学习步数、最小的误差梯度或误差目标等。其调用格式如下：

```
[net]=train(NET,X,T)           %NET 为神经网络结构体；X 为输入数据；T 为输出数据；
                               %返回的是训练好的神经网络
```

5. 网络自适应训练函数

另一种通用的训练函数是自适应函数 adapt。自适应函数在每个输入时间阶段更新网络时仿真网络，并在进行下一个输入的仿真前完成。其调用格式如下：

```
[net]=adapt(NET,X,T)           %NET 为神经网络结构体；X 为输入数据；T 为输出数据；
                               %返回的是训练好的神经网络
```

6. 网络仿真函数

神经网络一旦训练完成，网络的权值和偏值就已经确定，可以用于解决实际问题。利用 sim 函数可以仿真一个神经网络的性能。其调用格式为：

```
[Y]=sim(net,X)            %net 为训练好的神经网络；X 为输入测试数据；Y 返回的是预测的数据
[Y]=sim(net,{Q Ts})
```

7. 权值点积函数dotprod

权值点积函数 dotprod 通过网络输入向量与权值得到权值的点积。其调用格式如下：

```
Z=dotprod (W,X)               %W 网络输入权值；X 为网络输入向量；返回值为点积结果
```

8. 网络输入的和函数

网络输入的和函数 netsum 将某一层的加权输入和偏值相加作为该层的输入。其调用格式如下：

```
Z=netprod(Z1,Z2,…)            %Zi 为神经网络层
```

9. 网络输入的积函数

网络输入的积函数 netprod 将某一层的加权输入和偏值相乘作为该层的输入。其调用格式如下：

```
Z=netprod(Z1,Z2,…)                    %Zi 为神经网络层
```

10. 结构一致函数concur

函数 concur 的作用在于使本来不一致的权值向量和偏值向量的结构一致,以便于进行相加或相乘运算。其调用格式为:

```
Z=concur(b,q)                         %b 为神经网络权值向量; q 为神经网络偏值向量
```

【例 15-1】 利用 netsum 函数和 netprod 函数,对两个加权输入向量 Z1 和 Z2 进行相加和相乘。

解: 设计相应 MATLAB 神经网络程序,在 MATLAB 编辑器窗口输入以下代码。

```
clc,clear,close all
Z1=[1 2 4;3 4 1];
Z2=[1:3;2:4];
b=[0;1];
q=4;
Z=concur(b,q)
X1=netsum(Z1,Z2)
X2=netprod(Z1,Z2)              %计算向量的和与积
```

运行程序,输出结果如下:

```
Z=
    0    0    0    0
    1    1    1    1
X1=
    2    4    7
    5    7    5
X2=
    1    4    12
    6   12    4
```

15.2 神经网络控制系统仿真

下面介绍在 Simulink 中如何进行基于神经网络的系统仿真。

15.2.1 基于 BP 神经网络的 PID 自适应控制

PID 控制要取得好的控制效果,就必须调整好比例、积分和微分 3 种控制作用,形成控制量中相互配合又相互制约的关系。神经网络具有逼近任意非线性函数的能力,且结构和学习算法简单明确。可以通过对系统性能的学习实现具有最佳组合的 PID 控制。

采用基于 BP 神经网络的 PID 自适应控制,可以建立参数 k_p、k_i、k_d 自学习的神经 PID 控制,从而达到参数自行调整的目的。

实例控制器由两部分组成。

(1)经典的 PID 控制器:直接对被控对象进行闭环控制,仍然是靠改变 3 个参数 k_p、k_i、k_d 获得满意的控制效果。

(2)神经网络:根据系统的运行状态,调节 PID 控制器的参数,以期达到某种性能指标的最优化。采

用如图 4-2 所示的系统结构，即使输出层神经元的输出状态对应于 PID 控制器的三个可调参数 k_p、k_i、k_d，通过神经网络的自身学习、加权系数调整，从而使其稳定状态对应于某种最优控制规律下的 PID 的控制器各个参数。

采用基于 BP 神经网络的 PID 控制的系统结构如图 15-3 所示。

图中的 BP 神经网络选用如图 15-4 所示的形式，采用 3 层结构：一个输入层，一个隐含层，一个输出层。j 表示输入层节点，i 表示隐含层节点，l 表示输出层节点。输入层有 m 个输入节点，隐含层有 q 个隐含节点，输出层有 3 个输出节点。

输入层节点对应所选的系统运行状态量，如系统不同时刻的输入量和输出量、偏差量等。输出层节点分别对应 PID 控制器的 3 个参数 k_p、k_i、k_d，由于参数不能为负，所以输出层神经元活化函数取非负的 Sigmoid 函数。

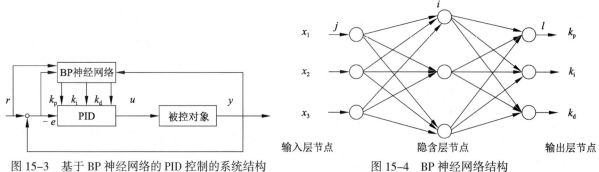

图 15-3　基于 BP 神经网络的 PID 控制的系统结构　　　图 15-4　BP 神经网络结构

由图 15-4 可见，此处 BP 神经网络的输入层输出为

$$O_j^{(1)} = x(j), \quad j = 1, 2, 3, \cdots, m$$

隐含层输入为

$$\mathrm{net}_i^{(2)}(k) = \sum_{j=o}^{m} w_{ij}^{(2)} O_j^{(1)}$$

隐含层输出为

$$O_i^{(2)}(k) = g(\mathrm{net}_i^{(2)}(k)), \quad i = 1, 2, \cdots, q$$

其中，$w_{ij}^{(2)}$ 为输入层到隐含层加权系数；上标（1）、（2）、（3）分别代表输入层、隐含层、输出层；$f(x)$ 为正负对称的 Sigmoid 函数，即

$$g(x) = \tanh(x) = \frac{\mathrm{e}^x - \mathrm{e}^{-x}}{\mathrm{e}^x + \mathrm{e}^{-x}}$$

最后网络输出层 3 个节点的输入为

$$\mathrm{net}_l^{(3)}(k) = \sum_{i=0}^{q} w_{li}^{(3)} O_i^{(2)}(k)$$

最后的输出层的 3 个输出为

$$O_l^{(3)}(k) = f(\mathrm{net}_l^{(3)}(k)), \quad l = 1, \ 2, \ 3$$

即

$$O_1^{(3)}(k) = k_{\mathrm{p}}$$
$$O_2^{(3)}(k) = k_{\mathrm{i}}$$
$$O_3^{(3)}(k) = k_{\mathrm{d}}$$

其中，$w_{li}^{(3)}$ 为隐层到输出层加权系数。输出层神经元活化函数为

$$f(x) = \frac{1}{2}\big(1 + \tanh(x)\big) = \frac{\mathrm{e}^x}{\mathrm{e}^x + \mathrm{e}^{-x}}$$

取性能指标函数

$$E(k) = \frac{1}{2}(r(k) - y(k))^2$$

用梯度下降法修正网络的权系数，并附加一使搜索快速收敛全局极小的惯性项，则有

$$\Delta w_{li}^{(3)}(k) = -\eta \frac{\partial E(k)}{\partial w_{li}^{(3)}} + \alpha \Delta w_{li}^{(3)}(k-1)$$

其中，η 为学习率；α 为惯性系数。其中

$$\frac{\partial E(k)}{\partial w_{li}^{(3)}} = \frac{\partial E(k)}{\partial y(k)} \cdot \frac{\partial y(k)}{\partial u(k)} \cdot \frac{\partial u(k)}{\partial O_l^{(3)}(k)} \cdot \frac{\partial O_l^{(3)}(k)}{\partial \mathrm{net}_l^{(3)}(k)} \cdot \frac{\partial \mathrm{net}_l^{(3)}(k)}{\partial w_{li}^{(3)}} \qquad (15-1)$$

这里需要用到的变量 $\partial y(k)/\partial u(k)$，由于模型可以未知，所以 $\partial y(k)/\partial u(k)$ 未知，但是可以测出 $u(k)$、$y(k)$ 的相对变化量，即

$$\frac{\partial y}{\partial u} = \frac{y(k) - y(k-1)}{u(k) - u(k-1)}$$

也可以近似用符号函数

$$\mathrm{sgn}\left(\frac{y(k) - y(k-1)}{u(k) - u(k-1)}\right)$$

取代，由此带来计算上的不精确可以通过调整学习速率 η 补偿。

　　这样做一方面可以简化运算，另一方面可避免当 $u(k)$、$u(k-1)$ 很接近时导致式（15-1）趋于无穷。这种替代在算法上是可行的，因为 $\partial y(k)/\partial u(k)$ 是式（15-1）中的一个乘积因子，它的符号的正负决定权值变化的方向，而数值变化的大小只影响权值变化的速度，但是权值变化的速度可以通过学习步长加以调节。

　　由式

$$u(k) = u(k-1) + O_1^{(3)}(e(k) - e(k-1)) + O_2^{(3)}e(k) + O_3^{(3)}(e(k) - 2e(k-1) + e(k-2))$$

可得

$$\begin{cases} \dfrac{\partial u(k)}{\partial O_1^{(3)}(k)} = e(k) - e(k-1) \\[3mm] \dfrac{\partial u(k)}{\partial O_2^{(3)}(k)} = e(k) \\[3mm] \dfrac{\partial u(k)}{\partial O_3^{(3)}(k)} = e(k) - 2e(k-1) + e(k-2) \end{cases} \qquad (15-2)$$

这样，可得 BP 神经网络输出层权计算公式为

$$\Delta w_{li}^{(3)}(k) = \eta e(k) \frac{\partial y(k)}{\partial u(k)} \frac{\partial u(k)}{\partial O_l^{(3)}(k)} f'(\text{net}_l^{(3)}(k)) O_i^{(2)}(k) + \alpha \Delta w_{li}^{(3)}(k-1)$$

则有

$$\Delta w_{li}^{(3)}(k) = e(k) \text{sgn}\left(\frac{y(k) - y(k-1)}{u(k) - u(k-1)}\right) \eta \frac{\partial u(k)}{\partial O_l^{(3)}(k)} f'(\text{net}_l^{(3)}(k)) O_i^{(2)}(k) + \alpha \Delta w_{li}^{(3)}(k-1) \ , \quad i = 1, 2, \cdots, q$$

令 $\delta_l^{(3)} = e(k)s\,\text{sgn}\left(\dfrac{y(k)-y(k-1)}{u(k)-u(k-1)}\right) \dfrac{\partial u(k)}{\partial O_l^{(3)}(k)} f'(\text{net}_l^{(3)}(k))$ ，则上式可写为

$$\Delta w_{li}^{(3)}(k) = \eta \delta_l^{(3)} O_i^{(2)}(k) + \alpha \Delta w_{li}^{(3)}(k-1)$$

其中，$\dfrac{\partial u(k)}{\partial o_l^{(3)}(k)}$ 由式（15-2）确定，$\dfrac{\partial y(k)}{\partial u(k)}$ 由符号函数代替，$f'(\text{net}_l^{(3)}(k))$ 由 $f'(x) = \dfrac{2}{\left(e^x + e^{-x}\right)^2}$ 可得。

同理可得隐含层权计算公式为

$$\Delta w_{ij}^{(2)}(k) = \eta g'(\text{net}_i^{(2)}(k)) \sum_{l=1}^{3} \delta_l^{(3)} w_{li}^{(3)}(k) o_j^{(1)}(k) + \alpha \Delta w_{li}^{(2)}(k-1) \ , \quad i = 1, 2, \cdots, q$$

令 $\delta_i^{(2)} = g f'(\text{net}_i^{(2)}(k)) \sum_{l=1}^{3} \delta_l^{(3)} w_{li}^{(3)}(k)$ ，则有

$$\Delta w_{ij}^{(2)}(k) = \eta \delta_i^{(2)} O_j^{(1)}(k) + \alpha \Delta w_{li}^{(2)}(k-1) \ , \quad i = 1, 2, \cdots, q$$

综上，控制器的算法如下：

（1）确定 BP 神经网络的结构，即确定输入节点数 M 和隐含节点数 Q，并给出各层加权系数的初值 $w_{ij}^1(0)$ 和 $w_{ij}^2(0)$，选定学习速率 η 和惯性系数 α，此时 $k=1$；

（2）采样得到 $r_{in}(k)$ 和 $y_{out}(k)$，计算该时刻误差 $e(k) = r_{in}(k) - y_{out}(k)$；

（3）计算神经网络 NN 各层神经元的输入、输出，NN 输出层的输出即为 PID 控制器的 3 个可调参数 k_p、k_i、k_d；

（4）根据经典增量数字 PID 的控制算法（见下式）计算 PID 控制器的输出 $u(k)$

$$u(k) = u(k-1) + k_p(e(k) - e(k-1)) + k_i e(k) + k_d(e(k) - 2e(k-1) + e(k-2))$$

（5）进行神经网络学习，在线调整加权系数 $w_{ij}^1(k)$ 和 $w_{ij}^2(k)$ 实现 PID 控制参数的自适应调整；

（6）令 $k = k+1$，返回到（1）。

【例 15-2】 采用系统输入 $r_{in}(k) = \sin(0.004\pi t)$，利用 BP_PID 对该控制输入进行控制。

解：搭建如图 15-5 所示的控制系统仿真模型。其中 BP_PID function 模块参数设置如图 15-6 所示，Sine Wave 模块参数设置如图 15-7 所示。

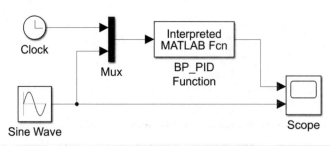

图 15-5 基于 BP_PID 控制的仿真模型

图 15-6 BP_PID function 模块参数设置   图 15-7 Sine Wave 模块参数设置

按照该控制器的算法，设计 BP_PID 程序设计如下：

```
function yout = BP_PID(u1,rin)
persistent x u_1 u_2 u_3 u_4 u_5 y_1 y_2 y_3
persistent xite alfa IN H Out wi wi_1 wi_2  wi_3 wo wo_1 wo_2 wo_3
persistent Oh error_2 error_1
persistent k
if u1==0
    xite=0.25;
    alfa=0.05;
    IN=4;H=5;Out=3;                              %NN 结构
    wi=[ -0.2846    0.2193   -0.5097   -1.0668;
        -0.7484   -0.1210   -0.4708    0.0988;
        -0.7176    0.8297   -1.6000    0.2049;
        -0.0858    0.1925   -0.6346    0.0347;
         0.4358    0.2369   -0.4564   -0.1324];
    %wi=0.50*rands(H,IN);
    wi_1=wi;wi_2=wi;wi_3=wi;
    wo=[1.0438    0.5478    0.8682    0.1446    0.1537;
        0.1716    0.5811    1.1214    0.5067    0.7370;
        1.0063    0.7428    1.0534    0.7824    0.6494];
    %wo=0.50*rands(Out,H);
    wo_1=wo;wo_2=wo;wo_3=wo;
    x=[0,0,0];
    u_1=0;u_2=0;u_3=0;u_4=0;u_5=0;
    y_1=0;y_2=0;y_3=0;
    Oh=zeros(H,1);                               %NN 中间层的输出
    I=Oh;                                        %NN 中间层的输入
    error_2=0;
    error_1=0;
    k=2;
end
```

```
%非线性模型
a=1.2*(1-0.8*exp(-0.1*k));
yout=a*y_1/(1+y_1^2)+u_1;
error=rin-yout;
xi=[rin,yout,error,1];

x(1)=error-error_1;
x(2)=error;
x(3)=error-2*error_1+error_2;

epid=[x(1);x(2);x(3)];
I=xi*wi';
for j=1:1:H
    Oh(j)=(exp(I(j))-exp(-I(j)))/(exp(I(j))+exp(-I(j)));    %中间层
end
K=wo*Oh;                                                    %输出层
for l=1:1:Out
    K(l)=exp(K(l))/(exp(K(l))+exp(-K(l)));                  %计算 kp,ki,kd
end
kp=K(1);ki=K(2);kd=K(3);
Kpid=[kp,ki,kd];

du=Kpid*epid;
u=u_1+du;
if u>=10                                                    %限制控制器的输出
    u=10;
end
if u<=-10
    u=-10;
end

dyu=sign((yout-y_1)/(u-u_1+0.0000001));

%输出层
for j=1:1:Out
    dK(j)=2/(exp(K(j))+exp(-K(j)))^2;
end
for l=1:1:Out
    delta3(l)=error*dyu*epid(l)*dK(l);
end

for l=1:1:Out
    for i=1:1:H
        d_wo=xite*delta3(l)*Oh(i)+alfa*(wo_1-wo_2);
    end
end
wo=wo_1+d_wo+alfa*(wo_1-wo_2);

%隐含层
for i=1:1:H
    dO(i)=4/(exp(I(i))+exp(-I(i)))^2;
```

```
end
segma=delta3*wo;
for i=1:1:H
    delta2(i)=dO(i)*segma(i);
end

d_wi=xite*delta2'*xi;
wi=wi_1+d_wi+alfa*(wi_1-wi_2);

%参数更新
u_5=u_4;u_4=u_3;u_3=u_2;u_2=u_1;u_1=u;
y_2=y_1;y_1=yout;

wo_3=wo_2;wo_2=wo_1;wo_1=wo;
wi_3=wi_2;wi_2=wi_1;wi_1=wi;

error_2=error_1;error_1=error;
```

对系统进行仿真，输出结果如图 15-8 所示。通过仿真可以直观地看出，基于 BP 神经网络的 PID 控制器可以通过学习自动调整 PID 参数，使系统误差调整在允许误差范围内。

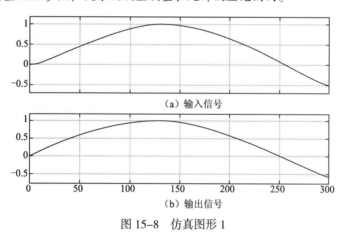

（a）输入信号

（b）输出信号

图 15-8　仿真图形 1

15.2.2　基于 Simulink 的神经网络模块仿真

MATLAB 中提供了一套可在 Simulink 中建立神经网络的模块，对于在 MATLAB 工作空间中创建的网络，也能够使用函数 gensim 生成一个相应的 Simulink 网络模块。

1．模块的设置

在 Simulink 模块库浏览窗口单击 Deep Learning Toolbox→Shallow Neural Network 节点，便可打开 Neural Network Blockset 模块集。模块集中包含了 5 个模块库，如图 15-9 所示，双击各模块库图标即可打开相应的模块库。

Control Systems　Net Input Functions　Processing Functions　Transfer Functions　Weight Functions

图 15-9　Neural Network Blockset 模块集

1）传输函数模块库

双击 Transfer Functions（传输函数）模块库图标，即可打开传输函数模块库窗口，其中的模块如图 15-10 所示。传输函数模块库中的任意一个模块都能够接收一个网络输入向量，并相应地产生一个输出向量，这个输出向量的组数和输入向量相同。

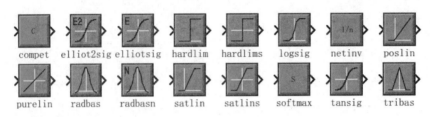

图 15-10　传输函数模块库中的模块

2）网络输入函数模块库

双击 Net Input Functions（网络输入函数）模块库图标，即可打开网络输入函数模块库窗口，其中的模块如图 15-11 所示。网络输入函数模块库中的模块都能够接收任意数目的加权输入向量、加权的层输出向量，以及偏值向量，并返回一个网络输入向量。

3）权值函数模块库

双击 Weight Functions（权值函数）模块库图标，即可打开权值函数模块库窗口，其中的模块如图 15-12 所示。权值函数模块库中的每个模块都以一个神经元权值向量作为输入，并将其与一个输入向量（或者是某一层的输出向量）进行运算，得到神经元的加权输入值。

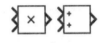

图 15-11　网络输入函数模块

图 15-12　权值函数模块

上面的这些模块需要的权值向量必须定义为列向量。这是因为 Simulink 中的信号可以为列向量，但是不能为矩阵或者行向量。

4）控制系统模块库

双击 Control Systems（控制系统）模块库图标，即可打开控制系统模块库窗口，其中的模块如图 15-13 所示。神经网络的控制系统模块库中包含 3 个控制器和一个示波器。

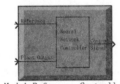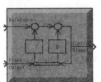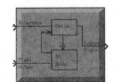

Model Reference Controller　　NARMA-L2 Controller　　NN Predictive Controller　　X(2Y) Graph

图 15-13　控制系统模块

5）处理函数模块库

双击 Processing Functions（处理函数）模块库图标，即可打开处理函数模块库窗口，其中的模块如

图 15-14 所示。

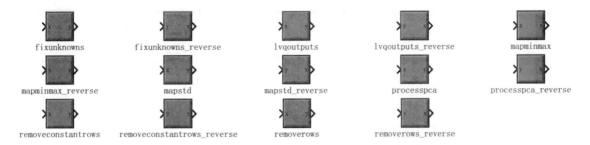

图 15-14 处理函数模块

2. 模块的生成

在 MATLAB 工作空间中，利用函数 gensim 能够对一个神经网络生成模块化描述，从而可在 Simulink 中对其进行仿真。gensim 函数的调用格式为：

```
gensim(net,st)              %参数 net 指定 MATLAB 工作空间中需要生成模块化描述的网络；st 指定采样
                            %时间，通常为一正数
```

如果网络没有与输入权值或者层中权值相关的延迟，则指定第 2 个参数为-1，那么函数 gensim 将生成一个连续采样的网络。

【例 15-3】 设计一个线性网络，定义网络的输入为 X=[1 2 3 4 5]，相应的目标为 T=[1 3 5 7 9]。

解： 在 MATLAB 编辑器窗口中编写程序如下。

```
clc,clear,close all
X=[1 2 3 4 5];
T=[1 3 5 7 9];
net=newff(X,T);
net=train(net,X,T);
TT=sim(net,X)
```

运行程序输出结果为

```
TT=
1.0000    3.0000    5.0000    7.0000    9.0000
```

可以看出，网络已经正确地解决了问题。采用神经网络工具箱进行设计，输入代码如下：

```
gensim(net,-1)
```

系统将自动生成建立的神经网络模型，如图 15-15 所示。运行仿真输出结果如图 15-16 所示。

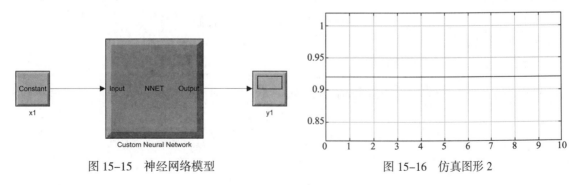

图 15-15 神经网络模型 　　　　　　　　　　图 15-16 仿真图形 2

将 Constant 替换为 Sine Wave 函数进行输入，采用该神经网络进行控制输出，建立仿真模型如图 15–17 所示。运行仿真文件输出图形如图 15–18 所示。

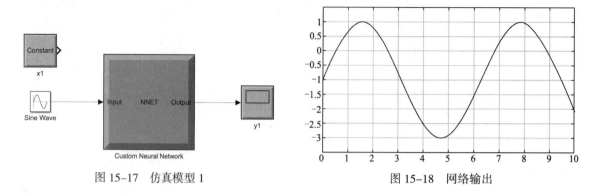

图 15–17　仿真模型 1　　　　　　　　　　　　　　图 15–18　网络输出

15.2.3　基于 Simulink 的神经网络控制系统仿真

由于神经网络具有全局逼近能力，使其在非线性系统的建模、控制器实现等方面应用比较普遍。如在系统辨识和动态系统控制中已经得到了非常成功的应用。

利用 Simulink，在神经网络 Control Systems（控制系统）模块中提供了 3 种神经网络结构，它们常用于预测和控制。

（1）NN Predictive Controller（神经网络模型预测控制）；

（2）NARMA–L2 Controller（反馈线性化控制）；

（3）Model Reference Controller（模型参考控制）。

使用神经网络进行控制时，通常有系统辨识和控制设计两个步骤。系统辨识阶段是对需要控制的系统建立神经网络模型；控制设计阶段主要使用神经网络模型设计（训练）控制器。在上述 3 种控制网络结构中，系统辨识阶段是相同的，而控制设计阶段则各不相同。

（1）对于模型预测控制，系统模型用于预测系统未来的行为，并找到最优算法，用于选择控制输入，以优化未来的性能。

（2）对于 NARMA–L2（反馈线性化）控制，控制器仅将系统模型进行重整。

（3）对于模型参考控制，控制器是一个神经网络，它被训练以用于控制系统，使系统跟踪一个参考模型。这个神经网络系统模型在控制器训练中起辅助作用。

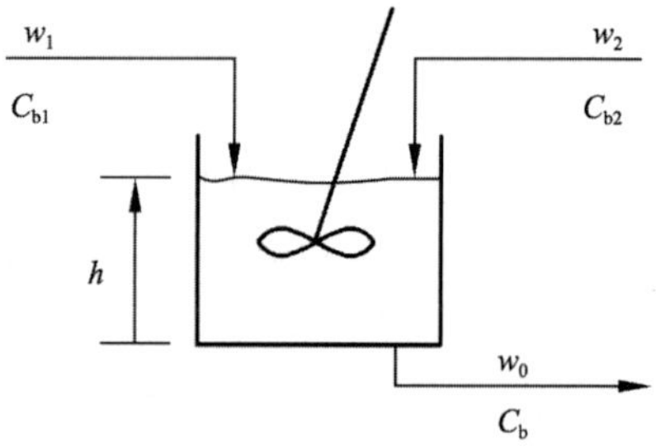

图 15–19　搅拌器

【例 15-4】　基于如图 15-19 所示的搅拌器（CSTR），建立控制系统模型，并对其进行仿真。

解：对于该系统，其动力学模型为

$$\frac{\mathrm{d}h(t)}{\mathrm{d}t} = w_1(t) + w_2(t) - 0.2\sqrt{h(t)}$$

$$\frac{\mathrm{d}C_b(t)}{\mathrm{d}t} = (C_{b1} - C_b(t))\frac{w_1(t)}{h(t)} + (C_{b2} - C_b(t))\frac{w_2(t)}{h(t)} - \frac{k_1 C_b(t)}{(1 + k_2 C_b(t))^2}$$

其中，$h(t)$ 为液面高度；$C_b(t)$ 为产品输出浓度；$w_1(t)$ 为浓缩液 C_{b1} 的输入流速；$w_2(t)$ 为稀释液 C_{b2} 的输入流速。

输入浓度设定为 $C_{b1} = 24.9$，$C_{b2} = 0.1$，消耗常量设置为：$k_1 = k_2 = 1$，控制的目标是通过调节流速 $w_2(t)$ 保持产品浓度。为了简化演示过程，不妨设 $w_1(t) = 0.1$。在本例中不考虑液面高度 $h(t)$。

建立系统仿真模型如图 15-20 所示。其中 NN Predictive Controller（神经网络预测控制）模块和 X(2Y) Graph 模块位于 Control Systems（控制系统）模块库中。Plant（Continuous Stirred Tank Reactor）①模块包含了搅拌器系统的 Simulink 模型，双击该模块，可以得到具体的 Simulink 实现模型，如图 15-21 所示。

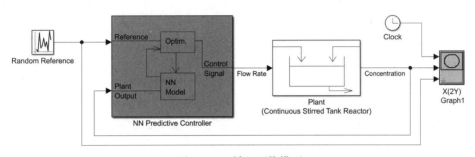

图 15-20　神经网络模型

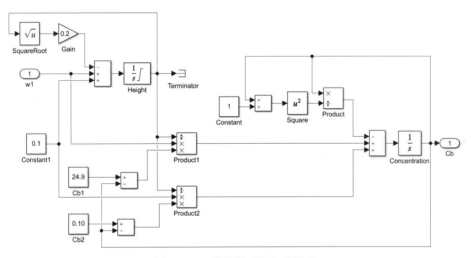

图 15-21　搅拌器系统实现模型

NN Predictive Controller 模块的 Control Signal 端连接到搅拌器系统模型的输入端，同时搅拌器系统模型的输出端连接到 NN Predictive Controller 模块的 Plant Output 端，参考信号连接到 NN Predictive Controller 模块的 Reference 端。

双击 NN Predictive Controller 模块，将弹出如图 15-22 所示的 Neural Network Predictive Control（神经网络预测控制器）设置窗口，该窗口用于设计模型预测控制器。在该窗口中的参数用于改变预测控制算法中的相关参数。将鼠标移到某一参数的位置时，会显示该参数的说明。

运行仿真模型程序，输出结果如图 15-23 所示。

---

① 表示连续搅拌反应釜。

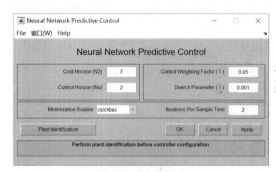
图 15-22　神经网络预测控制器设置窗口

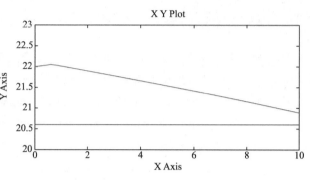
图 15-23　仿真图形 3

15.2.4　反馈线性化控制

反馈线性化（NARMA-L2）的中心思想是通过去掉非线性特性，将一个非线性系统变换成线性系统。与模型预测控制一样，反馈线性化控制的第 1 步就是辨识被控制的系统。通过训练一个神经网络表示系统的前向动态机制，在第 1 步首先选择一个模型结构以供使用。

非线性自回归移动平均模型（NARMA）可以用来代表一般的离散非线性系统的标准模型，可表示为

$$y(k+d) = N[y(k), y(k-1), \cdots, y(k-n+1), u(k), u(k-1), \cdots, u(k-n+1)]$$

其中，$u(k)$ 表示系统的输入：$y(k)$ 表示系统的输出。在辨识阶段，训练神经网络使其近似等于非线性函数 N。

如果希望系统输出跟踪参考曲线 $y(k+d) = y_r(k+d)$，就需要建立一个非线性控制器，形式为

$$u(k) = G[y(k), y(k-1), \cdots, y(k-n+1), y_r(k+d), u(k-1), \cdots, u(k-n+1)]$$

使用该类控制器的问题是，如果希望训练一个神经网络用来产生函数 G（最小化均方差），必须使用动态反馈，且该过程相当慢。Narendra 和 Mukhopadhyay 提出的解决办法是使用近似模型代表系统。

此处使用的控制器模型是基于 NARMA-L2 的近似模型，表达式为

$$\hat{y}(k+d) = f[y(k), y(k-1), \cdots, y(k-n+1), u(k-1), \cdots, u(k-n+1)] +$$
$$g[y(k), y(k-1), \cdots, y(k-n+1), u(k-1), \cdots, u(k-n+1)]u(k)$$

该模型是并联形式，控制器输入 $u(k)$ 不包含在非线性系统内。其优点是能解决控制器输入使系统输出跟踪参考曲线 $y(k+d) = y_r(k+d)$。

最终的控制器形式为

$$u(k) = \frac{y_r(k+d) - f[y(k), y(k-1), \cdots, y(k-n+1), u(k), u(k-1), \cdots, u(k-n+1)]}{g[y(k), y(k-1), \cdots, y(k-n+1), u(k), u(k-1), \cdots, u(k-n+1)]}$$

直接使用该式实现比较困难，这是因为基于输出 $y(k)$ 的同时必须得到 $u(k)$，故采用以下模型：

$$y(k+d) = f[y(k), y(k-1), \cdots, y(k-n+1), u(k), \cdots, u(k-n+1)] +$$
$$g[y(k), y(k-1), \cdots, y(k-n+1), u(k), \cdots, u(k-n+1)] \cdot u(k+1)$$

其中，$d \geq 2$。

利用 NARMA-L2 模型，可得到如下控制器：

$$u(k+1) = \frac{y_r(k+d) - f[y(k), y(k-1), \cdots, y(k-n+1), u(k), u(k-1), \cdots, u(k-n+1)]}{g[y(k), y(k-1), \cdots, y(k-n+1), u(k), u(k-1), \cdots, u(k-n+1)]}$$

其中，$d \geqslant 2$。

【例 15-5】　有一块磁铁，被约束在垂直方向上运动，如图 15-24 所示。在其下方有一块电磁铁，通电以后，电磁铁就会对其上的磁铁产生弱电磁力作用。试通过模拟控制电磁铁，使其上的磁铁悬浮在空中，不会掉下来。

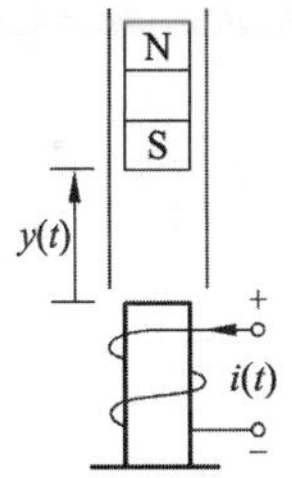

解：建立该问题的动力学方程如下：

$$\frac{\mathrm{d}^2 y(t)}{\mathrm{d}t^2} = -g + \frac{\alpha i^2(t)}{My(t)} - \frac{\beta}{M}\frac{\mathrm{d}y(t)}{\mathrm{d}t}$$

其中，$y(t)$ 表示磁铁离电磁铁的距离；$i(t)$ 代表电磁铁中的电流；M 代表磁铁的质量；g 代表重力加速度；β 代表黏性摩擦系数，由磁铁所在的容器的材料决定；α 代表场强常数，由电磁铁所绕的线圈圈数以及磁铁的强度所决定。

图 15-24　悬浮磁铁控制系统

建立系统仿真模型，如图 15-25 所示。悬浮磁铁控制系统模型如图 15-26 所示。

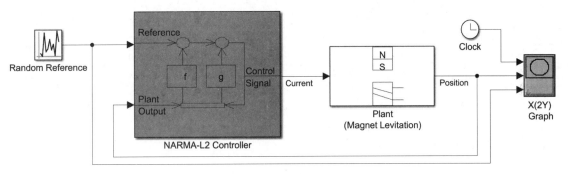

图 15-25　仿真模型 2

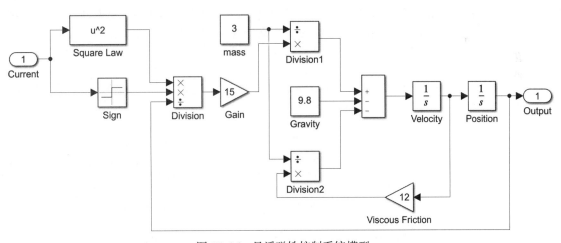

图 15-26　悬浮磁铁控制系统模型

双击 NARMA-L2 Controller 模块，将弹出如图 15-27 所示的系统辨识参数设置窗口，该窗口用于设计模型预测控制器。在该窗口中的参数用于改变预测控制算法中的相关参数。将鼠标指针移到相应的位置，将显示对该参数的说明。

运行仿真模型程序，输出结果如图 15-28 所示。

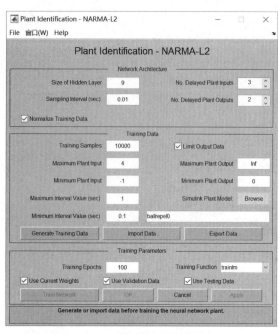

图 15-27　系统辨识参数设置窗口

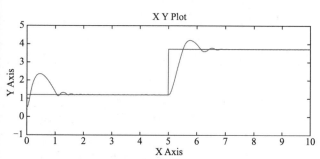

图 15-28　仿真图形 4

15.3　本章小结

人工神经网络（Artificial Neural Network，ANN）是模仿生物神经网络功能的一种经验模型。本章首先介绍了神经网络的学习规划和常用神经网络函数，深入浅出地介绍了 Simulink 神经网络应用，最后介绍了基于 Simulink 的神经网络模型预测控制系统、反馈线性化控制系统典型神经网络控制系统。

<table>
<tr><td>第 16 章
CHAPTER 16</td><td># 滑模控制仿真</td></tr>
</table>

滑模控制也叫变结构控制，本质上是一类特殊的非线性控制，且非线性表现为控制的不连续性。由于滑动模态可以进行设计且与对象参数及扰动无关，这就使得滑模控制具有响应快速、对参数变化及扰动不敏感、无须系统在线辨识、物理实现简单等优点。本章主要围绕 MATLAB 滑模控制展开，包括基于名义模型的滑模控制、全局滑模控制、基于线性化反馈的滑模控制系统设计等。

本章学习目标包括：

（1）掌握基于名义模型的滑模控制；

（2）掌握全局滑模控制等系统设计；

（3）掌握基于线性化反馈的滑模控制系统设计；

（4）掌握基模型参考的滑模控制。

16.1 基于名义模型的滑模控制

滑模控制（Sliding Mode Control, SMC）控制策略与其他控制的不同之处在于，系统的"结构"并不固定，而是可以在动态过程中，根据系统当前的状态（如偏差及其各阶导数等）有目的地不断变化，迫使系统按照预定"滑动模态"的状态轨迹运动。

考虑如下对象

$$J\ddot{\theta} = B\dot{\theta} = u - d$$

其中，J（>0）为转动惯量；B（>0）为阻尼系数；u 为控制输入；d 为干扰；θ 为角度。

工程中，真实的物理参数和干扰往往无法精确获得，需要通过建模得到真实对象的名义模型：

$$J_n\ddot{\theta}_n + B_n\dot{\theta}_n = \mu$$

其中，J_n（>0）和 B_n（>0）分别为 J 和 B 的名义值；μ 为名义模型控制律。

16.1.1 名义控制系统结构

名义控制模型控制结构图如图 16-1 所示。

名义模型控制系统结构由两个控制器构成，一个是针对实际系统的滑模控制器，实现 $\theta \to \theta_n$；另一个是针对名义模型的控制器，实现 $\theta_n \to \theta_d$。整个控制系统实现 $\theta \to \theta_d$。

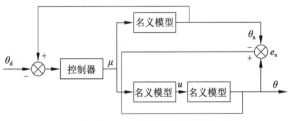

图 16-1　名义控制系统结构

16.1.2　基于名义模型的控制

取理想的位置为 θ_d，名义模型的跟踪误差为 $e = \theta_n - \theta_d$，则可得 $\dot{\theta}_n = \dot{e} + \dot{\theta}_d$，$\ddot{\theta}_n = \ddot{e} + \ddot{\theta}_d$，且

$$J_n\left(\ddot{e} + \ddot{\theta}_d\right) + B_n\left(\dot{e} + \dot{\theta}_d\right) = \mu$$

整理后可得

$$\ddot{e} + \ddot{\theta}_d = -\frac{B_n}{J_n}\left(\dot{e} + \dot{\theta}_d\right) + \frac{\mu}{J_n}$$

基于名义模型的控制律设计如下

$$\mu = J_n\left(-h_1 e - h_2\dot{e} + \frac{B_n}{J_n}\dot{\theta}_d + \ddot{\theta}_d\right)$$

将名义模型的控制律 μ 代入 $J_n\left(\ddot{e} + \ddot{\theta}_d\right) + B_n\left(\dot{e} + \dot{\theta}_d\right) = \mu$ 可得

$$\ddot{e} + \ddot{\theta}_d = -\frac{B_n}{J_n}\left(\dot{e} + \dot{\theta}_d\right) - h_1 e - h_2\dot{e} + \frac{B_n}{J_n}\dot{\theta}_d + \ddot{\theta}_d$$

即

$$\ddot{e} + \left(h_2 + \frac{B_n}{J_n}\right)\dot{e} + h_1 e = 0$$

为了保证系统稳定，需要保证 $s^2 + \left(h_2 + \frac{B_n}{J_n}\right)s + h_1$ 满足 Hurwitz 稳定判据。

取 $\left(s + k\right)^2 = 0$，$k > 0$，则可满足多项式 $s^2 + 2ks + k^2 = 0$ 的特征值实数部分为负，对应可得

$$h_2 + \frac{B_n}{J_n} = 2k，\quad h_1 = k^2$$

即

$$h_1 = k^2，\quad h_2 = 2k - \frac{B_n}{J_n}$$

由此，通过取 k 值可求得 h_1、h_2。

16.1.3　基于名义模型的滑模控制器的设计

设

$$\begin{cases} J_m \leqslant J \leqslant J_M \\ B_m \leqslant B \leqslant B_M \\ |d| \leqslant d_M \end{cases}$$

取 $e_n = \theta - \theta_n$，定义滑模函数为

$$s = \dot{e}_n + \lambda e_n$$

其中，$\lambda\ (>0)$ 定义为

$$\lambda = \frac{B_n}{J_n}$$

其中，$J_n = (J_m + J_M)/2$，$B_n = (B_m + B_M)/2$。

设计控制律为

$$u = -Ks - h \cdot \text{sgn}(s) + J_n\left(\frac{\mu}{J_n} - \lambda\dot{\theta}\right) + B_n\dot{\theta}$$

其中，$K > 0$。

定义

$$h = d_M + \frac{1}{2}(J_M - J_m) \cdot \left|\frac{\mu}{J_n} - \lambda\dot{\theta}\right| + \frac{1}{2}(B_M - B_m)\left|\dot{\theta}\right|$$

取 Lyapunov 函数为

$$V = \frac{1}{2}Js^2$$

由于

$$J\dot{s} = J\left[(\ddot{\theta} - \ddot{\theta}_n) + \lambda(\dot{\theta} - \dot{\theta}_n)\right]$$
$$= (J\ddot{\theta} + B\dot{\theta}) - B\dot{\theta} - \frac{J}{J_n}J_n\ddot{\theta}_n - \frac{J}{J_n}B_n\dot{\theta}_n + \frac{J}{J_n}B_n\dot{\theta}_n + J\lambda(\dot{\theta} - \dot{\theta}_n)$$
$$= (J\ddot{\theta} + B\dot{\theta}) - \frac{J}{J_n}(J_n\ddot{\theta}_n + B_n\dot{\theta}_n) - B\dot{\theta} + J\lambda\dot{\theta}$$
$$= u - d - \frac{J}{J_n}\mu - B\dot{\theta} + J\lambda\dot{\theta}$$

将设计控制律 u 代入上式，可得

$$J\dot{s} = -Ks - h \cdot \text{sgn}(s) + J_n\left(\frac{1}{J_n}\mu - \lambda\dot{\theta}\right) + B_n\dot{\theta} - d - \frac{J}{J_n}\mu - B\dot{\theta} + \lambda J\dot{\theta}$$
$$= -Ks - h \cdot \text{sgn}(s) - d + (J_n - J)\left(\frac{1}{J_n}\mu - \lambda\dot{\theta}\right) + (B_n - B)\dot{\theta}$$

则有

$$\dot{V} = Js\dot{s} = -Ks^2 - h|s| + \left[-d + (J_n - J)\left(\frac{1}{J_n}\mu - \lambda\dot{\theta}\right) + (B_n - B)\dot{\theta}\right]$$
$$\leqslant -Ks^2 - h|s| + |s| \cdot \left[|d| + |J_n - J| \cdot \left|\frac{1}{J_n}\mu - \lambda\dot{\theta}\right| + |(B_n - B)\dot{\theta}|\right]$$

由 $J_n = (J_m + J_M)/2$，$B_n = (B_m + B_M)/2$ 可知

$$(J_M - J_m)/2 \geqslant |J_n - J|, \quad (B_M - B_m)/2 \geqslant |B_n - B|$$

则

$$\begin{cases} h \geqslant |d| + |J_n - J| \cdot \left|\frac{1}{J_n} - J\right| + |(B_n - B)\dot{\theta}| \\ \dot{V} \leqslant -Ks^2 \end{cases}$$

由于 $V = \frac{1}{2}Js^2$，则 $Js\dot{s} \leqslant -Ks^2$，即 $s\dot{s} \leqslant -\dfrac{Ks^2}{J}$，解得

$$s(t) \le |s(0)| \exp\left(-\frac{K}{J}t\right)$$

可见，$s(t)$ 满足指数收敛。

16.1.4 基于名义模型的滑模控制仿真

【例 16-1】 考虑对象 $J\ddot{\theta} + B\dot{\theta} = u - d$，其中，$B = 10 + 3\sin(2\pi t)$，$J = 3 + 0.5\sin(2\pi t)$，$d(t) = 10\sin(t)$。

取 $B_n = 10$、$J_n = 3$，并设 $B_m = 7$、$B_M = 13$、$J_m = 2.5$、$J_M = 3.5$、$d_M = 10$。取 $k = 1$，则 $h_2 = 2k - \dfrac{B_n}{J_n}$，$h_1 = k^2$。

解：采用如下控制律

$$u = -Ks - h \cdot \mathrm{sgn}(s) + J_n\left(\frac{\mu}{J_n} - \lambda\dot{\theta}\right) + B_n\dot{\theta}$$

取 $\lambda = \dfrac{B_n}{J_n} = \dfrac{10}{3}$，$K = 10$，理想位置指令为 $\theta_d(t) = \sin(t)$，对象和初始状态为 $[0.5, 0]$。

建立如图 16-2 所示的系统仿真框图。系统中用到的 S 函数代码见 "1.名义模型的控制器 S 函数 DjbActrl1"、"2.名义模型 S 函数 DjbAmodel"、"3.实际对象的滑模控制器的 S 函数 DjbActrl2" 和 "4.系统被控对象 S 函数 DjbAplant"。

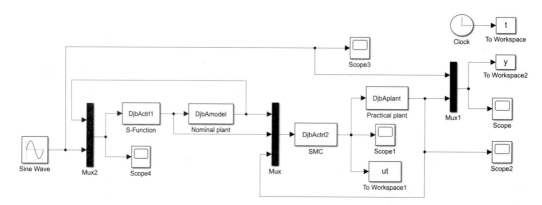

图 16-2 系统仿真框图 1

运行仿真文件，然后在 MATLAB 中对输出结果作图，在编辑器窗口中编写程序如下：

```
close all;
figure(1);
plot(t,sin(t),'k',t,y(:,2),'r:','linewidth',2);
xlabel('时间(s)');ylabel('位置跟踪');
legend('实际信号','仿真结果');

figure(2);
plot(t,cos(t),'k',t,y(:,3),'r:','linewidth',2);
xlabel('时间(s)');ylabel('速度跟踪');
legend('实际信号','仿真结果');

figure(3);
```

```
plot(t,ut,'r','linewidth',2);
xlabel('时间(s)');ylabel('控制输入');
```

运行程序，得到相应的图形如图 16-3~图 16-5 所示。

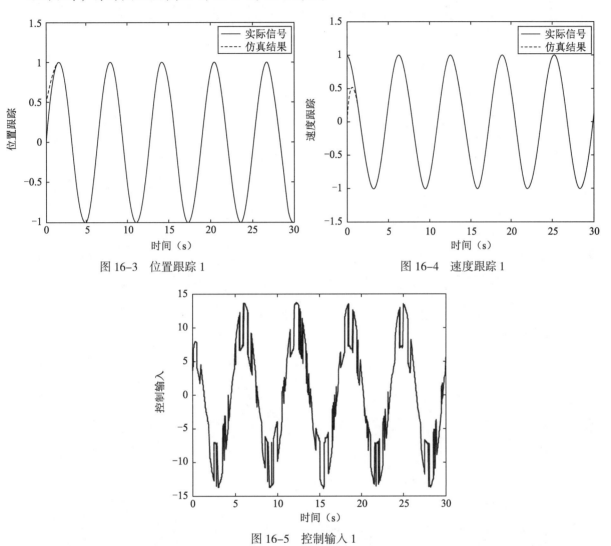

图 16-3　位置跟踪 1　　　　　　　　　图 16-4　速度跟踪 1

图 16-5　控制输入 1

1. 名义模型的控制器S函数DjbActrl1

函数代码如下：

```
function [sys,x0,str,ts]=DjbBctrl(t,x,u,flag)
switch flag
    case 0
        [sys,x0,str,ts]=mdlInitializeSizes;
    case 3
        sys=mdlOutputs(t,x,u);
    case {2, 4, 9 }
        sys = [];
```

```
        otherwise
            error(['Unhandled flag = ',num2str(flag)]);
end
function [sys,x0,str,ts]=mdlInitializeSizes
sizes=simsizes;
sizes.NumContStates  = 0;
sizes.NumDiscStates  = 0;
sizes.NumOutputs     = 1;
sizes.NumInputs      = 3;
sizes.DirFeedthrough = 1;
sizes.NumSampleTimes = 0;
sys=simsizes(sizes);
x0=[];
str=[];
ts=[];
function sys=mdlOutputs(t,x,u)
thn=u(1);
dthn=u(2);
thd=u(3);dthd=cos(t);ddthd=-sin(t);

e=thn-thd;
de=dthn-dthd;

k=3;
Bn=10;Jn=3;
h1=k^2;
h2=2*k-Bn/Jn;
ut=Jn*(-h1*e-h2*de+Bn/Jn*dthd+ddthd);
sys(1)=ut;
```

2. 名义模型S函数DjbAmodel

函数代码如下：

```
function [sys,x0,str,ts]=DjbAmodel(t,x,u,flag)
switch flag
    case 0
        [sys,x0,str,ts]=mdlInitializeSizes;
    case 1
        sys=mdlDerivatives(t,x,u);
    case 3
        sys=mdlOutputs(t,x,u);
    case {2, 4, 9 }
        sys=[];
    otherwise
        error(['Unhandled flag = ',num2str(flag)]);
end
```

```
function [sys,x0,str,ts]=mdlInitializeSizes
sizes=simsizes;
sizes.NumContStates = 2;
sizes.NumDiscStates = 0;
sizes.NumOutputs    = 2;
sizes.NumInputs     = 1;
sizes.DirFeedthrough = 0;
sizes.NumSampleTimes = 0;
sys=simsizes(sizes);
x0=[0.5,0];
str=[];
ts=[];

function sys=mdlDerivatives(t,x,u)
Bn=10;
Jn=3;
sys(1)=x(2);
sys(2)=1/Jn*(u-Bn*x(2));

function sys=mdlOutputs(t,x,u)
sys(1)=x(1);
sys(2)=x(2);
```

3.　实际对象的滑模控制器的S函数DjbActrl2

函数代码如下：

```
function [sys,x0,str,ts]=DjbActrl2(t,x,u,flag)
switch flag
    case 0
        [sys,x0,str,ts]=mdlInitializeSizes;
    case 3
        sys=mdlOutputs(t,x,u);
    case {2, 4, 9 }
        sys=[];
    otherwise
        error(['Unhandled flag = ',num2str(flag)]);
end
function [sys,x0,str,ts]=mdlInitializeSizes
sizes = simsizes;
sizes.NumContStates  = 0;
sizes.NumDiscStates  = 0;
sizes.NumOutputs     = 1;
sizes.NumInputs      = 5;
sizes.DirFeedthrough = 1;
sizes.NumSampleTimes = 0;
sys=simsizes(sizes);
x0=[];
```

```
str=[];
ts=[];
function sys=mdlOutputs(t,x,u)
Bn=10;Jn=3;
lamt=Bn/Jn;
Jm=2.5;JM=3.5;
Bm=7;BM=13;
dM=0.10;
K=10;

thn=u(1);dthn=u(2);
nu=u(3);
th=u(4);dth=u(5);

en=th-thn;
den=dth-dthn;
s=den+lamt*en;
temp0=(1/Jn)*nu-lamt*dth;

Ja=1/2*(JM+Jm);
Ba=1/2*(BM+Bm);

h=dM+1/2*(JM-Jm)*abs(temp0)+1/2*(BM-Bm)*abs(dth);
ut=-K*s-h*sign(s)+Ja*((1/Jn)*nu-lamt*dth)+Ba*dth;
sys(1)=ut;
```

4. 系统被控对象 S 函数 DjbAplant

函数代码如下：

```
function [sys,x0,str,ts]=DjbAplant(t,x,u,flag)
switch flag
    case 0
        [sys,x0,str,ts]=mdlInitializeSizes;
    case 1
        sys=mdlDerivatives(t,x,u);
    case 3
        sys=mdlOutputs(t,x,u);
    case {2, 4, 9 }
        sys=[];
    otherwise
        error(['Unhandled flag = ',num2str(flag)]);
end

function [sys,x0,str,ts]=mdlInitializeSizes
sizes=simsizes;
sizes.NumContStates = 2;
sizes.NumDiscStates = 0;
sizes.NumOutputs      = 2;
sizes.NumInputs       = 1;
sizes.DirFeedthrough = 0;
sizes.NumSampleTimes = 0;
```

```
sys=simsizes(sizes);
x0=[0.5,0];
str=[];
ts=[];

function sys=mdlDerivatives(t,x,u)
d=0.10*sin(t);
B=10+3*sin(2*pi*t);
J=3+0.5*sin(2*pi*t);
sys(1)=x(2);
sys(2)=1/J*(u-B*x(2)-d);

function sys=mdlOutputs(t,x,u)
sys(1)=x(1);
sys(2)=x(2);
```

16.2　全局滑模控制

传统的滑模变结构控制系统响应包括趋近模态和滑动模态两部分。该类系统对系统参数不确定型和外部扰动的鲁棒性仅存在滑动模态阶段，系统的动力学特性在响应的全过程并不具有鲁棒性。

全局滑模控制通过设计一种动态非线性滑模面方程实现。全局滑模控制消除了滑模控制的到达运动阶段，使系统在响应的全过程都具有鲁棒性，克服了传统滑模变结构控制中到达模态不具有鲁棒性的缺陷。

考虑二阶线性系统

$$J\ddot{\theta}=u(t)-d(t)$$

有

$$\ddot{\theta}(t)=b\big(u(t)-d(t)\big)$$

其中，J 为转动惯量，$b=1/J>0$，$d(t)$ 为干扰。且

$$J_{\min}\leqslant J\leqslant J_{\max}, \quad \big|d(t)\big|<D$$

16.2.1　全局滑模控制器的设计

假设理想轨迹为 θ_d，定义跟踪误差为 $e=\theta-\theta_d$，设计全局滑模函数为

$$s=\dot{e}+ce-f(t)$$

其中，$c>0$，$f(t)$ 是为了达到全局滑模而设计的函数，$f(t)$ 满足以下 3 个条件：

（1）$f(0)=\dot{e}_0+ce_0$；

（2）$t\rightarrow\infty$，$f(t)\rightarrow 0$；

（3）$f(t)$ 具有一阶导数。

根据上述条件，可将 $f(t)$ 设计为

$$f(t)=f(0)e^{-kt}$$

则当系统满足滑模到达条件时，可保证 $s\rightarrow 0$ 始终成立，即实现了全局滑模。

设计全局滑膜控制律为

$$u=-\hat{J}\big(c\dot{\theta}-\dot{f}\big)+\hat{J}\big(\ddot{\theta}_d+c\dot{\theta}_d\big)-\big(\Delta J\big|c\dot{\theta}-\dot{f}\big|+D+\Delta J\big|\ddot{\theta}_d+c\dot{\theta}_d\big|\big)\cdot\operatorname{sgn}(s)$$

其中

$$\hat{J} = (J_{\max} + J_{\min})/2, \quad \Delta J = (J_{\max} - J_{\min})/2$$

取 Lyapunov 函数为

$$V = \frac{1}{2}Js^2$$

考虑到

$$\dot{s} = \ddot{e} + c\dot{e} - \dot{f} = \ddot{\theta} - \ddot{\theta}_d + c(\dot{\theta} - \dot{\theta}_d) - \dot{f}$$
$$= bu - bd + (c\dot{\theta} - \dot{f}) - (\ddot{\theta}_d + c\dot{\theta}_d)$$
$$= b(b^{-1}(c\dot{\theta} - \dot{f}) - b^{-1}(\ddot{\theta}_d + c\dot{\theta}_d) + u - d)$$

由全局滑模控制律 u 可得

$$b^{-1}\dot{s} = b^{-1}(c\dot{\theta} - \dot{f}) - b^{-1}(\ddot{\theta}_d + c\dot{\theta}_d) - \hat{J}(c\dot{\theta} - \dot{f}) + \hat{J}(\ddot{\theta}_d + c\dot{\theta}_d) -$$
$$(\Delta J|c\dot{\theta} - \dot{f}| + D + \Delta J|\ddot{\theta}_d + c\dot{\theta}_d|) \cdot \mathrm{sgn}(s) - d$$
$$= (b^{-1} - \hat{J})(c\dot{\theta} - \dot{f}) - \Delta J|c\dot{\theta} - \dot{f}| \cdot \mathrm{sgn}(s) - (b^{-1} - \hat{J})(\ddot{\theta}_d + c\dot{\theta}_d) -$$
$$\Delta J|\ddot{\theta}_d + c\dot{\theta}_d| \cdot \mathrm{sgn}(s) - d - D \cdot \mathrm{sgn}(s)$$

则

$$b^{-1}\dot{V} = b^{-1}s\dot{s} = (b^{-1} - \hat{J})(c\dot{\theta} - \dot{f})s - \Delta J|c\dot{\theta} - \dot{f}| \cdot |s|$$
$$= (b^{-1} - \hat{J})(\ddot{\theta}_d + c\dot{\theta}_d)s - \Delta J|\ddot{\theta}_d + c\dot{\theta}_d| \cdot |s| - d \cdot s - D \cdot |s|$$

由 $\hat{J} = (J_{\max} + J_{\min})/2, \quad \Delta J = (J_{\max} - J_{\min})/2$ 可得

$$(b^{-1} - \hat{J}) = J - \frac{J_{\min} + J_{\max}}{2} \leqslant \frac{J_{\max} - J_{\min}}{2} = \Delta J > 0$$

则

$$b^{-1}\dot{V} < -d \cdot s - D \cdot |s| < 0$$

从而可得

$$\dot{V} < 0$$

为了降低抖振，采用饱和函数代替符号函数，即

$$\mathrm{sat}\left(\frac{\sigma}{\varphi}\right) = \begin{cases} 1, & \sigma/\varphi > 1 \\ \sigma/\varphi, & |\sigma/\varphi| \leqslant 1 \\ -1, & \sigma/\varphi < -1 \end{cases}$$

16.2.2 基于全局滑模控制的仿真

【例 16-2】 考虑被控对象 $J\ddot{\theta} = u(t) - d(t)$，其中，$J = 1 + 0.2\sin(t)$，$d(t) = 0.1\sin(2\pi t)$。

解： 取 $J_{\min} = 0.8$，$J_{\max} = 1.2$，$D = 0.1$，则 $\hat{J} = (J_{\max} + J_{\min})/2 = 1$，$\Delta J = (J_{\max} - J_{\min})/2 = 0.2$。理想位置信号取 $\theta_d = \sin(t)$、$M = 2$、$\varphi = 0.05$，控制器 u 为

$$u = -\hat{J}(c\dot{\theta} - \dot{f}) + \hat{J}(\ddot{\theta}_d + c\dot{\theta}_d) - (\Delta J|c\dot{\theta} - \dot{f}| + D + \Delta J|\ddot{\theta}_d + c\dot{\theta}_d|) \cdot \mathrm{sgn}(s)$$

建立如图16-6所示的系统仿真框图。系统中用到的S函数代码见"1.全局滑模模型的控制器S函数

DjbBctrl"和"2.被控对象的滑模控制器的S函数DjbBplant"。

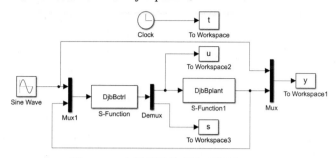

图 16-6 全局滑模控制仿真框图

运行仿真文件，然后在 MATLAB 中对输出结果作图，在编辑器窗口中编写程序如下：

```
close all;
figure(1);
plot(t,y(:,1),'k',t,y(:,2),'r:','linewidth',2);
xlabel('时间(s)');ylabel('位置跟踪');
legend('实际信号','仿真结果');

figure(2)
plot(t,cos(t),'k',t,y(:,3),'r:','linewidth',2);
xlabel('时间(s)');ylabel('速度跟踪');
legend('实际信号','仿真结果');

figure(3);
plot(t,u(:,1),'r','linewidth',2);
xlabel('时间(s)');ylabel('控制输入');

figure(4);
plot(t,s(:,1),'r','linewidth',2);
xlabel('时间(s)');ylabel('切换函数');
```

运行程序，得到相应的图形如图 16-7~图 16-10 所示。

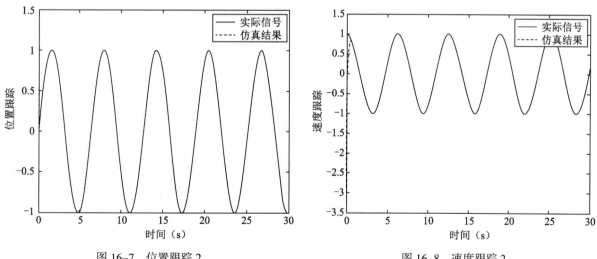

图 16-7 位置跟踪 2   图 16-8 速度跟踪 2

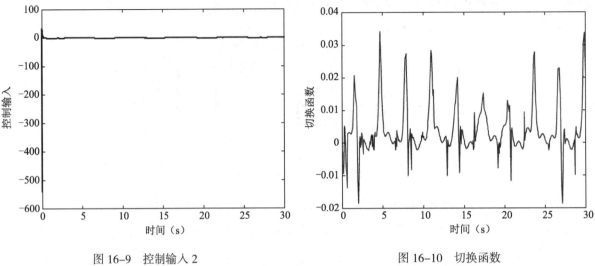

图 16-9　控制输入 2　　　　　　　　　　图 16-10　切换函数

1. 全局滑模模型的控制器S函数DjbBctrl

函数代码如下：

```
function [sys,x0,str,ts] =DjbBctrl(t,x,u,flag)
switch flag
    case 0
        [sys,x0,str,ts]=mdlInitializeSizes;
    case 3
        sys=mdlOutputs(t,x,u);
    case {2,4,9}
        sys=[];
    otherwise
        error(['Unhandled flag = ',num2str(flag)]);
end

function [sys,x0,str,ts]=mdlInitializeSizes
sizes = simsizes;
sizes.NumContStates  = 0;
sizes.NumDiscStates  = 0;
sizes.NumOutputs     = 2;
sizes.NumInputs      = 3;
sizes.DirFeedthrough = 1;
sizes.NumSampleTimes = 1;
sys=simsizes(sizes);
x0=[];
str=[];
ts=[0 0];

function sys=mdlOutputs(t,x,u)
thd-u(1);
dthd=cos(t);
ddthd=-sin(t);
```

```
th=u(2);
dth=u(3);

c=10;
e=th-thd;
de=dth-dthd;
dt=0.10*sin(2*pi*t);
D=0.10;

e0=pi/6;
de0=0-1.0;
s0=de0+c*e0;
ft=s0*exp(-130*t);
df=-130*s0*exp(-130*t);
s=de+c*e-ft;
R=ddthd+c*dthd;

J_min=0.80;
J_max=1.20;
aJ=(J_min+J_max)/2;
dJ=(J_max-J_min)/2;
M=2;
if M==1
    ut=-aJ*(c*dth-df)+aJ*R-[dJ*abs(c*dth-df)+D+dJ*abs(R)]*sign(s);
elseif M==2
    fai=0.05;
    if s/fai>1
        sat=1;
    elseif abs(s/fai)<=1
        sat=s/fai;
    elseif s/fai<-1
        sat=-1;
    end
    ut=-aJ*(c*dth-df)+aJ*R-[dJ*abs(c*dth-df)+D+dJ*abs(R)]*sat;
end
sys(1)=ut;
sys(2)=s;
```

2. 被控对象的滑模控制器的S函数DjbBplant

函数代码如下：

```
function [sys,x0,str,ts] = DjbBplant(t,x,u,flag)
switch flag
    case 0
        [sys,x0,str,ts]=mdlInitializeSizes;
    case 1
        sys=mdlDerivatives(t,x,u);
    case 3
        sys=mdlOutputs(t,x,u);
    case {2,4,9}
        sys=[];
```

```
    otherwise
        error(['Unhandled flag = ',num2str(flag)]);
end

function [sys,x0,str,ts]=mdlInitializeSizes
sizes=simsizes;
sizes.NumContStates  = 2;
sizes.NumDiscStates  = 0;
sizes.NumOutputs     = 2;
sizes.NumInputs      = 1;
sizes.DirFeedthrough = 0;
sizes.NumSampleTimes = 0;
sys=simsizes(sizes);
x0=[pi/6;0];
str=[];
ts=[];

function sys=mdlDerivatives(t,x,u)
J=1.0+0.2*sin(t);
dt=0.10*sin(2*pi*t);
sys(1)=x(2);
sys(2)=1/J*(u-dt);

function sys=mdlOutputs(t,x,u)
sys(1)=x(1);
sys(2)=x(2);
```

16.3　基于线性化反馈的滑模控制

16.3.1　二阶非线性确定系统的倒立摆仿真

考虑如下非线性二阶系统

$$\ddot{x}=f(x,t)+g(x,t)u$$

其中，f、g 为已知非线性函数。

位置指令为 x_d，则误差为 $e=x_d-x$。根据线性化反馈方法，控制器设计为

$$u=\frac{v-f(x,t)}{g(x,t)}$$

其中，v 为控制器的辅助项。

将控制器 u 代入 $\ddot{x}=f(x,t)+g(x,t)u$，得

$$\ddot{x}=v$$

设计 v 为

$$v=\ddot{x}_d+k_1e+k_2\dot{e}$$

其中，k_1 和 k_2 为正的常数。

将 $v=\ddot{x}_d+k_1e+k_2\dot{e}$ 代入 $\ddot{x}=v$ 得到

$$\ddot{e} + k_2 \dot{e} + k_1 e = 0$$

则当 $t \to \infty$ 时，$e_1 \to 0$，$e_2 \to 0$。

本方法的缺点是需要精确的系统模型信息，无法克制外界干扰。

【例 16-3】　考虑如下被控对象

$$\begin{cases} \dot{x}_1 = x_2 \\ \dot{x}_2 = \dfrac{g \sin x_1 - \dfrac{mlx_2^2 \cos x_1 \sin x_1}{m_c + m}}{l\left(\dfrac{4}{3} - \dfrac{m\cos^2 x_1}{m_c + m}\right)} + \dfrac{\dfrac{\cos x_1}{m_c + m}}{l\left(\dfrac{4}{3} - \dfrac{m\cos^2 x_1}{m_c + m}\right)} u \end{cases}$$

其中，x_1 和 x_2 倒立摆的角度和角速度；$g = 9.8 \text{m/s}^2$；$m_c = 1 \text{kg}$ 为小车质量；$m = 0.1 \text{kg}$ 为摆杆的质量；$l = 0.5 \text{m}$ 为摆杆的长度；u 为控制输入。

解：理想角度为 $x_d = \sin(t)$，采用控制率 $u = \dfrac{v - f(x,t)}{g(x,t)}$，$k_1 = k_2 = 5$，摆的初始状态为 $\left[\dfrac{\pi}{60}, 0\right]$。

建立如图 16-11 所示的系统仿真框图。系统中用到的 S 函数代码见"1.基于线性化反馈的滑模控制模型 S 函数 DjbCctrl"和"2.被控对象的 S 函数 DjbCplant"。

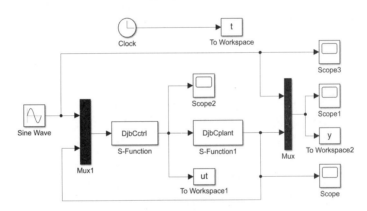

图 16-11　系统仿真框图 2

运行仿真文件，然后在 MATLAB 中对输出结果作图，在编辑器窗口中编写程序如下：

```
close all;
figure(1);
plot(t,y(:,1),'k',t,y(:,2),'r:','linewidth',2);
xlabel('时间(s)');ylabel('位置跟踪');
legend('实际信号','仿真结果');

figure(2);
plot(t,cos(t),'k',t,y(:,3),'r:','linewidth',2);
xlabel('时间(s)');ylabel('速度追踪');
legend('实际信号','仿真结果');

figure(3);
plot(t,ut(:,1),'r','linewidth',2);
xlabel('时间(s)');ylabel('控制输入');
```

运行程序，得到相应的图形如图 16-12~图 16-14 所示。

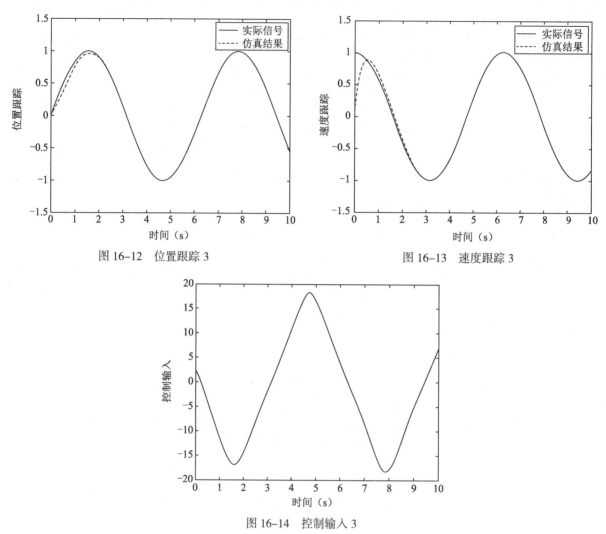

图 16-12 位置跟踪 3

图 16-13 速度跟踪 3

图 16-14 控制输入 3

1. 基于线性化反馈的滑模控制模型S函数DjbCctrl

函数代码如下：

```
function [sys,x0,str,ts] = DjbCctrl(t,x,u,flag)
switch flag
    case 0
        [sys,x0,str,ts]=mdlInitializeSizes;
    case 1
        sys=mdlDerivatives(t,x,u);
    case 3
        sys=mdlOutputs(t,x,u);
    case {1,2,4,9}
        sys=[];
    otherwise
        error(['Unhandled flag = ',num2str(flag)]);
```

```
end
function [sys,x0,str,ts]=mdlInitializeSizes
sizes=simsizes;
sizes.NumContStates  = 0;
sizes.NumDiscStates  = 0;
sizes.NumOutputs     = 1;
sizes.NumInputs      = 5;
sizes.DirFeedthrough = 1;
sizes.NumSampleTimes = 0;
sys=simsizes(sizes);
x0=[];
str=[];
ts=[];
function sys=mdlOutputs(t,x,u)
xd=sin(t);
dxd=cos(t);
ddxd=-sin(t);

x1=u(2);
x2=u(3);
fx=u(4);
gx=u(5);
e=xd-x1;
de=dxd-x2;

k1=5;k2=5;
v=ddxd+k1*e+k2*de;
ut=(v-fx)/(gx+0.002);
sys(1)=ut;
```

2. 被控对象的S函数DjbCplant

函数代码如下：

```
function [sys,x0,str,ts]=DjbCplant(t,x,u,flag)
switch flag
    case 0
        [sys,x0,str,ts]=mdlInitializeSizes;
    case 1
        sys=mdlDerivatives(t,x,u);
    case 3
        sys=mdlOutputs(t,x,u);
    case {2, 4, 9 }
        sys = [];
    otherwise
        error(['Unhandled flag = ',num2str(flag)]);
end
function [sys,x0,str,ts]=mdlInitializeSizes
sizes=simsizes;
sizes.NumContStates  = 2;
sizes.NumDiscStates  = 0;
sizes.NumOutputs     = 4;
```

```
sizes.NumInputs       = 1;
sizes.DirFeedthrough  = 0;
sizes.NumSampleTimes  = 0;
sys=simsizes(sizes);
x0=[pi/60 0];
str=[];
ts=[];
function sys=mdlDerivatives(t,x,u)
g=9.8;mc=1.0;m=0.1;l=0.5;
S=l*(4/3-m*(cos(x(1)))^2/(mc+m));
fx=g*sin(x(1))-m*l*x(2)^2*cos(x(1))*sin(x(1))/(mc+m);
fx=fx/S;
gx=cos(x(1))/(mc+m);
gx=gx/S;

sys(1)=x(2);
sys(2)=fx+gx*u;
function sys=mdlOutputs(t,x,u)
g=9.8;mc=1.0;m=0.1;l=0.5;
S=l*(4/3-m*(cos(x(1)))^2/(mc+m));
fx=g*sin(x(1))-m*l*x(2)^2*cos(x(1))*sin(x(1))/(mc+m);
fx=fx/S;
gx=cos(x(1))/(mc+m);
gx=gx/S;

sys(1)=x(1);
sys(2)=x(2);
sys(3)=fx;
sys(4)=gx;
```

16.3.2　二阶非线性不确定系统的倒立摆仿真

考虑如下二阶非线性不确定系统：

$$\ddot{x} = f(x,t) + g(x,t)u + d(t)$$

其中，f 和 g 为未知线性函数，$d(t)$ 为干扰量，$|d(t)| \le D$。

理想角度信号为 x_d，则误差为 $e = x - x_d$，取滑模函数为

$$s(x,t) = ce + \dot{e}$$

其中，$c > 0$。

根据线性化反馈理论，设计滑模控制器为

$$\begin{cases} u = \dfrac{v - f(x,t)}{g(x,t)} \\ v = \ddot{x}_d - c\dot{e} - \eta \cdot \mathrm{sgn}(s) \end{cases}$$

其中，$\eta > D$。

取 Lyapunov 函数为

$$V = \frac{1}{2}Js^2$$

则

$$\dot{V} = s\dot{s} = s\left(\ddot{e} + c\dot{e}\right) = s\left(\ddot{x} - \ddot{x}_d + c\dot{e}\right)$$
$$= s\left(f\left(x,t\right) + g\left(x,t\right)u + d\left(t\right) - \ddot{x}_d + c\dot{e}\right)$$

将控制律 $u = \dfrac{v - f\left(x,t\right)}{g\left(x,t\right)}$ 代入上式可得

$$\dot{V} = s\left(v + d\left(t\right) - \ddot{x}_d + c\dot{e}\right)$$
$$= s\left(\ddot{x}_d - c\dot{e} - \eta \cdot \mathrm{sgn}\left(s\right) + d\left(t\right) - \ddot{x}_d + c\dot{e}\right)$$
$$= s\left(-\eta \cdot \mathrm{sgn}\left(s\right) + d\left(t\right)\right)$$
$$= -\eta \cdot \left|s\right| + d\left(t\right)s \leqslant 0$$

【例 16-4】　考虑如下被控对象。其中，x_1 和 x_2 倒立摆的角度和角速度，$g = 9.8\mathrm{m/s}^2$，$m_c = 1\mathrm{kg}$ 为小车质量，$m = 0.1\mathrm{kg}$ 为摆杆的质量，$l = 0.5\mathrm{m}$ 为摆杆的长度，u 为控制输入，$d\left(t\right)$ 为干扰量。

$$\begin{cases} \dot{x}_1 = x_2 \\ \dot{x}_2 = \dfrac{g\sin x_1 - \dfrac{mlx_2^2 \cos x_1 \sin x_1}{m_c + m}}{l\left(\dfrac{4}{3} - \dfrac{m\cos^2 x_1}{m_c + m}\right)} + \dfrac{\dfrac{\cos x_1}{m_c + m}}{l\left(\dfrac{4}{3} - \dfrac{m\cos^2 x_1}{m_c + m}\right)}u + d\left(t\right) \end{cases}$$

解：理想角度为 $x_d = \sin\left(t\right)$，$d\left(t\right) = 10\sin\left(t\right)$，则 $D = 15$，采用控制率 $u = \dfrac{v - f\left(x,t\right)}{g\left(x,t\right)}$，取 $\eta = D + 0.1 = 15.1$，$c = 30$，摆的初始状态为 $\left[\dfrac{\pi}{60}, 0\right]$，$M = 1$ 表示采用符号函数，$M = 2$ 为采用饱和函数，本文中采用饱和函数 $M = 2$，$\delta = \delta_0 + \delta_1\left|e\right|$，$\delta_0 = 0.03$，$\delta_1 = 5$。

建立如图 16-15 所示的系统仿真框图。系统中用到的 S 函数代码见 "1.系统控制器 S 函数 DjbDctrl" 和 "2.被控对象的 S 函数 DjbDplant"。

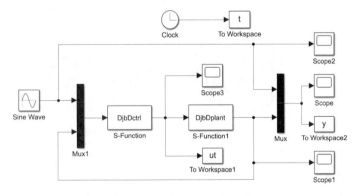

图 16-15　系统仿真框图 3

运行仿真文件，然后在 MATLAB 中对输出结果作图。在编辑器窗口中编写程序如下：

```
close all;
figure(1);
plot(t,y(:,1),'k',t,y(:,2),'r:','linewidth',2);
xlabel('时间(s)');ylabel('位置跟踪');
```

```
legend('实际信号','仿真结果');

figure(2);
plot(t,cos(t),'k',t,y(:,3),'r:','linewidth',2);
xlabel('时间(s)');ylabel('速度跟踪');
legend('实际信号','仿真结果');

figure(3);
plot(t,ut(:,1),'r','linewidth',2);
xlabel('时间(s)');ylabel('控制输入');
```

运行程序，得到相应的图形如图16-16~图16-18所示。

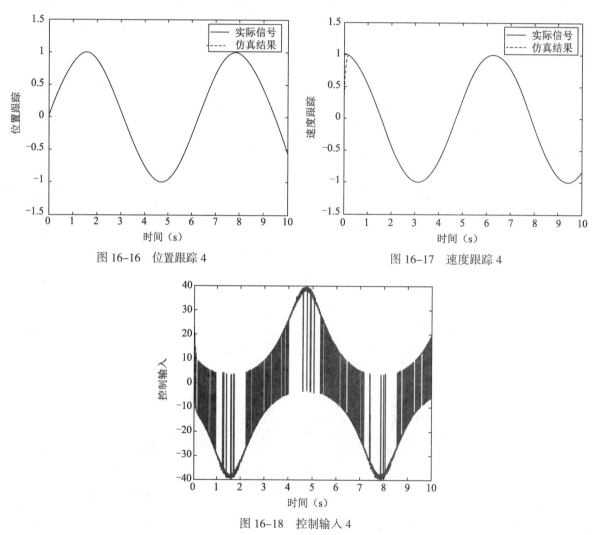

图16-16　位置跟踪4　　　　　　图16-17　速度跟踪4

图16-18　控制输入4

1. 系统控制器S函数DjbDctrl

函数代码如下：

```
function [sys,x0,str,ts] = DjbDctrl(t,x,u,flag)
switch flag
```

```matlab
    case 0
        [sys,x0,str,ts]=mdlInitializeSizes;
    case 1
        sys=mdlDerivatives(t,x,u);
    case 3
        sys=mdlOutputs(t,x,u);
    case {1,2,4,9}
        sys=[];
    otherwise
        error(['Unhandled flag = ',num2str(flag)]);
end

function [sys,x0,str,ts]=mdlInitializeSizes
sizes=simsizes;
sizes.NumContStates  = 0;
sizes.NumDiscStates  = 0;
sizes.NumOutputs     = 1;
sizes.NumInputs      = 5;
sizes.DirFeedthrough = 1;
sizes.NumSampleTimes = 0;
sys = simsizes(sizes);
x0=[];
str=[];
ts=[];
function sys=mdlOutputs(t,x,u)
xd=sin(t);
dxd=cos(t);
ddxd=-sin(t);

x1=u(2);
x2=u(3);
fx=u(4);
gx=u(5);

e=x1-xd;
de=x2-dxd;
c=30;
s=c*e+de;
D=15;
M=1;
if M==1
   xite=D+0.50;
   v=ddxd-c*de-xite*sign(s);
elseif M==2
   xite=D+0.50;
   delta0=0.03;
   delta1=5;
   delta=delta0+delta1*abs(e);
   v=ddxd-c*de-xite*s/(abs(s)+delta);
```

```
    end
    ut=(-fx+v)/(gx+0.002);
    sys(1)=ut;
```

2. 被控对象的S函数DjbDplant

函数代码如下：

```
function [sys,x0,str,ts]=DjbDplant(t,x,u,flag)
switch flag
    case 0
        [sys,x0,str,ts]=mdlInitializeSizes;
    case 1
        sys=mdlDerivatives(t,x,u);
    case 3
        sys=mdlOutputs(t,x,u);
    case {2, 4, 9 }
        sys=[];
    otherwise
        error(['Unhandled flag = ',num2str(flag)]);
end

function [sys,x0,str,ts]=mdlInitializeSizes
sizes = simsizes;
sizes.NumContStates = 2;
sizes.NumDiscStates = 0;
sizes.NumOutputs     = 4;
sizes.NumInputs      = 1;
sizes.DirFeedthrough = 0;
sizes.NumSampleTimes = 0;
sys=simsizes(sizes);
x0=[pi/60 0];
str=[];
ts=[];

function sys=mdlDerivatives(t,x,u)
g=9.8;mc=1.0;m=0.1;l=0.5;
S=l*(4/3-m*(cos(x(1)))^2/(mc+m));
fx=g*sin(x(1))-m*l*x(2)^2*cos(x(1))*sin(x(1))/(mc+m);
fx=fx/S;
gx=cos(x(1))/(mc+m);
gx=gx/S;
dt=10*sin(t);
sys(1)=x(2);
sys(2)=fx+gx*u+dt;

function sys=mdlOutputs(t,x,u)
g=9.8;mc=1.0;m=0.1;l=0.5;
S=l*(4/3-m*(cos(x(1)))^2/(mc+m));
fx=g*sin(x(1))-m*l*x(2)^2*cos(x(1))*sin(x(1))/(mc+m);
fx=fx/S;
gx=cos(x(1))/(mc+m);
```

```
gx=gx/S;

sys(1)=x(1);
sys(2)=x(2);
sys(3)=fx;
sys(4)=gx;
```

16.3.3 输入/输出的反馈线性化控制

考虑如下系统

$$\begin{cases} \dot{x}_1 = \sin x_2 + x_2 x_3 + x_3 \\ \dot{x}_2 = x_1^5 + x_3 \\ \dot{x}_3 = x_1^2 + u \\ y = x_1 \end{cases}$$

控制任务为对象输出 y 跟踪理想轨迹 y_d。

由上式可知，对象输出 y 与控制输入 u 没有直接关系，无法直接设计控制器。

为了得到 y 和 u 的关系，对 y 求微分得

$$\dot{y} = \dot{x}_1 = \sin x_2 + x_2 x_3 + x_3$$

可见 $\dot{y}$ 和 u 没有直接关系。为此，对 $\dot{y}$ 求微分得

$$\begin{aligned} \ddot{y} &= \ddot{x}_1 = \dot{x}_2 \cos x_2 + \dot{x}_2 x_3 + x_2 \dot{x}_3 + \dot{x}_3 \\ &= \left(x_1^5 + x_3\right)\cos x_2 + \left(x_1^5 + x_3\right)x_3 + \left(x_2 + 1\right)\left(x_1^2 + u\right) \\ &= \left(x_1^5 + x_3\right)\left(\cos x_2 + x_3\right) + \left(x_2 + 1\right)x_1^2 + \left(x_2 + 1\right)u \end{aligned}$$

取 $f(x) = \left(x_1^5 + x_3\right)\left(\cos x_2 + x_3\right) + \left(x_2 + 1\right)x_1^2$，则

$$\ddot{y} = f(x) + (x_2 + 1)u$$

表明了 y 和 u 之间的关系。

取控制律为

$$u = \frac{1}{x_2 + 1}(v - f)$$

其中，v 为辅助项。

由式 $u = \frac{1}{x_2+1}(v-f)$ 和 $\ddot{y} = f(x) + (x_2+1)u$ 可得

$$\ddot{y} = v$$

定义误差 $e = y_d - y$，设计 v 为反馈线性化的形式，即

$$v = \ddot{y}_d + k_2 \dot{e} + k_1 e$$

其中，k_1 和 k_2 为正实数。

由式 $\ddot{y} = v$ 和 $v = \ddot{y}_d + k_2 \dot{e} + k_1 e$ 可得

$$\ddot{e} + k_2 \dot{e} + k_1 e = 0$$

则当 $t \to \infty$，$e_1 \to 0$，$e_2 \to 0$。

本方法的缺点是需要精确的系统模型信息，无法克制外界干扰。

【例 16-5】 假设理想轨迹为 $y_d = \sin t$，取 $k_1 = k_2 = 10$，控制器取 $u = \frac{1}{x_2+1}(v-f)$，对系统进行仿真。

解：建立如图16-19所示的系统仿真框图。系统中用到的 S 函数代码见"1.系统控制器 S 函数 DjbEctrl"和"2.被控对象 S 函数 DjbEplant"。

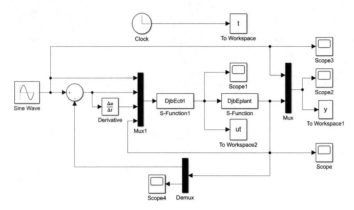

图16-19 系统仿真框图4

运行仿真文件，然后在MATLAB中对输出结果作图。在编辑器窗口中编写程序如下：

```
close all;
figure(1);
plot(t,y(:,1),'k',t,y(:,2),'r:','linewidth',2);
xlabel('时间(s)');ylabel('位置跟踪');
legend('实际信号','仿真结果');

figure(2);
plot(t,y(:,1)-y(:,2),'k','linewidth',2);
xlabel('时间(s)');ylabel('位置跟踪误差');
legend('位置跟踪误差');

figure(3);
plot(t,ut(:,1),'k','linewidth',2);
xlabel('时间(s)');ylabel('控制输入');
```

运行程序，得到相应的图形如图16-20～图16-22所示。

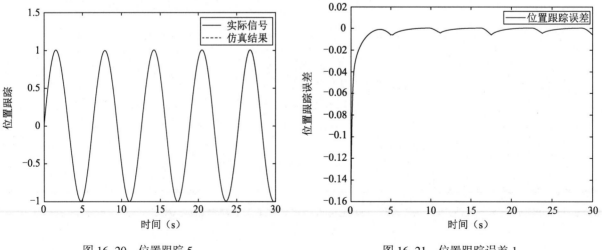

图16-20 位置跟踪5   图16-21 位置跟踪误差1

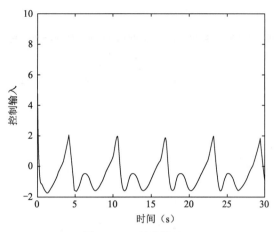

图 16-22　控制输入 5

1. 系统控制器S函数DjbEctrl

函数代码如下：

```
function [sys,x0,str,ts]=DjbEctrl(t,x,u,flag)
switch flag
    case 0
        [sys,x0,str,ts]=mdlInitializeSizes;
    case 1
        sys=mdlDerivatives(t,x,u);
    case 3
        sys=mdlOutputs(t,x,u);
    case {1, 2, 4, 9 }
        sys=[];
    otherwise
        error(['Unhandled flag = ',num2str(flag)]);
end

function [sys,x0,str,ts]=mdlInitializeSizes
sizes=simsizes;
sizes.NumDiscStates  = 0;
sizes.NumOutputs     = 1;
sizes.NumInputs      = 6;
sizes.DirFeedthrough = 1;
sizes.NumSampleTimes = 0;
sys=simsizes(sizes);
x0=[];
str=[];
ts=[];

function sys=mdlOutputs(t,x,u)
yd=u(1);
dyd=cos(t);
ddyd=-sin(t);
e=u(2);
```

```
de=u(3);
x1=u(4);
x2=u(5);
x3=u(6);

f=(x1^5+x3)*(x3+cos(x2))+(x2+1)*x1^2;
k1=10;k2=10;
v=ddyd+k1*e+k2*de;
ut=1.0/(x2+1)*(v-f);
sys(1)=ut;
```

2. 被控对象S函数DjbEplant

函数代码如下：

```
function [sys,x0,str,ts]=DjbEplant(t,x,u,flag)
switch flag
    case 0
        [sys,x0,str,ts]=mdlInitializeSizes;
    case 1
        sys=mdlDerivatives(t,x,u);
    case 3
        sys=mdlOutputs(t,x,u);
    case {2, 4, 9 }
        sys = [];
    otherwise
        error(['Unhandled flag = ',num2str(flag)]);
end

function [sys,x0,str,ts]=mdlInitializeSizes
sizes=simsizes;
sizes.NumContStates  = 3;
sizes.NumDiscStates  = 0;
sizes.NumOutputs     = 3;
sizes.NumInputs      = 1;
sizes.DirFeedthrough = 1;
sizes.NumSampleTimes = 0;
sys=simsizes(sizes);
x0=[0.15 0 0];
str=[];
ts=[];

function sys=mdlDerivatives(t,x,u)
ut=u(1);
sys(1)=sin(x(2))+(x(2)+1)*x(3);
sys(2)=x(1)^5+x(3);
sys(3)=x(1)^2+ut;

function sys=mdlOutputs(t,x,u)
sys(1)=x(1);
sys(2)=x(2);
sys(3)=x(3);;
```

16.3.4　输入/输出的反馈线性化滑模控制

在线性化反馈系统控制中，如果添加滑模控制，将增加系统的鲁棒性。

考虑如下不确定系统

$$\begin{cases} \dot{x}_1 = \sin x_2 + x_2 x_3 + x_3 + d_1 \\ \dot{x}_2 = x_1^5 + x_3 + d_2 \\ \dot{x}_3 = x_1^2 + u + d_3 \\ y = x_1 \end{cases}$$

其中，d_1、d_2 和 d_3 为系统的不确定部分。

控制任务为对象输出 y 跟踪理想轨迹 y_d。由上式可知，对象输出 y 与控制输入 u 没有直接关系，无法直接设计控制器。

为了得到 y 和 u 的联系，对 y 求微分得

$$\dot{y} = \dot{x}_1 = \sin x_2 + x_2 x_3 + x_3 + d_1$$

可见 $\dot{y}$ 和 u 没有直接的关系。为此，对 $\dot{y}$ 求微分得

$$\ddot{y} = \ddot{x}_1 = \dot{x}_2 \cos x_2 + \dot{x}_2 x_3 + x_2 \dot{x}_3 + \dot{x}_3 + \dot{d}_1$$
$$= \left(x_1^5 + x_3 + d_2\right)\cos x_2 + \left(x_1^5 + x_3 + d_2\right)x_3 + \left(x_2 + 1\right)\left(x_1^2 + u + d_3\right) + \dot{d}_1$$
$$= \left(x_1^5 + x_3\right)\left(\cos x_2 + x_3\right) + \left(x_2 + 1\right)x_1^2 + \left(x_2 + 1\right)u + d$$

其中，$d = d_2 \cos x_2 + d_2 x_3 + \left(x_2 + 1\right)d_3 + \dot{d}_1$，假设 $|d| \leqslant D$。

取 $f(x) = \left(x_1^5 + x_3\right)\left(\cos x_2 + x_3\right) + \left(x_2 + 1\right)x_1^2$，则

$$\ddot{y} = f(x) + (x_2 + 1)u + d$$

表明了 y 和 u 之间的关系。

定义 $e = y_d - y$，则滑模函数为

$$s(x,t) = CE$$

其中，$C = [c,1]$，$c > 0$，$E = [e, \dot{e}]^{\mathrm{T}}$。

取控制律为

$$u = \frac{1}{x_2 + 1}\left(v - f - \eta \cdot \mathrm{sgn}(s)\right)$$

其中，v 为控制律的辅助项，$\eta \geqslant D$。

取 Lyapunov 函数为

$$V = \frac{1}{2}s^2$$

则

$$\dot{V} = s\dot{s} = s\left(\ddot{e} + c\dot{e}\right) = s\left(\ddot{y}_d - \ddot{y} + c\dot{e}\right)$$
$$= s\left(\ddot{y}_d - (x_2 + 1)u - f(x) - d + c\dot{e}\right)$$

取 $v = \ddot{y}_d + c\dot{e}$，则

$$\dot{V} = s\left(-\eta \mathrm{sgn}(s) - d\right) = ds - \eta|s| \leqslant (D - \eta)\cdot|s| \leqslant 0$$

考虑理想轨迹 $y_d = \sin(t)$，$c = 10$，$\eta = 3$，控制器为 $u = \frac{1}{x_2 + 1}\left(v - f - \eta \cdot \mathrm{sgn}(s)\right)$。

建立如图 16-23 所示的系统仿真框图。系统中用到的 S 函数代码见 "1.系统控制器 S 函数 DjbFctrl" 和 "2.被控对象 S 函数 DjbFplant"。

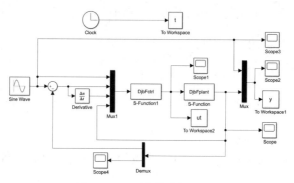

图 16-23　系统仿真框图 5

运行仿真文件，然后在 MATLAB 中对输出结果作图。在编辑器窗口中编写程序如下：

```
close all;
figure(1);
plot(t,y(:,1),'k',t,y(:,2),'r:','linewidth',2);
xlabel('时间(s)');ylabel('位置跟踪');
legend('实际信号','仿真结果');

figure(2);
plot(t,y(:,1)-y(:,2),'k','linewidth',2);
xlabel('时间(s)');ylabel('位置跟踪误差');
legend('位置跟踪误差');

figure(3);
plot(t,ut(:,1),'r','linewidth',2);
xlabel('时间(s)');ylabel('控制输入');
```

运行程序，得到相应的图形如图 16-24~图 16-26 所示。

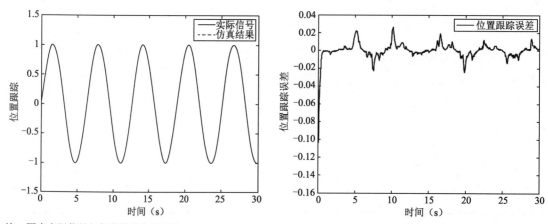

注：图中实际信号与仿真结果曲线重叠

图 16-24　位置跟踪 6　　　　　　　　　　　　图 16-25　跟踪位置误差 2

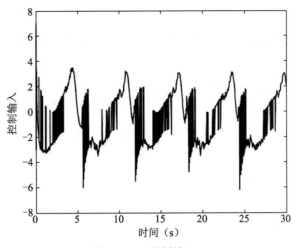

图 16-26　控制输入 6

1. 系统控制器S函数DjbFctrl

函数代码如下：

```
function [sys,x0,str,ts]=DjbFctrl(t,x,u,flag)
switch flag
    case 0
        [sys,x0,str,ts]=mdlInitializeSizes;
    case 1
        sys=mdlDerivatives(t,x,u);
    case 3
        sys=mdlOutputs(t,x,u);
    case {1, 2, 4, 9 }
        sys=[];
    otherwise
        error(['Unhandled flag = ',num2str(flag)]);
end

function [sys,x0,str,ts]=mdlInitializeSizes
sizes=simsizes;
sizes.NumDiscStates = 0;
sizes.NumOutputs    = 1;
sizes.NumInputs     = 6;
sizes.DirFeedthrough = 1;
sizes.NumSampleTimes = 0;
sys=simsizes(sizes);
x0=[];
str=[];
ts=[];

function sys=mdlOutputs(t,x,u)
yd=u(1);
dyd=cos(t);
```

```
ddyd=-sin(t);
e=u(2);
de=u(3);
x1=u(4);
x2=u(5);
x3=u(6);

f=(x1^5+x3)*(x3+cos(x2))+(x2+1)*x1^2;
c=10;
s=de+c*e;
v=ddyd+c*de;
xite=3.0;
ut=1.0/(x2+1)*(v-f+xite*sign(s));
sys(1)=ut;
```

2. 被控对象 S 函数 DjbFplant

函数代码如下：

```
function [sys,x0,str,ts]=DjbFplant(t,x,u,flag)
switch flag
    case 0
        [sys,x0,str,ts]=mdlInitializeSizes;
    case 1
        sys=mdlDerivatives(t,x,u);
    case 3
        sys=mdlOutputs(t,x,u);
    case {2, 4, 9 }
        sys=[];
    otherwise
        error(['Unhandled flag = ',num2str(flag)]);
end

function [sys,x0,str,ts]=mdlInitializeSizes
sizes=simsizes;
sizes.NumContStates  = 3;
sizes.NumDiscStates  = 0;
sizes.NumOutputs     = 3;
sizes.NumInputs      = 1;
sizes.DirFeedthrough = 1;
sizes.NumSampleTimes = 0;
sys=simsizes(sizes);
x0=[0.15 0 0];
str=[];
ts=[];

function sys=mdlDerivatives(t,x,u)
ut=u(1);
d1=sin(t);
d2=sin(t);
```

```
d3=sin(t);
sys(1)=sin(x(2))+(x(2)+1)*x(3)+d1;
sys(2)=x(1)^5+x(3)+d2;
sys(3)=x(1)^2+ut+d3;

function sys=mdlOutputs(t,x,u)
sys(1)=x(1);
sys(2)=x(2);
sys(3)=x(3);
```

16.4　基于模型参考的滑模控制

考虑如下二阶系统

$$\ddot{y} = a(t)\dot{y} + b(t)u(t) + d(t)$$

其中，$b(t) > 0$，$d(t)$ 为外部干扰，$|d(t)| < D$。

参考模型为二阶系统

$$\ddot{y}_m = a_m \dot{y}_m + b_m r(t)$$

模型跟踪误差为 $e = y - y_m$，则 $\dot{e} = \dot{y} - \dot{y}_m$，滑模函数设计为

$$s = \dot{e} + ce$$

滑模控制律为

$$u = \frac{1}{b(t)}\left(-c|\dot{e}| - |b_m r| - D - \eta - |a_m \dot{y}_m| - |a\dot{y}|\right) \cdot \operatorname{sgn}(s)$$

其中，$\eta > 0$。

取 Lyapunov 函数为

$$V = \frac{1}{2}s^2$$

由滑模函数 $s = \dot{e} + ce$ 得

$$\dot{s} = \ddot{e} + c\dot{e} = \ddot{y} - \ddot{y}_m + c\dot{e} = a\dot{y} - a_m \dot{y}_m + bu - b_m r + d(t) + c\dot{e}$$

将滑模控制律 u 代入上式得

$$\dot{s} = a\dot{y} - a_m \dot{y}_m - \left(c|\dot{e}| + |b_m r| + D + \eta + |a\dot{y}| + |a_m \dot{y}_m|\right) \cdot \operatorname{sgn}(s) - b_m r + d(t) + c\dot{e}$$

则

$$\begin{aligned}
s\dot{s} &= a\dot{y}s - a_m \dot{y}_m s - \left(c|\dot{e}| + |b_m r| + D + \eta + |a\dot{y}| + |a_m \dot{y}_m|\right) \cdot |s| - \\
&\quad b_m rs + d(t)s + c\dot{e}s \\
&= a\dot{y}s - |a\dot{y}| \cdot |s| - a_m \dot{y}_m s - |a_m \dot{y}_m| \cdot |s| - c\dot{e}s - c|\dot{e}| \cdot |s| - \\
&\quad b_m rs - |b_m r| \cdot |s| + d(t)s - D|s| - \eta|s| \leqslant -\eta|s|
\end{aligned}$$

即

$$\dot{V} \leqslant -\eta|s|$$

采用饱和函数代替符号函数，可消除抖振，饱和函数设计为

$$\mathrm{sat}(s)=\begin{cases}1, & s>\delta \\ \dfrac{s}{\delta}, & |s|\leqslant\delta \\ -1, & s<-\delta\end{cases}$$

【例 16-6】 考虑被控对象 $\ddot{x}+a\dot{x}=bu(t)+d(t)$，其中，$a=25$，$b=133$，$d(t)=10\sin(t)$。

解：设计参考模型为 $\ddot{x}+a_{\mathrm{m}}\dot{x}=b_{\mathrm{m}}r(t)$，$a_{\mathrm{m}}=20$，$b_{\mathrm{m}}=100$，$r=\sin(\pi t)$。

采用控制律式

$$u=\frac{1}{b(t)}\left(-c|\dot{e}|-|b_{\mathrm{m}}r|-D-\eta-|a_{\mathrm{m}}\dot{y}_{\mathrm{m}}|-|a\dot{y}|\right)\cdot\mathrm{sgn}(s)$$

取 $D=10$，$\eta=0.02$，$c=10$，$M=1$ 表示采用符号函数，$M=2$ 为采用饱和函数，本文采用 $M=2$。饱和函数中取 $\delta=0.02$。系统初始状态为 $[1.5,0]^{\mathrm{T}}$。

建立如图 16-27 所示的系统仿真框图。系统中用到的 S 函数代码见 "1.系统控制器 S 函数 DjbGctrl"、"2.被控对象 S 函数 DjbGplant" 和 "3.参考模型 S 函数 DjbGmodel"。

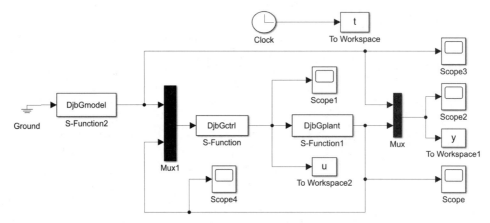

图 16-27　系统仿真框图 6

运行仿真文件，然后在 MATLAB 中对输出结果作图。在编辑器窗口中编写程序如下：

```
close all;
figure(1);
plot(t,y(:,1),'k',t,y(:,3),'r:','linewidth',2);
xlabel('时间(s)');ylabel('位置跟踪');
legend('实际信号','仿真结果');

figure(2);
plot(t,y(:,2),'k',t,y(:,4),'r:','linewidth',2);
xlabel('时间(s)');ylabel('速度跟踪');
legend('实际信号','仿真结果');

figure(3);
plot(t,u(:,1),'k','linewidth',2);
xlabel('时间(s)');ylabel('控制输入');
```

运行程序，得到相应的图形如图 16-28~图 16-30 所示。

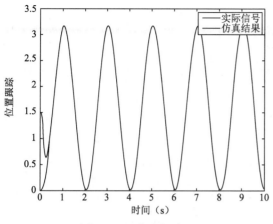

图 16-28 位置跟踪 7

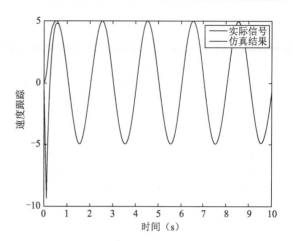

图 16-29 速度跟踪 5

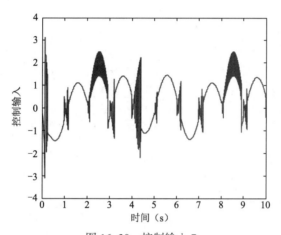

图 16-30 控制输入 7

1. 系统控制器 S 函数 DjbGctrl

函数代码如下：

```
function [sys,x0,str,ts] = DjbGctrl(t,x,u,flag)
switch flag
    case 0
        [sys,x0,str,ts]=mdlInitializeSizes;
    case 3
        sys=mdlOutputs(t,x,u);
    case {2,4,9}
        sys=[];
    otherwise
        error(['Unhandled flag = ',num2str(flag)]);
end
function [sys,x0,str,ts]=mdlInitializeSizes
sizes=simsizes;
sizes.NumContStates = 0;
sizes.NumDiscStates = 0;
sizes.NumOutputs    = 1;
```

```
sizes.NumInputs       = 4;
sizes.DirFeedthrough = 1;
sizes.NumSampleTimes = 1;
sys=simsizes(sizes);
x0=[];
str=[];
ts=[0 0];

function sys=mdlOutputs(t,x,u)
a=25;b=133;
am=20;bm=100;
D=10;
c=10;
ym=u(1);y=u(3);
dym=u(2);dy=u(4);

e=y-ym;
de=dy-dym;
s=c*e+de;
r=sin(pi*t);
xite=0.02;

wt=1/b*(-c*abs(de)-abs(bm*r)-D-xite-abs(am*dym)-abs(a*dy));
M=2;
if M==1
   ut=wt*sign(s);
elseif M==2
   delta=0.02;
   if s>delta
      sats=1;
   elseif abs(s)<=delta
       sats=s/delta;
   elseif s<-delta
      sats=-1;
   end
   ut=wt*sats;
end
sys(1)=ut;
```

2. 被控对象S函数DjbGplant

函数代码如下：

```
function [sys,x0,str,ts]=DjbGplant(t,x,u,flag)

switch flag
    case 0
        [sys,x0,str,ts]=mdlInitializeSizes;
    case 1
        sys=mdlDerivatives(t,x,u);
    case 3
        sys=mdlOutputs(t,x,u);
```

```
      case {2,4,9}
          sys=[];
      otherwise
          error(['Unhandled flag = ',num2str(flag)]);
end

function [sys,x0,str,ts]=mdlInitializeSizes
sizes=simsizes;
sizes.NumContStates  = 2;
sizes.NumDiscStates  = 0;
sizes.NumOutputs     = 2;
sizes.NumInputs      = 1;
sizes.DirFeedthrough = 0;
sizes.NumSampleTimes = 1;
sys=simsizes(sizes);
x0=[1.5;0];
str=[];
ts=[0 0];

function sys=mdlDerivatives(t,x,u)
a=25;
b=133;
sys(1)=x(2);
sys(2)=-a*x(2)+b*u+10*sin(t);

function sys=mdlOutputs(t,x,u)
sys(1)=x(1);
sys(2)=x(2);
```

3. 参考模型S函数DjbGmodel

函数代码如下：

```
function [sys,x0,str,ts] = DjbGmodel(t,x,u,flag)
switch flag
    case 0
        [sys,x0,str,ts]=mdlInitializeSizes;
    case 1
        sys=mdlDerivatives(t,x,u);
    case 3
        sys=mdlOutputs(t,x,u);
    case {2,4,9}
        sys=[];
    otherwise
        error(['Unhandled flag = ',num2str(flag)]);
end

function [sys,x0,str,ts]=mdlInitializeSizes
sizes=simsizes;
sizes.NumContStates  = 2;
sizes.NumDiscStates  = 0s;
sizes.NumOutputs     = 2;
```

```
sizes.NumInputs       = 1;
sizes.DirFeedthrough  = 0;
sizes.NumSampleTimes  = 1;
sys=simsizes(sizes);
x0=[0,0];
str=[];
ts=[0 0];

function sys=mdlDerivatives(t,x,u)
am=20;
bm=100;
r=sin(pi*t);
sys(1)=x(2);
sys(2)=-20*x(2)+100*r;

function sys=mdlOutputs(t,x,u)
sys(1)=x(1);
sys(2)=x(2);
```

16.5　本章小结

　　滑模变结构控制的原理是根据系统所期望的动态特性设计系统的切换超平面，通过滑动模态控制器使系统状态从超平面之外向切换超平面收束。系统一旦到达切换超平面，控制作用将保证系统沿切换超平面到达系统原点。由于系统的特性和参数只取决于设计的切换超平面，与外界干扰无关，所以滑模变结构控制具有很强的鲁棒性。本章主要讲述了基于名义模型的滑模控制、全局滑模控制、基于线性化反馈的滑模控制系统设计、基于模型参考的滑模控制等。

<table>
<tr><td>

第 17 章

CHAPTER 17

</td><td>

汽车系统仿真

</td></tr>
</table>

本章讲述 Simulink 在汽车系统仿真中的应用，包括汽车制动系统、汽车悬架系统、四轮转向系统的仿真，涉及系统模型的建立、仿真与求解等，帮助读者掌握如何使用 Simulink 进行车辆系统仿真。

本章学习目标包括：

（1）掌握汽车悬架系统仿真；

（2）掌握汽车制动系统仿真；

（3）掌握汽车四轮转向系统仿真。

17.1 汽车悬架系统仿真

汽车本身就是一个较复杂的系统，通常对系统采用简化分析的思想。在此为了简化分析，考虑 1/4 汽车模型（即单轮汽车模型），设其悬挂质量 m_s，它包括车身，车架及其上的总成。

悬挂质量通过减振器和弹簧原件与车轴、车轮相连。车轮、车轴构成的非悬挂质量为 m_t。车轮通过减振弹簧连接于地面。具体的悬架简化结构如图 17-1 所示。

针对该简化模型，考虑轮胎阻尼较小，在此忽略其影响。图 17-1 中，m_s 为车身质量，m_t 为轮胎质量，k_s 为被动悬架刚度，c_s 为被动悬架阻尼系数，k_t 为轮胎刚度，x_s 为车身相

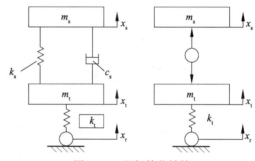

图 17-1   悬架简化结构

对平衡位置的位移，x_t 为车轮相对平衡位置的位移，x_r 为路面不平度的位移输入，$\dot{x}_r$ 为零均值的白噪声，$u(t)$ 为主动悬架的控制力。

17.1.1 运动方程建立

1. 被动悬架模型

根据上面的悬架简化结构，建立被动悬架系统的运动微分方程，即

$$\begin{cases} m_s\ddot{x}_s + k_s(x_s - x_t) + c_s(\dot{x}_s - \dot{x}_t) = 0 \\ m_t\ddot{x}_t - k_t(x_r - x_t) - k_s(x_s - x_t) - c_s(\dot{x}_s - \dot{x}_t) = 0 \end{cases}$$

选取状态变量 $x_1 = x_s - x_t$，$x_2 = \dot{x}_s$，$x_3 = x_r - x_t$，$x_4 = \dot{x}_t$。构成状态向量 $\boldsymbol{X} = [x_1 \quad x_2 \quad x_3 \quad x_4]^{\mathrm{T}}$，于是

得到状态方程为

$$\dot{X} = AX + Bw(t)$$

其中，$w(t)$ 为零均值的白噪声，且

$$A = \begin{bmatrix} 0 & 1 & 0 & -1 \\ -k_s/m_s & -c_s/m_s & 0 & c_s/m_s \\ 0 & 0 & 0 & -1 \\ k_s/m_t & c_s/m_t & k_t/m_t & -c_s/m_t \end{bmatrix}, \quad B = \begin{bmatrix} 0 \\ 0 \\ 1 \\ 0 \end{bmatrix}$$

评价汽车悬架性能时，主要考虑它对汽车平顺性和操作稳定性的影响，而评价汽车这些性能时常涉及一些参数，如车身加速度、悬架动扰度、轮胎动变形等性能指标，因此分析汽车这些性能指标显得尤为必要。选取3个性能指标：

（1）车身加速度：$y_1 = \ddot{x}_s = \dot{x}_2$；

（2）悬架动扰度：$y_2 = x_s - x_t = x_1$；

（3）轮胎动变形：$y_3 = x_r - x_t = x_3$。

y_1、y_2、y_3 构成输出向量，于是得到输出方程为

$$Y = CX$$

其中

$$C = \begin{bmatrix} -k_s/m_s & -c_s/m_s & 0 & c_s/m_s \\ 1 & 0 & 0 & 0 \\ 0 & 0 & 1 & 0 \end{bmatrix}$$

主动悬架和被动悬架的区别在于，前者除具有弹性元件和减振器以外，还在车身和车轴之间安装了一个由中央处理器控制的力发生器，该力发生器能按照中央处理器下达的指令上下运动，进而分别对汽车的弹簧载荷质量和非弹簧载荷质量产生力的作用。

2. 主动悬架模型

根据悬架模型建立主动悬架模型如下

$$m_s \ddot{x}_s = u$$
$$m_t \ddot{x}_t = -u - k_t(x_t - x_r)$$

与被动悬架类似，选取状态变量 $x_1 = x_s - x_t$，$x_2 = \dot{x}_s$，$x_3 = x_r - x_t$，$x_4 = \dot{x}_t$，构成状态向量 $X = [x_1 \ x_2 \ x_3 \ x_4]^T$，于是得到状态方程为

$$\dot{X} = A_1 X + B_1 u + D_1 \omega(t)$$

其中

$$A_1 = \begin{bmatrix} 0 & 1 & 0 & -1 \\ 0 & 0 & 0 & 0 \\ 0 & 0 & 0 & -1 \\ 0 & 0 & 5333.333 & 0 \end{bmatrix}, \quad B_1 = \begin{bmatrix} 0 \\ 1/m_s \\ 0 \\ -1/m_t \end{bmatrix}, \quad D_1 = \begin{bmatrix} 0 \\ 0 \\ 1 \\ 0 \end{bmatrix}$$

选择输出变量 $y_1 = \ddot{x}_s = \dot{x}_2$，$y_2 = x_s - x_t = x_1$，$y_3 = x_r - x_t = x_3$，构成状态向量 $Y = [y_1 \ y_2 \ y_3]^T$，于是得到状态方程为

$$Y = C_1 X + E_1 u$$

其中

$$C_1 = \begin{bmatrix} 0 & 0 & 0 & 0 \\ 1 & 0 & 0 & 0 \\ 0 & 0 & 1 & 0 \end{bmatrix}, \quad E_1 = \begin{bmatrix} 1/m_s \\ 0 \\ 0 \end{bmatrix}$$

17.1.2　主被动悬架系统仿真

1. 被动悬架

考虑被动悬架汽车的结构参数为：车身质量 $M_s = 240\mathrm{kg}$，轮胎质量 $m_t = 30\mathrm{kg}$，被动悬架刚度 $k_s = 16000\mathrm{N/m}$，被动悬架阻尼系数 $c_s = 980\mathrm{N/(m/s)}$，轮胎刚度 $k_t = 160000\mathrm{N/m}$，代入后可得

$$A = \begin{bmatrix} 0 & 1 & 0 & -1 \\ -66.667 & -4.083 & 0 & 4.0833 \\ 0 & 0 & 0 & -1 \\ 533.333 & 32.667 & 5333.333 & -32.667 \end{bmatrix}, \quad B = \begin{bmatrix} 0 \\ 0 \\ 1 \\ 0 \end{bmatrix}$$

$$C = \begin{bmatrix} -66.667 & -4.083 & 0 & 4.083 \\ 1 & 0 & 0 & 0 \\ 0 & 0 & 1 & 0 \end{bmatrix}, \quad D = \begin{bmatrix} 0 \\ 0 \\ 0 \end{bmatrix}$$

在 MATLAB 中利用命令[z,p,k]=ss2zp(A,B,C,D)可求得汽车被动悬架系统的极点，程序代码如下：

```
clc,clear,close all
A= [0,1,0,-1;
    -66.667,-4.083,0,4.0833;
    0,0,0,-1;
    533.333,32.667,5333.333,-32.667];
B=[0,0,1,0]';
C=[-66.667,-4.083,0,4.083;
    1,0,0,0;
    0,0,1,0];
D= [0,0,0]';
[z,p,k]=ss2zp(A,B,C,D)
```

运行程序输出结果如下：

```
z=
 -16.3279+0.0000i   0.0003+0.0000i -18.3751+16.1974i
   0.0003+0.0000i      Inf+0.0000i -18.3751-16.1974i
      Inf+0.0000i      Inf+0.0000i   0.0003+0.0000i
p=
 -16.6626+74.0256i
 -16.6626-74.0256i
  -1.7124+7.6697i
  -1.7124-7.6697i
k =
   1.0e+04 *
    2.1776
   -0.5333
    0.0001
```

上述求得的极点都位于左半 s 平面内，满足系统稳定性的条件，故可判断汽车被动悬架系统是稳定的。

（1）采用脉冲响应对该被动悬架模型进行仿真，仿真框图如图 17-2 所示。运行程序输出结果如图 17-3 所示，图 17-3（b）中上图为车身加速度，中图为悬架动挠度，下图为轮胎动变形。

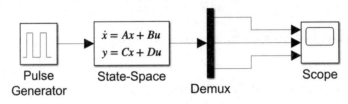

图 17-2　仿真框图 1

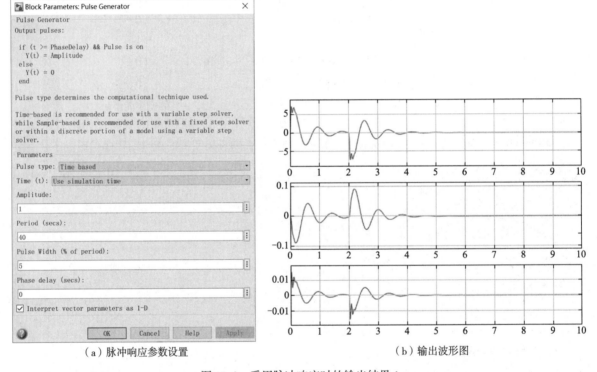

（a）脉冲响应参数设置　　　　　　　　　　（b）输出波形图

图 17-3　采用脉冲响应时的输出结果 1

（2）采用锯齿波响应对该被动悬架模型进行仿真，仿真框图如图 17-4 所示。将 Signal Generator（信号产生器）模块 Wave form 分别设置为 sine（正弦波）、square（方波）、sawtooth（锯齿波），运行程序，输出波形如图 17-5 ~ 图 17-7 所示。

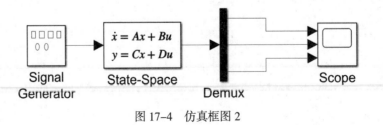

图 17-4　仿真框图 2

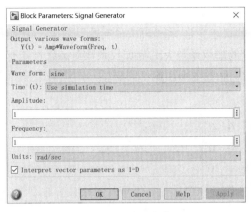

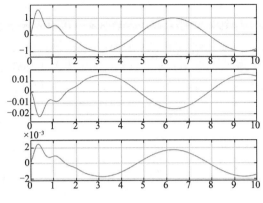

（a）设置为正弦波　　　　　　　　　　（b）输出波形图

图 17-5　采用正弦波时的输出结果 1

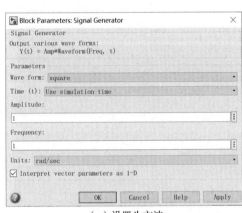

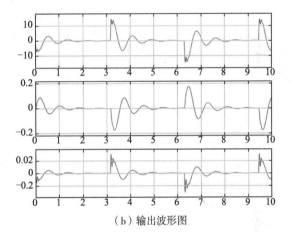

（a）设置为方波　　　　　　　　　　　（b）输出波形图

图 17-6　采用方波时的输出结果 1

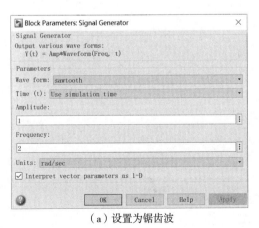

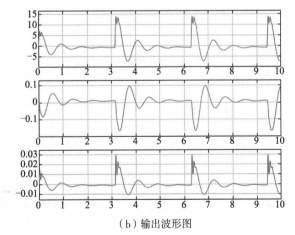

（a）设置为锯齿波　　　　　　　　　　（b）输出波形图

图 17-7　采用锯齿波时的输出结果 1

2. 主动悬架

为了得到系统的反馈力 $U=-KX$，可以先求出系统的状态变量 X，再求出反馈系数 K，从而得到反馈力 U。为了快速响应，状态加权系数应远大于控制信号的加权系数 R，且加权系数对悬架性能有很大影响，取值越大，车身加速度越大，悬架动扰度则减小，而轮胎的变形影响不明显。

在本系统仿真中，设 $q_1=335000$，$q_2=4050000$，有

$$Q=\begin{bmatrix} q_2 & 0 & 0 & 0 \\ 0 & 0 & 0 & 0 \\ 0 & 0 & q_1 & 0 \\ 0 & 0 & 0 & 0 \end{bmatrix}$$

对于反馈系数 K，程序代码如下：

```
clc,clear,close all
A1=[0 1 0 -1;
    0 0 0 0;
    0 0 0 -1;
    0 0 5333.333 0];
B1=[0;0.00417;0;-0.0333];
Q=[4050000 0 0 0;
   0 0 0 0;
   0 0 3350000 0;
   0 0 0 0];
R=[1];
[K,P,E]=lqr(A1,B1,Q,R)
```

运行程序输出结果如下：

```
K=
   1.0e+03 *
   2.0125    0.9768   -1.8409   -0.0372
P=
   1.0e+06 *
   1.9657    0.4771   -1.8909   -0.0007
   0.4771    0.2344   -0.4414    0.0000
  -1.8909   -0.4414    7.7881    0.0000
  -0.0007    0.0000    0.0000    0.0011
E=
  -0.6202 +73.0316i
  -0.6202 -73.0316i
  -2.0354 + 2.0611i
  -2.0354 - 2.0611i
```

原系统状态方程为

$$\begin{cases} \dot{X}=(A_1-B_1K)X+D_1\omega(t) \\ Y=(C_1-E_1K)X \end{cases}$$

将上面的仿真参数代入后可得

$$A = \begin{bmatrix} 0 & 1 & 0 & -1 \\ -8.4 & -4.1 & 7.7 & 0.2 \\ 0 & 0 & 0 & -1 \\ 67 & 32.5 & 5272 & -1.2 \end{bmatrix}, \quad B = \begin{bmatrix} 0 \\ 0 \\ 1 \\ 0 \end{bmatrix}$$

$$C = \begin{bmatrix} -8.3859 & -4.0703 & 7.6711 & 0.1549 \\ 1 & 0 & 0 & 0 \\ 0 & 0 & 1 & 0 \end{bmatrix}, \quad D = \begin{bmatrix} 0 \\ 0 \\ 0 \end{bmatrix}$$

MATLAB 中利用命令[z,p,k]=ss2zp(A,B,C,D)可求得汽车主动悬架系统的极点，程序代码如下：

```
clc,clear,close all
A=[0,1,0,-1;
   -8.4,-4.1,7.7,0.2;
   0,0,0,-1;
   67,32.5,5272,-1.2];
B=[0,0,1,0]';
C=[-8.3859,-4.0703,7.6711,0.1549;
   1,0,0,0;
   0,0,1,0];
D=[0,0,0]';
[z,p,k]=ss2zp(A,B,C,D)
```

运行程序输出结果如下：

```
z=
 -53.8463+52.9981i  -3.9515+0.0000i  -2.6610+8.1765i
 -53.8463-52.9981i     Inf+0.0000i  -2.6610-8.1765i
   0.0225+0.0000i      Inf+0.0000i   0.0219+0.0000i
p=
 -0.6009+73.0215i
 -0.6009-73.0215i
 -2.0491+2.0500i
 -2.0491-2.0500i
k=
  1.0e+03 *
  0.0077
 -5.2643
  0.0010
```

这些极点都在左半 s 平面内，满足系统稳定性的条件，故可判断汽车主动悬架系统是稳定的。

（1）采用脉冲响应对该主动悬架模型进行仿真，仿真框图如图 17-8 所示。运行程序输出结果如图 17-9 所示，图 17-9（b）中上图为车身加速度，中图为悬架动挠度，下图为轮胎动变形。

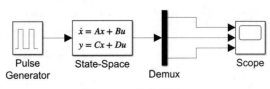

图 17-8 仿真框图 3

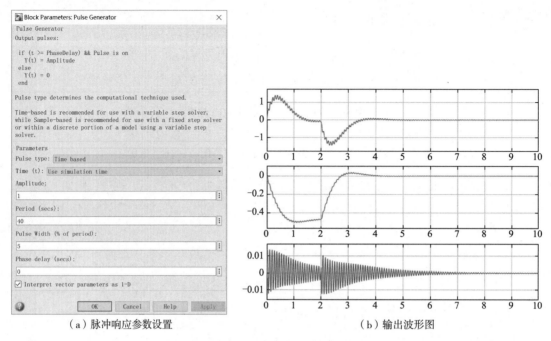

（a）脉冲响应参数设置　　　　　　　　　　　（b）输出波形图

图 17-9　采用脉冲响应时的输出结果 2

（2）采用锯齿波响应对该主动悬架模型进行仿真，仿真框图如图 17-10 所示，将 Signal Generator（信号产生器）模块 Wave form 分别设置为 sine（正弦波）、square（方波）、sawtooth（锯齿波），运行程序，输出波形如图 17-11～图 17-13 所示。

图 17-10　仿真框图 4

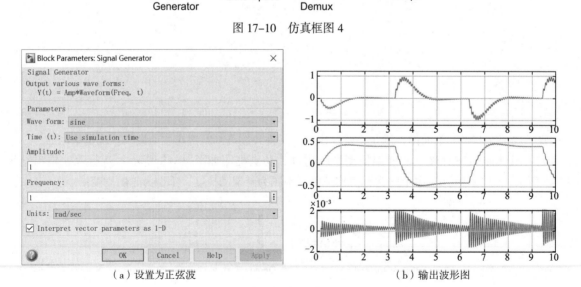

（a）设置为正弦波　　　　　　　　　　　　　（b）输出波形图

图 17-11　采用正弦波时的输出结果 2

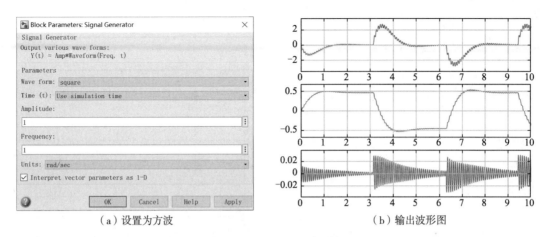

（a）设置为方波　　　　　　　　　（b）输出波形图

图 17-12　采用方波时的输出结果 2

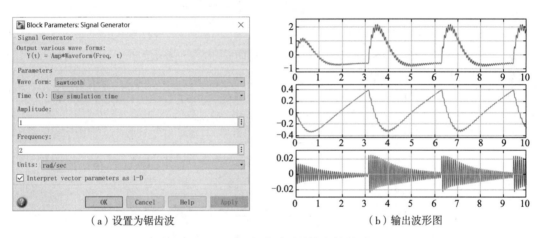

（a）设置为锯齿波　　　　　　　　（b）输出波形图

图 17-13　采用锯齿波时的输出结果 2

17.1.3　白噪声路面模拟输入仿真

在模拟路面输入时，用白噪声信号作为路面不平度的输入信号。建立悬架模拟仿真模型框图如图 17-14 所示。为了仿真实际路面工况，本系统采用有限带宽白噪声，经积分后得到仿真路面。

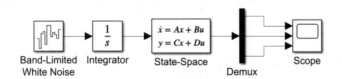

图 17-14　悬架模拟仿真模型框图

（1）被动悬架仿真。运行仿真程序，输出结果如图 17-15 所示。

（2）主动悬架仿真。运行程序，输出结果如图 17-16 所示。

综上所述，从车身垂直振动加速度对比图中看出：安装了主动控制装置的悬架极大地降低了车身在垂直方向的振动，使汽车的平顺性显著提高。

从悬架变形对比图中看出：安装了主动控制装置的悬架使限位块冲击车身的可能性减少，在一定程度上改善了汽车的平顺性。

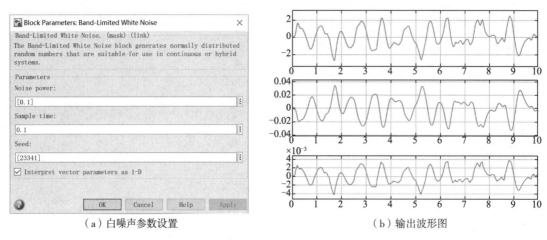

（a）白噪声参数设置　　　　　　　　　（b）输出波形图

图 17-15　采用白噪声路面模拟时的输出结果（被动悬架）

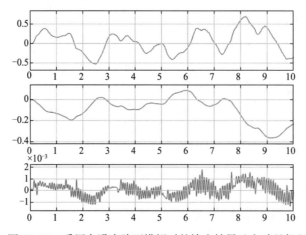

图 17-16　采用白噪声路面模拟时的输出结果（主动悬架）

从轮胎变形对比图中看出：安装了主动悬架系统的汽车的后轮胎变形小，即轮胎跳离地面的可能性减小，在一定程度上提高了汽车的安全性和操作稳定性。

17.2　汽车四轮转向控制系统仿真

在四轮转向分析中，通常把汽车简化为一个二自由度的两轮车模型，如图 17-17 所示。

一般情况下，忽略悬架的作用，认为汽车只做平行于地面的平面运动，即汽车只有沿 y 轴的侧向运动和绕质心的横摆运动。此外，汽车的侧向加速度限定为 0.4g 以下，轮胎侧偏特性处于线性范围内。

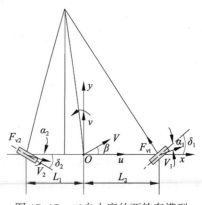

图 17-17　二自由度的两轮车模型

模型的运动微分方程为

$$\begin{cases} Mu(r+\dot{\beta}) = F_{y1}\cos\delta_f + F_{y2}\cos\delta_r \\ I_z\dot{r} = F_{y1}L_f\cos\delta_f - F_{y2}L_r\cos\delta_r \end{cases}$$

其中，M 为整车质量；V 为车速；u 为沿 x 轴方向的前进速度；v 为沿 y 轴方向的侧向加速度；β 为质心处的侧偏角，$\beta = v/u$；r 为横摆角速度；I_z 为绕质心的横摆转动惯量；δ_f 和 δ_r 分别为前后轮转角；L_f 和 L_r 分别为质心至前后轴的距离；F_{y1} 和 F_{y2} 分别为前后轮侧偏力。

考虑到前后轮转角较小，$\cos\delta_f = 1$，$\cos\delta_r = 1$，方程简化为

$$\begin{cases} Mu(r+\dot{\beta}) = F_{y1} + F_{y2} \\ I_z\dot{r} = F_{y1}L_f - F_{y2}L_r \end{cases}$$

其中

$$\begin{cases} F_{y1} = C_f\alpha_f \\ F_{y2} = C_r\alpha_r \end{cases}$$

其中，C_f、C_r 分别为前后轮的侧偏刚度且取负值；α_f、α_r 分别为前后轮胎侧偏角。

$$\begin{cases} \alpha_f = \beta + \dfrac{L_f}{u}r - \delta_f \\ \alpha_r = \beta - \dfrac{L_r}{u}r - \delta_r \end{cases}$$

由此得到相应的运动微分方程为

$$\begin{cases} M\dot{v} + Mur - (C_f+C_r)\beta - \dfrac{1}{u}(L_fC_f - L_rC_r)r + (C_f\delta_f + C_r\delta_r) = 0 \\ I_z\dot{r} - (L_fC_f - L_rC_r)\beta - \dfrac{1}{u}(L_f^2C_f + L_r^2C_r)r + L_fC_f\delta_f - L_rC_r\delta_r = 0 \end{cases}$$

当后轮转角 $\delta_f = 0$ 时，系统即为二轮转向系统。

采用 Sano 等提出的定前后轮转向比——四轮转向系统。定义 i 为前后轮转向比，即

$$i = \frac{-L_r - \dfrac{ML_f}{C_rL}u^2}{L_f - \dfrac{ML_r}{C_fL}u^2}$$

则四轮转向系统汽车后轮转角 $\delta_r = i\delta_f$，且 $|i| < 1$，当前后轮转向比 $0 < i < 1$ 时，前后轮同方向转向；当 $-1 < i < 0$ 时，前后轮反方向转向。则相应地运动微分方程变为

$$\begin{cases} M\dot{v} + Mur - (C_f+C_r)\beta - \dfrac{1}{u}(L_fC_f - L_rC_r)r + \delta_f(C_f + C_ri) = 0 \\ I_z\dot{r} - (L_fC_f - L_rC_r)\beta - \dfrac{1}{u}(L_f^2C_f + L_r^2C_r)r + \delta_f(L_fC_f - L_rC_ri) = 0 \end{cases}$$

其中，M 为整车质量；u 为沿 x 轴方向的前进速度；v 为沿 y 轴方向的侧向加速度；β 为质心处的侧偏角，$\beta = \dfrac{v}{u}$；r 为横摆角速度；I_z 为绕质心的横摆转动惯量；δ_f 和 δ_r 分别为前后轮转角；L_f 和 L_r 分别为质心至前后轴的距离。

r 横摆角速度与前后轮转角、质心处的侧偏角 β 与前后轮转角关系如下。

（1）转角输入–横摆角速度输出的关系函数

$$r(s) = \frac{a_1 s + a_0}{m' s^2 + hs + f} \delta_f + \frac{b_1 s + b_0}{m' s^2 + hs + f} \delta_r$$

（2）转角输入–质心侧偏角输出的关系函数

$$\beta(s) = \frac{c_1 s + c_0}{m' s^2 + hs + f} \delta_f + \frac{d_1 s + d_0}{m' s^2 + hs + f} \delta_r$$

其中

$$
\begin{cases}
m' = MV^2 I_z \\
h = -\left[\left(L_f^2 C_f + L_r^2 C_r \right) M + (C_f + C_r) I_z \right] V \\
f = (C_f + C_r)\left(L_f^2 C_f + L_r^2 C_r \right) - \left(L_f C_f - L_r C_r \right)^2 + \left(L_f C_f - L_r C_r \right) MV^2 \\
a_1 = -M L_f C_f V^2, \qquad a_0 = (L_f + L_r) C_f C_r V \\
b_1 = M L_r C_r V^2, \qquad b_0 = -(L_f + L_r) C_f C_r V \\
c_1 = -I_z C_f V, \qquad c_0 = C_f \left[(L_f + L_r) L_r C_r + M L_f V^2 \right] \\
d_1 = -I_z C_r V, \qquad d_0 = -C_r \left[-(L_f + L_r) L_f C_f + M L_r V^2 \right]
\end{cases}
$$

汽车以一定速度行驶时，前轮角阶跃输入下的稳态响应可以用稳态横摆角速度增益评价。所谓稳态横摆角速度增益是指稳态横摆角速度与前轮转角之比。稳态时，横摆角速度 r 为定值，此时 $\dot{v} = 0$，$\dot{r} = 0$，可得稳态横摆角速度增益方程如下

$$\left. \frac{r}{\delta_f} \right|_s = \frac{(1-i)u}{\left[1 + \frac{M}{L^2} \left(\frac{L_r}{C_f} - \frac{L_f}{C_r} \right) u^2 \right] L} = \frac{(1-i)u}{(1 + Ku^2)L}$$

其中，$L = L_f + L_r$ 为轴距；$K = \frac{M}{L^2} \left(\frac{L_r}{C_f} - \frac{L_f}{C_r} \right)$ 称为稳定性因数，其单位为 s/m²，是用来保证汽车稳定响应的一个重要参数。

Sano 提出的定前后轮转向比四轮转向系统，过分追求减小高速转向时的横摆角速度，使得后轮转角的随动性差，调节作用被限制在一个具体的范围内，不可能充分利用其机动性提高相应的稳定性，且一般有较长时间的滞后。因此，本模型引入横摆角速度反馈信息进行再调节控制。

具体的做法是给出一个前轮转角阶跃输入后，不直接根据当前速度给出后轮转角，而是在忽略后轮转角的情况下，得出相应的横摆角速度响应，然后和稳态横摆角速度相比较，得出一个需要调整的值；以这个值通过一定的关系，求出当前需要的后轮横摆角。整个过程动态进行，后轮根据需要，不断接近最优值。其相应的控制原理图如图 17–18 所示。

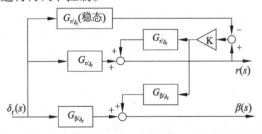

图 17–18　基于横摆角速度反馈的 4WS 系统控制原理图

图中各传递函数表达式为

$$G_{r/\delta_f}(s) = \frac{a_1 s + a_0}{m' s^2 + hs + f}, \quad G_{r/\delta_r}(s) = \frac{b_1 s + b_0}{m' s^2 + hs + f}$$

$$G_{\beta/\delta_f}(s) = \frac{c_1 s + c_0}{m's^2 + hs + f} , \quad G_{\beta/\delta_f}(s) = \frac{d_1 s + d_0}{m's^2 + hs + f}$$

本模型设计的模型参数如表 17-1 所示。

表 17-1　汽车模型参数设置

变量名称	数　　值	单　　位	变量名称	数　　值	单　　位
M	2045	kg	I_z	5428	kg·m^2
L_f	1.488	m	L_r	1.712	m
C_f	−38925	N/rad	C_r	−39255	N/rad

17.2.1　低速四轮转向系统仿真

在低速运行情况下，图 17-18 中各传递函数如下：

$$G_{r/\delta_f}(s) = \frac{10.66s + 14.6688}{s^2 + 2.5077s + 3.2734} , \quad G_{r/\delta_r}(s) = \frac{-12.369s - 14.6688}{s^2 + 2.5077s + 3.2734}$$

$$G_{\beta/\delta_f}(s) = \frac{0.6339s - 9.8231}{s^2 + 2.5077s + 3.2734} , \quad G_{\beta/\delta_r}(s) = \frac{0.6392s + 13.0966}{s^2 + 2.5077s + 3.2734}$$

稳态横摆角速度增益为

$$\left.\frac{r}{\delta_f}\right|_s = 4.4812$$

前后轮比例常数 $i = 0.844$。考虑 $V=30$km/h 下的系统仿真，仿真框图如图 17-19 所示。

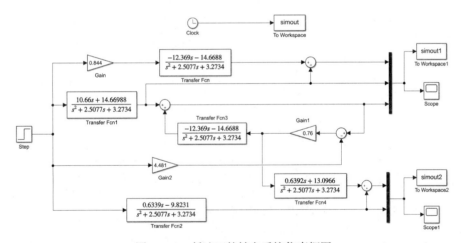

图 17-19　低速四轮转向系统仿真框图

运行程序，输出响应的结果到变量空间，编写程序绘图如下：

```
clc,close all
figure(1);
l=length(simout1);
t=0:10/(l-1):10;
plot(t,simout1(:,1),'r','linewidth',1)
hold on;grid
```

```
plot(t,simout1(:,2),'g','linewidth',1)
plot(t,simout1(:,3),'b','linewidth',1)
legend('定前后轮比例控制的 4WS 系统','2WS 系统','横摆角速度反馈的 4WS 系统')
figure(2),
plot(t,simout2(:,1),'r','linewidth',1)
hold on;grid
plot(t,simout2(:,2),'b','linewidth',1)
legend('横摆角速度反馈的 4WS 系统','2WS 系统')
```

运行程序，输出结果如图 17-20 和图 17-21 所示。

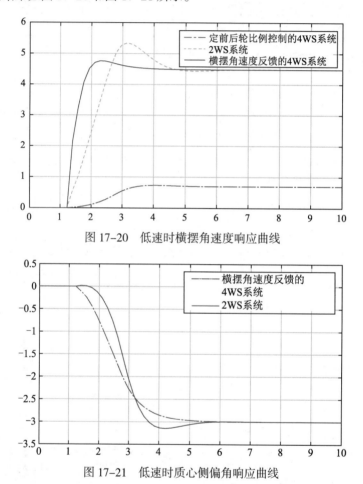

图 17-20　低速时横摆角速度响应曲线

图 17-21　低速时质心侧偏角响应曲线

17.2.2　高速四轮转向系统仿真

在高速运行情况下，图 17-18 中各传递函数如下：

$$G_{r/\delta_f}(s) = \frac{95.9422s + 44.0064}{8.9912s^2 + 7.5231s + 16.9434}, \quad G_{r/\delta_r}(s) = \frac{-111.321s - 44.0064}{8.9912s^2 + 7.5231s + 16.9434}$$

$$G_{\beta/\delta_f}(s) = \frac{1.9016s - 95.1051}{8.9912s^2 + 7.5231s + 16.9434}, \quad G_{\beta/\delta_r}(s) = \frac{1.9177s + 111.3376}{8.9912s^2 + 7.5231s + 16.9434}$$

稳态横摆角速度增益

$$\left.\frac{r}{\delta_\mathrm{f}}\right|_s = 2.5972$$

前后轮比例常数 $i = 0.86$。考虑 $V = 90\mathrm{km/h}$ 下的系统仿真，仿真框图如图 17-22 所示。

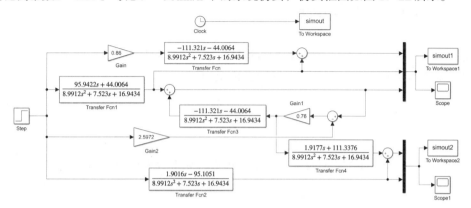

图 17-22　高速四轮转向系统仿真框图

运行程序，输出响应的结果到变量空间，编写程序绘图如下：

```
clc,close all
figure(1);
l=length(simout1);
t=0:10/(l-1):10;
plot(t,simout1(:,1),'r','linewidth',1)
hold on;grid
plot(t,simout1(:,2),'g','linewidth',1)
plot(t,simout1(:,3),'b','linewidth',1)
legend('定前后轮比例控制的 4WS 系统','2WS 系统','横摆角速度反馈的 4WS 系统')
figure(2),
plot(t,simout2(:,1),'r','linewidth',1)
hold on;grid
plot(t,simout2(:,2),'b','linewidth',1)
legend('横摆角速度反馈的 4WS 系统','2WS 系统')
```

运行程序，输出结果如图 17-23 和图 17-24 所示。

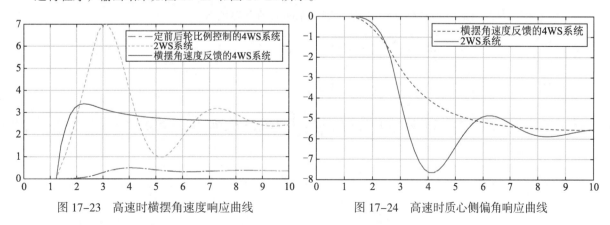

图 17-23　高速时横摆角速度响应曲线　　　图 17-24　高速时质心侧偏角响应曲线

由以上分析可知，单纯采用 2WS 转向系统，不但超调量较大，且系统达到稳态的时间较长，很不适合高速下稳态操作；而采用 Sano 提出的定前后轮比例控制的 4WS 系统，在汽车横摆角速度的稳定值上得到了很好的调整，整体性能均较好，唯一不足的是其响应时间较长。

17.3 汽车制动系统仿真

汽车防抱死制动系统是 ABS 理论分析及仿真的基础，模型的准确与否关系到仿真计算的精度和可信度，模型建立时需要根据真实系统特性进行合理的抽象和简化处理。

17.3.1 数学模型

1. 整车模型

汽车的实际制动过程是非常复杂的，对制动过程进行如下假设简化，可得制动过程中受力分析如图 17-25 所示。

（1）汽车左右结构是完美对称的；

（2）忽略汽车悬架的影响；

（3）汽车在制动过程中忽略俯仰运动，考虑横摆运动；

（4）忽略路面的不平，即忽略系统界面的各种冲击激励；

（5）汽车在进行直线制动时，受到一个侧向干扰力作用；

（6）忽略轮胎的转动惯量和滚动阻力。

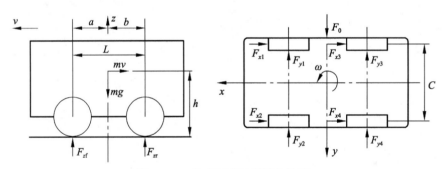

图 17-25 汽车制动过程受力分析

考虑汽车的纵向、横向以及绕 z 轴的转动，则汽车的运动方程式为

$$\begin{cases} M\dot{v}_x = -\sum_{i=1}^{4} F_{xi} + M\dot{\varphi}v_y \\ M\dot{v}_y = F_0 - \sum_{i=1}^{4} F_{yi} + M\dot{\varphi}v_x \\ I_z\ddot{\varphi} = (F_{x2}+F_{x4}-F_{x1}-F_{x3})\dfrac{C}{2} + (F_{y3}+F_{y4})b - (F_{y1}+F_{y2})a \end{cases}$$

轮胎侧偏角表达式为

$$\beta = \frac{v_y}{v_x}$$

其中，β 为整车的侧偏角。前后轮的侧偏角为

$$\beta_{\mathrm{f}} = \beta + a\omega_{\mathrm{r}}/v_x, \quad \beta_{\mathrm{r}} = \beta - a\omega_{\mathrm{r}}/v_x$$

其中，β_{f} 为前轮侧偏角；β_{r} 为后轮侧偏角。

由于汽车在制动过程中受到制动力和侧向力的影响，产生纵向和横向的加速度，使汽车的轮胎载荷产生变化，通过分析得到每个轮胎的载荷模型为

$$\begin{cases} F_{z1} = \dfrac{M\dot{v}_x h - Mgb}{2L} - \dfrac{F_0 h + M\dot{v}_y h}{2C} \\[3mm] F_{z2} = \dfrac{M\dot{v}_x h - Mgb}{2L} + \dfrac{F_0 h + M\dot{v}_y h}{2C} \\[3mm] F_{z3} = \dfrac{M\dot{v}_x h - Mga}{2L} - \dfrac{F_0 h + M\dot{v}_y h}{2C} \\[3mm] F_{z4} = \dfrac{M\dot{v}_x h - Mga}{2L} + \dfrac{F_0 h + M\dot{v}_y h}{2C} \end{cases}$$

2. 轮胎模型

考虑轮胎受到侧向力的作用，采用 Gim 模型对汽车制动系统进行仿真设计，其侧向力和回转力矩如下所述。

（1）考虑 $\xi_s = 1 - \dfrac{K_s}{3\mu F_z}\dfrac{\lambda}{1-s} \geqslant 0$，此时

纵向力为

$$F_x = -\frac{K_s s}{1-s}\xi_s^2 - 6\mu F_z \cos\theta\left(\frac{1}{6} - \frac{\xi_s^2}{2} + \frac{\xi_s^3}{3}\right)$$

侧向力为

$$F_y = -\frac{K_\beta \tan\beta}{1-s}\xi_s^2 - 6\mu F_z \sin\theta\left(\frac{1}{6} - \frac{\xi_s^2}{2} + \frac{\xi_s^3}{3}\right)$$

回转力矩

$$M = \frac{lK_\beta \tan\beta}{2(1-s)}\xi_s^2\left(1 - \frac{4\xi_s}{3}\right) - \frac{3}{2}l\mu F_z \sin\theta\xi_s^2(1-\xi_s)^2 +$$
$$\frac{2lK_s s\tan\beta}{3(1-s)^2}\xi_s^3 + \frac{3l\mu^2 F_z^2 \sin\theta\cos\theta}{5K_\beta}(1 - 10\xi_s^3 + 15\xi_s^4 + 6\xi_s^5)$$

（2）考虑 $\xi_s = 1 - \dfrac{K_s}{3\mu F_z}\dfrac{\lambda}{1-s} < 0$，此时

纵向力为

$$F_x = -\mu F_z \cos\theta$$

侧向力为

$$F_y = -\mu F_z \sin\theta$$

回转力矩为

$$M = \frac{3l\mu^2 F_z^2 \sin\theta\cos\theta}{5K_\beta}$$

其中

$$\lambda = \sqrt{s^2 + \left(\frac{K_\beta}{K_s}\right)^2 \tan^2 \beta}, \quad K_\beta = \frac{bl^2 K_y}{2}, \quad K_s = \frac{bl^2 K_x}{2}, \quad \cos\theta = \frac{s}{\lambda}, \quad \sin\theta = \frac{K_\beta \tan\beta}{K_s \lambda}$$

其中，K_x 为轮胎的纵向刚度；K_y 为轮胎的侧向刚度；b 为轮胎印记的宽度；l 为轮胎印记的长度；s 为滑移率。

3. 滑移率模型

（1）未含 ABS 系统的制动过程时

$$s = \begin{cases} t, & t \leq 1 \\ 1, & t > 1 \end{cases}$$

（2）含有 ABS 系统的制动过程时

$$s = \begin{cases} t, & t \leq 0.2 \\ 0.2, & t > 0.2 \end{cases}$$

（3）滑移率与附着系数之间的关系为

$$\mu = \begin{cases} s, & 0 < s \leq 0.2 \\ \mu_s - 0.17s, & 1 \geq s > 0.2 \end{cases}$$

其中，μ_s 为路面的最大附着系数。

4. 单轮模型

考虑单轮汽车系统制动模型，具体如图 17-26 所示。u 为车轮中心速度，即汽车速度；ω 为车轮角速度；R 为车轮半径；mg 为车轮重力（其中 m 为汽车质量）；T_b 为制动力矩；F_z 为地面制动力。

由此建立单轮汽车制动模型的微分方程式，即

$$\begin{cases} m\dot{u} = -F_\omega - F_b \\ J\dot{\omega} = F_b r - T_b \\ F_b = F_z \cdot \varphi \end{cases}$$

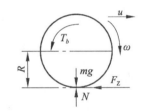

图 17-26　单轮汽车系统制动模型

17.3.2　仿真模型

在 MATLAB 编辑器窗口中建立单轮制动模型的汽车仿真参数，并保存在 ABSbrakeData.m 文件中，代码如下：

```
clear,clc
ctrl=1;                                          %取 1 采用 ABS 制动，取 0 无 ABS 制动
g=32.18;                                         %重力加速度
I=5;                                             %车轮转动惯量
kf=1;                                            %制动器制动系数
m=50;                                            %整车质量
mu=[0,0.4,0.8,0.97,1,0.98,0.96,0.94,0.92,0.9,0.88,...  %滑移率
    0.855,0.83,0.81,0.79,0.77,0.75,0.73,0.72,0.71,0.7];
PBmax=1500;                                      %最大制动压力
Rr=1.25;                                         %车轮半径
slip=[0,0.05,0.1,0.15,0.2,0.25,0.3,0.35,0.4,0.45,...  %滑移率对应的附着系数
    0.5,0.55,0.6,0.65,0.7,0.75,0.8,0.85,0.9,0.95,1];
TB=0.01;                                         %制动器制动力矩
v0=88;                                           %车速
```

1．仿真模型建立

建立汽车单轮制动模型仿真框图如图 17-27 所示，并将其保存为 ABSbrake.slx 文件。参数的设置请直接参考系统模型中的设置，限于篇幅这里不再赘述。对模型简单说明如下。

当车轮速度和车速相等时，滑动为 0；当车轮抱死时，滑动为 1。理想滑动值为 0.2，即车轮转数等于非制动条件下相同车速的转数的 0.8 倍。此时轮胎和道路之间的附着力最大，在可用摩擦力的作用下使停车距离最小。

轮胎和路面之间的摩擦系数 mu 是滑动的经验函数，称为 mu-slip 曲线。使用 Simulink 查找表将 MATLAB 变量传递到模块中创建 mu-slip 曲线。该模型将摩擦系数 mu 乘以车轮重量 W，得出作用在轮胎圆周上的摩擦力 Ff。Ff 除以汽车质量得出汽车减速度，模型对其进行积分获得车速。

模型中使用理想的防抱死制动控制器，它根据实际滑动和期望滑动之间的误差使用 bang-bang 控制。同时将期望滑动设置为 mu-slip 曲线达到峰值时的滑动值，这是最小制动距离的最佳值。

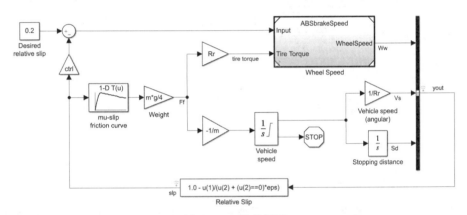

图 17-27　仿真框图 5

双击模型中的 Wheel Speed 子系统模块，将弹出如图 17-28 所示的子系统，该子系统用于根据给定的车轮滑动、期望的车轮滑动和轮胎扭矩计算车轮角速度。

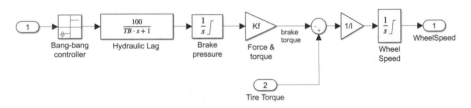

图 17-28　子系统框图

为了控制制动压力的变化率，该模型从期望的滑动量中减去实际滑动量，并将此信号馈入 bang-bang 控制（+1 或 -1，取决于误差符号），如图 17-29 所示。此开/关速率通过一阶时滞，该时滞表示与制动系统的液压管路相关联的延迟。然后，该模型对滤波后的速率进行积分，以产生实际制动压力。制动压力乘以活塞面积和车轮半径，即为施加到车轮上的制动扭矩。

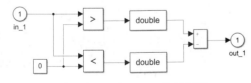

图 17-29　bang-bang 控制框图

该模型将车轮上的摩擦力乘以车轮半径得出路面作用于车轮的加速扭矩。加速扭矩减去制动扭矩可得到作用于车轮的净扭矩。将净扭矩除以车轮转动惯量可得车轮的加速度，然后对其积分可以得到车轮速度。为了保持车轮速度和车速为正，该模型中使用了有限积分器。

2. 仿真结果

在 MATLAB 命令行窗口中输入以下代码，运行 ABSbrakeData 程序将初始参数载入 MATLAB 工作区同时执行仿真程序：

```
>> ABSbrakeData
>> sim('ABSbrake')
```

运行程序后，输出如图 17-30 所示的车速与轮速（角速度）的波形图及如图 17-31 所示的滑移率波形图，由图可知车轮速度保持在车速以下而未启用抱死，车速在不到 15 s 内就变为 0。

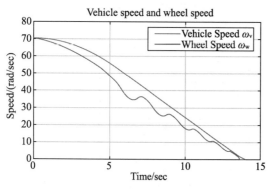

图 17-30　车速与轮速（角速度）的波形图

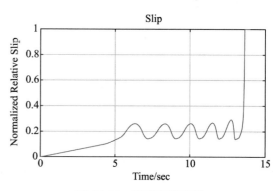

图 17-31　滑移率波形图

下面给出无 ABS 的情况下的汽车行为，此时需要将模型中的变量 ctrl 设置为 0，断开控制器与滑动反馈的连接，从而产生最大制动。在 MATLAB 命令行窗口中输入：

```
>> ctrl = 0;
>> sim('ABSbrake')
```

运行程序后，输出结果如图 17-32 和图 17-33 所示，轮速约在 7s 时降为 0，车轮抱死。

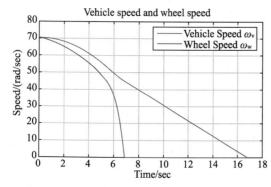

图 17-32　车速与轮速（角速度）的波形图

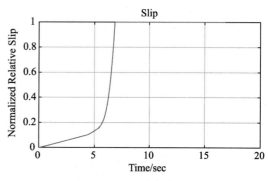

图 17-33　滑移率波形图

17.4　本章小结

本章讲述了汽车系统仿真，主要有汽车制动系统仿真和汽车悬架的仿真，包括汽车悬架系统的方程建立、汽车悬架系统仿真及白噪声路面模拟输入仿真等。汽车四轮转向系统仿真分别考虑在低速和高速运行情况下的四轮系统仿真，很好地解释了汽车系统建模分析仿真，帮助读者了解和掌握汽车系统建模，挖掘更深层本质。

Simulink 常用命令

Simulink 常用命令如表 A-1 所示。

表A-1　Simulink常用命令

命　　令		含　　义	命　　令		含　　义
仿真命令	sim	仿真运行一个Simulink模块	构建模型命令	gcb	获取当前模块的名称
	simset	设置仿真参数		gcs	获取当前系统的名称
	sldebug	调试一个Simulink模块		slupdate	将1.x的模块升级为3.x的模块
	simget	获取仿真参数		boolean	将数值数组转化为布尔值
线性化和整理命令	linmod	从连续时间系统中获取线性模型		close_system	关闭打开的模型或模块
	dinmod	从离散时间系统中获取线性模型		load_system	加载已有的模型并使模型不可见
	linmod2	获取线性模型，采用高级方法		add_block	添加一个新的模块
	trim	为一个仿真系统寻找稳定的状态参数		delete_block	删除一个模块
构建模型命令	open_system	打开已有的模型		find_system	查找一个模块
	new_system	创建一个新的空模型窗口		replace_block	用一个新模块代替已有的模块
	save_system	保存一个打开的模型		get_param	获取模块或模型的参数
	add_line	添加一条线（两个模块之间的连线）		delete_param	从一个模型中删除一个用户自定义的参数
	delete_line	删除一根线		bdroot	根层次下的模块名称
	hilite_system	使一个模块醒目显示		gcbh	获取当前模块的句柄
	set_param	为模型或模块设置参数		getfullname	获取一个模块的完全路径名
	add_param	为一个模型添加用户自定义的字符串参数		addterms	为未连接的端口添加terminators模块
	bdclose	关闭一个Simulink窗口		slhelp	Simulink的用户向导或模块帮助

续表

命　令		含　义	命　令		含　义
封装命令	hasmask	检查已有模块是否封装	诊断命令	sllastwarning	上一次警告信息
	hasmaskicon	检查已有模块是否有封装的图标		sllasterror	上一次错误信息
	maskpopups	返回并改变封装模块的弹出菜单项		sldiagnostics	为一个模型获取模块的数目和编译状态
	hasmaskdlg	检查已有模块是否有封装的对话框	硬拷贝和打印命令	frameedit	编辑打印画面
	iconedit	使用ginput函数设计模块图标		printopt	打印机默认设置
	movemask	重建内置封装模块为封装的子模块		print	将Simulink系统打印成图片，或将图片保存为m文件
库命令	libinfo	从系统中得到库信息		orient	设置纸张的方向
诊断命令	sllastdiagnostic	上一次诊断信息			

附录 B

Simulink 基本模块库

Simulink 基本模块库如表 B–1 所示。

表B-1　Simulink基本模块库

模块名称		含　义	模块名称		含　义
Sources 模块库	Band–Limited white Noise	给连续系统引入白噪声	Sources 模块库	From File	从文件读取数据
	Clock	显示并提供仿真时间		Ground	地线，提供零电平
	Counter Free–Running	自运行计数器，计数溢出时自动清零		In1	提供一个输入端口
	Digital Clock	生成有给定采样间隔的仿真时间		Random Number	生成正态分布的随机数
	From Workspace	从工作空间中定义的矩阵中读取数据		Repeating Sequence Interpolated	生成一重复的任意信号，可以插值
	Pulse Generator	生成有规则间隔的脉冲		Signal Builder	带界面交互的波形设计
	Ramp	生成一连续递增或递减的信号		Sine Wave	生成正弦波
	Repeating Sequence	生成一重复的任意信号		Uniform Random Number	生成均匀分布的随机数
	Repeating Sequence Stair	生成一重复的任意信号，输出的是离散值	Sink模块库	Display	显示输入的值
	Signal Generator	生成变化的波形		Out1	提供一个输出端口
	Step	生成一阶跃函数		Stop Simulation	当输入为非零时停止仿真
	Chirp Signal	产生一个频率递增的正弦波（线性调频信号）		To File	向文件中写数据
	Constant	生成一个常量值		XY Graph	使用Matlab的图形窗口显示信号的X–Y图
	Counter Limited	有限计数器，可自定义计数上限		Floating Scope	显示仿真期间产生的信号，浮点格式

模块名称		含　义	模块名称		含　义
Sink模块库	Scope	显示仿真期间产生的信号	Continuous 模块库	Derivative	输入对时间的导数
	Terminator	终止没有连接的输出端口		State-Space	实现线性状态空间系统
	To Workspace	向工作空间中的矩阵写入数据		Transfer Delay	以给定的时间量延迟输入
Discrete 模块库	Difference	差分器		Zero-Pole	实现用零极点形式表示的传递函数
	Discrete Filter	实现IIR和FIR滤波器		Integrator	对信号进行积分
	Discrete Transfer Fcn	实现离散传递函数		Transfer Fcn	实现线性传递函数
	Discrete-time Integrator	执行信号的离散时间积分		Variable Transfer Delay	以可变的时间量延迟输入
	Integer Delay	将信号延迟多个采样周期	Discontinuities 模块库	Backlash	模拟有间隙系统的行为
	Tapped Delay	延迟N个周期，然后输出所有延迟数据		Dead Zone	提供输出为零的区域
	Transfer Fcn Lead or Lag	超前或滞后传递函数，主要有零极点数目决定		Hit Crossing	检测信号上升沿、下降沿以及与指定值得比较结果，输出0或1
	Unit Delay	将信号延迟一个采样周期		Rate Limiter	限制信号的变化速度
	Zero-Order Hold	零阶保持		Saturation	限制信号的变化范围
	Difference Derivative	计算离散时间导数		Wrap to Zero	输入大于门限则输出0，小于则直接输出
	Discrete State-Space	实现用离散状态方程描述的系统		Coulomb &Viscous Friction	模拟在零点处不连续，在其他地方有线性增益的系统
	Discrete Zero-Pole	实现以零极点形式描述的离散传递函数		Dead Zone Dynamic	动态提供输出为零的区域
	First-Order Hold	实现一阶采样保持		Quantizer	以指定的间隔离散化输入
	Memory	从前一时间步输出模块的输入		Relay	在两个常数中选出一个作为输出
	Transfer Fcn First Order	离散时间传递函数		Saturation Dynamic	动态限制信号的变化范围
	Transfer Fcn Real Zero	有实数零点，没有极点的传递函数	Math模块库	Abs	输出输入的绝对值
	Weighted Moving Average	加权平均		Algebraic Constant	将输入信号抑制为零

续表

模块名称		含　义	模块名称		含　义
Math模块库	Add	对信号进行加法或减法运算	Math模块库	MinMax Running Resettable	输出信号的最小或最大值，带复位功能
	Assignment	赋值		Product	产生模块各输入的简积或商
	Bias	给输入加入偏移量		Real–Imag to Complex	由实部和虚部输入/输出复数信号
	Complex to Real–Image	输出复数输入信号的实部和虚部		Rounding Function	执行圆整函数
	Dot Product	产生点积		Sine Wave Function	输出正弦信号
	Magnitude–Angle to Complex	由相角和幅值输入输出一个复数信号		Subtract	对信号进行加法或减法运算
	MinMax	输出信号的最小或最大值		Trigonometric Function	执行三角函数
	Polynomial	计算多项式的值	非线性模块库	Saturation	饱和输出，让输出超过某一值时能够饱和
	Product of Elements	产生模块各输入的简积或商		Switch	开关选择，当第2个输入端大于临界值时，输出由第1个输入端而来，否则输出由第3个输入端而来
	Reshape	改变矩阵或向量的维数		Relay	滞环比较器，限制输出值在某一范围内变化
	Sign	指明输入的符号		Manual Switch	手动选择开关
	Slider Gain	使用滑动器改变标量增益	信号与系统模块库	In1	输入端
	Sum of Elements	生成输入的和		Mux	将多个单一输入转化为一个复合输出
	Unary Minus	对输入取反		Ground	连接到未连接的输入端
	Complex to Magnitude-Angle	输出复数输入信号的相角和幅值		SubSystem	建立新的封装（Mask）功能模块
	Divide	对信号进行乘法或除法运算		Out1	输出端
	Gain	将模块的输入乘以一个数值		Demux	将一个复合输入转化为多个单一输出
	Matrix Concatenation	矩阵串联		Terminator	连接到未连接的输出端

参 考 文 献

[1] 王正林. MATLAB/Simulink 与控制系统仿真[M]. 北京：电子工业出版社，2012.

[2] 吴受章. 最优控制理论与应用[M]. 北京：机械工业出版社，2008.

[3] 刘豹. 现代控制理论[M]. 北京：机械工业出版社，2000.

[4] 徐国林，杨世勇. 单级倒立摆系统的仿真研究[J]. 四川大学学报：自然科学版，2007，44（5）：1013–1016.

[5] 黄丹，周少武，吴新开，等. 基于 LQR 最优调节器的倒立摆控制系统[J]. 微计算机信息，2004（2）：37–38.

[6] 刘金琨. 先进 PID 控制 MATLAB 仿真[M]. 3 版. 北京：电子工业出版社，2011.

[7] 张聚. 基于 MATLAB 的控制系统仿真及应用[M]. 北京：电子工业出版社，2012.

[8] 王晶，翁国庆，张有兵. 电力系统的 MATLAB/Simulink 仿真与应用[M]. 西安：西安电子科技大学出版社，2012.

[9] 刘金琨. 滑模变结构控制 MATLAB 仿真[M]. 2 版. 北京：清华大学出版社，2012.

[10] 郑智琴. Simulink 电子通信仿真与应用[M]. 北京：国防工业出版社，2002.

[11] 李建新. 现代通信系统分析与仿真——MATLAB 通信工具箱[M]. 西安：西安电子科技大学出版社，2000.